教育部高等学校计算机类专业教学指导委员会-华为ICT产学合作项目
数据科学与大数据技术专业系列规划教材

华为信息与网络
技术学院指定教材

Hadoop
集群程序设计与开发

王宏志 李春静 ◉ 编著

人 民 邮 电 出 版 社
北 京

图书在版编目（CIP）数据

Hadoop集群程序设计与开发 / 王宏志，李春静编著
. -- 北京 : 人民邮电出版社，2018.8（2021.6重印）
数据科学与大数据技术专业系列规划教材
ISBN 978-7-115-48304-1

Ⅰ. ①H… Ⅱ. ①王… ②李… Ⅲ. ①数据处理软件－程序设计－教材 Ⅳ. ①TP274

中国版本图书馆CIP数据核字(2018)第111464号

内 容 提 要

本书系统地介绍了基于 Hadoop 的大数据处理和系统开发相关技术，包括初识 Hadoop、Hadoop 基础知识、Hadoop 开发环境配置与搭建、Hadoop 分布式文件系统、Hadoop 的 I/O 操作、MapReduce 编程基础、MapReduce 高级编程、初识 HBase、初识 Hive。通过本书的学习，读者可以较全面地了解 Hadoop 的原理、配置和系统开发的相关知识，并且可以从 Hadoop 的角度学习分布式系统和 MapReduce 算法设计的相关知识。

本书可作为大数据技术相关专业本科生、研究生的教材，也可作为大数据技术的培训用书，还可作为大数据技术相关工作人员的参考用书。

◆ 编　　著　王宏志　李春静
策划编辑　戴思俊
责任编辑　李　召
责任印制　马振武

◆ 人民邮电出版社出版发行　　北京市丰台区成寿寺路 11 号
邮编　100164　　电子邮件　315@ptpress.com.cn
网址　http://www.ptpress.com.cn
三河市兴达印务有限公司印刷

◆ 开本：787×1092　1/16
印张：21.25　　2018 年 8 月第 1 版
字数：554 千字　　2021 年 6 月河北第 6 次印刷

定价：59.80 元

读者服务热线：(010)81055256　印装质量热线：(010)81055316
反盗版热线：(010)81055315
广告经营许可证：京东市监广登字 20170147 号

丛书序一 PREFACE

毫无疑问，我们正处在一个新时代。新一轮科技革命和产业变革正在加速推进，技术创新日益成为重塑经济发展模式和促进经济增长的重要驱动力量，而“大数据”无疑是第一核心推动力。

当前，发展大数据已经成为国家战略，大数据在引领经济社会发展中的新引擎作用更加突显。大数据重塑了传统产业的结构和形态，催生了众多的新产业、新业态、新模式，推动了共享经济的蓬勃发展，也给我们的衣食住行带来根本改变。同时，大数据是带动国家竞争力整体跃升和跨越式发展的巨大推动力，已成为全球科技和产业竞争的重要制高点。可以大胆预测，未来，大数据将会进一步激起全球科技和产业发展浪潮，进一步渗透到我们国计民生的各个领域，其发展扩张势不可挡。可以说，我们处在一个“大数据”时代。

大数据不仅仅是单一的技术发展领域和战略新兴产业，它还涉及科技、社会、伦理等诸多方面。发展大数据是一个复杂的系统工程，需要科技界、教育界和产业界等社会各界的广泛参与和通力合作，需要我们以更加开放的心态，以进步发展的理念，积极主动适应大数据时代所带来的深刻变革。总体而言，从全面协调可持续健康发展的角度，推动大数据发展需要注重以下五个方面的辩证统一和统筹兼顾。

一是要注重“长与短结合”。所谓“长”就是要目标长远，要注重制定大数据发展的顶层设计和中长期发展规划，明确发展方向和总体目标；所谓“短”就是要着眼当前，注重短期收益，从实处着手，快速起效，并形成效益反哺的良性循环。

二是要注重“快与慢结合”。所谓“快”就是要注重发挥新一代信息技术产业爆炸性增长的特点，发展大数据要时不我待，以实际应用需求为牵引加快推进，力争快速占领大数据技术和产业制高点；所谓“慢”就是防止急功近利，欲速而不达，要注重夯实大数据发展的基础，着重积累发展大数据基础理论与核心共性关键技术，培养行业领域发展中的大数据思维，潜心培育大数据专业人才。

三是要注重“高与低结合”。所谓“高”就是要打造大数据创新发展高地，要结合国家重大战略需求和国民经济主战场核心需求，部署高端大数据公共服务平台，组织开展国家级大数据重大示范工程，提升国民经济重点领域和标志性行业的大数据技术水平和应用能力；所谓“低”就是要坚持“润物细无声”，推进大数据在各行各业和民生领域的广泛应用，推进大数据发展的广度和深度。

四是要注重“内与外结合”。所谓“内”就是要向内深度挖掘和深入研究大数据作为一门学科领域的深刻技术内涵，构建和完善大数据发展的完整理论体系和技术支撑体系；所谓“外”就是要加强开放创新，由于大数据涉及众多学科领域和产业行业门类，也涉及国家、社会、个人等诸多问题，因此，需要推动国际国内科技界、产业界的深入合作和各级政府广泛参与，共同研究制定标准规范，推动大数据与人工智能、云计算、物联网、网络安全等信息技术领域的协同发展，促进数据科学与计算机科学、基础科学和各种应用科学的深度融合。

五是要注重“开与闭结合”。所谓“开”就是要坚持开放共享，要鼓励打破现有体制机制障碍，推动政府建立完善开放共享的大数据平台，加强科研机构、企业间技术交流和合作，推动大数据资源高效利用，打破数据壁垒，普惠数据服务，缩小数据鸿沟，破除数据孤岛；所谓“闭”就是要形成价值链生态闭环，充分发挥大数据发展中技术驱动与需求牵引的双引擎作用，积极运用市场机制，形成技术创新链、产业发展链和资金服务链协同发展的态势，构建大数据产业良性发展的闭环生态圈。

总之，推动大数据的创新发展，已经成为了新时代的新诉求。刚刚闭幕的党的十九大更是明确提出要推动大数据、人工智能等信息技术产业与实体经济深度融合，培育新增长点，为建设网络强国、数字中国、智慧社会形成新动能。这一指导思想为我们未来发展大数据技术和产业指明了前进方向，提供了根本遵循。

习近平总书记多次强调“人才是创新的根基”“创新驱动实质上是人才驱动”。绘制大数据发展的宏伟蓝图迫切需要创新人才培养体制机制的支撑。因此，需要把高端人才队伍建设作为大数据技术和产业发展的重中之重，需要进一步完善大数据教育体系，加强人才储备和梯队建设，将以大数据为代表的新兴产业发展对人才的创新性、实践性需求渗透融入人才培养各个环节，加快形成我国大数据人才高地。

国家有关部门“与时俱进，因时施策”。近期，国务院办公厅正式印发《关于深化产教融合的若干意见》，推进人才和人力资源供给侧结构性改革，以适应创新驱动发展战略的新形势、新任务、新要求。教育部高等学校计算机类专业教学指导委员会、华为公司和人民邮电出版社组织编写的《教育部高等学校计算机类专业教学指导委员会-华为 ICT 产学合作项目——数据科学与大数据技术专业系列规划教材》的出版发行，就是落实国务院文件精神，深化教育供给侧结构性改革的积极探索和实践。它是国内第一套成专业课程体系规划的数据科学与大数据技术专业系列教材，作者均来自国内一流高校，且具有丰富的大数据教学、科研、实践经验。它的出版发行，对完善大数据人才培养体系，加强人才储备和梯队建设，推进贯通大数据理论、方法、技术、产品与应用等的复合型人才培养，完善大数据领域学科布局，推动大数据领域学科建设具有重要意义。同时，本次产教融合的成功经验，对其他学科领域的人才培养也具有重要的参考价值。

我们有理由相信，在国家战略指引下，在社会各界的广泛参与和推动下，我国的大数据技术和产业发展一定会有光明的未来。

是为序。

中国科学院院士　郑志明

2018 年 4 月 16 日

丛书序二 PREFACE

在500年前的大航海时代，哥伦布发现了新大陆，麦哲伦实现了环球航行，全球各大洲从此连接了起来，人类文明的进程得以推进。今天，在云计算、大数据、物联网、人工智能等新技术推动下，人类开启了智能时代。

面对这个以“万物感知、万物互联、万物智能”为特征的智能时代，“数字化转型”已是企业寻求突破和创新的必由之路，数字化带来的海量数据成为企业乃至整个社会最重要的核心资产。大数据已上升为国家战略，成为推动经济社会发展的新引擎，如何获取、存储、分析、应用这些大数据将是这个时代最热门的话题。

国家大数据战略和企业数字化转型成功的关键是培养多层次的大数据人才，然而，根据计世资讯的研究，2018年中国大数据领域的人才缺口将超过150万人，人才短缺已成为制约产业发展的突出问题。

2018年初，华为公司提出新的愿景与使命，即“把数字世界带入每个人、每个家庭、每个组织，构建万物互联的智能世界”，它承载了华为公司的历史使命和社会责任。华为企业BG将长期坚持“平台+生态”战略，协同生态伙伴，共同为行业客户打造云计算、大数据、物联网和传统ICT技术高度融合的数字化转型平台。

人才生态建设是支撑“平台+生态”战略的核心基石，是保持产业链活力和持续增长的根本，华为以ICT产业长期积累的技术、知识、经验和成功实践为基础，持续投入，构建ICT人才生态良性发展的使能平台，打造全球有影响力的ICT人才认证标准。面对未来人才的挑战，华为坚持与全球广大院校、伙伴加强合作，打造引领未来的ICT人才生态，助力行业数字化转型。

一套好的教材是人才培养的基础，也是教学质量的重要保障。本套教材的出版，是华为在大数据人才培养领域的重要举措，是华为集合产业与教育界的高端智力，全力奉献的结晶和成果。在此，让我对本套教材的各位作者表示由衷的感谢！此外，我们还要特别感谢教育部高等学校计算机类专业教学指导委员会副主任、北京大学陈钟教授以及秘书长、北京航空航天大学马殿富教授，没有你们的努力和推动，本套教材无法成型！

同学们、朋友们，翻过这篇序言，开启学习旅程，祝愿在大数据的海洋里，尽情展示你们的才华，实现你们的梦想！

华为公司董事、企业BG总裁　阎力大

2018年5月

前言 FOREWORD

本书的缘起与成书过程

Hadoop 是最早得到广泛使用的大数据计算平台之一，也是目前生态系统最完整、参与开发人员最多的大数据计算平台之一。尽管 Hadoop 有诸多的竞争者，但其具有的开发配置便利、可扩展性好、生态完整等优点，使其得到了大数据开发人员的普遍认同，成为许多大数据应用系统的基础软件平台。而 Hadoop 本身也在不断演化中，新近发布的 Hadoop 3.1 开始支持 GPU 和 FPGA。

鉴于此，笔者认为，尽管大数据计算平台很多，但 Hadoop 是其中非常重要的一种，也是学习门槛相对比较低的一种，读者学习之后可以快速地掌握大数据处理与系统设计。笔者撰写本书的出发点是提供一本适用于学习 Hadoop 平台安装、设置与系统开发的教材。

在撰写本书的过程中，有专家提出，本书的内容有些偏重于应用，不适合作为学历教育的教材。因此，笔者进一步增加了分布式系统的介绍、对 MapReduce 程序设计方法的介绍及对一些改进 Hadoop 的技术的介绍，期望读者可以以 Hadoop 为范例，学习分布式系统的相关知识，并且可以通过本书初步学习 MapReduce 程序设计，以使本书的深度适应学历教育，这就是本书现在的版本。

本书的内容

本书对基于 Hadoop 大数据处理与开发进行了系统的介绍，同时还对 Hadoop 系统原理、Hadoop 开发环境配置与搭建、Hadoop 系统开发相关知识、MapReduce 程序设计、HBase 和 Hive 配置与开发等相关知识进行了介绍。考虑到读者的多样性，书中对于不同的内容采取了不同的介绍方式。

在原理部分，主要突出了 Hadoop 的原理介绍，并且介绍了一些延伸 Hadoop 技术和网络与分布式系统的背景知识。通过这一部分内容的学习，读者可以较为深入地了解 Hadoop 及其相关组件（HDFS）的运行原理。从理论学习的角度来说，Hadoop 是一个典型的分布式文件管理与计算系统，对其进行深入剖析，读者会加深对分布式系统诸多概念的认知；从实践的角度来说，了解 Hadoop 的原理，对系统的配置、运维、调优及高效程序的设计，都非常有帮助。

系统开发环境配置与搭建部分则更加面向实战，这一部分通过实例讲解了系统安装、部署、环境搭建、配置、应用程序部署等一系列过程，帮助读者搭建 Hadoop 开发环境。

由于 Hadoop 的核心是处理“数据”，因而 Hadoop 系统开发相关知识部分着重介绍了 HDFS 和 I/O 操作，使读者能较为深入地了解这两部分的相关技术。

基于 Hadoop 的系统开发需要 MapReduce 程序设计，本书介绍了 MapReduce 程序设计和算法设计。读者通过学习，可以掌握利用 MapReduce 编程模式解决计算问题的方法，从而能够根据需求为基于 Hadoop 的大数据计算系统设计有效的程序。

在 Hadoop 的大数据系统中，数据管理扮演着重要角色。本书介绍了基于 Hadoop 的数据管理系统，即 HBase 和 Hive 相关知识。读者通过学习，可以掌握 HBase 和 Hive 的配置、使用及相关程序的设计方法。

本书试图以 Hadoop 为主线，兼顾理论与实战，较全面地介绍可操作的大数据平台配置与系统开发的相关知识，和大数据算法、大数据分析、大数据系统等图书具有互补性，可以相互参考。

本书的适用对象

本书适合作为本科生和研究生“Hadoop 系统程序设计”“大数据系统开发”等课程的教材，也可以作为“高级语言程序设计”“分布式系统”“数据库系统”等课程的补充教材或课外读物。同时，本书也可供大数据领域从业人员参考。

致使用本书的教师

本书涉及多方面内容，对于教学而言，本书适用于多门课程，除了直接用于“Hadoop 系统程序设计”“大数据系统开发”等课程之外，还可以作为“分布式系统”“数据库系统”“高级语言程序设计”等课程的补充教材。教师可以根据这些课程的具体内容补充学习内容。

不同层次的教学可以从本书选择不同的内容。偏重系统原理的教学，可以着重讲授本书的第 2 章，而偏重应用的教学，则可以略讲这一部分；偏重程序设计的教学，可以着重讲授第 6～7 章，而偏重系统运维的教学，则可以略讲这一部分；偏重原理和程序设计的教学，可以把第 3～4 章留给学生自学而不需要详细讲解，而偏重应用的教学，则需要详细讲解这两章。

致使用本书的学生

希望本书为学生提供比较全面的基于 Hadoop 的大数据处理与系统开发的相关知识，本书不同部分需要的背景知识不尽相同。例如，第 2 章对 Hadoop 原理的介绍，需要一部分分布式系统和操作系统的背景知识；第 4～7 章的学习，需要一些 Java 语言的相关知识；如果读者学习过数据库系统相关知识，则比较容易学习第 8～9 章的内容。

为了帮助读者理解本书内容，对一些读者可能不容易理解的概念，本书以“学习提示”的形式进行了介绍；同时也对一些分布式系统的知识进行了简要介绍。

致使用本书的专业技术人员

本书可以作为一本 Hadoop 大数据处理和系统开发的参考书，供专业技术人员参考。各部分内容针对的人群有所不同，可以单独查阅涉及的主题。对于相关的知识(包括库函数和语法)，本书尽量提供比较全面的列表，供专业人员查阅之用。同时对系统的安装和配置，提供了尽可能详细的步骤，供读者在安装和配置系统时参考。

致谢

首先感谢本书的共同作者李春静老师，本书的大部分内容来源于李春静老师多年的教学实践，这使本书更加贴近实战。

感谢哈尔滨工业大学的李建中教授、高宏教授及国际大数据计算研究中心的诸位同事，对本书内容、表述给予的指导和建议，以及在专业上的帮助。

在本书的撰写过程中，哈尔滨工业大学的张梦、孟凡山等同学在资料翻译、搜集、整理、文本校对、作图等多个方面提供了帮助和支持，在此表示感谢。

非常感谢我的爱人黎玲利副教授，感谢她一直以来对我的支持，以及她在大数据相关课程授课的过程中对本书提出的一系列有益的建议。感谢我的母亲和岳母，在本书写作期间，她们料理家务，照顾我的宝宝“壮壮”茁壮成长，使我有时间从事本书的写作。

本书的写作得到了“教育部高等学校计算机类专业教学指导委员会-华为 ICT 产学合作项目”的资助，感谢华为公司的张志峰、刘洁在本书成书过程中提供的帮助。

还要感谢在哈尔滨工业大学选修我讲授的“大数据管理与分析”课程的同学，他们给我的意见和建议对本书的写作大有裨益。

由于 Hadoop 一直处于演化之中，本书涉及的内容也比较广泛，限于笔者的水平，本书在内容安排、表述等方面存在着各种不当之处，敬请读者在阅读本书的过程中，不吝提出宝贵建议，以期共同改进本书。读者的任何意见和建议请发邮件至 wangzh@hit.edu.cn。此外，读者如果想了解更多关于数据科学与大数据技术方向的科学研究、专业建设、人才培养及教学资源等信息，可关注作者公众号“大数据与数据科学家”。

最后，笔者关于大数据管理和分析方面的研究和本书的写作，还得到了国家自然科学基金项目（编号：U1509216，61472099）、国家重点研发计划项目（编号：2016YFB1000703）、国家科技支撑计划项目（编号：2015BAH10F01）、黑龙江省留学回国人员基金（编号：LC2016026）和微软-教育部语言语音重点实验室的经费资助，在此一并表示感谢。

王宏志

2018 年 4 月于哈尔滨

目录 CONTENTS

01

第1章　初识Hadoop

【内容概述】

本章通过与目前较热门的云计算、大数据技术做对比的方式，从实际应用的角度来介绍 Hadoop。主要包括云计算介绍、大数据介绍及 Hadoop 相关项目人才要求三大块内容。

【知识要点】

- 了解 Hadoop 产生过程、应用场景
- 理解云计算、大数据概念及 Hadoop 与它们的关系
- 了解 Hadoop 学习过程及目前 Hadoop 人才需求情况

1.1 为什么要学习 Hadoop

继工业革命之后，信息化再次掀起了新的革命浪潮，数据信息量成指数幂增长，大量数据蕴含的价值成为人们关注的焦点。然而，庞大的数据量存储及计算问题，已成为一种具有挑战性的问题。

分布式系统解决了大数据时代的数据爆发所带来的高并发的吞吐和大规模数据管理与计算问题。分布式系统是一个其组件分布在联网的计算机上，组件之间通过传递消息进行通信和动作协调的系统，有以下 3 个主要特征。

1. 并发性

对于计算机网络中的数据等共享资源来说，程序执行时并发访问是常见的行为。分布式系统中的多个节点可能会并发地操作一些共享的资源。协调分布式并发操作也成为分布式系统架构与设计中最大的挑战之一。

2. 副本

它是分布式系统提供的一种容错机制，分为数据副本和服务副本。数据副本指在不同节点上持有同一份数据，当某一个节点上存储的数据丢失时，可以从其他节点的副本上读取该数据，这是解决分布式系统数据丢失问题的有效手段。服务副本指多个节点提供同样的服务，每个节点都有能力接受来自外部的请求并进行相应的处理。

3. 可扩展性

分布式系统的核心理念是让多台服务器协同工作，完成单台服务器无法处理的任务，尤其是高并发或者大数据量的任务。分布式系统由独立的服务器通过网络松散耦合组成。提升分布式系统的整体性能是要通过横向扩展（增加更多的服务器），而不是纵向扩展（提升每个节点的服务器性能）。

Hadoop 是 Apache 公司旗下的一个开源项目， 是一个高效的分布式计算平台，由于其可靠性、高效性，以及可以在大量普通计算机集群上部署，被越来越多的企业应用。Hadoop 的兴起，简化了数据海量存储及计算这个难题的研究过程。

1.1.1 信息化项目衍生过程

自 20 世纪 50 年代中期开始，社会形态由工业社会发展到信息社会。信息化（“Informatization”或“Informatisation”）项目应运而生，初期阶段项目主要以计算机为载体，以信息内容、信息技术为主体，信息量不大，只要在个人计算机中记录应用即可。随着网络的发展，信息内容的增加，人们的需求也不断地增加，系统集成（System Integration，SI）成为信息化项目的主体。它通过结构化的综合布线系统和计算机网络技术，将各个分离的设备（如个人计算机）、功能和信息等集成到相互关联的、统一和协调的系统之中，使资源达到充分共享，实现集中、高效、便利的管理。随着数据量的进一步激增，以及互联网的飞速发展，大数据处理与计算成为人们要面临的课题，云应用同时成为主要研究热点。这一衍生过程宏观上可以从项目应用单位规模演进过程及数据规模演进过程来看。

1. 项目应用单位规模演进过程的特征

项目应用单位规模演进过程如图 1-1 所示，完成了从个人应用→办公楼内数据信息共享→城市间数据信息共享→互联网内相关人员数据信息共享的演进过程。

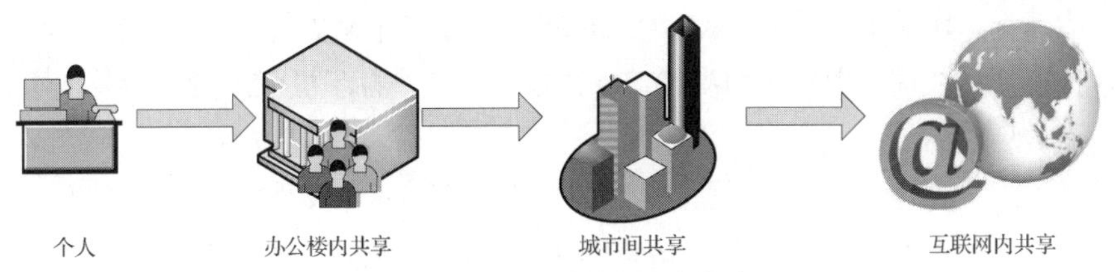

图 1-1　项目应用单位规模演进过程

（1）个人应用：完成纸质办公到电子文档办公的演进过程。典型项目有记事本、Office、WPS 应用。充分体现电子办公文档容量大、易查找、易管理的特征。

（2）办公楼内数据信息共享：完成由传统纸质文件人工办公楼内传递到局域网间信息共享的演进过程。典型项目有域的使用、文件共享。充分体现现代化办公的便捷、工作效率高的特征。

（3）城市间数据信息共享：完成传统城市间办公内容需要电话、传真或者出差期间传递到网间共享的演进过程。此时，网络会议、信息统计等成为项目热点。为企业节省成本，极大提高工作效率。

（4）互联网内相关人员数据信息共享：随着互联网走进千家万户，全民网络完成全球性信息共享目标，随地办公、随地文件查询成为可能。典型项目有网站、OA、QQ 等。充分体现现代化办公的信息共享性、信息智能化的特征。

2. 数据规模演进过程的特征

随着信息化飞速发展，数据规模完成了从单台计算机→单台服务器→服务器集群→云的演进过程。完成数据量单位从原始的 KB 级到 PB 级的飞跃。十进制前缀（SI）数据量单位换算关系如表 1-1 所示。

表 1-1　十进制前缀（SI）数据量单位换算关系

英文名称	中文名称	缩写	次方	换算关系举例
Kilobyte	千字节	KB	10^3	$1KB=10^3B$
Megabyte	兆字节	MB	10^6	$1MB=10^3KB$
Gigabyte	吉字节	GB	10^9	$1GB=10^3MB$
Terabyte	太字节	TB	10^{12}	$1TB=10^3GB$
Petabyte	拍字节	PB	10^{15}	$1PB=10^3TB$
Exabyte	艾字节	EB	10^{18}	$1EB=10^3PB$
Zettabyte	泽字节	ZB	10^{21}	$1ZB=10^3EB$
Yottabyte	尧字节	YB	10^{24}	$1YB=10^3ZB$

数据规模演进过程如图 1-2 所示。

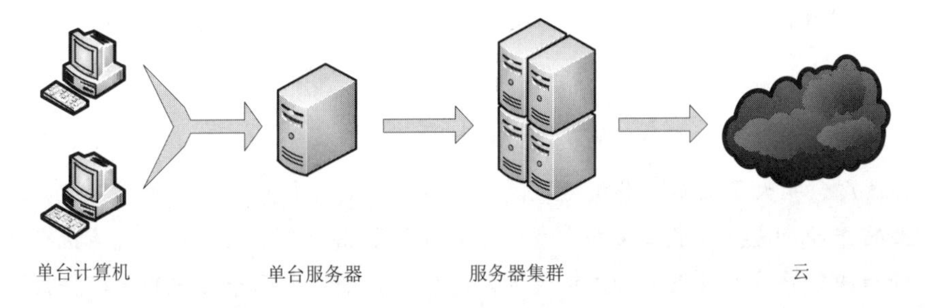

图 1-2　数据规模演进过程

（1）单台计算机：数据量小，完成 KB 至 GB 级单个或多个文件的存储与计算。单台计算机可以快速存储、查找方便、快捷。典型项目有 Office、画图工具、打印机等。主要涉及技术有微机原理、应用软件的使用。

（2）单台服务器：数据量不大，完成 KB 至 GB 级单个或多个文件的存储与计算，主要通过局域网或者互联网完成数据共享，使处于不同地点的员工，可以通过客户端查找员工间需要传递及共享的数据文件。典型项目有网络文件传输、网站等。主要涉及技术有程序应用开发，关系数据库的简单应用，并行、多线程技术。

（3）服务器集群：数据量较大，完成 GB 至 TB 级甚至 PB 级单个或多个文件的存储与计算。在满足客户需求范围内，能处理较大规模数据量的计算。典型项目有系统集成项目、网络会议等。主要涉及技术有程序高级开发，关系数据库、数据仓库、非关系库，并行、多线程、分布式技术，数据分析、挖掘。

（4）云：数据量非常大，完成 TB 至 PB 级甚至更大级别多文件的存储与计算。使信息充分共享，用户按需去云端存取数据，能处理大规模数据的计算与存储。典型项目有淘宝、百度等。主要涉及技术有程序高级开发，关系数据库、数据仓库、非关系库，并行、多线程、分布式技术，数据分析、挖掘。

📖：学习提示

1. 并行计算（Parallel Computing）

传统上，一般的软件设计都是串行式计算。主要体现特征：软件在一台只有一个 CPU 的计算机上运行；问题被分解成离散的指令序列；指令被一条接一条地执行；在任何时间，CPU 上最多只有一条指令在运行。如图 1-3（a）所示，一个问题可以被离散出 4 个小任务，然后被 CPU 一个接一个地执行。如图 1-3（b）所示，一个问题同样被离散出 4 个小任务，然后被多个计算资源（多核 CPU、任意数量的 CPU 用网络连接或者二者的结合）在不同的 CPU 上同时执行。

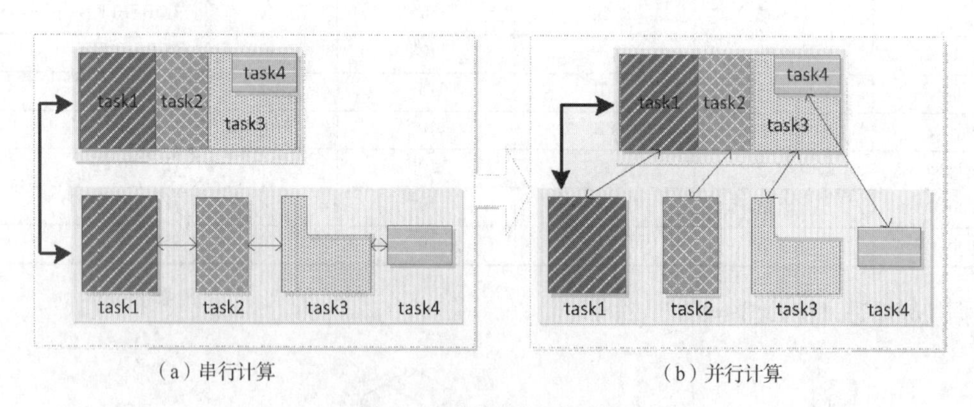

（a）串行计算　　（b）并行计算

图 1-3　串行计算与并行计算

综上，并行计算（也可称平行计算）可以被理解为一种一次可执行多个指令的算法，一定程度上提高了计算速度，扩大了问题求解规模及复杂程度。这种并行可被分为时间上的并行和空间上的并行。时间上的并行就是指流水线技术，空间上的并行则指用多个处理器并发地执行计算。也有人分为数据并行和任务并行。数据并行是把大的数据任务化解成若干个相同的子数据任务，处理起来比任务并行简单。并行计算的主要目的是快速解决大型且复杂的计算问题。

2. 分布式计算（Distributed Computing）

随着信息化项目中数据的飞速增长，一些大任务要求计算机能应付大量的计算工作，此时单机并行计算或多机并行计算尤其对于分散系统（分散系统是一组计算机通过计算机网络相互连接与通信后形成的系统）的计算显示出局限性。分布式计算的核心思想是把需要进行大量计算的工程数据分区成小块，由多台计算机分别计算，再上传运算结果，将结果统一合并，得出数据结论。目前较理想的处理模式如图1-4所示，它将大任务分成等大小的数据块（Block），然后将这些数据块以多副本（防止数据丢失）形式存储在计算机集群的不同机器上，每台机器计算自己分担的小任务（Map过程），计算完成后将结果通过Reduce过程进行最终结果计算，最后输出结果。

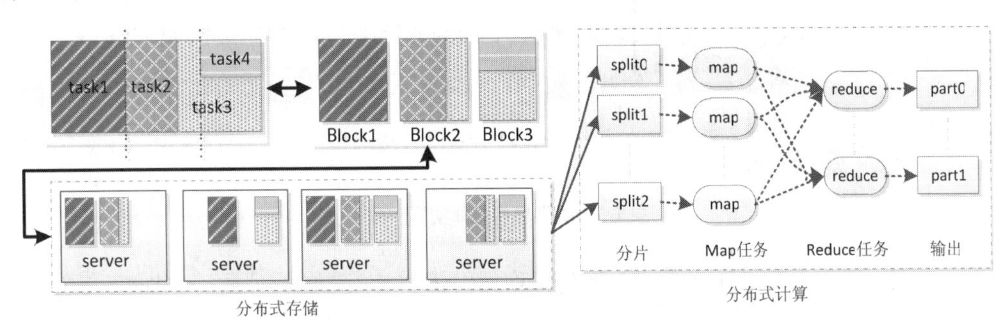

图1-4 分布式计算

与其他算法相比，分布式计算具有以下几个优点。

（1）有多个自主计算实体（Computational Entities），且各自拥有本地存储器，稀有资源可以共享。

（2）计算实体间通过消息传递进行联系。

（3）每台计算机只处理信息的一部分，但整个分布式系统需要容纳个体计算机返回的错误。

（4）通过分布式计算，可以在多台计算机上平衡计算负载。

3. 并行计算与分布式计算的异同

（1）相似点：运用并行来获得更高性能，化大任务为小任务。

（2）不同点。

① 内存分配不同。并行计算中，所有的处理器共享内存，共享的内存可以让多个处理器彼此交换信息；在分布式计算中，每个处理器都有其独享的内存，数据交换通过处理器传递信息完成。

② 工作原理不同。并行程序并行处理的任务包之间联系紧密，且每一个任务块都是必要的、需要处理的，而且计算结果相互影响，要求每个计算结果绝对正确；分布式的任务包互相之间有独立性，上一个任务包的结果未返回或者结果处理错误，对下一个任务包的处理几乎没有什么影响。因此，分布式的实时性要求不高，而且允许存在计算错误。

1.1.2 Hadoop产生过程

探讨Hadoop产生前，先介绍一下软件项目总体实施流程，进而介绍Hadoop产品产生的必然性及选择Hadoop产品的原因。

软件项目总体实施流程如图1-5所示。

（1）启动阶段：此阶段处于整个项目实施工作的最前期，双方签订项目合同后，成立项目组、编制总体项目计划、召开启动会。

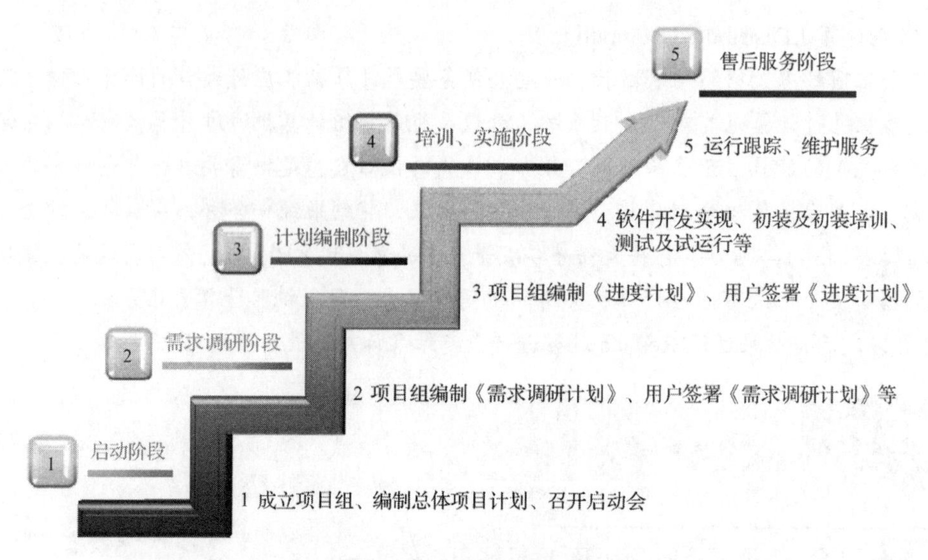

图 1-5　软件项目总体实施流程

（2）需求调研阶段：整个调研阶段主要包括项目组编制《需求调研计划》、用户签署《需求调研计划》、项目组进行需求调研、编写《需求分析报告》、用户确认《需求分析报告》。

（3）计划编制阶段：项目组编制《进度计划》、用户签署《进度计划》。主要包括软件实现（项目化开发）、初装及初装培训、测试及试运行、验收等。

（4）培训、实施阶段：此阶段主要完成的工作有软件开发实现、初装及初装培训、测试及试运行、验收、项目质量跟踪管理、项目沟通管理。

（5）售后服务阶段：产品正式上线运行、验收结束后，公司将提供一定时期的软件运行跟踪和免费维护服务。双方可以根据具体情况签订《售后服务协议》。

这 5 个阶段相辅相成，逐层递进，不管哪一阶段出现问题或者瑕疵，都将对项目后续工作造成不好的影响，甚至产生软件危机。软件危机产生的原因如图 1-6 所示。

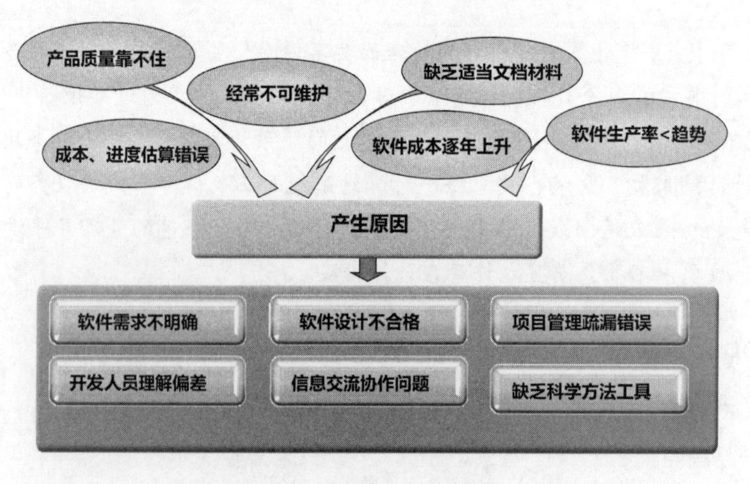

图 1-6　软件危机产生的原因

为了尽量避免软件危机出现，需要项目相关人员精通、明确自己职责内需要掌握的技术，用最正确的技术完成最合适的任务。然而最好的技术需要企业付出昂贵的费用，所以相关人员在精通技术的同时，掌握好技术应用的深度成了最重要的事情。进一步探讨这个问题前，先介绍一下成功地打造一个软件项目，大体需要考虑的 7 个要素。

（1）项目成本：付出较低的开发成本，做出好的项目。

（2）软件功能：满足客户的基本需求。

（3）软件性能：响应时间快，支持用户并发数多，事务成功率高等良好软件性能。

（4）易于移植：满足低耦合高内聚软件框架结构，项目易于扩展。

（5）任务完成及时：有计划性地按时或者尽量提前完成里程碑性的开发任务。

（6）软件交付：有计划性地或者提前充分保证质量地完成用户的软件交付任务。

（7）软件可靠性：可靠性高，即在给定时间内，特定环境下软件无错运行的概率高。

假设：现在有一个大数据的项目，使用者达到 1000 万人，并发访问数达到 1000 人以上，存储的数据结构涉及结构化数据、半结构化数据、非结构化数据。需要我们建设的平台具备 3000 个计算节点以上的系统管理能力，实际部署规模不少于 200 个计算节点，支持实时服务计量。存储容量达到 10PB 以上，系统可靠性不低于 99.99%。建设这样的项目，从软件开发角度需要考虑如下几个问题。

（1）数据如何被均匀地存储在多台机器上，服务器负载是否均衡？

（2）如何安排机器的位置？处于同一机架还是不同机架？处于同一网段还是不同网段？

（3）如何让多台机器分工合理、明确地一起来计算完成同一个大任务？

（4）怎么维护这样一个大集群？

（5）怎么配备技术人员及硬件设备，以达到尽量高的性价比？

这些问题及其所涉及的技术，如果一样一样从零基础开始运作，无疑成本高、风险大、代价大。公司一般更愿意考虑具有一定基础的分布式存储、分布式计算功能的框架来辅助做这件事。这样做有以下几个好处。

（1）节省人力成本：分布式存储与分布式计算框架对人的要求过高，人力成本过高，而且这样的人才也不好找，用现成的框架尤其是市场已经认可的框架，对人的技术要求会降低，通用性也强，会大大降低人力成本。

（2）节省开发维护成本：框架如果出自某一公司如 Oracle，出现问题时，支出很少的费用就会有专业的团队来解决问题。出自开源的框架，如果有可以参考的成功案例及可以一起探讨的活跃社区，就可以酌情考虑，如 Spring 框架。

能够实现这样一个大型项目的产品，国内目前炒得很火的是 Hadoop。只要涉及大数据、云等数据量较大的项目，互联网公司、通信公司、物联网公司等，目前为止，大多愿意选择 Hadoop 作为大数据的解决方案。总结起来大体有 4 个方面的原因。

（1）Hadoop 框架开源（免费）。任何人都可以在官网上下载 Hadoop 框架的源码，而且可以方便地在 Hadoop 源码的基础上进行二次开发。相对来说，微软的 SQL Server、甲骨文的 Oracle，有任何更改时，用户都需要找商家通过消费更改、维护产品，用户看不到代码，一切行为只能依赖商家的技术水平。

（2）Hadoop 框架具备分布式存储和计算的核心功能。Hadoop 框架满足将各种形式（结构化、半结构化、非结构化）数据以多副本形式均匀地分布在各服务节点上，同时满足各节点分布式计算功能，可以说它包括数据的收集、存储、计算等方方面面的功能，通过 Hadoop 框架开发，大大降低对人的技术要求，同时降低了项目的人力成本。

（3）社区活跃、参与者众多。虽然 Hadoop 出现时间不长，处于生长期，版本更换频繁，但参与者众多，容易发现 BUG，消除 BUG 的速度非常令人满意，比较容易探寻问题答案。

（4）企业成功验证。许多大公司如淘宝、百度等已经在大数据环境下使用了 Hadoop，事实证明：产品框架合理、可用，安全性、可靠性很高。

说起 Hadoop，最初是由 Apache Lucene 创始人 Doug Cutting 创建的，起源于开源的网络搜索引擎 Apache Nutch（Lucene 的子项目），目的是提供低成本应用广泛的文本搜索系统库。但开发者认为其架构仍然不够灵活。Nutch 开发人员于 2003 年参考了 Google 的 GFS 论文，在 HDFS 上得到启发，2005 年参考 Google 的 MapReduce 论文，实现了分布式的计算框架 MapReduce。2006 年 2 月，HDFS 和 MapReduce 独立成为 Lucene 的一个子项目，被命名为 Hadoop。2008 年 1 月，Hadoop 升级成为 Apache 的顶级项目。

1.1.3 Hadoop 成功案例介绍

目前，Hadoop 在很多公司（如华为、淘宝、百度、雅虎、Facebook、eBay 等）得到成功应用。其中，华为从 2009 年开始，在大数据领域投入了大量的资金和人力进行研发，2011 年，华为大数据解决方案横空出世，最初被命名为 Galax HD，2013 年被改名为 FusionInsight Hadoop。FusionInsight 是完全开放的大数据平台，可运行在任意标准的 x86 服务器上，无需任何专用的硬件或存储，并针对金融、运营商等数据密集型行业的运行维护、应用开发等需求，打造了高可靠、高安全、易使用的运行维护系统和全量数据建模中间件，让企业可以更快、更准、更稳地从各类繁杂无序的海量数据中发现价值。

1.2 Hadoop 与云计算的关系

在谈到 Hadoop 时，都会提到云计算这个概念，人们也时常混淆这两个概念。其实 Hadoop 是 Apache 旗下的一款开源软件，它实现了包括分布式文件系统 HDFS 和 MapReduce 框架在内的云计算软件平台的基础架构，并且在其上整合了数据库、云计算管理、数据仓储等一系列平台。云计算是一种基于互联网的计算，在其中共享的资源、软件和信息以一种按需的方式提供给计算机和设备。可见，Hadoop 不等于云计算，Hadoop 是一种技术的实现，而云计算更偏重于业务的建设。更具体一点来讲，Hadoop 这款产品的技术实现，体现了云计算体系中的一部分功能的应用技术架构。

1.2.1 什么是云计算

1. 云计算的定义

在百度百科中，由“科普中国”百科科学词条编写与应用工作项目审核通过的“云计算”的词条（2017 年 2 月）将云计算（Cloud Computing）解释为“基于互联网的相关服务的增加、使用和交付模式，通常涉及通过互联网来提供动态易扩展且经常是虚拟化的资源”。

在维基百科中，截至 2010 年 7 月，“云计算”的词条被表述为一种基于互联网的计算，在其中共享的资源、软件和信息以一种按需的方式提供给计算机和设备，就如同日常生活中的电网一样。

除此之外，学术界的美国国家标准和技术研究院（NIST）、美国加州大学伯克利分校（UC Berkeley），企业界的 Gartner、高德纳公司、Google、IBM，以及 Google 中国前总裁李开复、云计算专家刘鹏等对“云计算”这个名词也提出了相应定义的描述方式，这里不再详述。

2. 云计算的分类

专业的 IT 名词百科 Whatis.com 援引来自 SearchCloudComputing.com 的定义，广义地将云计算解释为一切能够通过互联网提供的服务，这些服务被划分为 3 个层次：基础架构即服务（Infrastructure as a Service，IaaS），平台即服务（Platform as a Service，Paas），以及软件即服务（Software as a Service，SaaS）。

🕮：学习提示

IaaS（Infrastructure as a Service）：基础设施即服务。消费者可以通过 Internet 从完善的计算机基础设施获得服务。Iaas 通过网络向用户提供计算机（物理机和虚拟机）、存储空间、网络连接、负载均衡和防火墙等基本计算资源；用户在此基础上部署和运行各种软件，包括操作系统和应用程序等。

PaaS（Platform as a Service）：平台即服务。PaaS 是将软件研发的平台作为一种服务，以 SaaS 的模式提交给用户。平台通常包括操作系统、编程语言的运行环境、数据库和 Web 服务器等，用户可以在平台上部署和运行自己的应用。通常而言，用户不能管理和控制底层的基础设施，只能控制自己部署的应用。

SaaS（Software as a Service）：软件即服务。它是一种通过 Internet 提供软件的模式，用户不需要购买软件，而是向提供商租用基于 Web 的软件，来管理企业经营活动。云提供商在云端安装和运行应用软件，云用户通过云客户端（如 Web 浏览器）使用软件。

《云计算标准化白皮书》按云计算部署模式分为 4 类，即公有云、私有云、社区云和混合云。

🕮：学习提示

公有云（Public Cloud）：云基础设施对公众或某个很大的业界群组提供云服务。

私有云（Private Cloud）：云基础设施特定为某个组织运行服务，可以由该组织或某个第三方负责管理，可以是场内服务，也可以是场外服务。

社区云（Community Cloud）：云基础设施由若干个组织分享，以支持某个特定的社区。社区是指有共同诉求和追求（如使命、安全要求、政策或合规性考虑等）的团体。和私有云类似，社区云可以由该组织或某个第三方负责管理，可以是场内服务，也可以是场外服务。

混合云（Mixed Cloud）：云基础设施由两个或多个云（私有云、社区云或公有云）组成，独立存在，但是通过标准的或私有的技术绑定在一起，这些技术可促成数据和应用的可移植性（如用于云之间负载分担的 Cloud Bursting 技术）。

Salesforce.com 认为云计算是一种更友好的业务运行模式。在这种模式中，用户的应用程序运行在共享的数据中心中，用户只需要通过登录和个性化定制，就可以使用这些数据中心的应用程序。这种模式的核心原则是：硬件和软件都是资源并被封装为服务，用户可以通过网络按需访问和使用。

1.2.2 云计算演进历史

2006 年 8 月 9 日，Google 首席执行官埃里克·施密特（Eric Schmidt）在搜索引擎大会（SES San Jose 2006）首次提出“云计算”（Cloud Computing）的概念。可以说，云计算是继 20 世纪 80 年代大型计算机到客户端-服务器的大转变之后的又一种巨变。

1. 技术发展推动

从技术上讲，随着芯片技术、硬件技术的不断发展，计算机存储能力越来越大，计算能力越来越强。虚拟化技术的发展，使物理服务资源应用越来越充分，管理起来越来越方便。网络技术的发展，成为云计算产生的原动力。从另一角度讲，网格计算、分布式计算、并行计算、效用计算、网络存储、虚拟化、负载均衡等传统计算机技术和网络技术的发展，促使人们的需求模式不断丰富，互联网提供软件的服务模式得到人们的青睐，这些都推动了云计算技术的产生与发展。

2. 国际标准化组织、协会推动

从国际推动来讲，2008 年以来，国际上共有 33 个标准化组织和协会从各个角度开展云计算标准化工作。按照标准化组织的覆盖范围对 33 个标准化组织进行分类，结果如表 1-2（表引自中国电子技术标准化研究院《云计算标准化白皮书 V3.0》）所示。

表 1-2　33 个标准化组织和协会分类表

序号	标准化组织和协会	个数	覆盖范围
1	ISO/IEC JTC1 SC7、SC27、SC38、SC39、ITU-T SG13	5	国际标准化组织
2	DMTF、CSA、OGF、SNIA、OCC、OASIS、TOG、ARTS、IEEE、CCIF、OCM、Cloud Use Case、A6、OMG、IETF、TM Forum、ATIS、ODCA、CSCC	19	国际标准化协会
3	ETSI、Eurocloud、ENISA	3	欧洲
4	GICTF、ACCA、CCF、KCSA、CSRT	5	亚洲
5	NIST	1	美洲

参与云计算标准化工作的国外标准化组织和协会呈现以下特点。

（1）三大国际标准化组织 ISO、IEC 和 ITU 从多角度开展云计算标准化工作。

（2）知名标准化组织和协会（包括 DMTF、SNIA、OASIS 等），在其已有标准化工作的基础上，积极开展云计算标准研制。

（3）新兴标准化组织和协会（包括 CSA、CSCC、Cloud Use Case 等），正有序开展云计算标准化工作。

同时，许多国家把云计算定为国家的支撑或重点发展产业。例如，美国通过强制政府采购和指定技术架构来推进云计算技术进步和产业落地发展。欧盟委员会在 2012 年 9 月启动“释放欧洲云计算潜力”的战略计划。英国政府在 2013 年为 13 个研发项目拨款 500 万英镑，以应对阻碍云计算应用的商业和技术挑战。同一时期澳大利亚、韩国等国家也发布了相关的文件及计划，推动云计算产业的发展。

3. 国内云计算发展工作驱动

我国与云计算相关的标准化工作自 2008 年底开始被科研机构、行业协会及企业关注，云计算相关的联盟及标准组织在全国范围内迅速发展。我国的云计算标准化工作从起步阶段就进入了切实推进的快速发展阶段。2012 年 5 月，工业和信息化部（以下简称“工信部”）发布《通信业“十二五”

发展规划》，将云计算定位为构建国家级信息基础设施、实现融合创新的关键技术和重点发展方向。同年9月，科技部发布首个部级云计算专项规划《中国云科技发展“十二五”专项规划》，对于加快云计算技术创新和产业发展具有重要意义。国家发改委、工信部将北京、上海、深圳、杭州、无锡、哈尔滨确定为国家云计算服务创新发展试点城市。2013年8月，工信部组织国内产、学、研、用各界专家代表，开展了云计算综合标准化体系建设工作，对我国云计算标准化工作进行战略规划和整体布局，并梳理出我国云计算生态系统。

4. 社会需求推动

随着网络技术飞速发展，网络已经走入千家万户，网络购物、网络电视、网络通信、网络办公已经是稀松平常的事情。人们对于共享资源的应用，越来越喜爱，其成本低、运用便捷的特点，更进一步推动了“云”的发展。国内外一些企业在云技术上已经得到成功的应用。

亚马逊网络服务（AWS）推出了桌面即服务（DaaS）WorkSpaces，进一步扩展其云生态系统。每个桌面都需要CPU、内存、存储、网络及GPU，而AWS提供了这些资源。思科与VMware合作推出DaaS产品，该产品利用思科Validated Design框架整合VMware收购的Deskone技术为用户提供VDI服务。微软在2013年推出Cloud OS云操作系统。IBM在2013年推出基于OpenStack和其他现有云标准的私有云服务。甲骨文公司宣布成为OpenStack基金会赞助商，计划将OpenStack云管理组件集成到Oracle Solaris、Oracle Linux、Oracle VM、Oracle虚拟计算设备、Oracle IaaS、Oracle ZS3系列、Axiom存储系统和StorageTek磁带系统中。惠普在2013年推出基于惠普HAVEn大数据分析平台的新的基于云的分析服务。苹果公司在2011年推出了在线存储云服务iCloud。2013年8月，戴尔公司云客户端计算产品组合全新推出Dell Wyse ThinOS 8固件和Dell Wyse D10D云计算客户端。依托Dell Wyse，戴尔可为使用Citrix、微软、VMware和戴尔软件的企业提供各类安全、可管理、高性能的端到端桌面虚拟化解决方案。美国AT&T公司为企业提供了可按需灵活配置的云计算服务，可根据用户需求对安全、控制和性能进行组合配置，包括以服务的形式提供平台或计算能力、虚拟化等。

国内一些企业在云计算方面得到长足进展。例如华为公司提出弹性云计算的理念，它的弹性云服务器（Elastic Cloud Server）是一种可随时自助获取、可弹性伸缩的云服务器，帮助用户打造可靠、安全、灵活、高效的应用环境，确保服务持久稳定运行，提升运维效率。其中比较知名的MRS（MapReduce Service）提供租户完全可控的企业级大数据集群云服务，轻松运行Hadoop、Spark、HBase、Kafka、Storm等大数据组件。它的客户价值表现在如下4个方面：一是按需使用，存储和计算分离，计算资源使用结束之后可以释放，节省90%成本；二是入门简单，具有界面友好的Web管理控制台，只需用户简单单击几个按钮即可完成，大幅降低了对维护人员的技能要求门槛；三是即买即用，用户不需要购买安装服务器、手工部署和调优Hadoop，只需登录华为云，花几分钟按需订购，即可开通Hadoop云服务；四是稳定可靠，服务可用性高（99.9%），一旦主服务器出现故障，可以分钟级自动切换到备份服务器上；端到端权限管理，提供数据加密安全方案。

此外，国内的曙光公司、NVIDIA公司、思杰公司在2014年1月合作推出“云图”（W760-G10），解决了GPU硬件虚拟化的技术难题。阿里云的“飞天”，百度的开放云计算平台，浪潮集团在媒体、教育云等应用上的云计算整体解决方案，腾讯公司的云生态系统构建，中国移动在2013年发布的“大云”2.5版本，还有华云数据、易云捷讯等在云计算方面都有成功的应用。

1.2.3 云计算相关技术介绍

下面以一个典型的云技术架构为例，进一步介绍云计算的相关技术。

如图 1-7 所示，“数据来源”层展示了用户要查询数据的出处，有文本数据、数据库数据、网页数据、图片数据、视频数据、影像数据等，从结构上来讲有结构化数据、半结构化数据、非结构化数据，从方式上来讲是同源异构的数据等。通过 IaaS 层，云计算平台透过防火墙通过连接将数据安全、均衡地存储在物理资源上。通过 PaaS 层，用户通过自己的部署及应用程序，实现了从均匀分布的存储集群中查询数据进行并行计算，提供面向用户需要的有用信息。通过 SaaS 层，用户通过提供商获取权限，依据自己的业务要求，管理自己的应用信息，如通过个人权限去商务云资源中查询与自己相关的商务信息。这些商务信息可以以图、表、邮件等形式展示。

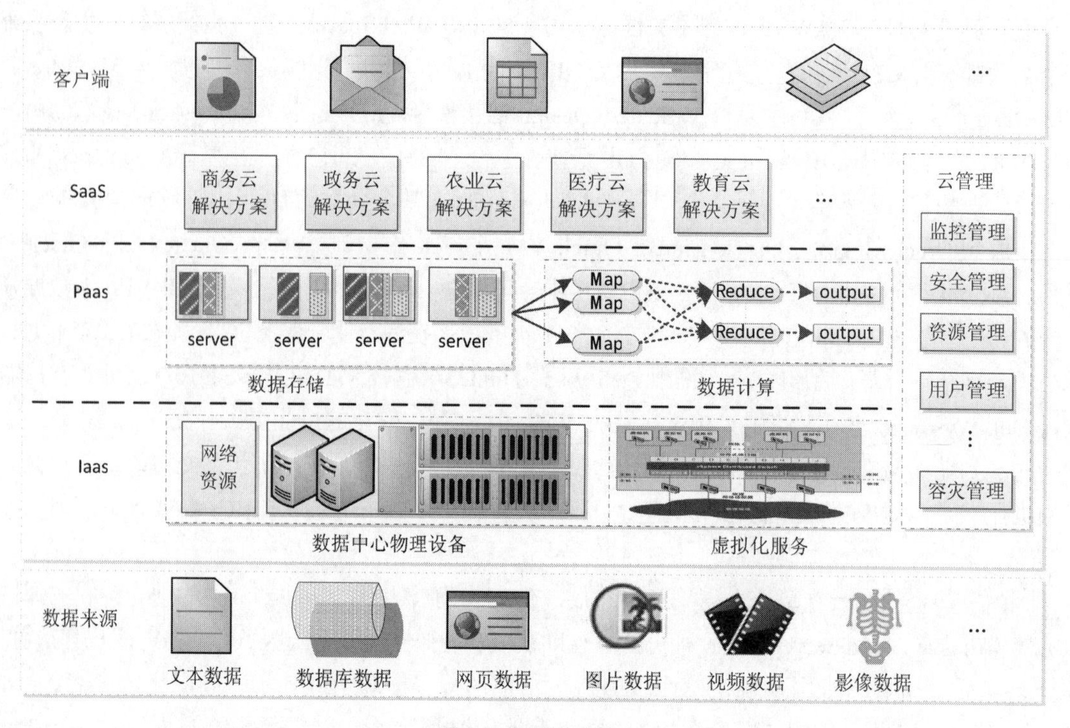

图 1-7 云架构层次

可以这样讲，云计算就是一种可以存储共享数据及用户应用程序的公用资源的模式，用户只需通过登录和个性化定制，即可使用这些数据中心的应用程序。也有组织讲云计算（Cloud Computing）是分布式计算（Distributed Computing）、并行计算（Parallel Computing）、效用计算（Utility Computing）、网络存储（Network Storage Technologies）、虚拟化（Virtualization）、负载均衡（Load Balance）、热备份冗余（High Available）等传统计算机和网络技术发展融合的产物。

1.2.4 Hadoop 在云项目中扮演的角色

云计算借助 IaaS、PaaS、SaaS 等业务模式，把强大的计算能力提供给终端用户。Hadoop 主要解决的是分布存储、分布式计算的问题，是云计算的 PaaS 层的解决方案之一，但不等同于 PaaS。

1.3 Hadoop 与大数据的关系

工业和信息化部信息化和软件服务业司、国家标准化管理委员会工业二部 2015 年 12 月发布的《大数据标准化白皮书 V2.0》中记载，甲骨文、IBM、微软、SAP、惠普等公司在数据管理和分析领域的投入已经超过 150 亿美元。大数据对社会各方面产生更重要的作用：改变经济社会管理方式，促进行业融合发展，推动产业转型升级，助力智慧城市建设，创新商业模式，改变科学研究的方法论。大数据产业链如图 1-8 所示（图参考自《大数据标准化白皮书 V2.0》）。

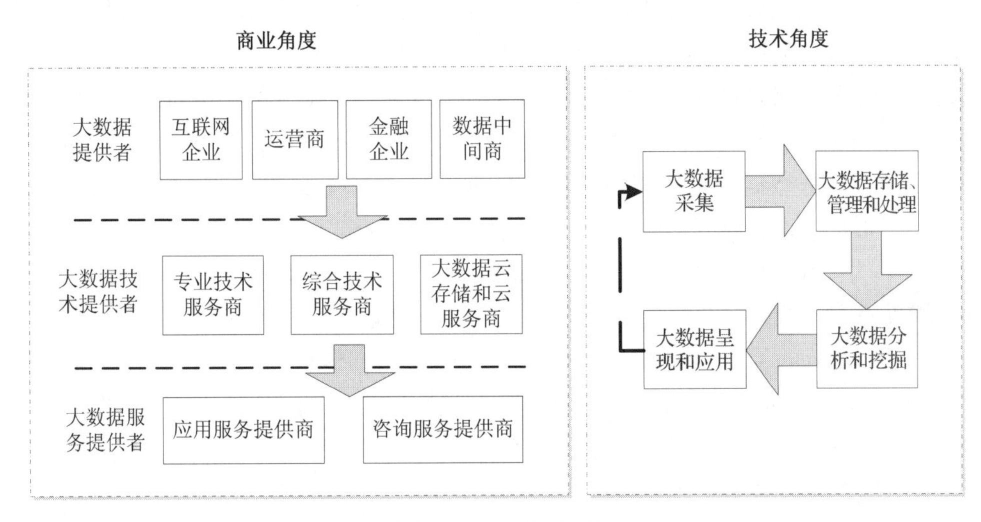

图 1-8 大数据产业链

1. 从商业角度分析大数据产业链

大数据（提供）者：拥有数据的公司，此类公司属于大数据产业链上的第一个环节。

大数据技术提供者：提供大数据技术的供应商或者提供大数据分析技术的公司。

大数据服务提供者：挖掘数据价值的大数据应用公司。

2. 从技术角度分析大数据产业链

大数据采集：此类公司收集和掌握着用户的各种数据，这些数据将逐渐成为这些公司的重要资源。

大数据存储、管理和处理：此类公司从大量数据中挑选出有用数据，并对采集到的数据进行传输、存储和管理。

大数据分析和挖掘：此类公司根据上游企业的需求，对相关数据进行定制化的分析。

大数据呈现和应用：此类公司将分析得到的数据进行可视化，结合相关专业知识和商业背景，揭示分析结果所反映的相关行业问题，并将相关数据应用于行业中，以开发更大的市场。

1.3.1 什么是大数据

早在 1980 年，著名未来学家阿尔文·托夫勒就提出大数据的概念。2009 年，美国互联网数据中心提出大数据时代已来临。随着谷歌 MapReduce 和 Google File System（GFS）的发布，大数据不再仅用来描述大量的数据，还涵盖了处理数据的速度。《大数据标准化白皮书 V2.0》记载了不同研究机构、公司从不同角度对于大数据的定义诠释。

2011 年，美国著名的咨询公司麦肯锡（Mckinsey）在研究报告《大数据的下一个前沿：创新、竞争和生产力》中给出了大数据的定义：大数据是指大小超出了典型数据库软件工具收集、存储、管理和分析能力的数据集。Gartner 认为：大数据是需要新处理模式才能具有更强的决策力、洞察发现力和流程优化能力的海量、高增长率和多样化的信息资产。

美国国家标准技术研究所（National Institute of Standards and Technology，NIST）的大数据工作组在《大数据：定义和分类》中认为：大数据是指那些传统数据架构无法有效地处理的新数据集。因此，采用新的架构来高效率完成数据处理，这些数据集的特征包括容量、数据类型的多样性，多个领域数据的差异性，数据的动态特征（速度或流动率，可变性）。

维基百科给出的定义是：大数据或称巨量数据、海量数据、大资料，指的是所涉及的数据量规模巨大到无法通过人工在合理时间内达到截取、管理、处理并整理成为人类所能解读的信息。百度百科给出的定义是：大数据或称巨量资料，指的是所涉及的资料量规模巨大到无法通过目前主流软件工具，在合理时间内达到提取、管理、处理并整理成为帮助企业经营决策的信息。

国内普遍认为：大数据是具有数量巨大、来源多样、生成极快且多变等特征，难以用传统数据体系结构有效处理的包含大量数据集的数据。它具有如下特征。

（1）多样性（Variety）：除了结构化数据外，大数据还包括各类非结构化数据（如文本、音频、视频、文件记录等），以及半结构化数据（如电子邮件、办公处理文档等）。

（2）速度快（Velocity）：通常具有时效性，企业只有把握好对数据流的掌控应用，才能最大化地挖掘利用大数据所潜藏的商业价值。

（3）数据量大（Volume）：虽然对各大数据量的统计和预测结果并不完全相同，但是都一致认为数据量将急剧增长。

（4）价值密度低（Value）：可以从海量价值密度低的数据中挖掘出具有高价值的数据。这一特性突出表现了大数据的本质是获取数据价值，关键在于商业价值，即如何有效利用好这些数据。

阿姆斯特丹大学的 Yuri Demchenko 等人提出了大数据体系架构的 5V 特征，如图 1-9（图来自《大数据标准化白皮书 V2.0》）所示，它在上述 4V 的基础上，增加了真实性（Veracity）特征。

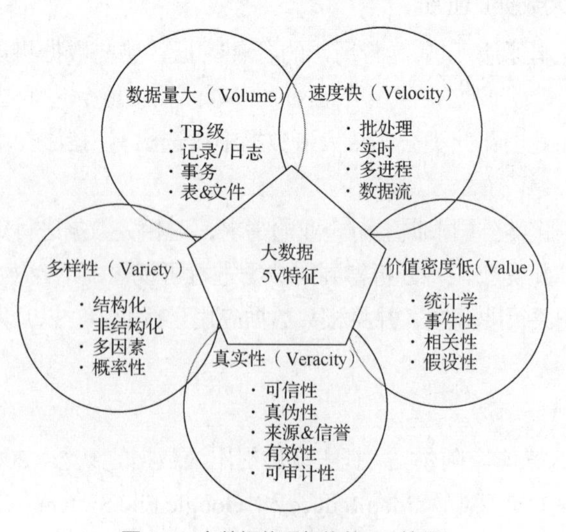

图 1-9　大数据体系架构的 5V 特征

1.3.2 大数据的存储结构

分布式存储与访问是大数据存储的关键技术，它具有经济、高效、容错好等特点。分布式存储技术与数据存储介质的类型和数据的组织管理形式直接相关。目前的主要数据存储介质类型包括内存、磁盘、磁带等；主要数据组织管理形式包括按行组织、按列组织、按键值组织和按关系组织；主要数据组织管理层次包括按块级组织、按文件级组织及按数据库级组织等。

分布式文件系统是由多个网络节点组成的向上层应用提供统一的文件服务的文件系统。分布式文件系统中的每个节点可以分布在不同的地点，通过网络进行节点间的通信和数据传输。分布式文件系统中的文件在物理上可能被分散存储在不同的节点上，在逻辑上仍然是一个完整的文件。使用分布式文件系统时，不需要关心数据存储在哪个节点上，只需像本地文件系统一样管理和存储文件系统的数据。

文档存储支持对结构化数据的访问，不同于关系模型的是，文档存储没有强制的架构。事实上，文档存储以封包键值对的方式进行存储。

列式存储将数据按行排序，按列存储，将相同字段的数据作为一个列族来聚合存储。当只查询少数列族数据时，列式数据库可以减少读取数据量，减少数据装载和读入读出的时间，提高数据处理效率。按列存储还可以承载更大的数据量，获得高效的垂直数据压缩能力，降低数据存储的开销。

键值存储即 Key-Value 存储，简称 KV 存储，是 NoSQL 存储的一种方式。它的数据按照键值对的形式进行组织、索引和存储。KV 存储非常适合不涉及过多数据关系和业务关系的业务数据，同时能有效减少读写磁盘的次数。

图形数据库主要用于存储事物及事物之间的相关关系，这些事物整体上呈现复杂的网络关系。

关系模型是最传统的数据存储模型，它使用记录（由元组组成）按行进行存储，记录存储在表中，表由架构界定。表中的每个列都有名称和类型，表中的所有记录都要符合表的定义。

内存存储是指内存数据库（MMDB）将数据库的工作版本放在内存中，由于数据库的操作都在内存中进行，因而磁盘 I/O 不再是性能瓶颈，内存数据库系统的设计目标是提高数据库的效率和存储空间的利用率。内存存储的核心是内存存储管理模块，其管理策略的优劣直接关系到内存数据库系统的性能。

1.3.3 大数据的计算模式

分布式数据处理技术一方面与分布式存储形式直接相关，另一方面也与业务数据的温度类型（冷数据、热数据）相关。目前主要的数据处理计算模型包括 MapReduce 计算模型、DAG 计算模型、BSP 计算模型等。

MapReduce 是一个高性能的批处理分布式计算框架，用于对海量数据进行并行分析和处理。与传统数据库和分析技术相比，MapReduce 适合处理各种类型的数据，包括结构化、半结构化和非结构化数据，并且可以处理数据量为 TB 和 PB 级别的超大规模数据。Hadoop 实现的 MapReduce 开源框架是这种技术的代表。

分布式共享内存进行计算，可以有效地减少数据读写和移动的开销，极大地提高数据处理的性能。支持基于内存的数据计算、兼容多种分布式计算框架的通用计算平台，是大数据领域所必需的重要关键技术。Spark 是这种技术的开源实现代表。

大数据的实时处理是一个很有挑战性的工作，数据流本身具有持续到达、速度快且规模巨大等特点，所以需要分布式的流计算技术对数据流进行实时处理。Storm 是这种技术的开源实现代表。

1.3.4 Hadoop 在大数据中扮演的角色

云计算是一种可供用户进行个性化定制的、可以存储共享数据及用户应用程序的公用资源的模式。Hadoop 在这种资源模式下，成为云计算的 PaaS 层的解决方案之一。大数据强调的是当数据量规模巨大到无法通过人工在合理时间内正确解读、处理数据信息时，采取的高效处理技术。Hadoop 是 Apache 的一个开源项目，它是一个对大量数据进行分布式处理的软件架构，框架最核心的设计就是：为海量的数据提供了存储的 HDFS 技术，以及为海量的数据提供了计算的 MapReduce 技术。它具有低成本、高可靠性、高吞吐量的特点。尤其在数据仓库方面，Hadoop 是非常强大的，但在数据集市及实时的分析展现层面，Hadoop 也有着明显的不足。

因此，可以把 Hadoop 理解为大数据技术中的一种解决方案的软件架构，它的出现极大地降低了大数据项目的研究实现对人的要求。同时，国内一些企业也在它的基础上发展了更加完善的产品，如华为的 FusionInsight，它是基于 Apache 开源社区的、以 Hadoop 为核心的软件，进行功能增强的企业级大数据存储、查询和分析的统一平台。它以海量数据处理引擎和实时数据处理引擎为核心，并针对金融、运营商等数据密集型行业的运行维护、应用开发等需求，打造了敏捷、智慧、可信的平台软件、建模中间件及 OM 系统，让企业可以更快、更准、更稳地从各类繁杂无序的海量数据中发现全新价值点和企业商机。阿里巴巴、百度等知名公司都基于 Hadoop 在云项目及大数据项目上进行了应用。

1.4 学习 Hadoop 需要具备的知识基础

学习 Hadoop，需要具备以下知识。

1. 必备 Java 语言基础知识

Hadoop 是由 Java 编写的，虽然能支持多语言编程，但 Java 是母语，MapReduce 用 Java 来写也最地道。此外，Hadoop 产品对用户都不同程度地留下了二次开发的接口，可以满足用户自定义开发的功能需求。所以扎实的 Java 语言功底必不可少。

2. 必备 Linux 基础知识

目前，基于 Linux 平台搭建 Hadoop，是非常规范且流行的模式。所以，需要了解 Linux 下的常用操作。主要需要掌握的知识点如下。

（1）熟练操作 Linux 常用命令：配置、操作文档时需要用到。

（2）网络配置：分布式平台间通信需要用到。

（3）熟悉用户及权限管理操作：平台中节点间数据访问权限配置需要用到。

（4）熟悉软件包及系统命令管理：软件包安装与部署时需要用到。

（5）简单 Shell 编程：文件操作、查询等需要用到。

3. 有必要了解虚拟机基本应用知识

虽然一个节点搭建 Hadoop 也能进行编程的学习，但为了更好地了解 Hadoop 应用，至少需要 3 个节点进行分布式搭建。3 个节点机可以以实体机搭建，这样不涉及虚拟化知识的应用，但很少人能拥有这样的实验环境，而且携带、维护都不方便。通常的做法是将 3 个节点以虚拟机的形式搭建在自己的笔记本中或者实验机中，以方便学习。同时，企业基本上都是以虚拟机的形式来搭建与管理 Hadoop 平台。因此，掌握基本的虚拟化应用知识非常重要，至少要掌握如下知识点。

（1）建立虚拟机。

（2）虚拟机下 Linux 操作系统的安装与复制安装。

（3）虚拟机网络配置与访问。

1.5 学习 Hadoop 需要的实验环境

学习 Hadoop 需要的实验环境如下。

单节点搭建环境：一台 4GB 内存、500GB 硬盘的机器即可。

分布式搭建环境：一台 8GB 内存、500GB 硬盘、主板尽量好的机器即可。

笔者机器配置：Intel Core i5，8GB 内存（4GB 原带，外加一个 4GB 原厂内存条），Y470 的 Lenovo 笔记本。

1.6 Hadoop 的用途

学习完本书，读者能够独立地搭建 Hadoop 开发环境的实验平台，具有依据业务进行基本 HDFS 操作和 MapReduce 编程的能力，能对较重要的接口进行源码阅读及程序的二次开发，掌握基本的 HBase、Hive 的实验环境搭建及开发过程。可以用一张图来说明企业用人需求，如图 1-10 所示。

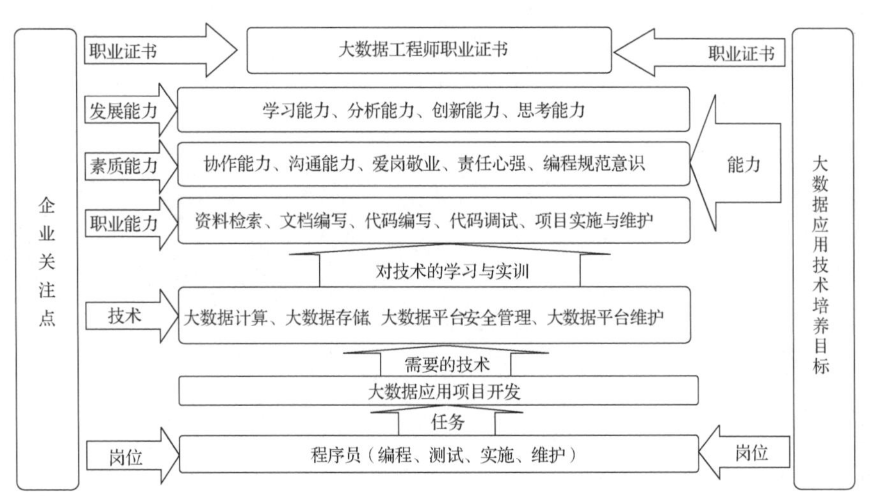

图 1-10 企业用人需求

1.7 小结

本章简要地介绍了项目的开发过程，以及 Hadoop 在当今较热门的项目（云计算及大数据）中的地位。同时介绍学习的实验环境及企业的用人需求，希望读者能有的放矢地学习，为后面的学习过程打开思路，将知识与实践结合，最终达到学有所用的目的。

02

第2章　Hadoop基础知识

【内容概述】

本章主要从整体架构上和发展趋势上来介绍 Hadoop，主要包括 Hadoop 生态系统特点、Hadoop 构成及基本工作原理、Hadoop 运行实践。分别对 Hadoop 生态系统中各子项目内容，Hadoop 版本演化的过程、组成及核心组件的工作原理进行了简要的介绍。

【知识要点】

- 了解 Hadoop 版本演化情况及生态系统的特点
- 掌握 Hadoop 版本演化过程
- 掌握 HDFS、MapReduce、YARN 工作原理

2.1　Hadoop简介

Apache Hadoop是一款稳定的、可扩展的、可用于分布式计算的开源软件。它的软件类库是一个允许使用简单编程模型实现跨越计算机集群进行分布式大型数据集处理的框架。它的设计可以从单台服务器扩展到数千台机器，其中每台机器都提供本地计算和存储。Hadoop类库本身不依赖于硬件来提供高可用性（HA）处理，而是本身设计上拥有用于检测和处理应用程序故障的能力，如负责Hadoop平台运行的主节点出现宕机时，会有处于待机状态的另一台主机充当新的主节点运行，保障Hadoop平台的正常工作状态，即它在集群之上提供高可用性（HA）服务。同时从节点出现故障会被认为是常态，出现故障节点上的任务会被其他可用节点代替执行，每个节点都易于探测故障。

Apache Hadoop的版本更新很快，半个月、一个月、一个季度都有可能产生新的版本，看上去比较混乱，有些让用户不知所措。但实际上，当前Hadoop从宏观上只有两个时代——Hadoop 1时代和Hadoop 2时代。这两个时代演进过程最重要的标志就是Hadoop 2时代多出一层资源管理器（Yet Another Resource Negotiator，YARN），使HDFS（Hadoop Distributed File System，Hadoop分布式文件系统）上存储的内容供更多的框架使用成为可能，提高了资源利用率，节省了项目成本投入。结构如图2-1所示。

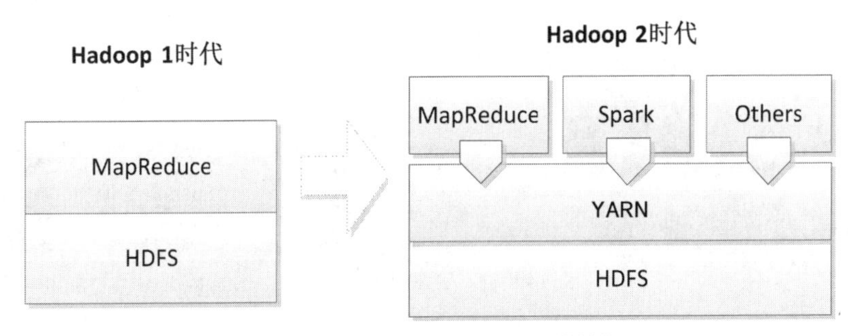

图2-1　Hadoop1与Hadoop2的结构

图2-1中，Apache Hadoop 项目除Common（公共）模块更多地隐藏在幕后，为架构提供基础支持外，Hadoop 1时代Apache Hadoop项目核心模块主要由HDFS、MapReduce两大模块的逻辑组件相互配合，完成用户提交的数据处理请求；Hadoop 2时代由于YARN的引入，整体框架由一个支持NameNode横向扩展的HDFS、YARN和一个运行在YARN上的离线计算框架MapReduce共3个模块组成。其中HDFS实现多台机器上的数据存储，MapReduce实现多台机器上的数据计算，YARN实现资源调度与管理。由于YARN的引入，使原来不能直接应用于HDFS框架的一些组件如Spark等可以通过YARN实现与HDFS的交互。

2.1.1　Apache Hadoop项目核心模块

依据Apache官网2018年2月公布的信息，Apache Hadoop项目目前包括Hadoop Common、HDFS、Hadoop YARN和Hadoop MR共计4个模块。本书将在第4～6章对HDFS和MapReduce的应用开发做详细的介绍。

Hadoop Common（公共模块）：为Hadoop其他模块提供支持实用程序，是整体Hadoop项目的核心。从 Hadoop 0.20 版本开始，将原来 Hadoop 项目的 Core 部分更名为 Hadoop Common，主要包括一组分布式文件系统、通用 I/O 组件与接口（序列化、远程过程调用 RPC、持久化数据结构）。

HDFS（Hadoop Distributed File System，Hadoop 分布式文件系统）：提供对应用程序数据的高吞吐量访问，是 Google GFS 的开源实现。它的工作过程如图 2-2 所示，HDFS 客户端会将大小不一的众多文件切成等大小的数据块（Block，默认为 128MB，此参数配置时可调），以多副本的形式存在不同的集群节点中。

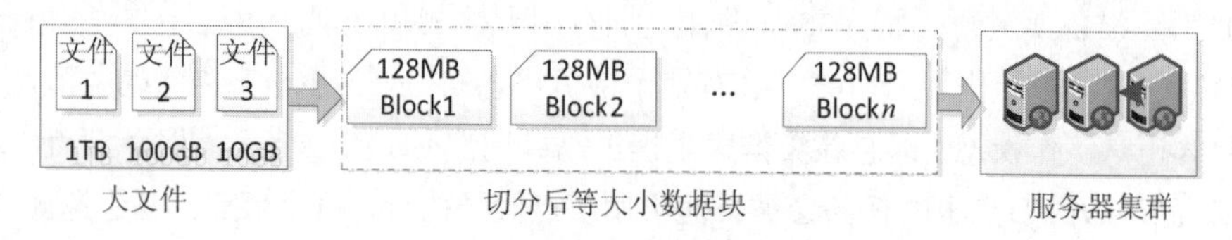

图 2-2 Apache Hadoop HDFS 工作过程

Hadoop YARN（Yet Another Resource Negotiator，另一种资源协调者）：作业调度和集群资源管理的框架。YARN 是 Hadoop 2 新增系统，主要作用是负责集群的资源管理和统一调度。如图 2-3 所示，YARN 的引入使多种计算框架可以运行在一个集群中。在 YARN 引入之前（图 2-3（a）），每个框架独享一个集群，管理困难、集群利用率低、时间难以一致等，而 YARN 的引入使这种问题得以改善（图 2-3（b）），所有框架共享一个集群，充分利用集群资源，维护、管理也变得便捷。

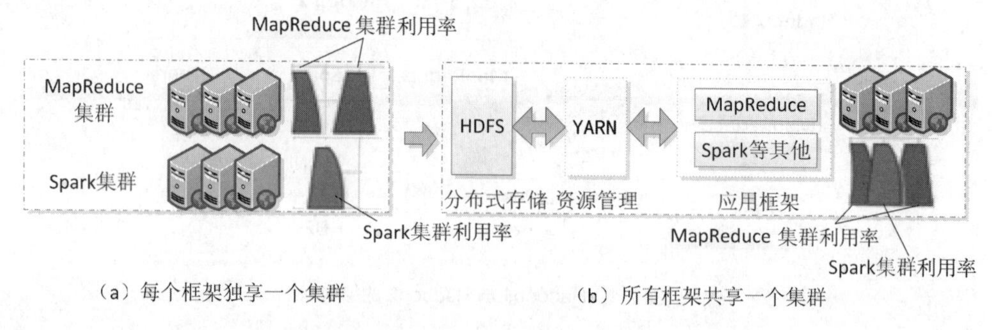

图 2-3 Apache Hadoop YARN

Hadoop MR（MapReduce，分布式计算框架）：从 Hadoop 2 时代开始，MR 演进成基于 YARN 系统的大型数据集的并行处理技术。它的工作过程如图 2-4 所示，首先从 HDFS 中取出数据块（Block）进行分片（Split），每个分片对应一个 Mapper 任务（即把一个大文件的任务分解成 *n* 个小任务），将 Mapper 计算的结果通过 Reducer 进行汇总计算，得出最终结果并进行输出。

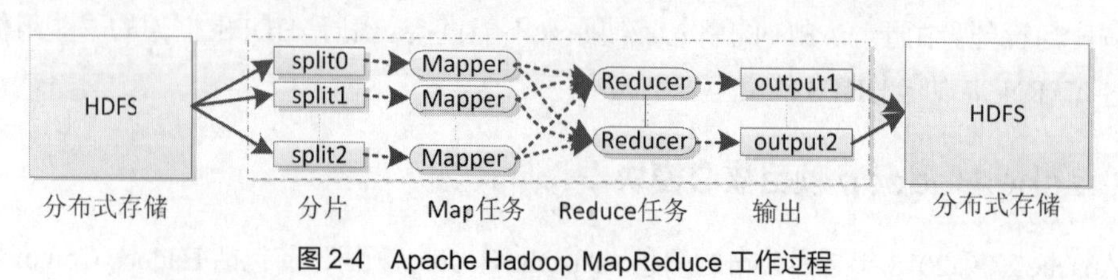

图 2-4 Apache Hadoop MapReduce 工作过程

2.1.2 Apache Hadoop 项目的其他模块

依据 Apache 官网目前公布的资料，Apache Hadoop 项目除 4 个核心模块外，还有 11 个 Apache

的其他 Hadoop 项目相关模块。

Ambari：用于配置、管理和监控 Apache Hadoop 集群的基于 Web 的工具，包括对 Hadoop HDFS、Hadoop MapReduce、Hive、HCatalog、HBase、ZooKeeper、Oozie、Pig 和 Sqoop 的支持。Ambari 还提供了一个用于查看集群健康的仪表板，以及以可视化方式查看 MapReduce、Pig 和 Hive 应用程序的功能，以便以用户友好的方式诊断其性能特征。

Avro：它是一个独立的数据序列化系统，该模块由 Hadoop 之父 Doug Cutting 创建，旨在解决 Hadoop 中 Writable（将在 5.2 节做详细的介绍）类型的不足（如缺乏语言的可移植性）。Avro 提供丰富的数据结构、紧凑和快速的二进制数据格式、可用于存储持久数据及远程过程调用（Remote Procedure Call，RPC）的功能。它可与动态语言进行简单的集成，且 Avro 依赖于模式。当 Avro 数据存储在文件中时，其模式与其一起存储，以便稍后可以由任何程序处理文件。当 Avro 在 RPC 中使用时，客户端和服务器在握手连接中可交换模式。Avro 模式可使用 JSON 定义，这有助于在已经具有 JSON 库的语言中实现。同时，Avro 支持跨编程语言实现，在尽量不牺牲性能的前提下提供兼容性，如在 Java、C、C++、C#、Python、PHP 和其他语言中读写数据。

Cassandra：它是一套开源分布式存储、基于列结构化的、高伸展性的 multi-master 混合型的非关系数据库，类似于 Google 的 BigTable。它具有模式灵活、真正可扩展、多数据中心识别的特点。Cassandra 的主要功能比 Dynamo 更丰富，但支持度不如文档存储 MongoDB。

Chukwa：它是一个开源的用于监控大型分布式系统的数据收集系统。它构建在 Hadoop 的 HDFS 和 MapReduce 框架之上，继承了 Hadoop 的可伸缩性和可扩展性。可以将各种类型的数据收集成适合 Hadoop 处理的文件保存在 HDFS 中，供 Hadoop 进行各种 MapReduce 操作。Chukwa 本身也提供了很多内置的功能，帮助进行数据的收集和整理。Chukwa 还包含一个强大和灵活的工具集，可用于展示、监控和分析已收集的数据。

HBase：它是一个高可靠的、可扩展的、实时读写的、分布式的、面向列的非关系型数据库。该技术来源于 Fay Chang 所撰写的 Google 论文“Bigtable：一个结构化数据的分布式存储系统”。该技术在 Hadoop 之上提供了类似于 Bigtable 的能力，支持大型表的结构化数据存储。HBase 底层基于 HDFS 存储数据，故它具有良好的横向扩展能力，可以动态增加服务器以达到扩容的目的。它的具体应用详见第 8 章。

Hive：它是基于 Hadoop 的一个提供数据汇总和特定查询的数据库基础架构。它可以将结构化的数据文件映射为一张数据库表，并提供简单的类似 SQL 的查询脚本语言 Hive SQL，通过它写入和管理驻留在分布式存储中的大规模数据集，即通过类 SQL 语句快速实现简单的 MapReduce 任务，大大降低用户的学习门槛，十分适合数据仓库的统计分析。还提供命令行工具和 JDBC 驱动程序，以将用户连接到 Hive。它的具体应用详见第 9 章。

Mahout：它是一个可扩展的机器学习和数据挖掘库。它提供一些可扩展的机器学习领域经典算法的实现，旨在帮助开发人员更加方便快捷地创建智能应用程序。Mahout 包含许多功能，如聚类、分类、推荐过滤、频繁子项挖掘。此外，通过使用 Apache Hadoop 库，Mahout 可以有效地扩展到云中。

Pig：它是一个基于 Hadoop 的用于并行计算的高级数据流语言和执行框架，其中包括用于表达数据分析程序的高级语言，以及用于评估这些程序的基础结构。Pig 的语言层目前由一种被称为 Pig Latin 的文本语言组成，它具有易于编程、优化、可扩展等特性。Pig Latin 程序以分布式方式在集群上运行

（程序被编译到 MapReduce 作业中，并使用 Hadoop 执行）。对于快速原型开发，Pig Latin 程序也可以在没有集群的情况下以“本地模式”运行（所有处理都在单个本地 JVM 中进行）。

Spark：它是为 Hadoop 数据处理而设计的快速、通用的计算引擎。Spark 提供了一个简单和表达性的编程模型，支持各种应用程序，如 ETL、机器学习、流处理和图形计算。它不同于 MapReduce 的是启用了内存分布数据集，可以将 Job 中间输出结果保存在内存中，优化了迭代工作负载。据官网提供的数据，Spark 在内存中运行程序的速度比 Hadoop MapReduce 快 100 倍，比在磁盘上运行的速度快 10 倍。Hadoop 和 Spark 上的逻辑回归如图 2-5（图示结果来自于 Spark 官网）所示。

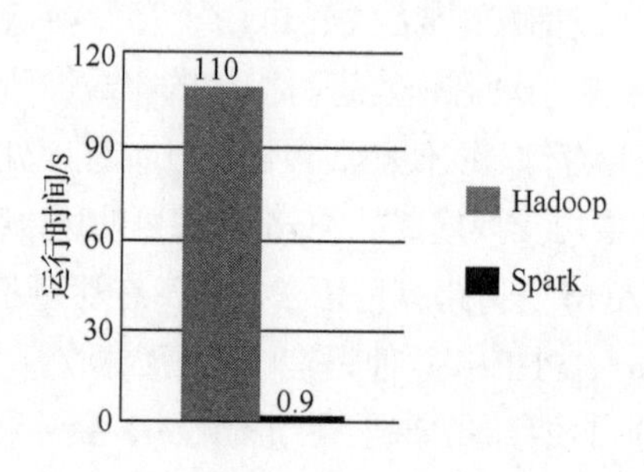

图 2-5 Hadoop 和 Spark 上的逻辑回归

Tez：它是一个基于 Hadoop YARN 的通用数据流编程框架。它提供了一个强大而灵活的引擎来执行任务的任意 DAG（Database Availability Group），以便为批处理和交互式用例处理数据。Tez 被 Hive、Pig 和 Hadoop 生态系统中的其他框架，以及其他商业软件（如 ETL 工具）采用，以取代 Hadoop 的 MapReduce 作为底层执行引擎。

ZooKeeper：它是一个用于分布式应用的高性能协调服务框架，Hadoop 和 HBase 的重要组件，是为分布式应用提供一致性服务的软件。ZooKeeper 提供的功能包括配置维护、域名服务、分布式同步、组服务等。它的目标就是封装好复杂且易出错的关键服务，将简单易用的接口和性能高效、功能稳定的系统提供给用户。

2.2 Hadoop 版本演化

Hadoop 自问世以来，虽经历了多次的版本修订，无论是经典的 Hadoop（Hadoop 1 时代）和 Hadoop 2 时代，它的核心始终如一——Common（Hadoop 0.20 版本前被称为 Hadoop Core）为 Hadoop 整体框架提供支撑性功能；HDFS 负责存储数据；MapReduce 负责数据计算。区别是 Hadoop 2 时代引入 YARN 后，HDFS 资源可供 MapReduce 以外的框架（如 Spark、Storm 等共用），以及 NameNode 主节点进行全备份。故 Hadoop 运行机制发生了部分改变。下面对这两个时代的 Hadoop 进行对比。

1. Hadoop 1 时代

Hadoop 1 时代即指第一代 Hadoop，对应 Hadoop 版本为 Apache Hadoop 0.20.x、1.x、0.21.x、0.22.x 和 CDH3。在核心组件中，Hadoop Common 项目更多是隐藏在幕后为 Hadoop 架构提供基础支持，主要包括文件系统（File System）、远程过程调用（RPC）和数据串行化库（Serialization Libraries）。

HDFS 是一个分布式文件系统，具有低成本、高可靠性、高吞吐量的特点，由一个 NameNode 和多个 DataNode 组成。其中 NameNode 是 HDFS 管理者，负责管理文件系统命名空间，维护文件系统的文件树，以及所有的文件、目录的元数据。这些信息存储在 NameNode 维护的两个本地的磁盘文件中——命名空间镜像文件（FSImage）和编辑日志文件（Edit logs）。DataNode 是 HDFS 中保存数据的节点。DataNode 定期向 NameNode 报告其存储的数据块列表，以备使用者通过直接访问 DataNode 获得相应的数据。

MapReduce 是一个基于计算框架的编程模型，适用于在大规模计算机集群上编写离线的、大数据量的、相对快速处理的并行化程序，它由一个 JobTracker 和多个 TaskTracker 组成。其中 JobTracker 是应用于 MapReduce 模块之间的控制协调者，负责协调 MapReduce 作业的执行。当一个 MapReduce 作业提交到集群中，JobTracker 负责确定后续执行计划，包括需要处理哪些文件、分配任务的 Mapper 和 Reducer 执行节点、监控任务的执行、重新分配失败的任务等。每个 Hadoop 集群中只有一个 JobTracker。TaskTracker 负责执行由 JobTracker 分配的任务，每个 TaskTracker 可以启动一个或多个 Mapper/Reducer 任务。同时 TaskTracker 与 JobTracker 之间通过心跳（HeartBeat）机制保持通信，以维护整个集群的运行状态。Mapper 和 Reducer 任务由 TaskTracker 启动，负责具体执行哪些任务程序。

2. Hadoop 2 时代

Hadoop 2 时代即第二代 Hadoop，对应的 Hadoop 版本为 Apache Hadoop 2.*x*、CDH4 及以上版本，在原有 Hadoop 1 时代基础上设计得更加人性化。首先，针对 Hadoop 1 中的单 NameNode 制约 HDFS 的扩展性问题，提出了 HDFS Federation，它让多个 NameNode 分管不同的目录，进而实现访问隔离和横向扩展，彻底解决了 NameNode 单点故障的问题。其次，针对 Hadoop 1 中的 MapReduce 在扩展性和多框架支持等方面的不足，取消了 Map Slots 与 Reducer Slots 的概念，并将 JobTracker 的功能一分为二，即全局资源管理 ResourceManager（RM）和管理每个应用程序的 ApplicationMaster（AM），应用程序是单个作业或作业的 DAG（有向无环图）任务。用 ResourceManager 来管理节点资源，负责所有应用程序的资源分配，用 ApplicationMaster 来监控与调度作业。ApplicationMaster 中每个 Application 都有一个单独的实例，Application 是用户提交的一组任务，它可以由一个或多个 Job 任务组成，进而诞生了全新的通用资源管理框架 YARN。基于 YARN，用户可以运行各种类型的应用程序（不再像 Hadoop1 那样仅局限于 MapReduce 一类应用），从离线计算的 MapReduce 到在线计算（流式处理）的 Storm 等。

2.3　RPC 工作原理

Hadoop 的远程过程调用（Remote Procedure Call，RPC）是 Hadoop 中的核心通信机制，RPC 主要用于所有 Hadoop 的组件元数据交换，如 MapReduce、Hadoop 分布式文件系统（HDFS）和 Hadoop 的数据库（HBase）。本节将对其原理进行介绍。RPC 是一种通过网络从远程计算机程序上请求服务，而不需要了解底层网络技术的协议。RPC 假定某些传输协议（如 TCP 或 UDP）存在，为通信程序之间携带信息数据。

📖：学习提示

1. TCP

TCP（Transmission Control Protocol，传输控制协议）是一种面向连接的、可靠的、基于字节流的传输层通信协议，由 IETF 的 RFC 793 定义。在简化的计算机网络 OSI 模型中，它完成第四层（传输层）所指定的功能，用户数据报协议（UDP）是同一层内另一个重要的传输协议。在因特网协议簇（Internet Protocol Suite）中，TCP 层位于 IP 层之上、应用层之下的中间层。不同主机的应用层之间经常需要可靠的、像管道一样的连接，但是 IP 层不提供这样的流机制，而是提供不可靠的包交换。

当应用层向 TCP 层发送用于网间传输的、用字节表示的数据流时，TCP 则把数据流分割成适当长度的报文段，最大传输段大小（MSS）通常受该计算机连接网络的数据链路层的最大传送单元（MTU）限制。之后 TCP 把数据包传给 IP 层，由它来通过网络将包传送给接收端实体的 TCP 层。TCP 为了保证报文传输的可靠，就给每个包一个序号，同时序号也保证了传送到接收端实体的包的按序接收。然后接收端实体对已成功收到的字节发回一个相应的确认（ACK）；如果发送端实体在合理的往返时延（RTT）内未收到确认，则对应的数据包就被假设为已丢失，将会被重传。

2. UDP

UDP（User Datagram Protocol，用户数据报协议），是 OSI（Open System Interconnection，开放式系统互联） 参考模型中一种无连接的传输层协议，提供面向事务的简单不可靠信息传送服务，也就是说，UDP 不提供数据包分组、组装，并且不能对数据包进行排序，当报文发送之后，是无法得知其是否安全完整到达的。IETF RFC 768 是 UDP 的正式规范。

与熟知的 TCP（传输控制协议）一样，UDP 直接位于 IP（网际协议）的上层。根据 OSI（开放系统互联）参考模型，UDP 和 TCP 都属于传输层协议。UDP 的主要作用是将网络数据流量压缩成数据包的形式。一个典型的数据包就是一个二进制数据的传输单位。每一个数据包的前 8 个字节用来包含报头信息，剩余字节则用来包含具体的传输数据。

3. HTTP

HTTP（Hyper Text Transfer Protocol，超文本传输协议）是互联网上应用最为广泛的一种网络协议。所有的 WWW 文件都必须遵守这个标准。设计 HTTP 最初的目的是提供一种发布和接收 HTML 页面的方法。

HTTP 是客户端和服务器端请求和应答的标准。客户端是终端用户，服务器端是网站。通过使用 Web 浏览器、网络爬虫或者其他工具，客户端发起一个到服务器上指定端口(默认端口为 80)的 HTTP 请求。这个客户端被称为用户代理（User Agent）。应答服务器上存储着（一些）资源，如 HTML 文件和图像。这个应答服务器被称为源服务器（Origin Server）。在用户代理和源服务器中间可能存在多个中间层，如代理、网关或者隧道（Tunnels）。尽管 TCP/IP 是互联网上最流行的应用，HTTP 并没有规定必须使用它和（基于）它支持的层。但事实上，HTTP 可以在任何其他互联网协议上或者其他网络上实现。HTTP 只假定（其下层协议提供）可靠的传输，任何能够提供这种保证的协议都可以被其使用。HTTP 使用 TCP 而不是 UDP 的原因在于（打开）一个网页必须传送很多数据，而 TCP 提供传输控制，按顺序组织数据和纠正错误。

2.3.1 RPC 简介

RPC 的主要功能目标是让构建分布式计算（应用）更容易，在提供强大的远程调用能力时，不损失本地调用的语义简洁性。

RPC 有如下特点。

（1）透明性：远程调用其他机器上的程序，对用户来说就像调用本地方法一样。

（2）高性能：RPC Server 能够并发处理多个来自 Client 的请求。

（3）可控性：JDK 中已经提供了一个 RPC 框架——RMI，但是该 PRC 框架过于重量级并且可控之处比较少，所以 Hadoop RPC 实现了自定义的 RPC 框架。

实现 RPC 的程序包括 5 个部分，即 User、User-stub、RPCRuntime、Server-stub、Server。

这里 User 就是 Client 端，当 User 想发起一个远程调用时，它实际是通过本地调用 User-stub。User-stub 负责将调用的接口、方法和参数通过约定的协议规范进行编码并通过本地的 RPCRuntime 实例传输到远端的实例。远端 RPCRuntime 实例收到请求后交给 Server-stub 进行解码后，发起本地端调用，调用结果再返回给 User 端。

工作原理如图 2-6 所示。

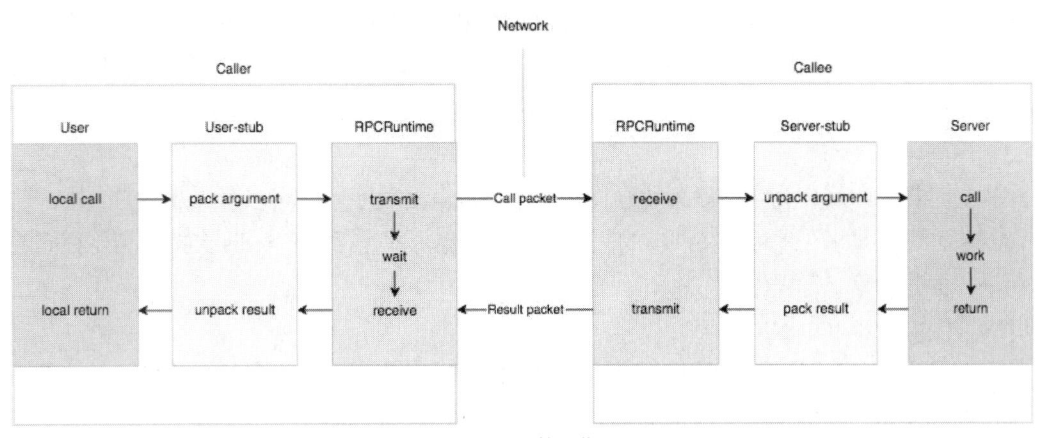

图 2-6　RPC 的工作原理

2.3.2　Hadoop 中的 RPC

1. Hadoop 中 RPC 的运行机制

同其他 RPC 框架一样，Hadoop RPC 分为 4 个部分。

（1）序列化层：Client 与 Server 端通信传递的信息采用了 Hadoop 里提供的序列化类或自定义的 Writable 类型。

（2）函数调用层：Hadoop RPC 通过动态代理及 Java 反射实现函数调用。

（3）网络传输层：Hadoop RPC 采用了基于 TCP/IP 的 Socket 机制。

（4）服务器端框架层：RPC Server 利用 Java NIO 及采用了事件驱动的 I/O 模型，提高自己的并发处理能力。

Hadoop RPC 在整个 Hadoop 中应用非常广泛，Client、DataNode、NameNode 之间的通信全靠它。例如：人们平时操作 HDFS 的时候，使用的是 FileSystem 类，它的内部有个 DFSClient 对象，这个对象负责与 NameNode 打交道。在运行时，DFSClient 在本地创建一个 NameNode 的代理，然后就操作这个代理，这个代理就会通过网络，远程调用 NameNode 的方法，当然，它也能返回值。

Hadoop RPC 默认的设计是基于 Java 套接字通信，基于高性能网络的通信并不能达到最大的性能，会是一个性能瓶颈。当一个调用要被发送到服务器时，RPC 客户端会先分配 DataOutputBuffer，它包含一个常见的 Java 版本的具有 32 字节的默认内部缓冲器。该缓冲区可以用来保存所有序列化的数据。然而，一个较大的序列化的数据不能被保存在一个较小的内部缓冲区。

2. Hadoop 中 RPC 的设计技术

（1）动态代理

动态代理可以提供对另一个对象的访问，同时隐藏实际对象的具体事实，因为代理对象对客户隐藏了实际对象。目前 Java 开发包提供了对动态代理的支持，但现在只支持对接口的实现。

（2）反射——动态加载类

反射机制是在运行状态中，对于任意一个类，都能够知道这个类的所有属性和方法；对于任意一个对象，都能够调用它的任意一个方法和属性。

使用反射来动态加载类的步骤：定义一个接口，让所有功能类都实现该接口通过类名来加载类，得到该类的类型，命令为 Class mClass = Class.forName("ClassName")；使用 newInstance()方法获取该类的一个对象，命令为 mClass.newInstance()；将得到的对象转成接口类型，命令为 InterfaceName objectName = (InterfaceName)mClass.newInstance()；通过该类的对象来调用其中的方法。

（3）序列化

序列化是把对象转化为字节序列的过程。反过来说就是反序列化。它有两方面的应用：一方面是存储对象，可以是永久地存储在硬盘的一个文件上，也可以是存储在 redis 支持序列化存储的容器中；另一方面是网络上远程传输对象。

（4）非阻塞异步 IO（NIO）

非阻塞异步 IO 指的是用户调用读写方法是不阻塞的，立刻返回，而且用户不需要关注读写，只需要提供回调操作，内核线程在完成读写后回调用户提供的 callback。

3. 使用 Hadoop RPC 的步骤

（1）定义 RPC 协议

RPC 协议是客户端和服务器端之间的通信接口，它定义了服务器端对外提供的服务接口。

（2）实现 RPC 协议

Hadoop RPC 协议通常是一个 Java 接口，用户需要实现该接口。

（3）构造和启动 RPC Server

直接使用静态类 Builder 构造一个 RPC Server，并调用函数 start()启动该 Server。

（4）构造 RPC Client 并发送请求

使用静态方法 getProxy 构造客户端代理对象，直接通过代理对象调用远程端的方法。

4. Hadoop RPC 应用实例

（1）定义 RPC 协议

下面定义一个 IProxyProtocol 通信接口，声明一个 Add()方法。

```
public interface IProxyProtocol extends VersionedProtocol {
    static final long VERSION = 23234L; //版本号，默认情况下，不同版本号的 RPC Client      和
                                        //Server 之间不能相互通信
    int Add(int number1,int number2);
}
```

需要注意以下几点。

① Hadoop 中所有自定义 RPC 接口都需要继承 VersionedProtocol 接口，它描述了协议的版本信息。

② 默认情况下，不同版本号的 RPC Client 和 Server 之间不能相互通信，因此客户端和服务器端通过版本号标识。

（2）实现 RPC 协议

Hadoop RPC 协议通常是一个 Java 接口，用户需要实现该接口。对 IProxyProtocol 接口进行简单的实现，示例如下。

```
public class MyProxy implements IProxyProtocol {
    public int Add(int number1,int number2) {
        System.out.println("我被调用了!");
        int result = number1+number2;
        return result;
    }

    public long getProtocolVersion(String protocol, long clientVersion)
            throws IOException {
        System.out.println("MyProxy.ProtocolVersion=" + IProxyProtocol.VERSION);
        //注意：这里返回的版本号与客户端提供的版本号需要保持一致
        return IProxyProtocol.VERSION;
    }
}
```

这里实现的 Add 方法很简单，就是一个加法操作。

（3）构造 RPC Server 并启动服务

这里通过 RPC 的静态方法 getServer 来获得 Server 对象，代码如下。

```
public class MyServer {
    public static int PORT = 5432;
    public static String IPAddress = "127.0.0.1";

    public static void main(String[] args) throws Exception {
        MyProxy proxy = new MyProxy();
        final Server server = RPC.getServer(proxy, IPAddress, PORT, new Configuration());
        server.start();
    }
}
```

这段代码的核心在于 RPC.getServer 方法，该方法有 4 个参数，第 1 个参数是被调用的 Java 对象，第 2 个参数是服务器的地址，第 3 个参数是服务器的端口，第 4 个参数是获取平台环境参数的对象。获得服务器对象后，启动服务器。这样，服务器就在指定端口监听客户端的请求。到此为止，服务器就处于监听状态，不停地等待客户端的请求到达。

（4）构造 RPC Client 并发出请求

这里使用静态方法 getProxy 或 waitForProxy 构造客户端代理对象，直接通过代理对象调用远程端的方法，具体代码如下。

```
public class MyClient {

    public static void main(String[] args) {
        InetSocketAddress inetSocketAddress = new InetSocketAddress(
                MyServer.IPAddress, MyServer.PORT);

        try {
        //注意：这里传入的版本号需要与代理保持一致
        IProxyProtocol proxy = (IProxyProtocol) RPC.waitForProxy(
```

```
                IProxyProtocol.class, IProxyProtocol.VERSION, inetSocketAddress,
                new Configuration());
            int result = proxy.Add(10, 25);
            System.out.println("10+25=" + result);

            RPC.stopProxy(proxy);
        } catch (IOException e) {
            //TODO Auto-generated catch block
            e.printStackTrace();
        }
    }
}
```

以上代码中的核心在于 RPC.waitForProxy()，该方法有 4 个参数，第 1 个参数是被调用的接口类，第 2 个参数是客户端版本号，第 3 个参数是服务端地址，第 4 个参数是获取平台环境参数的对象。返回的代理对象就是服务端对象的代理，内部就是使用 java.lang.Proxy 实现的。

经过以上 4 步，我们便利用 Hadoop RPC 搭建了一个非常高效的客户机–服务器网络模型。

2.3.3 RPCoIB 和 JVM—旁路缓冲管理方案：在高性能网络 InfiniBand 上数据交换的改进

由于目前的 Hadoop RPC 设计存在性能瓶颈，人们通过 InfiniBand 提出了一个超过 Hadoop RPC 的、高性能设计的 RPCoIB，然后也提出了一个 JVM—旁路缓冲管理方案，并观察消息的大小，以避免多重记忆分配、数据序列化和反序列化副本。这种新的设计可以在 Hadoop 中很容易地与 HDFS、HBase 及 MapReduce 框架进行很好的集成。此外，RPCoIB 还对应用程序提供很好的灵活性。

1. 基本思想

RPCoIB 使用与现有的基于套接字的 Hadoop RPC 相同的接口。它的基本思想如下。

目前的 Hadoop RPC 的设计是基于 Java 的 InputStream、OutputStream 及 SocketChannel，InputStream 和 OutputStream 主要用于客户端，SocketChannel 由服务器使用，它们之间基本的读写操作都相似。为了更好地权衡性能和向后兼容，要设计一套基于 RDMA 的和 Java IO 的接口兼容类，这些类包括 RDMAInputStream、RDMAOutputStream 及 RDMAChannel。

2. JVM—旁路缓冲区管理

当 RDMAOutputStream 或 RDMAInputStream 构建的时候，它们将获得一个从本地缓冲池得到的本地缓冲区。当 RPCoIB 库加载时，这些缓冲区为 RDMA 操作进行预分配和预先登记。得到的缓冲开销是非常小的，并且分配将所有的调用进行摊销。这些本地缓冲区将被包装成 Java 的 DirectByteBuffer，它可以由 Java 层和本地 IO 层两个层进行访问。在 Java 层的所有串行化数据可以直接存储在本地缓冲区，以避免分配中间缓冲区 JVM 中的堆空间。当缓冲区被填满时，意味着序列化的对象太大而被保存在当前缓冲区。当被请求调用时，所存储的数据将通过实施的 JNI RDMA 库被送出去。该库通过第一次直接缓冲区操作得到本地缓冲区地址，然后使用 RDMA 操作来访问数据。在接收和反序列化过程中，接收器也可使用 RDMAInputStream，以避免额外的内存复制。图 2-7 给出 JVM 旁路缓冲区和通信管理中的 RDMA 输入和输出流。

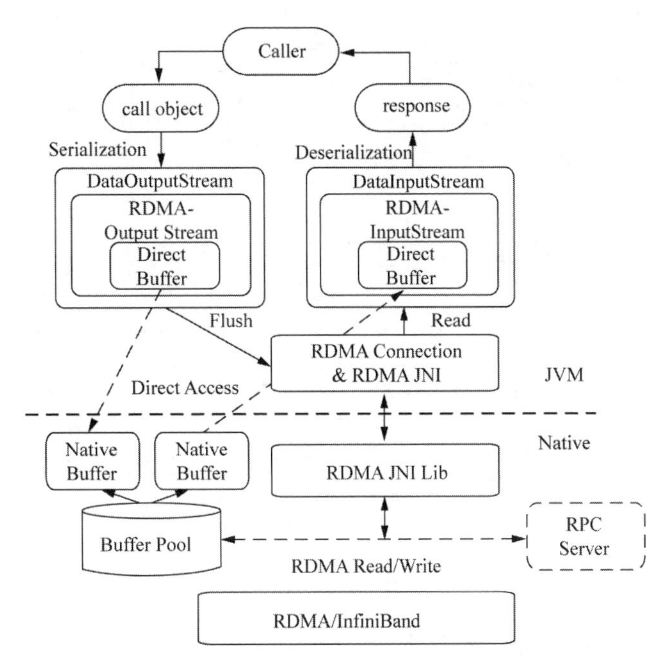

图 2-7　JVM 旁路缓冲区和通信管理中的 RDMA 输入和输出流

基于历史两级缓冲池：首先定义了一种元组<protocol, method>。protocol 是方法的类名，它需要在 Hadoop 的 RPC 中注册。在整个 MapReduce 作业期间，许多类型的调用会保持很可靠的大小进行执行。然而，一些请求似乎有着极不规则的消息大小。从图 2-8 中可以看出，消息的大小变化很大，特别是 JT_heartbeat 和 NN_getFileInfo。

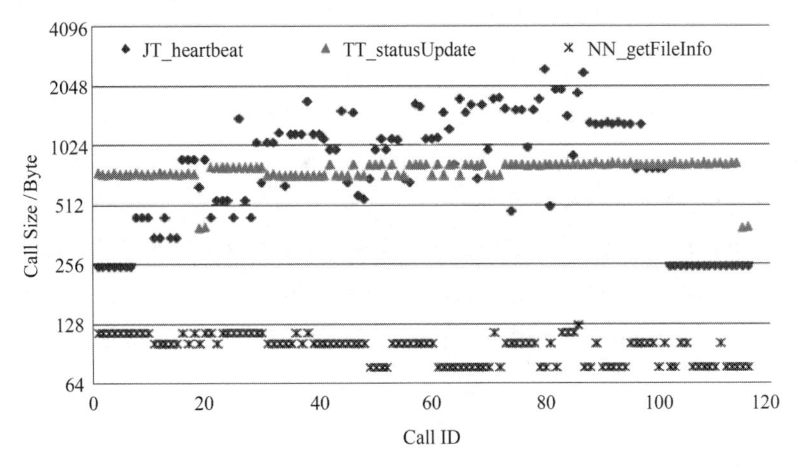

图 2-8　消息的大小变化

这表明，当得到一个缓冲区（具有适当尺寸）以处理当前调用时，缓冲区有较高的可能性利用与下一个调用相同的元组<protocol, method>，这种现象被称为 Message Size Locality。因此，人们提出了图 2-9 所示的缓冲池设计。

两级缓冲池模型如下：一个是本机内存池，另一个是在 JVM 层的阴影池。阴影池的缓冲区来自本地缓冲池，它指向本地缓冲区并提供 Java 层的 DirectBuffer 对象。

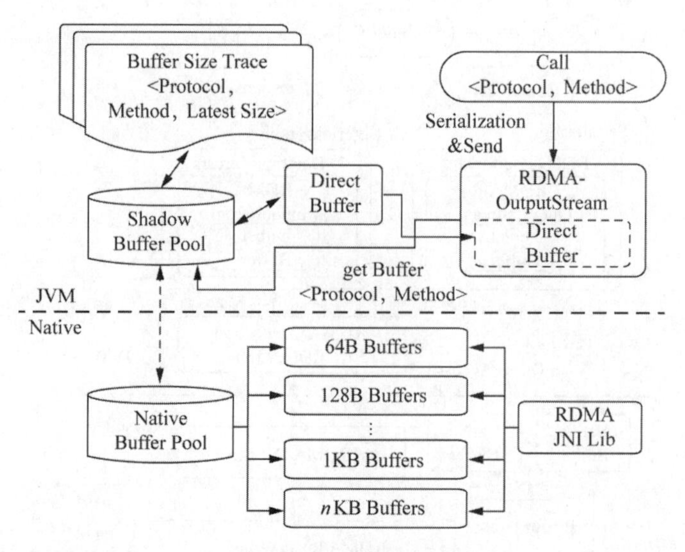

图 2-9 基于历史的两级缓冲池

3. RPCoIB 的一体化设计

在默认 Hadoop 的 RPC 中，客户端具有两个主要线程：一个是调用程序线程，它负责获取或创建连接，调用发送和等待来自 RPC 服务器的结果，另一个是 Connection 进程。当 RPC 客户端希望使用远程调用过程时，首先应该与 RPC 服务器交换结束点信息。由于设计的 RDMAInputStream 和 RDMAOutputStream 需要在 Connection 中修改 setupIOStreams 以提供基于 RDMA 的 IO 流。有了这个设计，可以看到，并不需要对现有 RPC 接口进行任何改变，这样可以与默认的 Hadoop RPC 保持相同的接口语义和机制（如 handling）。因此，上层应用程序可以透明地使用这样的设计。

📖：学习提示

InfiniBand 架构是一种支持多并发链接的“转换线缆”技术。在这种技术中，每种链接都可以达到 2.5 Gbit/s 的运行速度。这种架构在一个链接的时候速度是 500 Mbit/s，4 个链接的时候速度是 2 Gbit/s，12 个链接的时候速度可以达到 6 Gbit/s。

与目前计算机的 I/O 子系统不同，InfiniBand 是一个功能完善的网络通信系统。InfiniBand 贸易组织把这种新的总线结构称为 I/O 网络，并把它比作开关，因为所给信息寻求其目的地址的路径是由控制校正信息决定的。InfiniBand 使用的是 IPv6 的 128 位地址空间，因此它具有近乎无限量的设备扩展性。

2.4 MapReduce 工作原理

并行计算模型通常指从并行算法的设计和分析出发，将各种并行计算机（至少某一类并行计算机）的基本特征抽象出来，形成一个抽象的计算模型。从更广的意义上说，并行计算模型为并行计算提供了硬件和软件界面，在该界面的约定下，并行系统硬件设计者和软件设计者可以开发对并行性的支持机制，从而提高系统的性能。有代表性的并行计算模型包括 PRAM 模型、BSP 模型、LogP 模型、C^3 模型等。

📖：学习提示

（1）并行计算（Parallel Computing）指同时使用多种计算资源解决计算问题的过程，是提高计算机系统计算速度和处理能力的一种有效手段。它的基本思想是用多个处理器来协同求解同一问题，即将被求解的问题分解成若干个部分，各部分均由一个独立的处理机来并行计算。并行计算系统既可以是专门设计的、含有多个处理器的超级计算机，也可以是以某种方式互连的若干台独立计算机构成的集群。通过并行计算集群完成数据的处理，再将处理的结果返回给用户。

（2）并行处理计算机系统（Parallel Computer System）指同时执行多个任务、多条指令或同时对多个数据项进行处理的计算机系统。主要包括以下两种类型的计算机：①能同时执行多条指令或同时处理多个数据项的单中央处理器计算机；②多处理机系统。

并行处理计算机的结构特点主要表现在两个方面：①在单处理机内广泛采用各种并行措施；②由单处理机发展成各种不同耦合度的多处理机系统。并行处理的主要目的是提高系统的处理能力。有些类型的并行处理计算机系统（如多处理机系统）还可以提高系统的可靠性。由于器件的发展，并行处理计算机系统具有较好的性能价格比，而且还有进一步提高的趋势。

本书讨论的并行计算机系统主要是多台独立计算机构成的多处理机系统。

Hadoop MapReduce（分布式计算框架）源自于2004年12月Google发表的MapReduce论文，是Google MapReduce克隆版。据Apache Hadoop 3.0.0的描述，基于Hadoop MapReduce软件框架可以轻松编写应用程序，并且以可靠、容错的方式在由商用机器组成的数千个节点的大型集群上，并行处理TB量级的数据集。

Google MapReduce是一个编程模型，也是一个处理和生成超大数据集的算法模型的相关实现。用户首先创建一个Map函数处理一个基于键值对的数据集合，输出中间的基于键值对（key-value）的数据集合；然后再创建一个Reduce函数来合并所有具有相同中间键值（key）的中间值（value）。MapReduce 架构的程序能够在大量的普通配置的计算机上实现并行化处理。这个系统在运行时只关心如下几点：如何分割输入数据，在大量计算机组成的集群上的调度，集群中计算机的错误处理，管理集群中计算机之间必要的通信。采用MapReduce架构，可以使那些没有并行计算和分布式处理系统开发经验的程序员有效利用分布式系统的丰富资源。

设计这个抽象模型的灵感来自Lisp和许多其他函数式语言的Map和Reduce的原语。我们意识到我们大多数的运算都包含这样的操作：在输入数据的“逻辑”记录上应用Map操作得出一个中间键值对（key-value）集合，然后在所有具有相同键值（key）的value值上应用Reduce操作，从而达到合并中间的数据，得到一个想要的结果的目的。使用 MapReduce 模型，再结合用户实现的 Map 和Reduce函数，我们就可以非常容易地实现大规模并行化计算；MapReduce模型自带的“再次执行”（re-execution）功能，也提供了初级的容灾实现方案。这个工作（实现一个MapReduce框架模型）的主要贡献是通过简单的接口来实现自动的并行化和大规模的分布式计算，通过使用 MapReduce 模型接口，实现在大量普通的PC上进行高性能的计算。

通常，计算节点和存储节点是在一起的，也就是说，MapReduce 框架和分布式文件系统 HDFS 运行在相同的节点上。这种配置允许框架在那些已经存好数据的节点上高效地调度任务，这可以使整个集群的网络带宽被非常高效地利用。

2.4.1 MapReduce 计算模型

MapReduce 编程框架适用于大数据计算，这里大数据计算主要包括大数据管理、大数据分析及大数据清洗等大数据预处理等操作。通俗来讲，MapReduce 就是在 HDFS 将一个大文件切分成众多小文件分别存储于不同节点的基础上，尽量在数据所在的节点上完成小任务计算再合并成最终结果。其中这个大任务分解为小任务再合并的过程是一个典型的合并计算过程，以尽量快速地完成海量数据的计算。MapReduce 演示计算模型如图 2-10 所示。

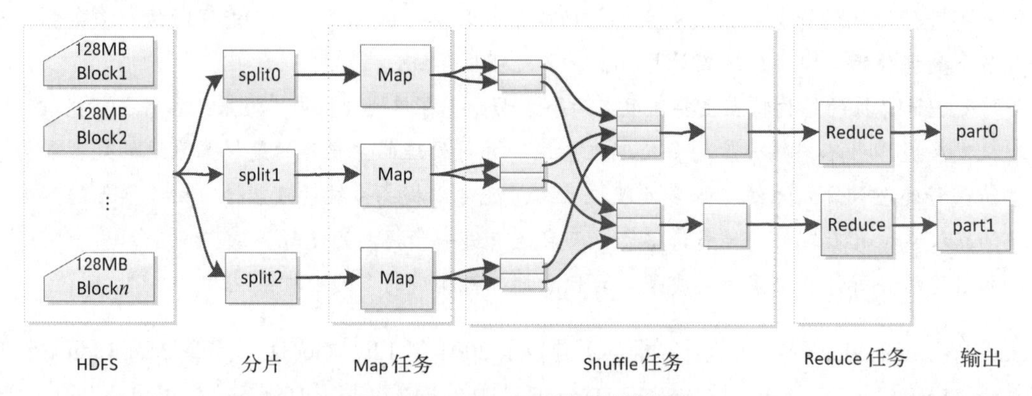

图 2-10　MapReduce 演示计算模型

如图 2-10 所示，一个 MapReduce 作业（job）通常会把输入的数据集切分为若干独立的数据块 Block，由 Map 任务（task）以完全并行的方式处理它们。框架会对 Map 的输出先进行排序，然后把结果输入给 Reduce 任务。典型的是作业的输入和输出都会被存储在文件系统中。整个框架负责任务的调度、监控和已经失败的任务的重新执行。MapReduce 在计算时被分为如下几个阶段。

HDFS：存储了大文件切分后的数据块，图中 Block 大小为 128MB。

分片：在进行 Map 计算之前，MapReduce 会根据输入文件计算输入分片（input split），每个输入分片针对一个 Map 任务，输入分片存储的并非数据本身，而是一个分片长度和一个记录数据的位置的数组。Block 与分片的关系可用图 2-11 来说明。

Block1（128MB） Block2（128MB） Block3（128MB） Block4（128MB） Block5（128MB）

split1 split2 split3 split4

图 2-11　Block 与分片的对应关系

图 2-11 中显示 Block 与分片并非完全的 1∶1 关系。Hadoop 2.6.1 默认的 Block 的大小是 128MB，Hadoop 1.*x* 默认的 Block 的大小是 64MB，可以在 hdfs-site.xml 中设置 dfs.block.size，注意单位是 Byte。同样的分片大小范围可以在 mapred-site.xml 中设置 mapred.min.split.size 和 mapred.max.split.size，minSplitSize 的大小默认为 1B，maxSplitSize 的大小默认为 Long.MAX_VALUE = 9223372036854775807。分片的具体大小可通过如下公式计量。

```
minSize=max{minSplitSize,mapred.min.split.size}
```

```
maxSize=mapred.max.split.size
splitSize=max{minSize,min{maxSize,blockSize}}
```

Map 任务：将输入键值对（key/value pair）映射到一组中间格式的键值对集合。Map 的数目通常是由输入数据的大小决定的，一般就是所有输入文件的总块（Block）数。官网给出的参考值是 Map 正常的并行规模是每个节点 10～100 个 Map，对于 CPU 消耗较小的 Map 任务可以设到 300 个左右。由于每个任务初始化需要一定的时间，因此，比较合理的情况是 Map 执行的时间至少超过 1 分钟。这样，如果输入 10TB 的数据，每个块（Block）的大小是 128MB，则将需要大约 82000 个 Map 来完成任务。当然如果重写分片设定分片大小或者通过 setNumMapTasks(Int)将这个数值设置得更高，Map 任务数与 Block 对应关系会改变。详细可参见 6.4.4 节。

Shuffle 任务：Hadoop 的核心思想是 MapReduce，而 Shuffle 是 MapReduce 的核心。Shuffle 的主要工作是从 Map 结束到 Reduce 开始之间的过程。Shuffle 阶段完成了数据的分区、分组、排序的工作。更详细的过程参见 6.5 节。

Reduce 任务：将与一个 key 关联的一组中间数值集归约（Reduce）为一个更小的数值集。Reducer 的输入就是 Mapper 已经排好序的输出。这个过程和排序两个阶段是同时进行的；Map 的输出也是一边被取回一边被合并的。Reducer 的输出是没有排序的。Reduce 的数目建议是 0.95 或 1.75 乘以（<no. of nodes> × <no. of maximum containers per node>）。系数为 0.95 时，所有 Reduce 可以在 Map 一完成就立刻启动，开始计算 Map 的输出结果。系数为 1.75 时，速度快的节点可以在完成第一轮 Reduce 任务后，立即开始第二轮，这样可以得到比较好的负载均衡的效果。增加 Reduce 的数目会增加整个框架的开销，但可以改善负载均衡，降低由于执行失败带来的负面影响。上述比例因子比整体数目稍小一些，是为了给框架中的推测性任务（speculative-tasks）或失败的任务预留一些 Reduce 的资源。无 Reducer 时，如果没有归约要进行，那么设置 Reduce 任务的数目为零是合法的。这种情况下，Map 任务的输出会直接被写入由 setOutputPath（Path）指定的输出路径。框架在把它们写入 FileSystem 之前没有对它们进行排序。

输出：记录 MapReduce 结果的输出。

尽管 Hadoop 框架是用 Java 实现的，但 MapReduce 应用程序并非必须用 Java 来写。Hadoop Streaming 是一款允许用户创建和运行任何作为 Mapper 和 Reducer 可执行程序（如 Shell Utilities）的实用工具（Utility）。Hadoop Pipes 是一个与 SWIG 兼容的 C++ API，它也可用于实现 MapReduce 应用程序。

2.4.2　MapReduce 经典案例

从 HDFS 上获取指定的 Block 进行分片后，将分片结果输入 Mapper 进行 Map 处理，将结果输出给 Shuffle 完成分区、排序、分组的计算过程，之后计算结果会被 Reducer 按指定业务进一步处理，最终将计算出的结果输出到指定的位置，如 HDFS 上。

下面通过一个案例来进一步讲解 MapReduce 工作原理。

【例 2-1】计算不同文件所在的指定数据集中同一个单词出现的次数。

为了便于理解，图 2-12 选用较简单的案例进一步阐述了 MapReduce 计算过程原理。图中选用 file1、file2 两个文件，被切成等大小的 Block，存储于 HDFS 中，从 HDFS 取出相应数据后先进行分片（Split）然后分配至不同 Map 进行计算，将结果排序合并（Shuffle）后汇总成结果（Reduce），最后输出最终结果。这里需要强调的是，图中展示的 MapReduce 框架运行在<key, value> 键值对上，也就是说，框架把作业的输入看作一组<key, value> 键值对，同样也产出一组 <key, value> 键值对作为作业的输出，这两组键值对的类型可能不同。框架需要对 key 和 value 的类（classes）进行序列化操作，因此，这些类需要实现 Writable 接口。

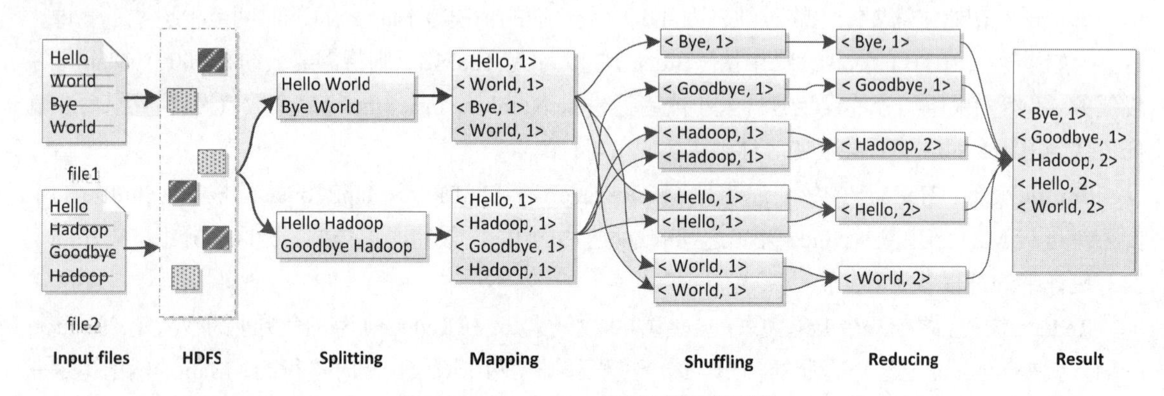

图 2-12　MapReduce 计算过程原理示例

另外，为了方便框架执行排序操作，key 类必须实现 WritableComparable 接口。MapReduce 作业的输入和输出类型描述：

```
(input) <k1, v1> → map → <k2, v2> →( combine → <k2, v2>) → reduce → <k3, v3> (output)
```

2.4.3　MapReduce 应用场景

MapReduce 框架透明性强，易于编程、易扩展；对于宕机等原因导致的错误，容错性很强；能够处理 PB 级以上海量数据的离线处理。但由于它的工作机制有延时性，对于类似于 MySQL 这样在毫秒级或者秒级内返回结果的情况达不到要求。MapReduce 自身的设计特点决定了数据源必须是静态的，故不能处理动态变化的数据，如流式计算等。

除此之外，由于在 MapReduce 计算过程中，大量数据需要经过 Map 到 Reduce 端的传送，故在进行一些如两张表或多张表的 Join 计算时，通过 Map 任务分别将两表文件的记录处理成（Join Key，Value），然后按照 Join Key 做 Hash 分区后，送到不同的 Reduce 任务里去处理。Reduce 任务一般使用 Nested Loop 方式递归左表的数据，并遍历右表的每一行，对于相等的 Join Key，处理 Join 结果并输出。由于大量数据需要经过 Map 到 Reduce 端的传送，Join 计算的性能并不高，华为在 FusionInsight 产品中对 HDFS 进行了文件块集中分布的加强，使需要做关联和汇总计算的两张表所在的文件 FileA 和 FileB，通过指定同一个分布 ID，使其所有的 Block 分布在一起，不再需要跨节点读取数据就能完成计算，极大提高 MR Join 的性能。

2.5　Hadoop 改进

针对 Hadoop 中的一些问题，研究人员提出了许多改进策略，本节对其中一些有代表性的技术加以介绍。

2.5.1　LATE算法：良好的适应异构性环境

Hadoop一个最大的优点是能够自动处理失败。如果一个节点坏了，Hadoop会将此节点的任务放到另一个节点上执行。同样地，工作但速度慢的节点被称为掉队节点，Hadoop会将此节点上的任务随机地复制到另一台机器上进行更快速的处理。这种行为称为推测执行。推测执行带来了如下几个难题。

（1）推测执行需要占用资源，如网络等。

（2）选择节点与选择任务同样重要。

（3）在异构性环境中，很难确定哪一个节点的速度慢。

Hadoop被广泛应用于短小任务中，其中应答时间是很重要的一个因素。Hadoop的性能与任务调度程序有很大的关系，任务调度程序假定集群的节点均匀并且任务是线性执行的，根据这些假设决定何时重新执行掉队任务。事实上，集群并不一定是均匀的，如在虚拟数据中心中就不具备均匀性。Hadoop的任务调度程序在异构环境中可能引起严重的性能退化。在亚马逊的EC2的一个具有200个虚拟机的集群中，LATE调度算法可以缩短Hadoop的应答时间至原来的一半。本小节对LATE算法加以介绍。

1. Hadoop的推测执行

当一个节点空闲时，Hadoop从3种任务中选择一个执行：第一种是失败的任务，第二种是没被执行的任务，第三种是随机地选择一个任务。为了选择推测执行的任务，Hadoop用一个进度得分来衡量任务的进度，最小值为0，最大值为1。对于Map来说，进度得分就是输入数据中被读入的比例。对于Reduce来说，执行被分为3部分：任务读取Map结果，Map结果排序，以及Reduce任务执行。每部分为1/3，在每部分中，分数为被处理的数据比例。

Hadoop根据每类任务的平均得分来定义一个阈值，每当一个任务的进度得分小于该类任务的平均得分减去0.2，并且该任务运行了至少一分钟，那此任务可被看成掉队任务。调度程序保证每个任务最多只有一个被推测执行。

当运行多个任务时，Hadoop利用先进先出的规则，即运行最早提交的任务。同样有一个优先级系统来提高任务的优先级。

2. Hadoop调度程序前提条件

每个节点的工作速率相等。一个任务执行的速率始终保持一致。将一个任务复制到另一个节点时没有花销。一个任务的进度得分等于它被完成的比例。特别地，在一个Reduce阶段中，复制、排序、执行各占总时间的1/3。任务是成波浪形结束的，因此一个进度得分低的任务更可能是掉队任务。同一种任务的工作量大致相等。

3. LATE调度程序的基本思想

每次选取最晚结束的任务来推测执行，从而极大地减少响应时间。有很多方法能够估计任务的剩余时间。可以用一个简单的方法，此方法经过试验验证具有很好的效果。假设任务是以恒定的速率执行的，每个任务的进度率根据公式 $ProgressScore/T$ 来估计，即每分钟处理的任务进度是多少。剩余时间根据公式 $(1-ProgressScore)/ProgressRate$ 来估计。

每次把推测任务复制到快速节点上运行，并且通过一个简单的机制来实现，即不要把任务复制到进度总分在阈值以下的节点中，其中进度总分为该节点所有已经完成及正在运行的任务的进度得分相加。

为了解决推测执行需要消耗资源的事实，用两个启发式方法来增强 LATE 算法。

（1）为每次能同时执行的推测任务数设定一个上限，叫作 SpeculativeCap。

（2）一个任务的进度率需要与 SlowTaskThreshold 比较来决定其是否足够慢。这防止了全部任务均是快速任务时，产生无意义的推测执行。

综上所述，LATE 算法的工作流程如下。

当一个节点申请任务，并且当前执行的推测任务数小于上限，则：当此节点的总进程得分小于 SlowNodeThreshold 时，忽视请求；根据剩余时间将当前正在运行的非推测任务排序；将进度率低于 SlowTaskThreshold 的任务中排名最高的任务，复制到此节点。

与 Hadoop 类似，LATE 算法仅仅对已经执行至少一分钟的任务进行判断。LATE 算法是一个简单、适应性强的程序调度算法，其有一系列优点：首先，适合异构环境；其次，LATE 算法在决定哪个节点来运行推测任务时考虑了异构节点；最后，通过强制估计剩余时间而不是进度率，LATE 算法只推测执行能缩短总时间的任务。此算法通过估计任务的剩余时间来推测地执行任务，并且能最大限度地缩短响应时间。

2.5.2 Mantri：MapReduce 异常处理

MapReduce 的作业经常会有无法预测的性能表现。一个作业由一个分阶段执行的任务集合构成。这些任务之间会有前后依赖的关系——有的任务依赖于其他任务的计算结果，并且很多任务之间是并行执行的。如果一个任务的执行时间超出相似任务的时间，则那些依赖这个任务结果的任务就都会被延迟。在一个作业中，少数的几个这样的异常可以阻止作业剩余任务的执行，甚至可以使作业执行时间增加 34%。

Mantri 是一个能够监视任务并且根据导致异常的原因来剔除异常的系统。它主要采取以下技术：①重启已经认识到资源约束和工作不均衡的异常任务；②根据集群网络情况安排任务；③根据开销-收益分析结果来保护任务的输出结果。

1. Mantri 设计

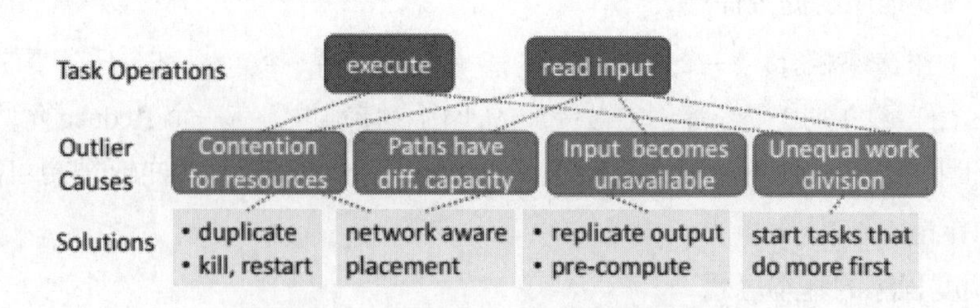

图 2-13 造成异常的原因和对应的解决方法

图 2-13 展示了造成异常的原因及 Mantri 采取的解决方法。如果一个任务因为争抢资源而延后，重启或者复制一份该任务已经完成的结果可以加快任务进度。不要在低带宽条件下进行跨机架的数据传送，如果这无法避免，则需要一个系统的配置来避免热点。为了加速那些正在等待已经丢失的输入的任务，使用一些方法来保护输出。最后，当遇到任务体量分布不均衡的问题时，Mantri 优先

执行大的任务，以避免在快要完成作业时卡在大的任务上。

2. 估计 t_{rem} 和 t_{new}

t_{rem} 代表完成一个正在运行中的任务所需的剩余时间，t_{new} 代表重新运行该任务所需的时间。

计算 t_{rem} 的模型如下。

$$t_{rem} = t_{elaspsed} \frac{d}{d_{read}} + t_{wrapup}$$

式中，d_{read} 代表一个任务已经读取的数据量；d 代表这个任务总共需要处理的数据量；$t_{elaspsed}$ 代表加工 d_{read} 所需的时间，所以前半部分代表加工剩余数据所需的时间；t_{wrapup} 代表所有数据已经读取进来之后需要的计算时间，这个时间是根据之前的任务进行估计的。

计算 t_{new} 的模型如下。

$$t_{new} = \text{processRate} \times \text{locationFactor} \times d + \text{schedLag}$$

3. Mantri 的实现方法

实现重启的方法：Mantri 使用两种不同的方法来实现重启。第一种杀死一个进行中的任务并在别的地方重新运行，第二种安排制作一个这个任务的副本。执行这两种方法均需要一个条件，即概率 $P_{(t_{new} < t_{rem})}$ 比较大。

配置任务的方法：已知网络连接情况和输入数据的位置，使用一个中心调度机制可以最优地对所有任务进行配置，但是这要求掌握实时的网络信息和中心调度机，进行大量的协调运算。Mantri 没有采用这种方法，而是使用了一种近似最优解的算法，这种算法是根据集群网络情况配置任务的，既不需要知道实时的网络情况，也不需要进行作业间的协调工作。

避免重新计算的方法：为了减轻重新计算造成的作业完成时间的增加，Mantri 通过复制任务的输出结果来避免数据丢失的问题。

Mantri 最根本的优势在于它将静态的 MapReduce 作业的结构和在运行过程中动态获取的信息整合在一个完整的框架里。这个框架可以依据整合的信息发现异常，对可以采取的针对性措施、可以获得的收益和消耗进行衡量，如果值得采取，就实施该针对性措施。

2.5.3　SkewTune：MapReduce 中数据偏斜处理

对许多运行在该平台上的应用来说，数据偏斜依然是个显著的挑战。当数据偏斜发生时，一些分区的操作在处理输入数据时，显然比其他分区花费的时间长，从而造成了整个计算时间变长。一个 MapReduce 工作主要由 Map 阶段和 Reduce 阶段组成。在每个阶段，输入数据的一个子集被计算机集群进行分布式任务处理。Map 任务完成后通知 Reduce 任务接收新的可用数据，这个转换过程被称为重分配，直到所有的 Map 任务完成后，Reduce 阶段的重分配才能完成，然后开始 Reduce 操作。负载不均衡可以发生在 Map 阶段，也可以发生在 Reduce 阶段。数据偏斜会显著增加作业执行时间，以及降低吞吐率。

MapReduce 中的数据偏斜有 4 种类型。

（1）Map 阶段：高代价记录。Map 任务一个接着一个处理由键值对组成的一系列记录。理想情况下，处理时间在不同的记录之间差距不大。然而根据不同的应用，有些记录可能需要更多的 CPU

执行时间和内存。这些高代价记录可能比其他记录大，也可能 Map 算法的运行时间取决于记录的值。

（2）Map 阶段：异构 Map。MapReduce 是一个一元运算符，但是也可以通过逻辑级联多个数据集，作为一个单一的输入来模拟实现 *n* 元运算。每个数据集可能需要不同的处理，从而导致运行时间的多峰分布。

（3）Reduce 阶段：分区偏移。在 MapReduce 中，Map 任务的输出会通过默认的散列分区或者用户自定义分区逻辑分布在不同的 Reduce 任务。默认散列分区通常是足够的均匀分布数据。然而，散列分区不保证均匀分布。

（4）Reduce 阶段：高代价关键字组。在 MapReduce 中 Reduce 任务处理（关键字，值域）对序列，被称作关键字组。类似于 Map 任务中处理高代价记录一样，高代价关键字组会造成 Reduce 任务运行时间的偏移。

数据偏斜是一个众所周知的问题，已经在数据库管理系统、自适应和流处理系统中被广泛研究。以往的解决方案都会产生其他的代价或者有较为严格的要求，而 SkewTune 不要求来自用户的输入，它被广泛使用，因为它并不探究是什么原因导致数据偏斜发生的，而是观察工作的执行，重新均衡负载，使资源变得可用，即当集群中的一个节点变成空闲时，SkewTune 通过最大预期的剩余处理时间来标识任务，然后这个任务的未处理输入数据会主动地重新分区，重分区会充分利用集群中的节点，并且会保留输入数据的顺序，使原始输出可以通过串联来重建。

SkewTune 是一个共享集群，SkewTune 假定一个用户可以访问集群中的所有资源，在共享群集设置中有两种方法来使用 SkewTune：①用一个任务调度程序为每个用户预定义一个资源集；②通过实施 SkewTune 感知调度程序来优化减缓器。

SkewTune 的架构如图 2-14 所示。

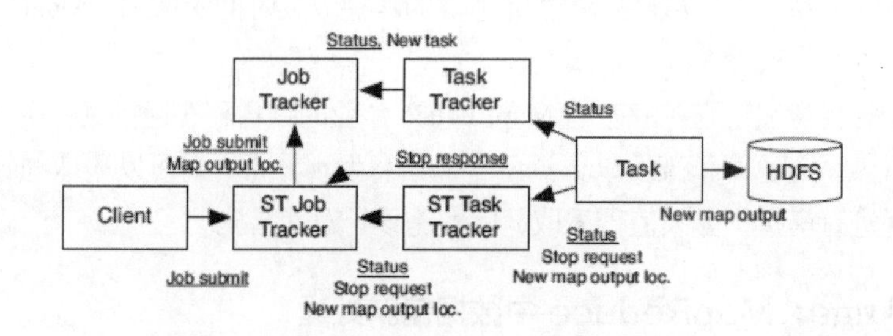

图 2-14　SkewTune 的架构

SkewTune 设计用于 MapReduce 的引擎，特征在于通过基于磁盘的处理和面向记录的数据模型。通过扩展 Hadoop 并行数据处理系统来实现 SkewTune 技术。SkewTune 通过优化在减小数据偏斜的同时，能够保持容错和 MapReduce 的可扩展性。它的主要特点如下。

（1）SkewTune 能够减少两种非常常见的数据偏斜：由于操作分区的数据不均匀造成的数据偏斜和由于一些数据子集执行花费的时间比其他数据子集长造成的数据偏斜。

（2）SkewTune 可以优化未修改的 MapReduce 程序；程序员不需要改变代码。

（3）SkewTune 保持与其他 UDO（User Defined Operations，用户定义操作）的互操作性，它保证没有在 SkewTune 下执行时，数据以同样的排序序列出现在每个分区内，并且操作的输出由同样数目的分区组成。

（4）SkewTune 与流水线优化兼容，它不要求连续的操作之间的同步屏障。

SkewTune 设计理念如下。

（1）开发者透明：让 MapReduce 开发者开发出高性能的产品更加容易。研究者希望 SkewTune 是一个改进版的运行更快的 Hadoop，不用开发者使用特殊的模板来完成任务，或者需要他们进行类似于代价函数这样的输入。

（2）解决方案透明：设计者希望使用 SkewTune 与不使用 SkewTune 的输出是一样，包括同样数量的文件和同样的顺序。

（3）最大的适用性：在 MapReduce 中或者其他的并行数据处理系统中，很多因素可以导致 UDO 的数据偏斜。设计者希望 SkewTune 能够处理各种不同的数据偏斜，而不是专门针对一种数据偏斜。它监控执行，并且在数据偏斜发生时发出通知，做出相应的响应，而不是纠结是什么原因导致任务变慢了。

（4）没有同步障碍：并行数据处理系统尽量减少全局同步的障碍，以确保高性能并产生增量产出。即使在 MapReduce 中，Reducer 也可以在 Mapper 执行完之前开始复制数据。此外新的 MapReduce 扩展力图促进流水线操作。因此，SkewTune 避免任何设计方案要求阻塞。

SkewTune 假设 MapReduce 工作遵循 API 规定：每个 map()和 reduce()函数调用是独立的。这种假设使 SkewTune 自动缓解数据偏斜，因为重新在 Map 函数和 Reduce 函数调用边界分区输入数据是安全的，不会破坏应用程序的逻辑性。

SkewTune 实现方法简介：SkewTune 以 Hadoop 任务作为输入，将任务 Map 和 Reduce 阶段看作是独立的，SkewTune 的数据偏斜缓解技术被设计用于 MapReduce 的类型的数据处理引擎。

这些引擎在数据偏斜处理时有以下重要的特征：①一个协调——工作架构，其中协调节点做出调度决策，而工作节点运行分配给它们的任务。一个任务完成后，工作节点从协调节点那里获取新的任务。②去耦执行，即一个操作符不会对它的前一个操作符产生反馈，二者彼此独立。③独立处理记录，即执行一个 UDO 时每条记录是独立的。④任务进度估计，即估计剩余时间，然后工作节点定期传给协调节点。⑤任务统计，即跟踪一些基本的统计，例如处理过的或者未处理过的数据大小或记录数。

SkewTune 的工作原理如图 2-15 所示。

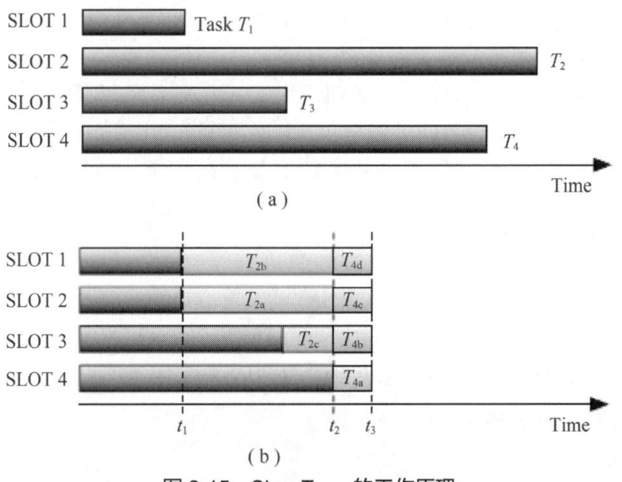

图 2-15　SkewTune 的工作原理

图 2-15（a）显示了在没有 SkewTune 时，发生数据偏斜后的运行时间由最慢的任务 T_2 决定；

图 2-15（b）显示了在使用了 SkewTune 后，在任务 T_1 完成后检测到了数据偏斜，此时标记 T_2 为落后者，然后重新分区 T_2 中未处理完的数据。系统会将剩余的数据分给 T_1、T_2、T_3 这 3 个节点而不是仅仅分给 T_1、T_2 两个节点，这样 T_3 结束后也可以继续工作。从图中也可以看出，重新分配的目的是保证任务是同时完成的。重新分配后的子任务 T_{2a}、T_{2b}、T_{2c} 被称作 mitigators。SkewTune 重复这个检测-减少循环，当检测到 T_4 是下一个落后者时，将 T_4 的剩余未处理数据重新分区。检测时间太早会导致任务拆分，从而造成不必要的开销，太晚则会错过最佳时间，从而使减缓数据偏斜的效果变差。

对于整个过程，有如下解释。

（1）后数据偏斜检测：由于任务在连续的阶段是彼此分离的，也就是说，Map 任务尽可能快地处理输入数据，产生输出结果，不会因为等待 Reduce 任务取走输出结果而阻塞。同时 Reduce 任务也不会因为在连续的 Map 任务中阻塞。因此 SkewTune 采用延缓数据偏斜校正、直到有空闲的节点处理的策略，类似于 MapReduce 中的预测执行机制。重新分配开销只发生在有闲置资源时，从而降低了误报率，同时通过立即给空闲节点分配资源来避免漏报。

（2）识别落后者：一次识别并重分配一个落后任务是最有利的。SkewTune 通过估计最大剩余时间来选择落后任务。

（3）标记数据偏斜的原则：剩余处理时间的一半大于重分区的开销，即

$$\frac{t_{\text{remain}}}{2} > w$$

式中，w 是在 30s 的量级上的，也就是说任务剩余时间在 1min 以上才会触发重分区。

因而我们得到下述数据偏斜检测算法。

算法 1：数据偏斜检测算法。

输入：R 为正在执行的任务集；W 为未调度等待中的任务集；inProgress 为全局标识，指导数据偏斜减缓。

输出：一个任务调度。

```
task <-null
if W≠ϕ then
task<-chooseNextTask(W)//chooseNextTask()为普通任务调度函数
else if inProgress≠0≠ϕthen
     task<-argmax time_remain(task) //其中 task∈R，这是要找到最大的剩余时间任务
     if task≠ϕ&&time_ramain(task)>2*w then //时间满足上式条件
         stopAndMitigate(task)  //通知被选中的任务停止任务，并提交已经处理完的输出
         task=NULL
         inProgress<-true;
     end if
end if
```

SkewTune 实现数据偏斜减缓的原则如下：尽量减少重分区次数以减少重分区开销（通过标识一个落后者）；尽量减少重分区的可见副作用以实现透明度（使用范围分区）；尽量减少总的开销（使用一种廉价的、线性时间的启发式算法）。

算法步骤如下。

停止落后者的运算：协调者通知落后者停止运算，并且记录下最后处理的位置，然后对剩余数据重分区。如果发生落后者处在不能停下来或者很难停下来的状态时，协调者选择另外一个落后者，

或者如果该落后者是最后一个任务，重分区该落后者的整个输入。

扫描剩余数据：为了保证数据偏斜减缓的透明性，SkewTune 使用范围分区分配工作给 mitigator，这样能够保证数据顺序保持不变。如果用 Hash 函数的方式并增加一个额外的 MapReduce 任务来合并 mitigator 的输出，一方面会增加开销，另一方面 Hash 函数不能保证均匀分配。范围分配落后者的剩余输入数据需要收集剩余数据的一些信息，SkewTune 采用了对输入数据的压缩摘要来收集，摘要使用了一系列关键字间隔的方式，每个间隔大致相等。

选择间隔大小：$|S|$表示集群总的节点数，Δ 表示未处理的字节数。由于 SkewTune 想要分配不均匀的工作量给不同的 mitigator，所以生成了 $k\times|S|$个间隔，实现更细粒度的数据分配，但它们也通过增加数量增加了开销。

$$\text{间隔}\ s=\left\lfloor\frac{\Delta}{k\cdot|S|}\right\rfloor$$

算法 2：间隔生成算法。

输入：I 为有序间隔流；b 为初始单位间隔字节大小，在本地扫描中被设置为 s；s 为目标单位间隔字节大小，也就是阈值；k 为间隔的最小值，在本地扫描中被忽略。

输出：间隔列表。

```
result=NULL
cur=new_interval() (当前间隔)
for all i∈I do
     if i.bytes>b ||cur.bytes>=b then
          if b<s then
               result.appendIfnotEmpty(cur)
               if |result|>=2*k then
                    b=min{2*b,s}
                    result=GenerateIntervals(result,b,b,k)
               end if
          else
               result.appendInNotEmpty(cur)
          end if
          cur=i
     else
          cur.updateStat(i)
          cur.end=i.end
     end if
end for
result.appendIfnotEmpty(cur)
return result
```

选择本地扫描或者并行扫描：SkewTune 会比较两种选择的开销。对于本地扫描，Δ 表示剩余输入数据的字节，β 表示本地磁盘带宽，时间为 Δ/β；对于并行扫描，时间为安排一个额外的 MapReduce 任务和该任务完成需要时间之和。后者等于最慢的节点（设为 n）需要的时间，即 $\frac{\sum_{o\in O_n} o.bytes}{\beta}$，$O_n$ 表示节点 n 的所有 Map 输出。

最后按照如下关系比较大小

$$\Delta/\beta>\frac{\max\{\sum_{o\in O_n} o.bytes\mid n\in N\}}{\beta}+\rho$$

SkewTune 实现方法的规划减缓器：目标是找到一个连续的、保持顺序的分配间隔给 mitigator，由于规划算法在减缓数据偏斜流程的关键路径上，为此要求速度足够快。因此，人们提出了一个具有线性时间复杂度的启发式算法。

该算法分为两个阶段，第一个阶段计算最快的完成时间 opt（假设能够对剩余的工作完美分割），当一个节点的分配工作小于 $2\times w$ 时，停止以防止产生任意小碎片。在第二个阶段中，算法依次给最早可用的减缓器分配间隔值，不断重复，直到分配完所有的间隔。时间复杂度为 $O(|I|+|S|\log|S|)$，其中，I 是间隔的数目，S 是集群中节点的个数。

SkewTune 能够显著地减少作业在偏斜状态下的工作时间，并且对没有偏斜的开销增加很小。SkewTune 同样能够保证输出和初始未优化时一样的顺序和分区特性，使平台和现有的代码兼容。

2.5.4 基于 RDMA 的 MapReduce 设计：提升大数据应用的性能和规模

因为由 Map 和 Reduce 过程得到的数据可能分布在不同聚类中，网络性能在考察使用 Hadoop MapReduce 框架实现的数据密集应用程序的性能上起到关键作用。由于大数据应用的数据集常有 TB 或者 PB 量级，基于 Hadoop MapReduce 框架中默认的基于 Socket 通信模型的数据传输方式成为了系统性能的瓶颈。为了避免这种潜在的瓶颈，企业数据中心的开发者开始尝试使用高性能互联技术（如 InfiniBand）来提升其大数据应用的性能和规模。虽然这样的系统正在被使用，当前的 Hadoop 中间层组件还不能完全利用由 InfiniBand 所提供的高性能通信功能。研究分析指出，在 InfiniBand 网络使用不同的云计算中间件，可带来性能上的巨大飞跃。所以当一个高性能网络存在时，人们不得不重新思考 Hadoop 系统的设计方案。由此，人们提出了一种在 InfiniBand 网络上基于 RDMA 的 Hadoop MapReduce 的设计。这种 InfiniBand 网络上基于 RDMA 的 MapReduce 新的设计方案及检索中间数据的高效的预取和高速缓存机制表现良好。

图 2-16 是实现 Hadoop MapReduce 框架的两种设计方案，图 2-16（a）是通常的设计方案，图 2-16（b）是改进的基于 RDMA 的设计方案。图 2-16（a）中，在默认的 MapReduce 工作流程中，映射输出被保存在本地磁盘上的文件中，可通过 TaskTracker 访问。在运行 ReduceTask、Shuffle、Reduce 的过程中，系统通过 HTTP 提供这些映射输出。图 2-16（b）是基于 RDMA 的 MapReduce 设计。在 Shuffle 阶段，该设计修改了 TaskTracker 和 ReduceTask 两者，以充分发挥 RDMA 的好处，而不是使用 HTTP 协议。

各个模块中的关键技术如下。

1. 基于 RDMA 的 Shuffle 设计

在重排阶段，为了实现 RDMA 的好处，修改了 TaskTracker 和 ReduceTask。

TaskTracker 增加以下新组件。

RDMA 监听器：每个 TaskTracker 创建时有一个 RDMA 监听器。TaskTracker 中的 RDMA 监听器从 ReduceTask 发来连接请求，并向预先建立的队列中添加一个连接，在有需要的情况下启动 RDMA 接收器。UCR 作为一个建立在终端的连接库，一个终端与一个 Socket 连接相似。RDMA 监听器使用 UCR 连接终端并为每个终端分配相应的缓存。

RDMA 接收器：每个 RDMA 接收器对来自 ReduceTask 的请求做出响应。RDMA 接收器获得终端列表，并从终端接受请求。当收到请求时，其把请求放入 DataRequest 队列中。

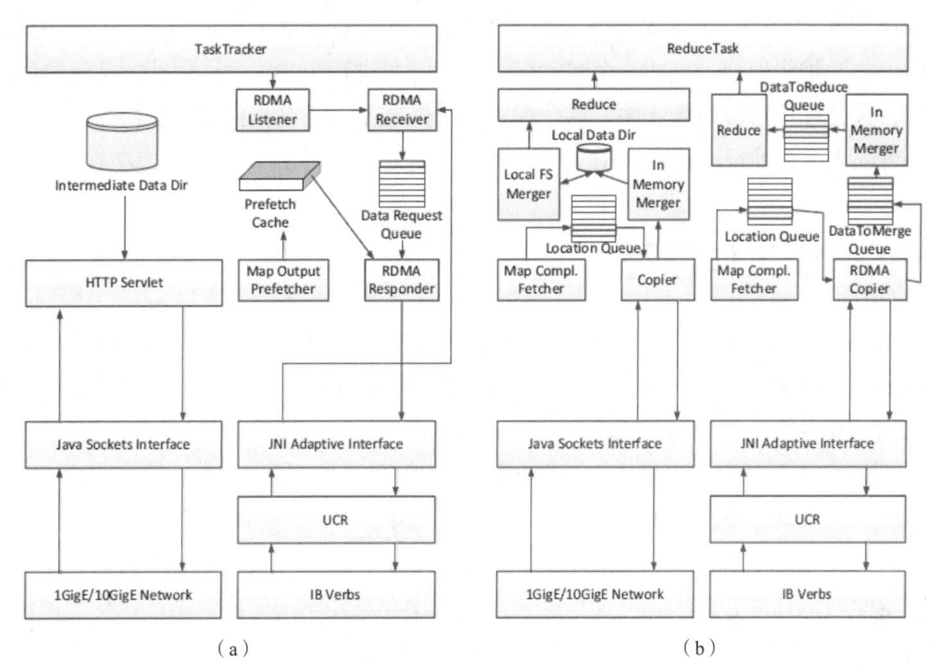

图2-16 基于RDMA的MapReduce结构图

DataRequest队列：DataRequest队列用来保存ReduceTask中得到的所有请求。其从RDMA接收器获取并存储这些请求，直到RDMA响应器开始进一步处理。

RDMA 响应器：RDMA 响应器从属于一个等待从 DataRequest 队列输入请求的线程池。每当DataRequest队列获得一个新的请求时，RDMA响应器中的一个会对请求做出响应，其是一个轻量级线程，在发送响应后，如果没有其他请求，就会进入等待状态。

ReduceTask增加了RDMA备份器：在原来的MapReduce设计中，备份线程响应TaskTracker的请求数据并为Merge操作排序数据。同样地，RDMACopier发送请求给TaskTrackers，并把数据存储到DataToMerge队列等待合并操作。

2. 快速Merge设计

在MapReduce的默认设计中，每个HTTP响应由整个Map输出文件组成，并将其划分到多个数据包中。在使用高性能网络后，通信时间显著降低，这使一次完成向多个通信步骤传输Map输出文件成为可能。这样，就可以在一些键值对从Map输出到归约器的瞬间开始合并。因此，在设计中，RDMA响应器一侧的TaskTracker发送一定数量的键值对，其发生在Map输出的开始部分而不是整个Map。在接受来自所有Map位置的键值对的同时，一个ReduceTask合并所有这些数据，建立一个优先队列。然后，它不断从优先队列中提取按顺序排序的键值对，并把这些数据写入一个先入先出的结构体DataToReduce队列中。当每个Map输出文件已经在Map中排序时，ReduceTask的合并操作只用从优先队列中提取数据，直到来自特定 Map 的键值对数目减少到零。此时，它需要从特定Map任务得到下一组键值对，并写入到优先队列中。

3. 中间数据预提取和缓存

为了确保TaskTracker更快地响应，本地磁盘中的映射输出文件的中间数据要有一个高效的缓存机制。

TaskTracker 在缓存时添加了 MapOutput 预提取器。MapOutput 预提取器是用于尽可能快地缓存中间映射输出的守护线程池。完成一个映射任务后，守护进程中的一个进程开始从该映射输出数据中提取数据，并缓存在预提取缓存中。这个缓存新功能就是它可以根据数据获得的难易度和必要性调整缓存，可以更迅速地根据 ReduceTask 需求数据优先进行缓存。

2.6 HDFS 工作原理

HDFS（分布式文件系统）源自 2003 年 10 月 Google 发表的一篇 GFS 论文，它是 GFS 克隆版。GFS（Google File System）是一个可扩展的分布式文件系统，用于大型的、分布式的、对大量数据进行访问的应用。它运行于廉价的普通硬件上并提供容错功能，可以给大量的用户提供总体性能较高的服务。Google 公司为了存储海量搜索数据而设计的 GFS，不仅仅是一个文件系统，还包含数据冗余、支持低成本的数据快照，除了提供常规的创建、删除、打开、关闭、读、写文件操作，GFS 还提供附加记录的操作。根据 Google 应用程序的具体情况，因为对文件的随机写入操作几乎不存在，读操作也通常是按顺序的，绝大部分文件的修改是采用在文件尾部追加数据，这样的记录追加操作允许多个客户端同时对一个文件进行数据追加，对于实现多路结果合并，以及“生产者-消费者”队列非常有用。并且记录追加操作要保证每个客户端的追加操作都是原子性的，多个客户端可以在不需要额外的同步锁定的情况下，同时对一个文件追加数据。

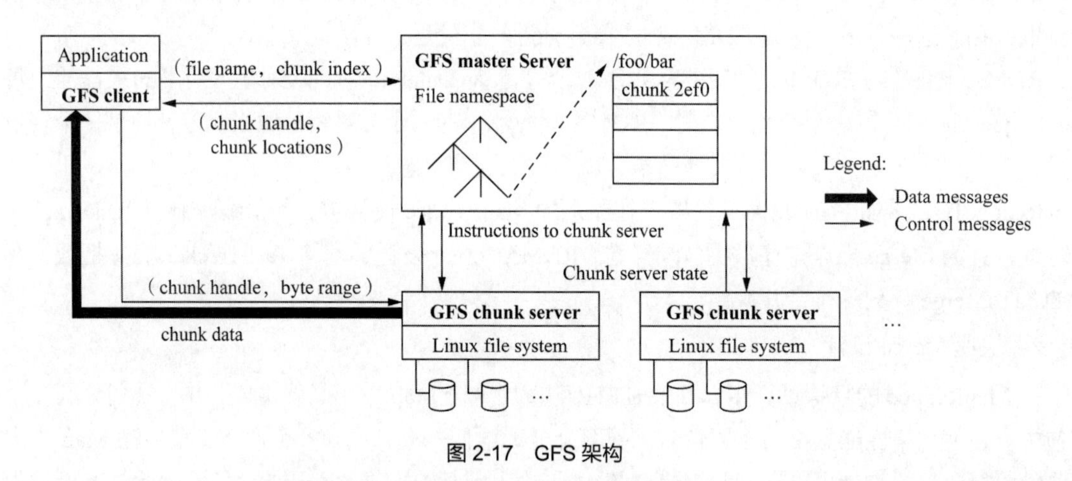

图 2-17　GFS 架构

如图 2-17 所示，GFS 架构中有 3 类角色，即客户（client）、主服务器（master server）和数据块服务器（chunk server）。这 3 类角色的节点会构成一个 GFS 群，这个群包含一个单个的 master 节点、多台 chunk 服务器，多个客户端。

client 是一套类似于传统文件系统的 API 接口函数，是一组专用接口，应用程序通过访问这些接口来实现操作。

chunk 服务器负责具体的存储工作，它要做的是把拆分块 chunk 保存在本地硬盘上、读写块数据。

master 节点管理所有的文件系统元数据、管理系统范围内的活动。例如，管理整个系统内所有 chunk 的副本，决定 chunk 的存储位置，创建新 chunk 和它的副本，协调各种各样的系统活动以保证 chunk 被完全复制，在所有的 chunk 服务器之间进行负载均衡，回收不再使用的存储空间等。

在 GFS 中，存储的文件都被分成固定 64MB 的 chunk，每一个 chunk 在创建时会被 master 分配一个不变的、全球唯一的 64 位 chunk 标识，chunk 服务器要根据这个标识和字节范围来读写块数据，chunk 是以本地文件形式保存的。为了保证可靠性，chunk 在不同的机器中复制多份，默认为 3 份，副本有 3 个用途：chunk 创建，重新复制和重新负载均衡。chunk 的复制是由 master 负责的。

master 服务器存储的元数据有 3 类，即文件和 chunk 的命名空间、文件和 chunk 的对应关系、每个 chunk 副本的存放地点。这些信息被存储在 master 服务器的内存中，保证了 master 服务器的操作速度。前两种类型的元数据也会以记录变更日志的方式，记录在操作系统的系统日志文件中，而日志文件存储在本地磁盘上，同时日志会被复制到其他的远程 master 服务器上，避免单点故障。第 3 种元数据 chunk 的存放地点不会被持久保存，只是在 master 服务启动或者有新的 chunk 服务器加入时，由 master 向各个 chunk 服务器轮询它们所存储的 chunk 信息。

应用程序读取数据的流程：①应用指定读取某个文件的某段数据，因为数据块是定长的，client 可以计算出这段数据跨越了几个数据块，client 将文件名和需要的数据块索引发送给 master；②master 根据文件名查找命名空间和文件—块映射表，得到需要的数据块副本所在的地址，将数据块的 ID 和其所有副本的地址反馈给 client；③client 选择一个副本，联系 chunk 服务器索取需要的数据；④chunk 服务器返回数据给 client。每个 chunk 以块为单位划分，每个块 64KB，对应一个 32bit 的校验和。如果读取 chunk 时，数据和校验和不匹配，就返回错误，从而使 client 选择其他 chunk 服务器上的副本。

应用程序写数据的流程：①client 首先发送请求（包括文件名）到 GFS 的 master；②master 通过查找返回相应的所有 chunk 服务器及 chunk 信息；③client 根据这些信息给 chunk 服务器发送请求，去执行写操作。一次写入，必须在所有副本全部写入成功，才算成功写入。

master 仅仅通过几个字节的信息来告诉客户端哪个 chunk 服务器具有它所需要的 chunk。由于 chunk size 很大，客户端不必跟 master 有很多交互就可以获得大量数据，从而解决了性能瓶颈问题。

HDFS 基本可以认为是 GFS 的简化版，由于时间及应用场景等各方面的原因对 GFS 的功能做了一定的简化，大大降低了复杂度。Hadoop 分布式文件系统（HDFS）是一种为了在普通商用硬件上运行而设计的分布式文件系统。它与现有的分布式文件系统有许多相似之处。但是，与其他分布式文件系统不同的地方很值得注意：HDFS 高度容错，可部署在低成本硬件上。HDFS 提供对应用程序数据的高吞吐量访问，适用于具有大数据集的应用程序。HDFS 放宽了一部分 POSIX 约束，来实现流式读取文件系统数据的目的。HDFS 最初在 Apache Nutch 网络搜索引擎项目中提出，是 Apache Hadoop Core 项目的一部分。

HDFS 为了更好地服务于应用，提供了类似于 Linux 命令的 Shell 接口（具体使用方法详见 4.2 节）和 API 的接口（具体使用方法详见 4.4 节）。此外 HDFS 还可以通过 HTTP 协议支持用户通过浏览器客户端对 HDFS 平台上的文件目录和数据进行检索服务。

2.6.1 HDFS 介绍

下面比对一下经典传统分布式存储模式与 HDFS 存储模式的存储原理。

如图 2-18 所示，传统模式与 HDFS 模式同样在客户端有 3 个大小分别为 1TB、100GB、10GB 的文件，为了防止机器宕机导致数据丢失等问题，文件都以多副本的形式被存储在命名分别为 node1、node2、node3、node4、node5 的 5 台服务器中，这些服务器的存储能力也是巨大的，假如每台机器存储能力为 10TB，即共 50TB 的存储能力，足以存储下这 3 个文件。客户端在把 3 个文件以 3 副本形式存储在 5 台机器中的同时，生成文件与文件存储位置对应的映射关系文件，存储在主节点上。这样存储有如下好处。

（1）映射关系文件：保证程序通过映射关系到指定机器找到需要的文件。

（2）多副本存储：保证当 1 台或 2 台机器出现故障时，程序可以通过映射文件找到其他副本，保证数据的完整性。

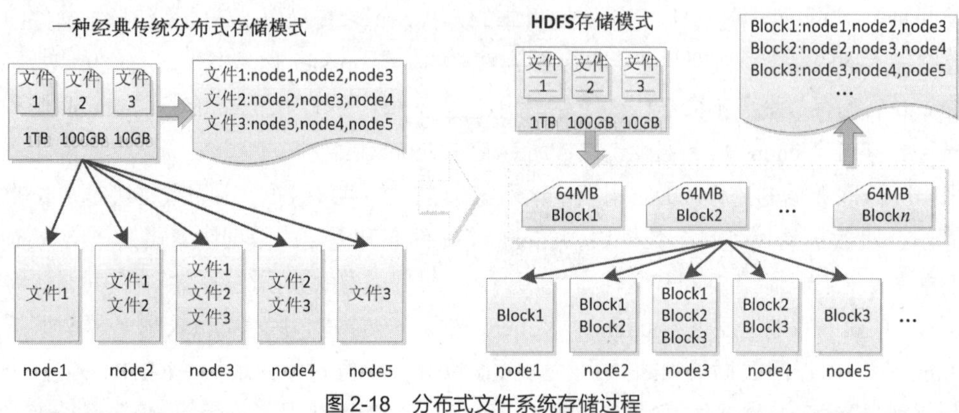

图 2-18　分布式文件系统存储过程

这种分布式存储的模式解决了大文件在一台机器上存储不便的时候，将其分散存储在多台机器上的问题。在进行文件读写时，可以通过元数据（如映射文件）定位找到需要的内容。但在传统模式下，存在这样的问题：由于 3 个文件大小差异较大，在存储时会出现有的机器（如 node3）存储负担大，有的机器（如 node5）存储负担很小的情况。可以拓展一下思维，如果海量数据中普遍存在这样的情况，那么集群中的存储负载会出现倾斜的问题，在进行读取、计算时，也就会出现一些节点拖后腿的现象。总之，这种经典传统分布式存储模式，虽然解决了原来一台机器完成不了的计算问题（大文件、大数据的计算），但同时也存在一些不足之处。

（1）负载难以均衡：因文件大小不一致，所以导致集群中各节点磁盘利用率不均匀，有的存储的文件多，有的存储的文件少，为后继的分布式计算埋下隐患。

（2）把一个文件存储在一个节点上。如果这个文件过大，需要并行处理，会很难实现。如果启动多线程，每个线程都需要从这个节点上拉取这个文件的内容，这样，这个节点就会成为网络瓶颈，不利于分布式的数据处理。

：动动大脑——怎么解决负载不均衡问题

小编 B：怎么存储才能让集群中每台机器工作量相当，以达到负载均衡？

小编 A：将上面 3 个文档事先处理成大小差不多的文件，再进行存储。（表扬）

小编 B：上面的案例可以这样解决，但实际大数据存储时数据呈多源异构形态，如视频等非结构化文件，你怎么处理？（难吧）

小编 A：先将视频等非结构化文件统一编码再拆分，读时再反编码。（表扬）

小编 B：很厉害。那再学下编码吧。（佩服）

图 2-18 中的 HDFS 存储模式支持结构化、半结构化和非结构化数据的均匀存储。这种模式将 3 个文件切分成等大的数据块 Block（图中的 Hadoop 的大小为 128MB，在 Hadoop 低版本中，默认大

小是 64MB，高版本是 128MB，本教材应用 Hadoop2.6.1，为 128MB，此大小也可通过配置文件更改参数设定），再以多副本形式进行存储。整个系统把分块（Block）、分发、容错等过程比较难的地方都抽象掉，使用户感觉像在操作一块硬盘那样容易，完善了传统分布式存储的不足，降低了开发应用的难度。由此可见，Apache HDFS 具有如下特点。

（1）功能强大，操作简单、易用。数据文件的切分、容错、负载均衡过程透明化。用户感知不到它的切分过程、冗余存储过程，能感知到的就是通过命令将文件传到 HDFS 上，并且完好地存在了上面。也就是 HDFS 把这些难实现的复杂的功能给抽象掉了，所以用户感知不到。

（2）良好的扩展性。可以动态增加服务器集群里的节点数，解决集群在线扩容的问题。例如目前集群存储能力不够，磁盘空间已满，可以添加新的机器，在线地把这些机器增加到 Hadoop 集群里，以达到在线的空间的扩展，另外，用户可以通过 HDFS 的一些工具，对已有的数据进行重新分布，以达到数据在新增的节点及老的节点上均衡分布的目的。

（3）高容错性。在大数据平台下，节点众多，故期望在 HDFS 架构时，能够把错误检测和快速、自动的恢复作为重要的目标来考量。例如多副本的冗余存储的策略，保证在个别几个节点失效时，数据不丢失，就是容错性的表现之一。

（4）支持流式数据访问。运行在 HDFS 上的应用与普通应用不同，它支持以流的方式访问数据集的模式（如 4.1 节的 HDFS 读写数据的过程），有效地实现数据一次写入、多次读取的概念模型，尽量最小化硬盘的寻址开销。在考虑数据访问低延迟问题的同时，更着重考虑了数据访问的高吞吐量问题。故 POSIX 标准设置的很多硬性约束对 HDFS 应用系统并不是必需的，为了提高数据的吞吐量，在一些关键方面对 POSIX 的语义做了一些修改，放宽了一部分 POSIX 约束，来实现流式读取文件系统数据的目的。

（5）适合 PB 量级以上海量数据的存储。HDFS 上的一个典型文件大小一般都在 G 字节至 T 字节，能提供整体上较高的数据传输带宽。据官网的消息，目前 DFS 能在一个集群里扩展到成千上万个节点，10 万个用户的并发访问量。可接受的数据丢失级别达 1 小时，系统故障需要手动恢复时，可接受的停机时间为 2 小时。

（6）异构软硬件平台间的可移植性。HDFS 在设计的时候就考虑了平台的可移植性。这种特性方便了 HDFS 在大规模数据应用平台上的推广。

2.6.2　HDFS 体系结构

HDFS 采用 master/slave 架构。一个 HDFS 集群由一个 NameNode 和一定数目的 DataNode 组成。NameNode 是一个中心服务器（mater 机），负责管理文件系统的命名空间（NameSpace）及客户端对文件的访问。集群中的 DataNode 一般是集群中一台服务器（slave 机）充当一个 node（节点），启动一个 DataNode 的守护进程，负责管理它所在节点上的存储。HDFS 公开了文件系统的命名空间，用户能够以文件的形式在上面存储数据。HDFS 体系结构如图 2-19 所示（引自 hadoop-2.6.1 官方文档）。

HDFS 体系结构中的关键点就是 NameNode 和 DataNode 的关系，为了更好地理解它们的关系，需要先来了解图 2-19 中几个关键的名词。

Client（客户端）：客户端是指需要访问 HDFS 文件服务的用户或应用。如命令行、API 应用。

Metadada（元数据）：方便集群及文件管理，存储的文件系统目录树信息（如文件名、目录名、文件和目录的从属关系、文件和目录的大小、创建及最后访问时间、权限）、文件和块的对应关系，以及文件组成信息（如块的存放位置、机器名、块 ID）。元数据存储在一台指定 NameNode 上，而实际数据一般存储于集群中其他 DataNode 的本地文件系统中。

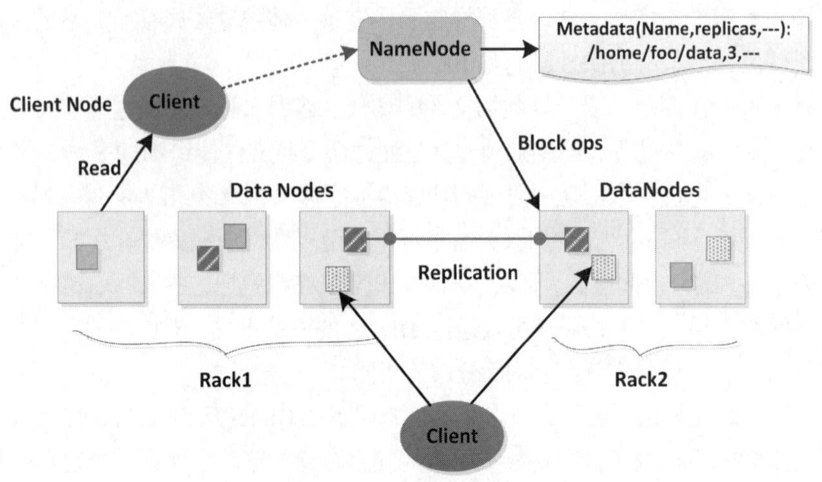

图 2-19　HDFS 体系结构

NameNode（命名节点）：集群中的管理者用于存储 HDFS 的元数据（Metadata），维护文件系统命名空间，执行文件系统的命名空间（管理是指命名空间支持对 HDFS 中的目录、文件和块做类似文件系统的创建、修改、删除等基本操作）操作，如打开、关闭、重命名文件或目录等。维护 HDFS 状态镜像文件 FSImage 和日志文件 EditLog 等。注意，FSImage 和 EditLog 是 HDFS 的核心数据结构，这些文件的损坏可能会导致 HDFS 实例无法正常运行。

DataNode（数据节点）：文件系统的工作节点，存储实际的数据。受客户端或 NameNode 调度存储和检索数据，并定期向 NameNode 发送它们所存储块的列表。在 DataNode 的复制过程中提供同步 send/receive 的操作。

Block（块）：文件系统读写的最小数据单元。HDFS 中考虑元数据大小、大数据工作效率和整个集群的吞吐量问题，将块默认设置为较大值。早期版本默认值为 64MB，目前是 128MB。也可通过配置参数或者 Java 程序指定块的大小。块在切分时会按设定大小进行切分，不足设定值的单独成块。例如有一个文件大小为 150MB，块设定值为 120MB，那么这个文件被切分成两块，大小分别为 120MB 和 30MB。

Rack（机架）：大型 Hadoop 集群是以机架的形式来组织的，同一个机架上不同节点间的网络状况比不同机架之间的更为理想。图 2-19 有两个机架。在 Hadoop 中，NameNode 设法将 Block 副本保存在不同的机架上以提高容错性。Hadoop 允许集群的管理员通过配置 dfs.network.script 参数来确定节点所处的机架。当这个脚本配置完毕后，每个节点都会运行这个脚本来获取它的机架 ID。

Replication（复制）：为了在大集群中可靠地存储超大文件，大文件被切分成等大小的 Block 后，以多副本形式被存储于集群中，这期间涉及到数据块在节点间复制的问题。为了更好地理解复制的概念，将整个复制演示过程如图 2-20 所示（引自 hadoop-2.6.1 官方文档）。

图中展示的 NameNode 节点的两个文件 part-0 对应块{1,3}和文件 part-1 对应块{2,4,5}，在 8 个 DataNode 中以多副本形式存储。HDFS 中的文件都是一次性写入的，并且严格要求在任何时候只能有一个写入者。NameNode 全权管理数据块的复制，它周期性地从集群中的每个 DataNode 接收心跳信号和块状态报告（Blockreport）。接收到心跳信号意味着该 DataNode 节点工作正常。块状态报告包含了一个该 DataNode 上所有数据块的列表。

Block Replication

NameNode (Filename, numReplicas, block-ids, ...)
/users/sameerp/data/part-0, r:2, {1,3}, ...
/users/sameerp/data/part-1, r:3, {2,4,5}, ...

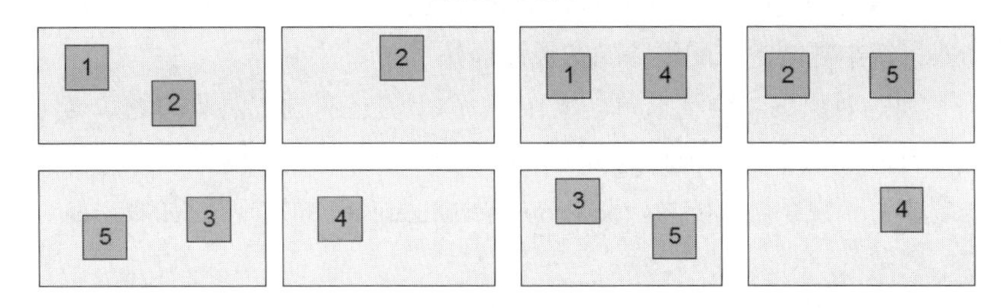

图 2-20　HDFS Block 复制

Read（读）：指 HDFS 不同节点间数据读取的过程。详细读取流程请参见 4.1.1 节描述。

Write（写）：指 HDFS 不同节点间数据写入的过程。详细写入流程请参见 4.1.2 节描述。

（1）从 NameNode 与 DataNode 的体系结构来理解两者的含义

从内部看，一个文件其实被分成一个或多个数据块（Block），这些块（Block）被存储在一组 DataNode 上。NameNode 执行文件系统的命名空间操作，如打开、关闭、重命名文件或目录。它也负责确定数据块（Block）到具体 DataNode 的映射。DataNode 负责处理文件系统客户端的读写请求，并在 NameNode 的统一调度下进行数据块的创建、删除和复制。

NameNode 和 DataNode 被设计为可在商用机器上运行的软件。这些机器通常运行 GNU/Linux 操作系统（OS）。HDFS 是采用 Java 语言开发的，故任何支持 Java 的机器都可以运行 NameNode 或 DataNode 软件，使用高度可移植的 Java 语言意味着 HDFS 可以被部署在广泛的机器上。典型的部署具有仅运行 NameNode 软件的专用机器。集群中的任何一台计算机都运行 DataNode 软件的一个实例。该架构不排除在同一台机器上运行多个 DataNode，但在真正的部署中极少这样使用。集群中单个 NameNode 的存在极大地简化了系统的架构。NameNode 是所有 HDFS 元数据的仲裁者和管理者，这样使用户数据永远不会流过 NameNode。

（2）从 NameNode 启动过程来看 NameNode 与 DataNode 两者的关系

在 HDFS 中，任何一个文件、目录和 Block，在 HDFS 中都会被表示为一个 object，存储在 NameNode 的内存中，每一个 object 占用 150 bytes 的内存空间。当 NameNode 启动的时候，首先会将 FSImage 里面的所有内容映像到内存中，然后再一条一条地执行 edits 中的记录，然后等待各个 DataNode 向自己汇报块的信息来组装 BlockMap，从而离开安全模式。所谓的 BlockMap 结构，就是记录 Block 的元数据（加载在 NameNode 的内存中）和其对应的实际数据（存储在各个 DataNode 中）的映射关系。真正每个 Block 对应到 DataNode 列表的信息在 Hadoop 中并没有进行持久化存储，而是在所有 DataNode 启动时，每个 DataNode 对本地磁盘进行扫描，将本 DataNode 上保存的 Block 信息汇报给

NameNode，NameNode 在接收到每个 DataNode 的块信息汇报后，将接收到的块信息及其所在的 DataNode 信息等保存在内存中。HDFS 就是通过这种块信息汇报的方式来完成 Block → datanodes list 的对应表构建。DataNode 向 NameNode 汇报块信息的过程被称为 BlockReport，而 NameNode 将 block → datanodes list 的对应表信息保存在一个叫 BlocksMap 的数据结构中。因此，可以得出一个非常重要的结论，NameNode 不会定期地向各个 DataNode 去“索取”块的信息，而是各个 DataNode 定期向 NameNode 汇报块的信息。当组装完 NameNode 和 BlockMap 的信息后，基本上整个 HDFS 的启动就完成了，可以顺利地离开安全模式。分析到这里，我们就可以很清楚地知道整个 HDFS 的启动速度由两个因素决定：第一，执行各个 edits 文件的时间，这个也是要重点讨论的；第二，各个 DataNode 向 NameNode 汇报块信息的进度，当 99.9%的 Block 汇报完毕后，才会离开安全模式。

上述在分布式系统中复制数据的事务的实现过程如下。

客户端在一系列的对象副本中请求单一操作。一个事务在有副本对象的场景与无副本对象的场景的表现应该是一样的（这个属性被称为 one-copy serializability），而且每个副本管理器 RM 提供了一定的并发控制能力和恢复对象能力。one-copy serializability 的实现依靠的是 read-one 和 write-all 的机制。

read-one 指的是读操作只会在一个单一的 RM 上执行，毕竟只是读操作而已，而 write-all 则要在每个 RM 上应用到，所以它的体系结构要求，当到来一个写请求时，所有的 RM 都要执行一遍，至于请求怎么传达到各个副本管理器，不需要客户端一个个请求到每个 RM 里，RM 之间可以自己交流，传播消息。

副本管理器的复制是为了防止 RM 意外发生宕机或通信失败，要求复制一个与它一样数据的 RM，以便能够选择另外的方式进行操作。

网络的分区会导致副本管理器的 group 分成两个或者两个以上的子组，而子组之间由于分区的原因是无法通信的，所以这往往造成数据的不一致性。解决这个问题的办法叫可用复制算法（available copies algorithm），应用在每个分区中，当分区已经被修复的时候，再进行冲突的验证。冲突的验证可以用 Version vector 版本向量标记写操作。

🕮：学习提示

1. edits 文件是什么

文件存放的是在 NameNode 已经启动的情况下，Hadoop 文件系统的所有更新操作的记录，HDFS 客户端执行所有的写操作，首先都会被记录到 edit 文件中。

2. FSImage 是什么

FSImage 镜像文件是 Hadoop 文件系统元数据的一个永久性的检查点，其中包含整个 HDFS 文件系统的所有目录和文件 inode 的序列化信息。对文件来说，它包括了数据块描述信息、修改时间、访问时间等；对目录来说，它包括修改时间、访问权限控制信息（目录所属用户、所在组）等。

2.6.3 文件系统的命名空间

HDFS 支持传统的层次型文件组织结构。用户或者应用程序可以创建目录，然后将文件保存在这些目录里。文件系统命名空间的层次结构与大多数现有的文件系统类似，支持用户创建、删除、移动或重命名文件。当前版本 3.0.0 中，HDFS 支持用户磁盘配额和访问权限控制，但还不支持硬链接和软链接。HDFS 架构并不妨碍实现这些特性。

NameNode 负责维护文件系统命名空间，任何对文件系统命名空间或属性的修改，都将被 NameNode 记录下来。应用程序可以设置 HDFS 保存的文件的副本数，文件副本数也被称为文件的复制因子，此信息由 NameNode 保存。

2.6.4 HDFS 中 Block 副本放置策略

NameNode 选择一个 DataNode 去存储 Block 副本的过程被称为副本存放，这个过程的策略其实就是在可靠性和读写带宽间进行权衡。在考虑副本存储问题之前，先来考虑两个问题：①把所有的副本存放在同一个节点上，能够保证写带宽，但是这个可靠性完全是假的，一旦这个节点失效，数据就会全部丢失，而且跨机架的读带宽也很低。②Mapper 或 Reducer 任务的所有副本被打散在不同的节点上，可靠性提高了，但是带宽又成了问题。

在 Hadoop 副本存储方案策略上，在同一个数据中心也有很多种副本存放方案，Hadoop 0.17.0 版本提供了一个相对较为均衡的方案，Hadoop 1.*x* 之后的副本存放方案已经是可选的。

Hadoop 默认的方案如下。

（1）把第一个副本放在和客户端同一个节点上，如果客户端不在集群中，就会随机选一个节点存放。

（2）第二个副本会在和第一个副本不同的机架上随机选一个。

（3）第三个副本会在与第二个副本相同的机架上随机选一个不同的节点。

（4）剩余的副本就完全随机选择节点了。

2.6.5 HDFS 机架感知

分布式的集群通常包含非常多的机器，由于受到机架槽位和交换机网口的限制，通常大型的分布式集群都会跨好几个机架，由多个机架上的机器共同组成一个分布式集群。机架内的机器之间的网络速度通常都会高于跨机架机器之间的网络速度，并且机架之间机器的网络通信通常受到上层交换机间网络带宽的限制。具体到 Hadoop 集群，由于 Hadoop 的 HDFS 对数据文件的分布式存放是按照分块（Block）存储，每个 Block 会有多个副本（默认为 3），并且为了数据的安全和高效，Hadoop 默认对 3 个副本的存放策略如下。

第一个副本放在 Client 所在的节点里（如果 Client 不在集群范围内，则第一个节点是随机选取的）。

第二个副本放置在与第一个节点不同的机架中的 Node 中（随机选择）。

第三个副本适合放置在与第一个副本所在节点同一机架的另一个节点上。

如果还有更多的副本就随机放在集群的其他节点里。

这样的策略可以保证对该 Block 所属文件的访问能够优先在本机架下找到，如果整个机架发生了异常，也可以在另外的机架上找到该机架的副本。这样足够高效，并且同时做到了数据的容错。

经典的 Hadoop 模式中，HDFS 和 MapReduce 的组件是能够感知机架的。NameNode 和 JobTracker 通过调用管理员配置模块中的 API resolve 来获取集群里每个 slave 的机架 ID。该 API 将 slave 的 DNS 名称（或者 IP 地址）转换成机架 ID。

在 YARN 时代，HDFS 和 YARN 组件是机架感知的。NameNode 和 ResourceManager 通过调用管理员配置模块中的 API resolve 来获取集群中从属机架（slave）的机架信息。API 将 slave 的 DNS 名称（也被称为 IP 地址）解析为机架 ID。

下面以副本放置策略为例进一步介绍机架感知的应用过程。一个 Block 的 3 个副本在放置过程中是以流式的方式写入 HDFS 上的，即第一个副本放置在 node1 上，node1 上接收一部分副本内容会接着传递给 node2，node2 以同样方式再传递给 node3（详细的写过程参见 4.1.2 节），那么如果 node1 与 node3 在同一机架，而 node2 在不同机架，副本的内容从 node1 向 node2 传递时需要跨机架，然后 node2 再跨机架传递回 node3，以此完成 3 个副本的存储过程。可见这样传递花费时间长，同时也会浪费网络资源，如果 node1 与 node2 在同一机架就理想了，那么如何感知这些呢？Hadoop 框架中的机架感知可以做到这些，主要通过配置解析识别 IP 与机架 ID 完成机架的感知。Hadoop 默认情况下是不启用机架感知功能的，在通常情况下，Hadoop 集群的 HDFS 在选择机架的时候，是随机的。通常的做法可以通过配置一个脚本来进行映射，或通过 API resolve 来获取集群中从属机架（slave）的机架信息。

编写脚本时，系统将集群中的网络拓扑、机架信息、机架所属每台机器的 IP 地址和机器名正确地映射到相应的机架上去。然后在 core-site.xml 文件中配置 topology.script.file.name 参数，在其对应的值中指定该脚本的位置。

应通过 API resolve 来获取从属机架信息，即编写自己的类文件实现 DNSToSwitchMapping 接口的 resolve()方法来完成网络位置的映射。然后在 core-site.xml 文件中配置 topology.node.switch.mapping.impl 参数，在其对应的值中指定编写的自己的类文件所在的位置，即类所在包名+类名。

可见，使用哪个模块是通过配置项 topology.node.switch.mapping.impl 来指定的。模块的默认实现会调用 topology.script.file.name 配置项指定的一个脚本/命令。如果 topology.script.file.name 未被设置，对于所有传入的 IP 地址，模块会返回 /default-rack，作为机架 ID。

有了机架感知，NameNode 就可以画出图 2-21 所示的 DataNode 网络拓扑图。D1、R1 都是交换机，最底层是 DataNode，则 H1 的 rackid=/D1/R1/H1，H1 的 parent 是 R1，R1 的 parent 是 D1。这些 rackid 信息可以通过 topology.script.file.name 配置。有了这些 rackid 信息，就可以计算出任意两台 DataNode 之间的距离。

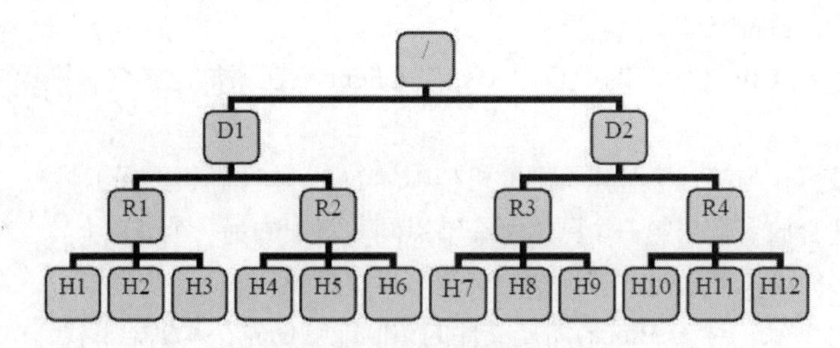

图 2-21　DataNode 网络拓扑图

distance(/D1/R1/H1,/D1/R1/H1)=0：相同的 DataNode。

distance(/D1/R1/H1,/D1/R1/H2)=2：同一 Rack 下的不同 DataNode。

distance(/D1/R1/H1,/D1/R1/H4)=4：同一 IDC 下的不同 DataNode。

distance(/D1/R1/H1,/D2/R3/H7)=6：不同 IDC 下的 DataNode。

写文件时根据策略输入 DataNode 节点列表，读文件时按与 Client 由近到远距离返回 DataNode 列表。

2.6.6　HDFS 安全模式

NameNode 启动后会进入一个被称为安全模式（Safemode）的特殊状态。处于安全模式的 NameNode 是不会进行数据块的复制的。NameNode 接收来自 DataNode 的心跳信号（Heartbeat）和块状态报告（Blockreport）。Blockreport 包含了某个 DataNode 托管的 Block 列表。每个 Block 都有一个指定的最小副本数。当 NameNode 检测确认某个 Block 的副本数目达到这个最小值时，该 Block 就会被认为是副本安全（safely replicated）的，即该 Block 被安全地复制。在一定百分比（这个参数可配置）的数据块被 NameNode 检测确认是安全的之后（加上一个额外的 30 秒等待时间），NameNode 将退出安全模式状态。然后确定还有哪些 Block 的副本没有达到指定数目，并将这些数据块复制到其他 DataNode 上。

2.6.7　HDFS 应用场景介绍

基于 HDFS 可靠性的特性，可以放心地将海量数据存储的工作交给 HDFS。同时，基于 HDFS 工作原理，它支持结构化、半结构化和非结构数据的均衡存储，故即使针对多源异构数据的归档数据（如来源于不同数据库、文本文件、网页、网络视频等数据），HDFS 都能很好地、可靠地、均衡地存储在服务器集群的磁盘中。

由于 HDFS 存储机制的影响，对于实时性要求高的数据文件，它会显得力不从心。另外，由于元信息被存储在 NameNode 内存中，而内存是有限的，官网给出参考值即 1 个 Block 元信息消耗大约 150 byte 内存，那么如果存储 1 亿个 Block，大约需要 20GB 内存；如果一个文件大小为 10KB，则 1 亿个文件大小仅为 1TB（但要消耗掉 NameNode 20GB 内存）。这样看来，如果文件块切分太小，过大的内存消耗显得不值，而且文件在读取时会消耗大量的寻道时间，这个可以类比复制大量小文件与复制同等大小的一个大文件的时间；故 NameNode 存储 Block 数目是有限的，根据 Block 切分策略和磁盘文件读取理论，HDFS 不适合小文件的存储。

2.6.8　混合 HDFS 的设计：充分利用硬件能力获得最佳性能

HDFS 的现有实现方式都是使用 Java Socket 接口通信，但其在传输延迟和吞吐量方面表现欠佳。HDFS 现有的所有通信协议都建立在 TCP/IP 之上。由于 TCP/IP 的字节流通信性质，当需要多个数据副本时，系统性能较差，并出现吞吐延迟。因此，即使底层的系统配备有如 InfiniBand 这样的高性能互连网络，HDFS 也不能充分利用硬件能力获得最佳性能。为此，这种混合 HDFS 设计方案，既能在 InfiniBand 上使用远程直接内存访问（RDMA），同时又支持传统的套接字接口。通过 JNI 的接口的 InfiniBand 通信扩展了现有的 HDFS 和 UCR 的使用。新的混合设计方案支持 RDMA 通信和基于 Socket 的通信。使用 Socket 为 HDFS 写操作进行通信时遵循和图 2-22 相同的工作流程。图 2-23 为新设计方案的通信流程。在 InfiniBand 上使用 RDMA 进行通信时，启用 RDMA 的 DFSClient 可以为每个操作选择相应网络。

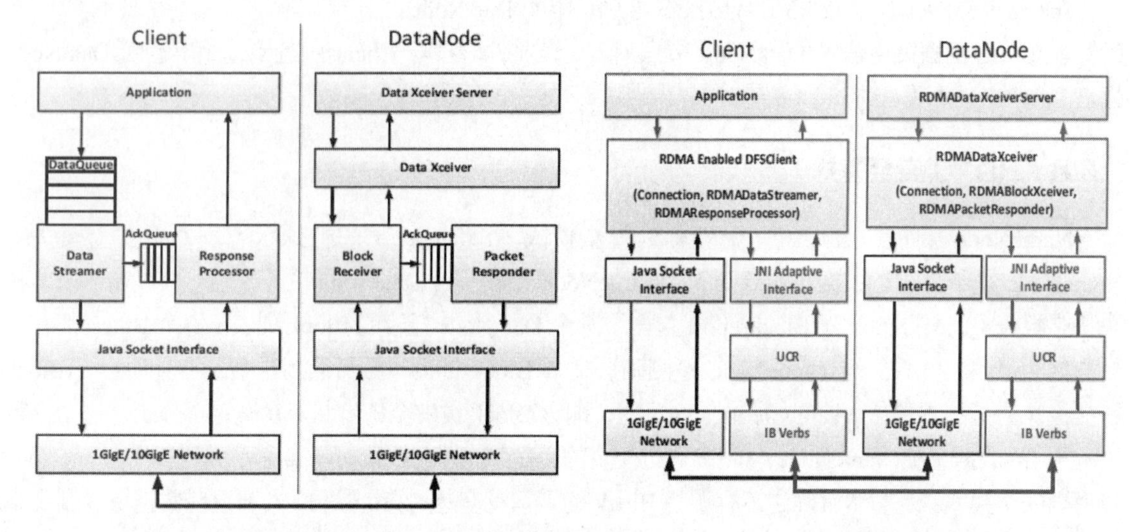

图 2-22　工作流程　　　　图 2-23　新设计方案的通信流程

各个模块中的关键技术如下。

1. 向 DFSClient 添加新组件

（1）Connection

引入了一个新的 Java 对象 Connection。使用 UCR 作为通信库。Connection 对象负责提供终端点 UCR 通信。每个 Connection 对象维持一个预先分配的缓冲区，以避免 JNI 层和 UCR 库之间的中间数据传输。

（2）JNI 适配界面

JNI 接口使 Java 代码能够使用 UCR 库的通信函数。

（3）RDMADataStreamer

放入 DataQueue 的数据包由 RDMADataStreamer 进行发送。RDMADataStreamer 作为启用 RDMA 的 DFSClient 的守护程序。

（4）RDMAResponseProcessor

RDMAResponseProcessor 通过 RDMA 确认发送的报文。

2. HDFS DataNode server 拓展和添加了新组件

（1）RDMADataXceiverServer

这是一个等待 RDMA 连接请求的监听线程。当监听器接收到一个传入的请求时，便在客户端和服务器之间创建一个末端。

（2）RDMADataXceiver

建立 RDMA 连接后，RDMADataXceiverServer 产生与该连接相关的 RDMADataXceiver 线程。该线程以类似 DataXceiver 的方式从 RDMA 接收数据。

这种混合 HDFS 的设计，既能在 InfiniBand 进行 RDMA，又能使用传统的 Socket 通信。由于充分利用像 InfiniBand 一类的高性能网络的 RDMA 功能，新的设计在 HDFS 写操作时能够提供更低的延迟和更高的吞吐量。

2.7 YARN 工作原理

由 2.2 节可知，Hadoop 从经典的 1 时代到 2 时代的版本演化过程中，最核心的变化是 YARN 的加入，它弥补了经典 Hadoop 模型在扩展性、效率上和可用性等方面存在的明显不足，可以说它是 Apache 对 Hadoop1 进行的升级改造。YARN 的引入主要有两个重要的变更：一是 HDFS 的 NameNode 可以以集群的方式布署，增强了 NameNode 的水平扩展能力和高可用性，分别是 HDFS Federation 与 HA，详细内容可参见 2.7.1 节“YARN on HDFS 的工作原理”；二是 MapReduce 将 Hadoop1 时代的 JobTracker 中的资源管理及任务生命周期管理（包括定时触发及监控），拆分成两个独立的组件（ResourceManager 和 ApplicationMaster），并更名为 YARN（Yet Another Resource Negotiator）。YARN 仍然是 master/slave 的架构，其中 ResourceManager 充当了 master 的角色，NodeManager 充当了 slave 的角色，ResourceManager 负责对多个 NodeManager 的资源进行统一管理和调度。详细内容可见 2.7.2 节“MapReduce on YARN 的工作原理”。

2.7.1 YARN on HDFS 的工作原理

HDFS 是典型的 master/slave 结构，它是负责大数据存储的分布式系统，典型结构如图 2-24 所示，客户端 Client、主节点 NameNode 和数据节点 DataNode 之间进行交互完成 Hadoop 集群数据的存储与读取等操作。

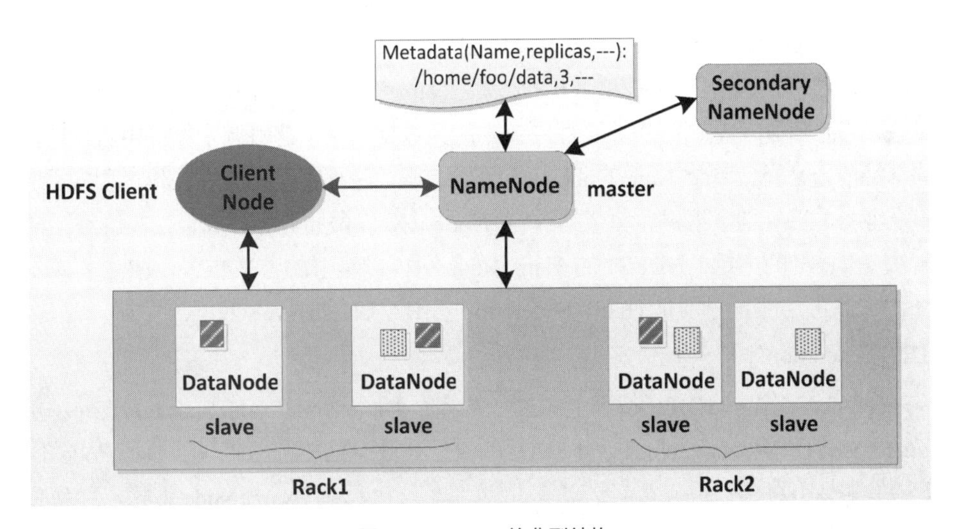

图 2-24　HDFS 的典型结构

在 HDFS1 时代，图 2-24 中的 Secondary NameNode 节点在保证集群数据安全上起到至关重要的作用。它与 NameNode 保持通信，并按照一定时间间隔保持文件系统元数据的快照。当 NameNode 发生故障时，需要手工将保存的元数据快照恢复到重新启动的 NameNode 中，降低了数据丢失的风险。由于 Secondary NameNode 与 NameNode 进行数据同步备份时，总会存在一定的延时，如果 NameNode 失效时有部分数据还没有同步到 Secondary NameNode 上，就极有可能存在数据丢失的问题。HDFS1 时代的架构关系主要分成两层，此时 Hadoop1.x 中的 NameNode 只可能有一个，HDFS 架构包含两层，即 NameSpace 和 Block Storage Service，如图 2-25 所示（引自 Hadoop-2.6.1 官方文档）。

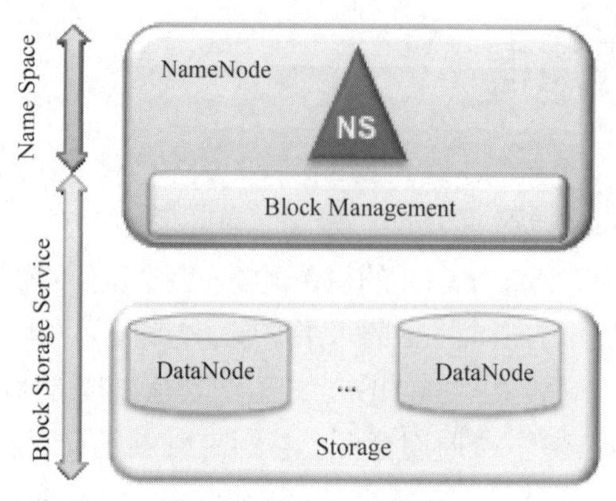

图 2-25　HDFS 二层结构

图 2-25 中，NameSpace 层面包含目录、文件及块的信息，它支持所有 NameSpace 相关文件系统的操作，如创建、删除、修改，以及文件和目录的列举。

Block Storage Service 层面又包含如下两个部分。

（1）Block Management（块管理）：在 NameNode 中完成。通过处理 registrations 和心跳机制维护集群中 DataNode 的基本成员关系。它支持数据块相关的操作，如创建、删除、修改和获取块的位置，以及管理副本的复制和存放。

（2）Storage（存储）：存储实际的数据块并提供针对数据块的读/写服务。

当前 HDFS 架构只允许整个集群中存在一个单独的 NameSpace，该节点管理这个 NameSpace。该种结构下 Block Storage 和 NameSpace 高度耦合，HDFS 下的 DataNode 可以解决在集群中动态增加或减少的横向扩展问题，但 NameNode 不可以。当前的 NameSpace 只能被存放在单个 NameNode 上，而 NameNode 在内存中存储了整个分布式文件系统中的元数据信息，这限制了集群中数据块、文件和目录的数目。从性能上来讲，单个 NameNode 上的资源有限，进而限制了文件操作过程的吞吐量和元数据的数目。从业务的独立性上来讲，单个的 NameNode 也难以做到业务隔离，使集群难于共享。

为了解决 HDFS1 的不足，HDFS2 的 NameNode 可以以集群的方式布署，增强了 NameNode 的水平扩展能力和高可用性，分别是 HDFS Federation 与 HA（High Availability）。

1. HDFS Federation

HDFS Federation 在现有 HDFS 基础上添加了对多个 NameNode/NameSpace 的支持，可以同时部署多个 NameNode，这些 NameNode 之间相互独立，彼此之间不需要协调，DataNode 同时在所有 NameNode 中注册，作为它们的公共存储节点，定时向所有的这些 NameNode 发送心跳块使用情况的报告，并处理所有 NameNode 向其发送的指令，如图 2-26 所示。

该架构引入了两个新的概念——存储块池（Block Pool）和集群 ID（Cluster ID）。

存储块池（Block Pool）：是一个属于单个的 NameSpace 中块的集合。其中 DataNode 存储着集群中所有 Block Pool。Block Pool 的管理相互之间是独立的。这意味着一个 NameSpace 可以独立地为新 Block 生成块 ID，不需要与其他 NameSpace 协调。一个 NameNode 失败不会导致 DataNode 的失败，这些 DataNode 还可以服务其他的 NameNode。一个 NameSpace 和它的 Block Pool 一起被称作命名空间向量（NameSpace Volume），这是一个独立的管理单元。当一个 NameNode/NameSpace 被删除时，对应的 Block Pool 也会被删除。当集群升级时，每个 NameSpace Volume 也作为一个单元进行升级。

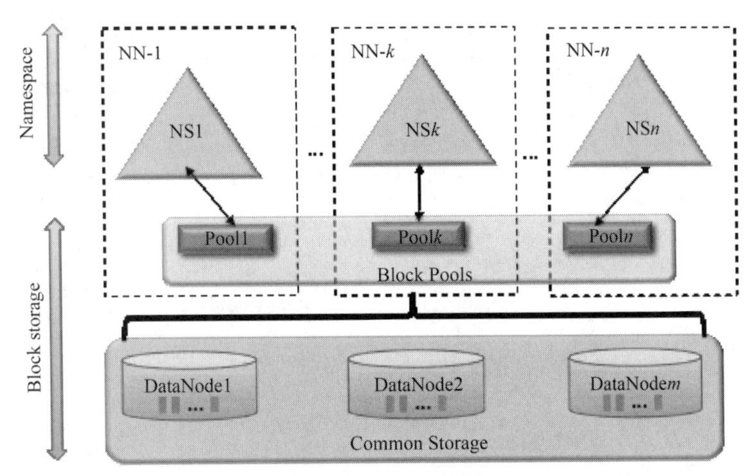

图 2-26　Hadoop2.x 时代的 HDFS 架构

集群 ID（Cluster ID）：一个新的标识 Cluster ID 添加到集群，用来标识所有的节点，当 NameNode 被格式化时，该标识将自动创建 Cluster ID，这个 ID 用来区分集群中的 NameNode。

HDFS Federation 的好处很明显：①命名空间的扩展，改进了对于集群 HDFS 上数据量增加时仍采用一个 NameNode 进行管理的弊端。横向扩展可以把一些大的目录分离出去，使每个 NameNode 下的数据看起来更加精简。②当 NameNode 所持有的数据量达到一个非常大的数量级的时候（如超过 1 亿个文件），单 NameNode 的处理压力过大，容易陷入繁忙状态，进而影响集群整体的吞吐量。HDFS Federation 下多 NameNode 工作机制分解了这样的压力。③多个命名空间可以很好地隔离各自命名空间内的任务，除一些必要的关键任务处理外，许多本地特性的普通任务因得到屏蔽而互不干扰。

2. HA

HDFS Federation 通过多个 NameNode/NameSpace 把元数据的存储和管理分散到多个节点中，使 NameNode/NameSpace 可以通过增加机器来进行水平扩展，所有 NameNode 共享所有 DataNode 存储资源，一定程度上解决了有限的节点资源，如内存受限的问题。而 HA 存在的意义就是通过主备 NameNode 解决单点故障的问题。在 Hadoop HA 中可以同时启动两个 NameNode。其中一个处于工作（Active）状态，另一个处于随时待命（Standby）状态。这样，当一个 NameNode 所在的服务器宕机时，可以在数据基本不丢失的情况下，手工或者自动切换到另一个 NameNode 提供服务。HA（High Availability）的结构如图 2-27 所示。

图中有两个 NameNode，一个处于活跃（Active）状态，另一个处于待机（Standby）状态，这两个 NameNode 之间通过共享存储，同步 edits 信息，保证数据的状态一致。NameNode 之间通过 Network File System（NFS）或者 Quorum Journal Node（JN）共享数据，其中 NFS 是通过 Linux 共享的文件系统，属于操作系统层面的配置，JN 是 Hadoop 自身的机制，属于软件层面的配置。DataNode 同时向两个 NameNode 汇报块信息，是 Standby NameNode 保持集群最新状态的必需步骤。同时，系统使用 ZooKeeper（ZK）进行心跳监测监控，心跳不正常时，活跃的 NameNode 判断失效并会自动切换待机 NameNode 为 Active 状态。这样就完成了两个 NameNode 之间发生故障时的热切换操作。

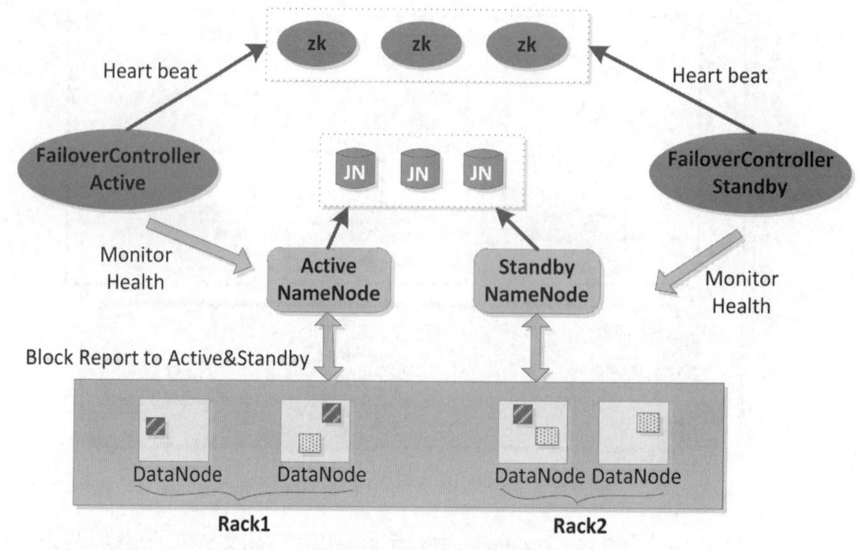

图 2-27　Hadoop HA 的结构

Hadoop HA 集群启动后的 Web UI 界面如图 2-28 所示。

图 2-28　Hadoop HA 集群启动后的 Web UI 界面

2.7.2　MapReduce on YARN 的工作原理

由前面几节的内容可知，MapReduce 是 Hadoop 平台分布式计算的框架，主要通过 Mapper 与 Reducer 框架的程序编写完成分布式计算的功能。这里有一个很重要的知识点，就是这些程序编写后如果提交至平台，又是如何工作的？答案是可以通过 Job 对象上的 submit()方法来调用、运行 MapReduce 作业，也可以通过调用 waitForCompletion()方法提交以前没有提交过的作业，并等待它的完成（详细程序实现过程可参见 6.2.4 节）。在 MapReduce1 版本中，mapred.job.tracker 决定了 MapReduce 应用程序的执行方式：属性为 local（默认），使用本地的作业运行器，运行器在单个 JVM 上运行整个作业；如果设为“主机名：端口”，该配置属性被解释为 JobTracker 地址，运行器将作业提交给该地址的 JobTracker 运行。mapreduce.framework.name 属性设置为 local，表示本地的作业运行器；设置为 YARN，表示在 YARN 的环境下运行。那么在讲解 MapReduce 编程之前，有必要介绍一下它基于 Hadoop 平台的运行机制。与 HDFS 相似，由于 YARN 的引入，MapReduce1 时代发生了局部的改造工程，JobTracker 中的资源管理及任务生命周期管理（包括定时触发及监控）拆分成两个独立的组件（ResourceManager 和 ApplicationMaster），并更名为 YARN MapReduce。

1. MapReduce1 的工作机制

MapReduce1 的工作机制如图 2-29 所示。

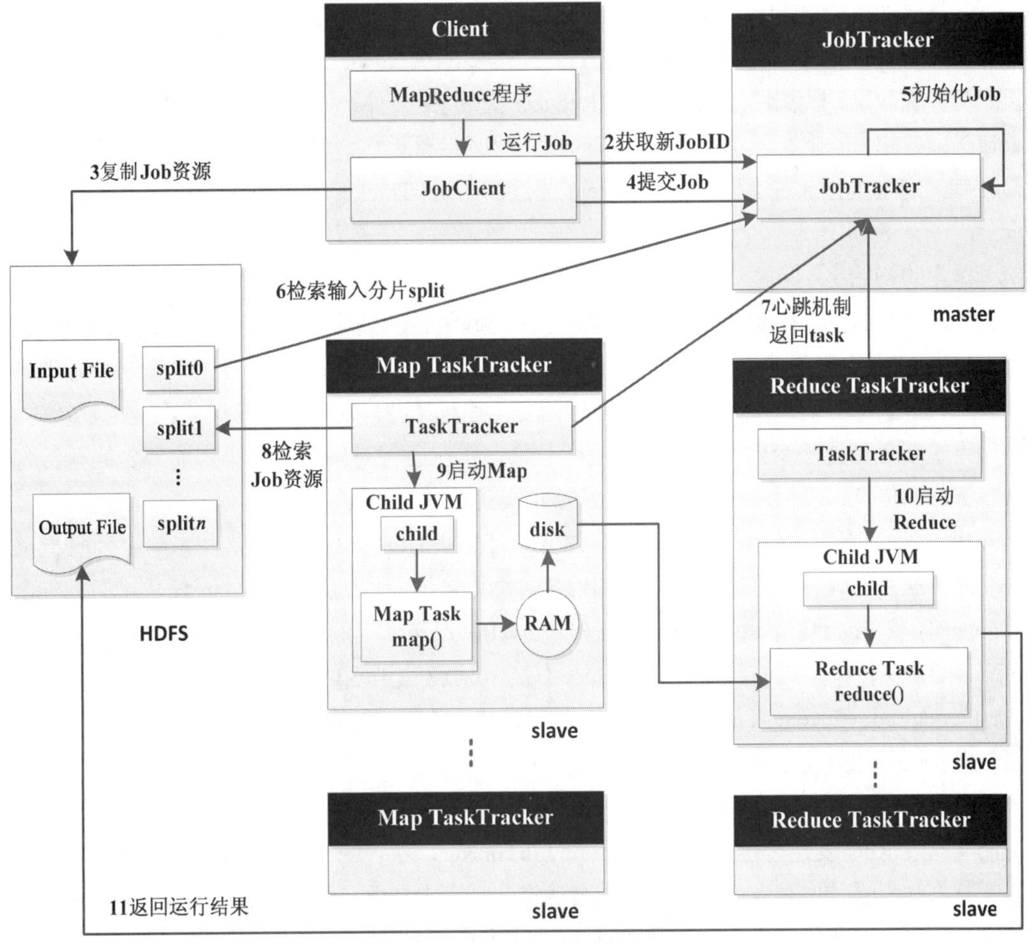

图 2-29　MapReduce1 的工作机制

在介绍图 2-29 中 MapReduce 的工作机制之前，先介绍图中的几个重要组件。

JobClient：基于 MapReduce 接口库编写的客户端程序，负责提交 MapReduce 作业。

JobTracker：一个 Hadoop 集群中只有一个 JobTracker，是 NameNode 节点上的守护进程。它是各个 MapReduce 模块之间的协调者，负责协调 MapReduce 作业执行，例如：需要处理哪些文件，分配任务的 Map 和 Reduce 执行节点，监控任务的执行，重新分配失败的任务等。

TaskTracker：执行由 JobTracker 分配的任务，每个 TaskTracker 可以启动一个或多个 Map Task 和 Reduce Task，负责具体执行 Map 任务和 Reduce 任务的程序。同时 TaskTracker 与 JobTracker 之间通过心跳（HeartBeat）机制保持通信，以维护整个集群的运行状态。

下面介绍一个 MapReduce 作业的具体工作过程。

（1）作业的提交

第 1 步至第 2 步，在客户端，用户编写的 MapReduce 程序启动一个 JobClient 的实例，用以开启整个 MapReduce 作业（Job），此时 JobClient 会通过 getNew JobID()接口向 JobTracker 发出请求，以获得一个新的作业（Job）ID，用于标识本次 MapReduce 作业。JobClient 会检查本次作业指定的输入数据和输出目录是否正确。如果没有指定输出目录或输出目录已经存在，作业不提交，同时会把该信息返回给 MapReduce 程序。计算作业的分片信息，如果分片无法计算（如输入路径不存在等），作业就提交并将错误返回给 MapReduce 程序。

第 3 步，如果检查无误，JobClient 将运行作业需要的相关资源，包括本次作业相关的配置文件、输入数据分片的数量，以及包含 Mapper 和 Reducer 类的 jar 文件，并存放到 HDFS 中属于 JobTracker 的以 JobID 命名的目录下，一些文件（如 jar 文件）可能会以冗余备份的形式被存放在多个节点上。

第 4 步，完成上述准备工作后，JobClient 通过调用 JobTracker 的 SubmitJob()方法发出作业提交的请求。

（2）作业的初始化

第 5 步，当 JobTracker 接收到 SubmitJob()方法的调用后，作为主控节点，JobTracker 有可能会收到多个 JobClient 发出的作业请求，因此 JobTracker 实现了一个队列机制处理多个请求，并把这些调用请求放入一个内部队列，由作业调度器进行调度，并对其进行初始化，以完成作业的初始化工作。作业初始化主要是创建一个代表此作业的运行对象，作业运行对象中封装了作业包含的任务和任务运行状态记录的信息，以便后续跟踪相关任务的状态和执行进度。

第 6 步，为了创建任务运行列表，作业调度器首先从 HDFS 上的共享文件系统中获取 JobClient 放好的输入数据及已经计算好的输入分片的信息，然后依据分片信息创建 Map 任务（通常一个分片一个 Mapper 任务）的数量，并创建对应的一批 TaskInProgress 实例用监控和调度 Map 任务。同时根据 JobConf 配置文件中定义的数量生成 Reduce 任务和对应的 TaskInProgress 实例。Reduce 任务的数量由 Job 的 mapred.reduce.task 属性决定，也可通过 job.setNumReduceTasks()方法来设定。

（3）作业任务的分配

第 7 步，在 TaskTracker 和 JobTracker 间通过心跳机制维持通信。TaskTracker 运行一个简单的循环，定期地通过 RPC 发送心跳（heartbeat）给 JobTracker，除表明 TaskTracker 是否还存活外，询问有没有任务可做，同时也充当二者之间的消息通道。消息中包含了当前是否可执行新的任务的信息，如果 JobTracker 的作业队列不为空，则 TaskTracker 发送的心跳消息将会获得 JobTracker 给它派发的任务。由于 TaskTracker 节点的计算能力（由内核数量和内存大小决定）是有限的，因此每个 TaskTracker 有两个固定数量的任务槽，分别对应 Map 任务槽，即只要有空闲 Map 任务槽，就分配一个 Map 任务，Map 任务槽满了后才分配 Reduce 任务。默认调度器在处理 Reduce 任务槽之前，会填满空闲的 Map 任务槽。因此，如果 TaskTracker 至少有一个闲置的 Map 任务槽，JobTracker 会为它选择一个 Map 任务，否则选择一个 Reduce 任务。对于 Map 和 Reduce 任务，TaskTracker 有固定数量的任务槽，二者是独立设置的。

（4）作业任务的执行

第 8 步，TaskTracker 被分配了任务后时运行该任务。在正式启动运行 Map 与 Reduce 任务前，它会事先做些准备工作：①通过从共享文件系统把作业的 jar 文件复制到 TaskTracker 所在的文件系统，从而实现作业的 jar 文件本地化。同时，TaskTracker 将应用程序所需要的全部文件从分布式缓存复制到本地磁盘。②TaskTracker 为任务新建一个本地工作目录，并把 jar 文件中的内容解压到这个文件夹下。③TaskTracker 新建一个 TaskRunner 实例来运行该任务。

TaskRunner 在一个新的 Java 虚拟机（JVM）中根据任务类别创建出 Map Task 或 Reduce Task 进行运算。在新的 Java 虚拟机中运行 Map Task 和 Reduce Task 的原因是避免这些任务的运行异常，影响到 TaskTracker 的正常运行，并且每个任务都能够执行安装（setup）和清理（cleanup）工作，它们和任务本身在同一个 JVM 中运行，并由作业的 OutputCommitter 确定。

Map Task 和 Reduce Task 会定时与 TaskRunner 进行通信以报告进度，直到任务完成。

第 9 步，Map 任务的执行。在 Map TaskTracker 节点收到 JobTracker 分配的 Map 任务后，系统将创建一个 TaskInProgress 对象实例，以调度和监控任务。然后将作业的 jar 文件和作业的相关配置文件从分布式文件存储系统中取出，并复制到本地工作目录下，之后 TaskTracker 会新建一个 TaskRunner 实例，启动一个单独的 JVM，并在其中启动 MapTask，执行用户指定的 map()函数。MapTask 计算获得的数据，定期存入缓存中，并在缓存满的情况下存入本地磁盘中。在任务执行时，MapTask 定时与 TaskTracker 通信以报告任务进度，即任务完成的百分比情况，直到任务全部完成，此时所有的计算结果会被存入本地磁盘中。

第 10 步，Reduce 任务的执行。在部分 Map 任务执行完成后，JobTracker 按任务分配的机制分配 Reduce 任务到 Reduce 所在的 TaskTracker 节点中。与 Map 任务启动过程类似，Reduce TaskTracker 同样会生成在单独 JVM 中的 ReduceTask 以执行用户指定的 reduce()函数。同时 ReduceTask 开始从对应的 Map TaskTracker 节点远程下载中间结果的数据文件，做好运行环境和数据的准备工作。仅当所有 Map 任务执行完成后，JobTracker 才会通知所有 Reduce TaskTracker 节点开始 Reduce 任务的执行。整个过程中，ReduceTask 会定时与 TaskTracker 保持通信，系统会估计已处理 Reduce 输入的比例，报告任务的执行进度，直到任务全部完成。

（5）作业的完成

在 Reduce 阶段执行过程中，每个 Reduce 会将计算结果输出到分布式文件存储系统 HDFS 中，当全部 Reduce Task 完成时，这些临时文件会合并为一个最终的输出文件。JobTracker 收到最后一个任务完成的通知后（通过每个 TaskTracker 与 JobTracker 间的心跳消息），会将此作业的状态设置为“完成”。此后的 JobClient 的第一个状态轮询请求到达时，系统会获知此作业已经完成。于是，JobClient 会通知用户程序整个作业完成，通过 job.waitForCompletion()方法返回，然后把 Job 的统计信息和计数值通过程序打印输出到控制台。

2. MapReduce YARN 的工作机制

MapReduce1 很好地解决了基于 HDFS 平台大数据的计算功能，但它在模式设计上还不够灵活。例如，TaskTracker 每次会把 Map 和 Reduce 作业作为一个整体分成 Map 任务 Slot 和 Reduce 任务 Slot，如果当前只有 Map 任务，那么 Reduce 分配的 Slot 就会造成资源的浪费。在大多数的 MapReduce 作业过程中，Map 任务通常要明显地多于 Reduce 任务，这样会造成大量 Reduce 任务的 Slot 闲置，且 Map Slot 与 Reduce Slot 不能交换使用，进而造成资源的浪费。再如在 MapReduce1 时代，JobTracker 负责作业调度和任务进度监视，追踪任务、重启失败或过慢的任务，以及进行任务登记等工作。同时，JobTracker 也存在单点故障问题，如果同时作业数量过大，内存将被极大地消耗，增加任务失败的概率。故 MapReduce1 时代面临着扩展瓶颈的问题。通常 Hadoop 时代集群管理规模只能达到 4000 台左右，影响了 Hadoop 的可扩展性和稳定性。YARN 的出现取消了 Slot 的概念，把 JobTracker 由一个守护进程分为 ResourceManager 和 ApplicationMaster 两个守护进程，将 JobTracker 所负责的资源管理与作业调度分离。其中 ResourceManager 负责原来 JobTracker 管理的所有应用程序计算资源的分配、监控和管理；ApplicationMaster 负责每一个具体应用程序的调度和协调。在介绍 MapReduce YARN 工作运行机制之前，先介绍 YARN 工作原理中的重要组件，如图 2-30 所示。

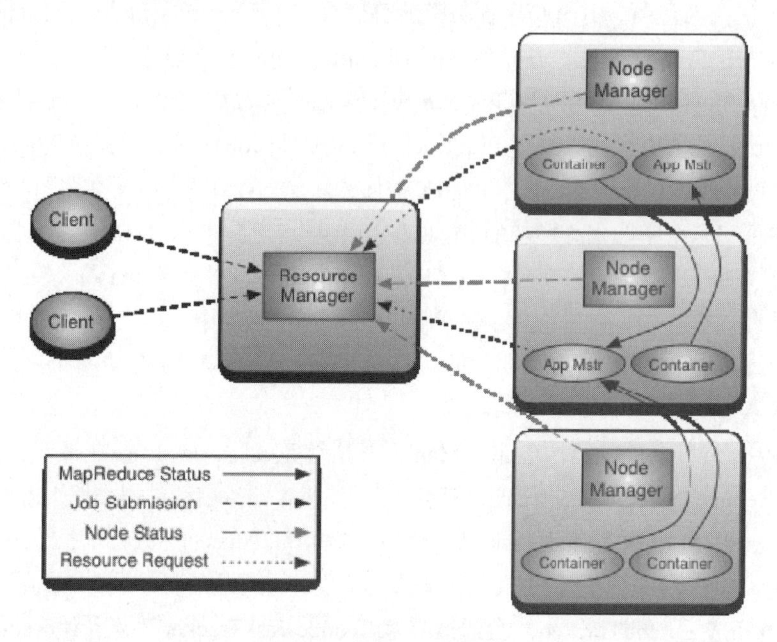

图 2-30　YARN 工作原理

图 2-30 中 YARN 工作中几个重要组件及解释如下。

ResourceManager：简写为 RM，负责管理所有应用程序计算资源的分配，是一个全局的资源管理系统。它定期接收来自 NodeManager 通过心跳机制汇报的关于本机的资源使用情况，对于具体资源的处理交由 NodeManager 自己实现。

ApplicationMaster：简写为 AM，每次提交一个应用程序便产生一个用以跟踪和管理这个程序的 AM，这个 AM 负责向 ResourceManager 申请资源，由 AMLaucher 与对应 NodeManager 联系并启动常驻在 NodeManager 中的 AM，这个 AM 将获得资源的容器 Container，每一个任务对应一个 Container，用于任务的运行、监控。此时如果任务运行失败，系统会重新为其申请资源和启动任务。由于不同的 ApplicationMaster 被分布到不同的节点上，因此它们之间不会相互影响。

NodeManager：简写为 NM，相当于管理所在机器的代理，负责本机程序运行、资源管理和监控。集群中每个节点都会拥有一个 NM 的守护进程，它会负责定时向 RM 汇报本节点上资源（如内存、CPU 等）的使用情况和 Container 的运行状态。如果判定 RM 通信失败（如出现宕机），NM 会立即连接备用的 RM 进行接下来的工作。

下面结合图 2-31 介绍一个 MapReduce YARN 的具体工作过程。

（1）作业的提交

第 1 步至第 2 步，运行 Job 的过程与 MapReduce1 时代一样，只是在 MapReduce YARN 时代，当 mapreduce.framework.name 设置为 YARN 时，提交的过程与 MapReduce1 时代相似，只是获取新的 Job ID 的途径是从 RM 而不是 JobTracker。之后 Job 检查作业输出并计算输入数据分片。

第 3 步，检查无误后，将作业的资源，包括本次作业相关的配置文件、输入数据分片的数量，以及包含 Mapper 和 Reducer 类的 jar 文件，复制到 HDFS 上。

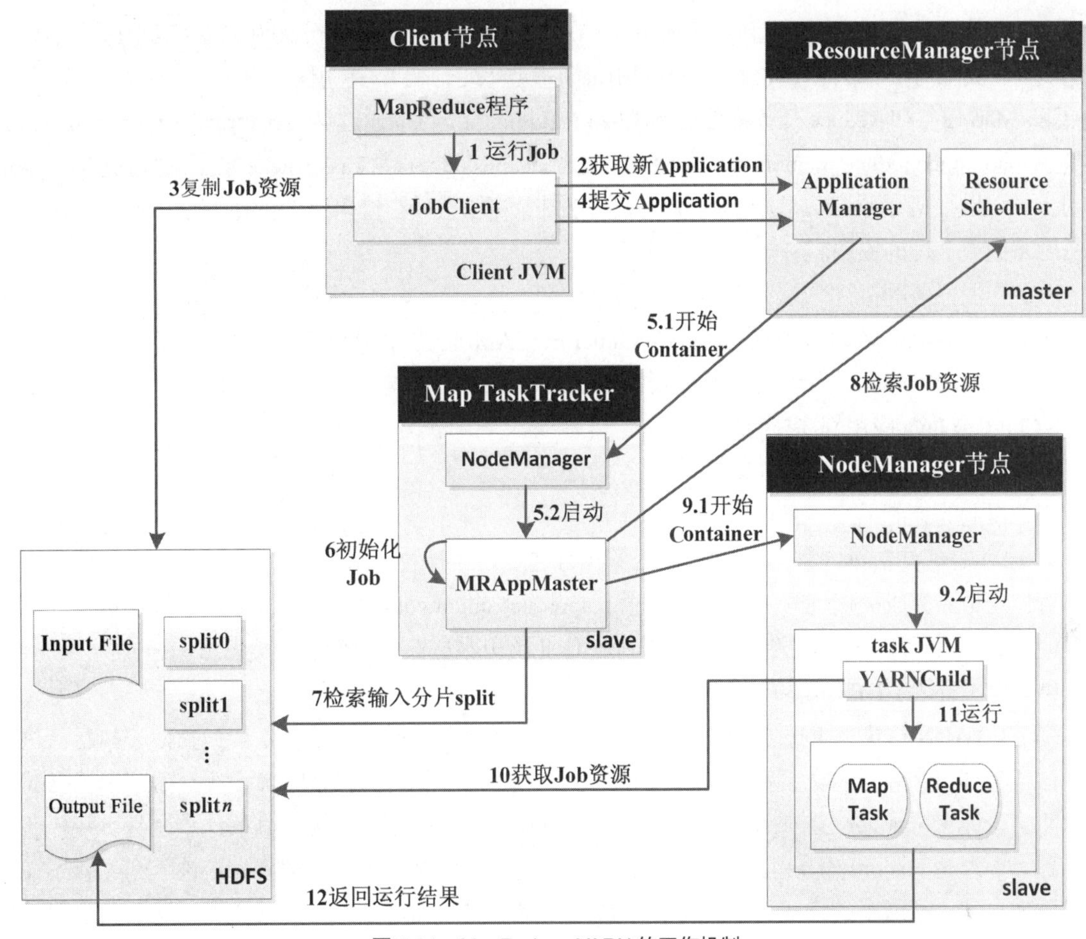

图 2-31　MapReduce YARN 的工作机制

第 4 步，完成上述准备工作后，JobClient 通过调用 RM 上的 submitApplication()方法，发出作业提交的请求。

（2）作业初始化

第 5 步，RM 收到调用它的 submitApplication()消息后，将请求传递给调度器（Scheduler）。调度器分配一个容器（Container），在 NM 中的 ContainerManager 组件触发 MLauncherEventTye.LAUNCH 事件，并被主控节点 RM 中的 ApplicationMasterLauncher 捕获，创建新的 AMLauncher 实例，通过该实例调用 AMLauncher.launch()方法，在其内部调用 ContainerManager.startContainer()方法启动该 Container，进而在 Container 中启动应用程序的 master 进程。

第 6 步，MRAppMaster 是 MapReduce 作业中 AM 的主类，由它对作业进行初始化。它将接受来自任务的进度和完成报告，通过创建多个簿记对象以保持对作业进度的跟踪，以便后续跟踪相关任务的状态和执行进度。

第 7 步，接收来自共享文件系统在客户端计算的输入分片的信息，依据分片数量确定创建 Map 任务的数量，一般情况下一个分片对应一个 Map。Reduce 数量可由 mapreduce.job.reduces 属性值确定。

（3）作业任务的分配

第 8 步，如果作业不是 Uber 任务运行模式，那么 AM 会向 RM 请求，为该作业中所有的 Map 任务和 Reduce 任务请求 Container。YARN 的调度器（Scheduler）依据请求中包括的每个 Map 任务的数据本地化信息进行调度决策，确定任务分配模式（理想情况下，任务分配到数据本地化的节点，否则调度器就会相对于非本地化的分配优先使用机架本地化的分配），并为任务指定了内存需求。在默认情况下，Map 任务和 Reduce 任务都分配到 1 024 MB 的内存，可以通过参数 mapreduce.map.memory.mb 和参数 mapreduce.reduce.memory.mb 来设置。这与 MapReduce1 中 TaskTracker 配置的固定数据 Slots 不同，它可以按应用程序请求最小到最大限制范围内的任意最小值倍数的内存容量，使集群中的内存资源得到更合理的应用。

（4）作业任务的执行

第 9 步，RM 的调度器为任务分配 Container 后，AM 通过与 NM 定时通信来启动 Container。

第 10 步，Container 启动后，首先类似 MapReduce1 一样需要资源的本地化，然后由主类的 YARNChild 的 Java 应用程序执行任务。

第 11 步，运行 Map 任务和 Reduce 任务。

（5）作业的完成

第 12 步：客户端第 5 秒向 AM 检查任务执行进度，同时通过调用 Job 的 waitForCompletion()方法检查作业是否完成。查询的间隔可以通过 mapreduce.client.completion.pollinterval 属性进行设置。作业完成后，AM 和任务容器会清理工作状态。作业历史服务器保存作业的信息供用户使用。任务执行的结果也可存于 HDFS 指定的存储位置。

综上，YARN 在执行 Job 过程中，将一个业务计算任务（Job）分解为若干个 Task 来执行，执行的载体在 YARN 内部被称为容器（Container，物理上是一个动态运行的 JVM 进程。在 Task 完成后，YARN 会杀死 Container，并重新分配容器，进行初始化，运行新的任务，其实这个过程有些耗费系统资源。华为的 FusionInsight 产品对 YARN 的特性进行了增加，其中容器重用特性就允许容器在运行完成后自动去获取新的任务，避免了容器重新分配及初始化动作，大大减少了容器启动与回收时间，从而提升 Job 执行效率。优化后的 Hadoop YARN 集群计算性能最高提升 2～3 倍。

2.8 容错机制

为了保证分布式存储系统的高可靠和高可用，数据在系统中一般存储多个副本。当某个存储节点出现故障时，系统能够自动将服务切换到其他的副本，从而实现自动容错。

分布式存储系统通过复制协议将数据同步到多个存储节点，并确保多个副本之间数据的一致性。同一份数据有多个副本，仅有一个为主副本 Primary，其他的副本为备份副本 Backup，数据从主副本复制到备份副本。

复制协议分为两种——强同步复制及异步复制，两者区别如字面意思，即用户的写请求是否需要同步到备份副本才算成功。假如备份副本不止一个，复制协议还会要求写请求至少需要同步到几个备份副本。

（1）实现强同步复制时，主副本可以将操作日志并发发给所有备份副本并且等待回复，只要至少 1 个备份副本返回成功，就可以回复客户端操作成功。强同步的好处在于如果主副本出现故障，分布式存储系统可以自动将服务切换到最新的备份副本，而不用担心数据丢失的情况。强同步复制的过程如图 2-32 所示。

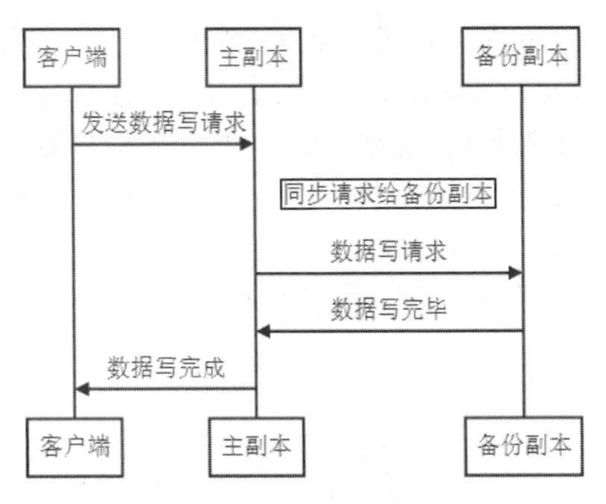

图 2-32　强同步复制的过程

（2）异步复制时，主副本不需要等待备份副本的回应，只需要本地修改成功，就可以告知客户端写操作成功。好处在于系统可用性好，但是一致性较差，如果主副本发生不可恢复的故障，可能丢失最后一部分更新操作。异步复制的过程如图 2-33 所示。

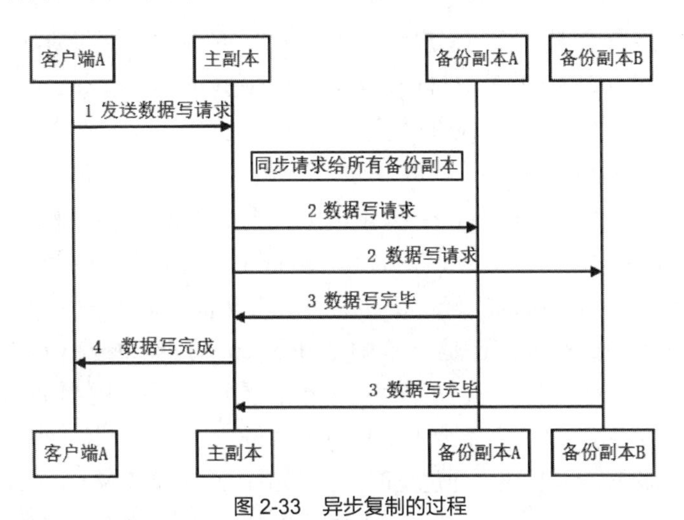

图 2-33　异步复制的过程

Hadoop 用户肯定都不希望系统在存储和处理数据时丢失或者损坏任何数据。接下来讨论一下 HDFS 中找不到数据块或节点发生宕机等情况时保证数据完整性的原理。

总的来说，HDFS 会对写入的数据计算校验和，并在读取数据时验证校验和。DataNode 负责收到数据后存储该数据及其校验和。DataNode 的数据来源可分为两种，其一为从客户端收到的数据，其二为从其他 DataNode 复制来的数据。还有一种情况，正在写数据的客户端将数据及其校验和发送到由一系列 DataNode 组成的管通，管通中最后一个 DataNode 负责验证校验和。

客户端从 DataNode 读取数据时，也会验证校验和，将它们与 DataNode 中存储的校验和进行比较。每个 DataNode 都持久保存一个用于验证的校验和日志，所以会知道每个数据块的最后一次验证时间。客户端成功验证一个数据块后，会告诉这个 DataNode 来更新日志。对于检测损坏的磁盘很有价值。

不只是客户端读取数据库时会验证校验和，每个 DataNode 也会在一个后台进程中运行一个 DataBlockScanner，从而定期验证存储在这个 DataNode 的所有数据库。该措施是解决物理存储媒体尚未损坏的有力措施。

HDFS 会存储每个数据块的复本，可以通过数据复本来修复损坏的数据块。客户端在读取数据块时，如果检测到错误，首先向 NameNode 报告已损坏的数据块及其正在尝试读取操作的这个 DataNode。NameNode 会将这个数据块标记为已损坏，对这个数据块的请求会被 NameNode 安排到另一个副本上。之后，它安排将这个数据块的另一个副本复制到另一个 DataNode 上，如此，数据块的副本因子又回到期望水平。此后，已损坏的数据块副本会被删除。

在读取数据时，也可以禁止校验，把已损坏的数据在删除前尝试看看是否能够恢复数据。

2.9 安全性

Hadoop 设计的初衷是存储和处理 PB 量级的数据。所以，Hadoop 的早期用例都是围绕着如何管理大量的公共网络数据，没有考虑保密性。早期版本假定 HDFS 和 MapReduce 集群运行在安全的内部环境中，由一组相互合作、互相信任的用户使用，因而其访问控制措施的目标是防止偶然的数据丢失，而并非阻止非授权的数据访问，因此未对数据传输过程中的通信安全做出合理有效的防范措施。尽管在早期版本中实现了审计和授权控制（HDFS 文件许可），然而这种访问控制很容易避开，因为任何用户都能轻易模拟成其他任何用户，占有其他用户的资源甚至杀死其他用户的任务（例如黑客伪造身份进行平台的访问）。随着 Hadoop 集群被越来越多的企业尝试，同时将自己大量的、私密性的数据存储于集群上，使得集群数据的安全性变得尤为重要。

2009 年，雅虎公司就遇到了 Hadoop 集群中的安全问题，当时其工程师团队提出采用一个开源网络认证协议 Kerberos，用于协助 Hadoop 鉴定访问用户是否是登录账号声明的用户。同期，为了增强 Hadoop 的安全机制，Apache 专门抽出一个团队为 Hadoop 增加安全认证和授权机制。Hadoop 提供了两种安全机制——Simple 和 Kerberos。Simple 机制（默认情况，Hadoop 采用该机制）采用了 SaaS 协议。也就是说，用户提交作业时，自己是 × × ×（在 JobConf 的 user.name 中说明），则在 JobTracker 端要进行核实，包括两部分核实，一是用户到底是不是这个人，即通过检查执行当前代码的人与 user.name 中的用户是否一致；然后检查 ACL（Access Control List）配置文件（由管理员配置），看用户是否有提交作业的权限。一旦用户通过验证，会获取 HDFS 或者 MapReduce 授予的 delegation token（访问不同模块，有不同的 delegation token），之后的任何操作（如访问文件），均要检查该 token 是否存在，且使用者跟之前注册使用该 token 的人是否一致。当 Client 第一次获得 NameNode 的认证时，还会获得一个 delegation token，这个 token 用作以后访问 HDFS 或者提交作业的凭证。当 Client 要读取文件时，Client 首先要与 NameNode 交互，获取对应的 Block 的 Block access token，然后去相应的 DataNode 上读取各个 Block，而这些 token 在 DataNode 向 NameNode 注册时已经生成并且 DataNode 会获取该 token，这样的话，当 Client 想要从 Tasknode 上读取 Block 时，就必须要先验证这个 token。从 Hadoop0.20.20.*x* 起，Apache Hadoop 开始支持 Kerberos 认证。这一时期，Hadoop RPC 中添加了权限认证机制。通过 Kerberos RPC（SASL/GSSAPI）来实现 Kerberos 及 RPC 连接上的用户、进程及 Hadoop 服务的相互认证。权限用户可通过 NameNode 根据文件许可强制执行对 HDFS 中文件的访问控制，用于后续认证检查的委托令牌。在数据访问控制中，NameNode 会根据 HDFS 的文件许可做出访问控制决策，并发出一个块访问令牌，提交给 DataNode 用于块访问请求，用作业令牌强制任务授权。从宏观角度讲，使用 Kerberos 的端通过认证、授权、服务请求完成服务。

在 YARN 时代，从安全认证角度来讲，客户端与 NameNode 和客户端与 ResourceManager 之间的初次通信均采用了 Kerberos 进行身份认证，之后便换用委托令牌认证以减少开销，而 DataNode 与 NameNode 和 NodeManager 与 ResourceManager 之间的认证始终采用 Kerberos 机制。从授权机制上来看，YARN 的授权机制是通过访问控制列表（ACL）实现的。按照授权实体，可分为作业队列访问控制列表、应用程序访问控制列表和服务访问控制列表。

在安全模式的 Hadoop 中，从 DataNode 安全角度来看，由于 DataNode 的数据传输协议不使用 Hadoop 的 RPC 框架，因此 DataNode 必须使用由 dfs.datanode.address 和 dfs.datanode.http.address 指定的特权端口进行身份验证。此认证基于攻击者将无法获得 root 权限的假设。以 root 身份执行 hdfs datanode 命令时，服务器进程首先绑定特权端口，然后删除特权并作为 HADOOP_SECURE_DN_USER 指定的用户账户运行。此启动过程使用 jsvc 安装到 JSVC_HOME。用户必须在启动时指定 HADOOP_SECURE_DN_USER 和 JSVC_HOME 作为环境变量（在 hadoop-env.sh 中）。从版本 2.6.0 开始，可以使用 SASL（Simple Authentication and Security Layer，简单认证和安全层）来验证数据传输协议。在此配置中，受保护集群不再需要使用 jsvc 以 root 身份启动 DataNode 并绑定到特权端口。要在数据传输协议上启用 SASL，请在 hdfs-site.xml 中设置 dfs.data.transfer.protection，为 dfs.datanode.address 设置非特权端口，将 dfs.http.policy 设置为 HTTPS_ONLY 并确保 HADOOP_SECURE_DN_USER 环境变量未定义。

请注意，如果将 dfs.datanode.address 设置为特权端口，则无法在数据传输协议上使用 SASL。这是为了实现向后兼容所必需的。

从数据机密性角度来看，RPC 上的数据加密时，数据在 Hadoop 服务器和客户端之间传输。在 core-site.xml 中将 hadoop.rpc.protection 设置为"privacy"激活数据加密。传输加密块数据时，用户需要在 hdfs-site.xml 中将 dfs.encrypt.data.transfer 设置为"true"，以便为 DataNode 的数据传输协议激活数据加密。或者，用户可以将 dfs.encrypt.data.transfer.algorithm 设置为"3des"或"rc4"，以选择特定的加密算法。如果未指定，则使用系统上配置的 JCE 默认值，通常为 3DES。将 dfs.encrypt.data.transfer.cipher.suites 设置为 AES/CTR/NoPadding，可激活 AES 加密。默认情况下，这是未指定的，所以不使用 AES。使用 AES 时，在初始密钥交换期间，仍使用 dfs.encrypt.data.transfer.algorithm 中指定的算法。AES 密钥位长度可通过将 dfs.encrypt.data.transfer.cipher.key.bitlength 设置为 128、192 或 256 来配置，默认值为 128。AES 提供最大的加密强度和最佳性能。目前，3DES 和 RC4 已经在 Hadoop 集群中更频繁地使用。HTTP 上的数据加密时，Web 控制台和客户端之间的数据传输通过使用 SSL（HTTPS）进行保护。

2.10　小结

本章主要介绍 Hadoop 的基本构成及生态系统，同时通过 Hadoop1 与 Hadoop2 时代的对比，使读者理解 Hadoop 的发展历程及基本工作原理，为后面了解 HDFS 应用及学习 MapReduce 编程打下基础。

03 第3章 Hadoop开发环境配置与搭建

【内容概述】

在正式进入一个开源项目之前，需要安装与配置基本的开发环境和源码的阅读环境。本章针对这个问题，参考 Hadoop 官方介绍，带领读者搭建 Hadoop 学习平台，主要包括基本环境准备（几台虚拟机、Linux 操作系统）、集群部署、Hadoop 平台先决条件安装、Hadoop 集群安装、启动、运行和停止，以及基于 Hadoop 平台 Eclipse 开发环境的搭建。

【知识要点】

- 掌握集群部署的要点
- 掌握 Hadoop 集群配置的流程及内容
- 掌握基于 Hadoop 平台的 Eclipse 开发环境的搭建过程

3.1　集群部署

Hadoop 官网描述 Hadoop 可以运行在普通商用服务器上，即用户可以选择普通硬件供应商生产的标准化的、广泛有效的硬件来构建集群，无须使用特定供应商生产的昂贵、专有的硬件设备。前面所讲 Hadoop 自身特性也决定了它本身对支撑硬件环境的要求不高。作为初学者，在自己机器上建立几台虚拟机，配置成小型集群，运行 Hadoop 进行大数据学习，成为一件让人跃跃欲试的事情，本章将带领读者搭建这样一个学习环境。

本章所有下载的搭建 Hadoop 平台的相关安装包均放在 CentOs6.5 平台下自定义 user 用户的根目录下的 bigdata 文件夹中进行配置与安装。

3.1.1　安装包版本的选择

HDFS 解决了基于集群大数据文件大致均匀地存放于 HDFS 平台的问题，也向用户提供方便操作 HDFS 平台上的文件的用户接口（如 Shell、Java API、Thrift 等），但它并不擅于对存储的大文件内部小条目的存取，故 Hadoop 生态系统中的 HBase 项目专门针对 HDFS 的以上问题产生。HBase 的具体操作应用详见第 8 章。

MapReduce 解决了基于 HDFS 平台上大数据文件内容的分布式计算问题，但它需要程序员了解 MapReduce 框架的组成及具备扎实的 Java 基础才行，对于一些较高级的业务（如数据的复杂聚合、多层连接等操作），往往需要程序员写多个 Job，并做好 Map 与 Reduce 程序间的联合与优化工作，对程序员的要求很高。Hadoop 生态系统中的 Hive 项目提供类似 SQL 的语法规则，方便用户写类似 SQL 的语句就能实现利用 MapReduce 操作 HDFS 文件中数据的效果，对程序员的要求大幅降低。同时，Hive 提供了用户自定义函数的功能，方便用户按业务写一些特殊的计算方法，降低了对开发人员技能的要求，进而降低项目成本。Hive 的具体操作应用详见第 9 章。

HBase 与 Hive 虽然简化了 HDFS 和 MapReduce 的程序编写，但对于一些特定的业务，还是需要程序员重写 HDFS API 接口，以及进行 MapReduce 源码的二次开发。同时，深入了解 HDFS 与 MapReduce 编码规则，才能更好地、正确地应用 HBase 与 Hive。本书主要介绍 Hadoop、HBase、Hive 的基础知识。在学习之前，完成环境搭建成为必要的事情。

由于大数据近年来的兴起，Hadoop 生态系统的产品不断升级改进，造成版本配合上的差异，故在着手搭建之前，选择正确的版本尤为重要。如果应用产品版本间不兼容，需要进行 jar 包覆盖，参考配置，有些改动较大的功能甚至不能使用。本书主要针对 Hadoop、HBase、Hive 产品的应用，故这里主要介绍此种情况版本选择的建议，供大家参考。

通过 HBase 官网查询稳定版本 1.2.6 与 Hadoop 版本对应关系的方法参见 8.2.1 节。通过 Hive 官网查询 Hive 稳定版本 2.1.1 与 HBase 及 Hadoop 对应关系的方法参见 9.2.1 节。Hive 2.1.1 与 Hbase 1.2.6 存在兼容关系，同时确定与 Hadoop2.6.1 兼容性良好。

3.1.2　Hadoop 安装先决条件

1. Apache Hadoop 支持的平台

支持 GNU/Linux 作为开发和生产平台。Hadoop 已经在具有 2 000 个节点的 GNU/Linux 集群上得到了演示。

Windows 也是一个得到支持的平台，但本节主要以 Linux 平台为参考进行 Hadoop 的搭建，在 Windows 上设置 Hadoop 的方法，请自行参阅 WiKi 相关页面。

2. 所需软件或配置项

（1）JDK 安装。Hadoop 用 Java 语言编写，故安装 Hadoop 支撑平台需要安装相应版本的 Java。Hadoop 的官网介绍了推荐的 Java 版本。

（2）Apache 安装。Hadoop 运行过程中需要管理远端 Hadoop 守护进程，在 Hadoop 启动以后，NameNode 是通过 SSH（Secure Shell）来启动和停止各个 DataNode 上的各种守护进程的。这就必须在节点之间执行指令的时候采取不需要输入密码的形式，故需要配置 SSH 运用无密码公钥认证的形式，这样 NameNode 才能使用 SSH 无密码登录并启动 DataName 进程。同样原理，DataNode 上也能使用 SSH 无密码登录 NameNode。所以必须安装 SSH，并且 sshd 必须正在运行，这样才能使用管理远程 Hadoop 守护进程的 Hadoop 脚本。

如果 Hadoop 需要安装在集群中，即把整个集群当作一个整体来运行 Hadoop 平台，还需要如下配置。

（3）网络配置：保证集群中机器间的网络通信。

（4）时间同步：保证集群中机器间的时间一致。

由于 Hadoop 平台配置参数众多，且其中很多以 IP 值为参考，为了增强 Hadoop 平台的健壮性，把机器 IP 与机器名映射关系配置起来是一个值得鼓励的习惯，故建议进行下述（5）的配置。

（5）配置机器 IP 与机器名映射关系。

3.1.3 Hadoop 安装模式

Hadoop 支持的运行模式有 3 种，分别是本地/独立模式（Local/Standalone Mode）、伪分布模式（PseudoDistributed Mode）、全分布模式（FullyDistributed Mode）。

本地/独立模式：无须运行任何守护进程（daemon），所有程序都在同一个 JVM 上执行。由于在本机模式下测试和调试 MapReduce 程序较为方便，因此，这种模式适用于开发阶段。

伪分布模式：Hadoop 对应 Java 守护进程都运行在一个物理机器上，模拟一个小规模集群的运行模式。

全分布模式：Hadoop 对应的 Java 守护进程运行在一个集群上。

Hadoop 各模式配置过程中，各组件主要由 XML 文件进行配置。Hadoop 的早期版本仅采用一个站点配置文件 hadoop-site.xml 来配置 Common、HDFS 和 MapReduce。从 0.20.0 版本开始，该文件一分为三，各对应一部分。属性名称不变，只是放到新的配置文件之中，主要配置文件聚集在 hadoop/conf 子目录下。对于 Hadoop2 以及之后的新版本来说，MapReduce 运行在 YARN 中，有一个额外的配置文件 yarn-site.xml，所有配置文件都在 hadoop/etc/hadoop 子目录下。各配置文件的主要作用如表 3-1 所示。

表 3-1 各配置文件的主要作用

文件名称	格式	描述
hadoop-env.sh	Bash 脚本	记录脚本中要用到的环境变量，以运行 Hadoop
core-site.xml	Hadoop 配置 XML	配置通用属性 Hadoop Core 的配置项，例如 HDFS 和 MapReduce 常用的 I/O 设置等

续表

文件名称	格式	描述
hdfs-site.xml	Hadoop 配置 XML	配置 HDFS 属性，Hadoop 守护进程的配置项，包括主 NameNode、辅助 NameNode 和 DataNode 等
mapred-site.xml	Hadoop 配置 XML	配置 MapReduce 属性，MapReduce 守护进程的配置项，包括 jobtracker 和 tasktracker（每行一个）
masters	纯文本	运行辅助 NameNode 的机器列表（每行一个）
slaves	纯文本	运行 DataNode 和 tasktracker 的机器列表（每行一个）
hadoop-metrics.properties	Java 属性	控制如何在 Hadoop 上发布的属性
log4j.properties	Java 属性	系统日志文件、NameNode 审计日志、tasktracker 子进程的任务日志的属性
yarn-env.sh	Bash 脚本	运行 YARN 的脚本所使用的环境变量
yarn-site.xml	Hadoop 配置 XML	YARN 守护进程的配置设置，包括资源管理器、作业历史服务器、Web 应用程序代理服务器和节点管理器的设置

在配置过程中，不同模式的关键配置属性如表 3-2 所示。

表 3-2　　不同模式的关键配置属性

组件名称	属性名称	独立模式	伪分布模式	全分布模式
Common	fs.default.name	File:///（默认）	hdfs://localhost/	hdfs://namenode/
HDFS	hdfs.replication	N/A	1	3（默认）
MapReduce1	mapred.job.tracker	local（默认）	localhost:8021	jobtracker:8021
YARN（MapReduce2）	yarn.resourcemanager.address	N/A	localhost:8032	resourcemanager:8032

3.2 本地/独立模式搭建

要搭建本地/独立模式，首先配置先决条件：其次安装 JDK、配置 SSH；再次启动 Hadoop；最后进行 Hadoop 环境验证。

3.2.1 JDK 安装与配置

依据选择的 Hadoop 版本对应官网建议的 JDK 版本进行下载安装，本例以 jdk1.7.0_45 进行安装，但由于 Oracle 官网宣布于 2015 年 7 月起不再公开发布 Java 7 的更新，Oracle 仅为已购买 Java 支持或具有需要 Java 7 的 Oracle 产品的客户提供 Java 7 更新，故本书实验时下载了 jdk-8u121-linux-x64.tar.gz 版本，实验全部通过测试。

第 1 步，从 Oracle 官网下载 JDK{version}对应版本 jdk-8u121- linux-x64.tar.gz。

第 2 步，上传 jdk-8u121-linux-x64.tar.gz 至已经准备好的 Linux（本节选用的版本为 CentOS-6.5-x86_64-bin-DVD1.iso，以最小形式安装）平台，并进行解压，考虑 JDK 更换版本时涉及 JDK 路径的参数不再改变，可将 JDK 解压包全部更名为 JDK。具体命令如下。

```
[user@master ~]$ tar -zxvf jdk-8u121-linux-x64.tar.gz
[user@master ~]$ mv jdk1.8.0_121 jdk
```

第 3 步，环境变量配置，一般配置在/etc/profile 或～/.bashrc 中，参考命令及配置参数如下。

打开文件的命令如下。

```
[user@master ~]# vi ~/.bashrc（或 vi /etc/profile）
```

配置 JDK 相应参数的命令如下。

```
# set java environment
export JAVA_HOME=/home/user/bigdata/jdk          ---JDK 的解压路径---
export CLASSPATH=.:$CLASSPATH:$JAVA_HOME/lib:$JAVA_HOME/jre/lib
export PATH=$PATH:$JAVA_HOME/bin:$JAVA_HOME/jre/bin
```

使环境变量生效的命令如下。

```
[user@master ~]# source ~/.bashrc（或 source /etc/profile）
```

第 4 步，验证 JDK 配置生效。

```
[user@master ~]# java -version
java version "1.8.0_121"
Java(TM) SE Runtime Environment (build{version}1-b13)
Java HotSpot(TM) 64-Bit Server VM (build 25.121-b13, mixed mode)
```

3.2.2 SSH 无密码登录

安全密钥即用公钥加密的数据，只有私钥才能解密，相反，用私钥加密的数据只有公钥才能解密，正是这种不对称性才使公用密钥密码系统如此有价值。Hadoop 中的安全机制包括认证和授权。Hadoop RPC 中采用 SASL 进行安全认证，具体认证方法涉及 Kerberos 和 DIGEST-MD5 两种。

在这种机制中，Kerberos 用于在客户端和服务器端之间建立一条安全的网络连接，之后客户端可通过该连接从服务器端获取一个密钥。由于该密钥仅有客户端和服务器端知道，因此，接下来客户端可使用该共享密钥获取服务的认证。使用 DIGEST-MD5 协议共享密钥进行安全认证有多方面的好处：由于它只涉及认证双方而不涉及第三方应用（如 Kerberos 中的 KDC），因此安全且高效；客户端也可以很方便地将该密钥授权给其他客户端，以让其他客户端安全访问该服务。基于共享密钥生成的安全认证凭证被称为令牌（Token）。在 Hadoop 中，所有令牌主要由 identifier 和 password 两部分组成，其中，identifier 包含了该令牌中的基本信息，而 password 则是通过 HMAC-SHA1 作用在 identifier 和一个密钥上生成的，该密钥长度为 20 个字节并由 Java 的 SecureRandom 类生成。Hadoop 中共有 3 种令牌——委托令牌、块访问令牌和作业令牌。

Hadoop 控制脚本（并非守护进程）依赖 SSH 来执行针对整个集群的操作。例如 Hadoop 运行过程中需要管理远端 Hadoop 守护进程，在 Hadoop 启动以后，NameNode 通过 SSH 来启动和停止各个 DataNode 上的各种守护进程。值得注意的是，用户也可以利用其他方法执行集群范围的操作，例如分布式 Shell。为了支持 Hadoop，用户无须键入密码即可登录集群范围内的机器，非常理想的一种方式就是创建一个公钥/私钥对，存于平台中，供整个集群共享。故配置 SSH 运用无密码公钥认证的形式是理想的选择。这样 NameNode 可以使用 SSH 无密码登录并启动 DataName 进程，同样原理，DataNode 上也能使用 SSH 无密码登录 NameNode。

1. SSH 相关包检查与安装

在安装有些 Linux 系统时，如果选择的是基本安装、最小安装，SSH 协议有时是不会安装的。所以在启动 SSH 协议前，需要进行 ssh 和 rsync 两个服务的检查，确认是否已经安装。未安装的需要安装。检查命令如下。

```
[user@master ~]# rpm -qa | grep openssh
openssh-5.3p1-122.el6.x86_64
openssh-clients-5.3p1-122.el6.x86_64
openssh-server-5.3p1-122.el6.x86_64
```

如果包缺失，安装命令如下。

```
[user@master ~]# yum install openssh-clients
[user@master ~]# yum install openssh-server
```

rsync是一个远程数据同步工具，可通过LAN/WAN快速同步多台主机间的文件，命令如下。

```
[user@master ~]# rpm -qa | grep rsync
rsync-3.0.6-12.el6.x86_64
```

如果包缺失，安装命令如下。

```
[user@master ~]# yum install rsync
```

2. SSH安装与配置

第1步，开启系统SSH服务。

查看系统自带文件，启用SSH验证功能，并记录SSH验证时查找的文件及路径。操作命令如下。

```
[root@master ~ ]#vi /etc/ssh/sshd_config
RSAAuthentication yes #启用RSA认证
PubkeyAuthentication yes #启用公钥和私钥配对认证方式
AuthorizedKeysFile .ssh/authorized_keys #公钥文件路径（和上面生成的文件同）
```

需要把上面3行文字前面的“#”去掉，启用SSH服务功能。记录公钥文件路径“.ssh/authorized_keys”，把我们要生成的密钥放在路径“~/.ssh”的文件“authorized_keys”中。

为了安全性，文件“authorized_keys”的权限需要赋予600。过大，SSH机制认为不安全；过小则不够用。

第2步，生成机器间通信的密钥。生成密钥的命令如下。

```
[user@master ~ ]# ssh-keygen -t rsa -P"
```

这条命令生成无密码的密钥对，询问其保存路径时，直接按回车键，采用默认路径。生成的密钥对为id_rsa和id_rsa.pub，默认存储在sshd_config指定路径~/下，生成一个具有700权限的.ssh文件夹“/home/hadoop/.ssh”。

第3步，将生成的密钥写入sshd_config指定公钥文件路径“.ssh/authorized_keys”中。写入命令如下。

```
[user@master ~ ]# cat ~/.ssh/id_rsa.pub >> ~/.ssh/authorized_keys
```

赋予authorized_keys 文件600权限的命令如下。

```
[user@master ~ ]# chmod 600 ~/.ssh/authorized_keys
```

第4步，重启SSH服务使其生效。重启服务命令如下。

```
[root@master ~ ]# service sshd restart
```

第5步，进行验证。验证方法为验证SSH机器名或者机器IP。

```
[user@master ~ ]# ssh localhost
```

给出SSH机器名，不需要输入密码，能直接将命令界面跳转到指定机器名的机器。

🗣：动动大脑——自己如何建立.ssh 文件夹并赋予权限

.ssh 对权限的要求很严格，权限过大或过小都不能正确运行。如果自己建立这个文件夹，应注意权限的设置问题。主要操作命令如下。

cd～：进入用户根目录下。

ll–a：查看包含隐藏的用户根目录下的所有文件，检查用户根目录“～”下是否存在.ssh 文件夹

mkdir .ssh：建立.ssh 文件夹。

chmod 700～/.ssh：给.ssh 文件夹赋予 700 权限。

3.2.3 Hadoop 本地环境参数配置

修改 hadoop-env.sh 文件，设置正确的 JAVA_HOME 位置，如果事先在操作系统已经设置完 JAVA_HOME，可以忽略此步骤。配置过程如下。

第 1 步，找到 Java 配置的位置。

```
[user@master ~]$ which java
/home/user/bigdata/jdk/bin/java
```

第 2 步，进行 hadoop-env.sh 配置。

```
[user@master ~]$ vi bigdata/hadoop/etc/hadoop/hadoop-env.sh
# The java implementation to use.
# export JAVA_HOME=${JAVA_HOME}
export JAVA_HOME=/home/user/bigdata/jdk
```

本地模式安装完了，就这么简单!

3.2.4 Hadoop 本地模式验证

第 1 步：启动 Hadoop，命令如下。

```
$ bin/hadoop
```

第 2 步：运用 HDFS 与 MapReduce 示例，测试平台功能。参见官网建议，复制未打包的 conf 目录以用作输入，然后查找并显示给定正则表达式的每个匹配项。输出被写入给定的输出目录。主要命令及过程如下。

```
$ mkdir input
$ cp etc/hadoop/*.xml input
$ bin/hadoop jar share/hadoop/mapreduce/hadoop-mapreduce-examples-2.6.1.jar grep input
output 'dfs[a-z.]+'
$ bin/hadoop jar share/hadoop/mapreduce/hadoop-mapreduce-examples-2.6.1.jar grep input
output1 'dfs[a-z.]+'
$ cat output/*
```

以上示例程序/hadoop-mapreduce-examples-2.6.1.jar 是 Hadoop 自带的，用于把 conf 下的 xml 文件复制到 input 目录下，并且找到并显示所有与最后一个参数的正则表达式相匹配的行，output 是输出文件夹。cat 命令查看输出文件夹 output 中的内容。

3.3 伪分布模式搭建

Hadoop 也可以在伪分布模式的单节点上运行，每个 Hadoop 守护进程在单独的 Java 进程中运行。实现过程可在本地模式配置基础上对 Common、HDFS 和 MapReduce 进行相应参数的配置。

3.3.1 配置过程

对于实验环境，配置较少的参数即可运行 Hadoop 平台。在伪分布平台下，除了本地模式的基础配置外，建议至少指明 HDFS 路径的逻辑名称、Block 副本数量、MapReduce 以 YARN 模式运行及 NodeManager 上运行 MapReduce 程序的附属服务。

【例 3-1】Hadoop 伪分布模式配置参考。

1. core-site.xml 配置

```
[user@master ~]$ vi bigdata/hadoop/etc/hadoop/core-site.xml
<configuration>
    <property>
        <name>fs.defaultFS</name>
        <value>hdfs://localhost:8020</value>---HDFS 路径的逻辑名称---
    </property>
</configuration>
```

2. hdfs-site.xml 配置

```
[user@master ~]$ vi bigdata/hadoop/etc/hadoop/hdfs-site.xml
<configuration>
   <property>
      <name>dfs.replication</name>
      <value>1</value>           ---Block 副本数量设置为 1---
   </property>
   <property>
      <name>dfs.namenode.name.dir</name>
      <value>/home/user/bigdata/hadoop/dfs/name</value>
   </property>
   <property>
      <name>dfs.datanode.data.dir</name>
      <value>/home/user/bigdata/hadoop/dfs/data</value>
   </property>
</configuration>
```

以上配置遵循在本地运行 MapReduce 作业的过程。如果想在 YARN 上执行作业，可以通过设置几个参数并运行 ResourceManager 守护进程和 NodeManager 守护进程，以伪分布模式运行 YARN 上的 MapReduce 作业。

3. mapred-site.xml 配置

```
[user@master ~]$ vi bigdata/hadoop/etc/hadoop/mapred-site.xml
<configuration>
    <property>
        <name>mapreduce.framework.name</name>
        <value>yarn</value>           ---指定 MapReduce 作业在 YARN 模式下运行---
    </property>
</configuration>
```

4. yarn-site.xml 配置

```
[user@master ~]$ vi bigdata/hadoop/etc/hadoop/yarn-site.xml
<configuration>
    <property>
        <name>yarn.nodemanager.aux-services</name>
        <value>mapreduce_shuffle</value>
```

```
--- NodeManager 上运行的附属服务---
---配置成 mapreduce_shuffle，运行 MapReduce 程序---
    </property>
</configuration>
```

3.3.2 格式化 HDFS

环境参数配置成功后，在 Hadoop 服务启动之前，需要对 Hadoop 平台进行格式化操作。格式化命令如下。

```
[user@master ~]$ hadoop namenode -format
```

格式化成功后，在 Hadoop 文件夹下，也就是我们在 hdfs-site.xml 文件的配置项 dfs.namenode.name.dir、dfs.datanode.data.dir 所指定的位置生成相应的 name 和 data 的文件夹，用于存储元数据与数据文件内容。

3.3.3 Hadoop 进程启停与验证

（1）启动 NameNode 守护进程和 DataNode 守护进程。

```
[user@master ~]$ sbin/start-dfs.sh
```

（2）Hadoop 守护进程日志输出写入$ HADOOP_LOG_DIR 目录（默认为$ HADOOP_HOME/logs）。

（3）浏览 NameNode 的 Web 界面。默认情况下，它可为 NameNode – http://localhost:50070 /。

（4）使 HDFS 目录能够执行 MapReduce 作业。

```
[user@master ~]$ bin/hdfs dfs -mkdir/user
[user@master ~]$ bin/hdfs dfs -mkdir/user/<username>
```

（5）将输入文件复制到分布式文件系统中。

```
[user@master ~]$ bin/hdfs dfs -put etc/hadoop input
```

（6）运行一些提供的示例。

```
[user@master  ~ ]$  bin/hadoop  jar  share/hadoop/mapreduce/hadoop-mapreduce-examples-2.6.1.jar grep input output'dfs [a-z.] +'
```

（7）检查输出文件，将输出文件从分布式文件系统复制到本地文件系统并检查它们。

```
[user@master ~]$ bin/hdfs dfs -get input output
[user@master ~]$ cat output/*
```

（8）查看分布式文件系统上的输出文件。

```
[user@master ~]$ bin/hdfs dfs -cat output/*
```

（9）完成后，停止守护进程。

```
[user@master ~]$ sbin/stop-dfs.sh
```

如果对 YARN 进行了配置，启停 YARN 的配置如下。

（1）启动 ResourceManager 守护进程和 NodeManager 守护进程。

```
[user@master ~]$ sbin/start-yarn.sh
```

（2）浏览 ResourceManager 的 Web 界面。默认情况下，它可在 ResourceManager - http：//localhost：8088 /运行 MapReduce 作业。

（3）完成后，停止守护进程。

```
[user@master ~]$ sbin/stop-yarn.sh
```

如果不指定启动内容，也可以通过 start-all.sh 或者 stop-all.sh 进行所有进程的启动与停止操作。

3.4　全分布模式搭建

本节主要介绍如何安装和配置从几个节点到具有数千个节点的极大集群的 Hadoop 集群。

要在一个集群中安装 Hadoop，通常需要在集群中的所有计算机上解压缩软件或安装 RPM。通常，集群中的一台机器被指定为 NameNode，另一台机器被指定为 ResourceManager。这些机器是 master。集群中的其余机器充当 DataNode 和 NodeManager，这些机器是 slave。

为了实现这样的愿望，在搭建 Hadoop 集群之前，首先需要有一个可用的具有免密通信、支撑 Hadoop 运行的集群平台，这就要求在搭建 Hadoop 之前完成如下工作。

（1）确保集群中各机器之间网络通信，具体操作参见 3.4.1 节。

（2）确保集群中各机器之间免密登录，这里采用 SSH 形式，具体操作参见 3.4.2 节。

（3）同步集群中各机器之间的时间，具体操作参见 3.4.3 节。

（4）配置集群中各机器的 JDK 环境，具体操作与 3.2.1 节相同。

同时，Hadoop 大多以 XML 形式配置，对相关参数进行通信配置时，通常需要指定通信 IP 地址。然而在集群中更改 IP 是个可预见的事情，为了降低集群 IP 修改带来的对 Hadoop 配置参数的影响，通常采用在 Linux 平台本地/etc/hosts 文件中配置 IP 与机器名映射关系，在 Hadoop 参数相关通信 IP 配置处，以机器名代替 IP 进行配置的方法来解决此问题。

解决以上所有问题之后，开始进入 Hadoop 集群搭建环节。

Hadoop 配置由只读的默认配置文件（Read-only default）和站点指定配置文件（Site-specific）两种重要的配置文件组成。其中只读配置文件有 core-default.xml、hdfs-default.xml、yarn-default.xml 和 mapred-default.xml，里面记录了 Hadoop 平台的一些默认的属性配置。如果用户想对其属性值进行更改，可在站点指定配置文件 core-site.xml、hdfs-site.xml、yarn-site.xml 和 mapred-site.xml 下对属性进行重新赋值。

另外，可以通过在 hadoop-env.sh 和 yarn-env.sh 文件中设置指定（site-specific）的值来控制 bin 目录中的 Hadoop 脚本。

此外，要配置 Hadoop 集群，需要配置 Hadoop 守护进程执行的环境及 Hadoop 守护进程的配置参数。其中，Hadoop 的守护进程是 NameNode、DataNode、ResourceManager 和 NodeManager。下面就 Hadoop 全分布模式搭建进行一一阐述。

3.4.1　Hadoop 网络配置

如果用户所用的集群机器是虚拟机，那么需要按虚拟化工具（如 WMWare Workstation）指定的虚拟网段对网络 IP 进行手动设置，此时只需要配置涉及的网卡 IP 的配置文件 ifcfg-eth0 即可。

如果用户的机器用的是局域网（或虚拟机采用网络桥接），除了网卡 IP 配置文件外，还需要对网关文件 network 进行配置。

如果用户的机器需要连接互联网络，还需要对 DNS 进行配置，涉及的文件是 resolv.conf。

Linux 网络配置在 Linux 课程中有涉及，本书不做详细介绍，只给出参考案例。

【例 3-2】网络在 CentOS6.5 最小安装时的配置参考。

1. 修改对应网卡的 IP 地址的配置文件

```
[root@master user]# vi /etc/sysconfig/network-scripts/ifcfg-eth0
DEVICE=eth0
HWADDR=00:0C:29:7A:DD:50
TYPE=Ethernet
UUID=4ebc2b9a-94b8-43d7-b1e1-b3815418fc45
ONBOOT=yes
NM_CONTROLLED=yes
BOOTPROTO=static
PREFIX=24
DEFROUTE=yes
IPADDR=192.168.0.129
NETMASK=255.255.255.0
```

各参数含义如下。

DEVICE：描述网卡对应的设备别名。

HWADDR：对应的网卡物理地址。

TYPE：网络类型，这里是以太网。

ONBOOT：系统启动时是否设置此网络接口，设置为 yes，系统启动时激活此设备。

BOOTPROTO：设置网卡获得 IP 地址的方式，可能的选项为 static、dhcp 或 bootp，分别对应静态指定的 IP 地址、通过 dhcp 获得 IP 地址、通过 bootp 获得 IP 地址。

IPADDR：如果设置网卡获得 IP 地址的方式为静态指定，此字段就指定了网卡对应的 IP 地址。

NETMASK：网卡对应的网络掩码。

2. CentOS 修改网关

修改对应网卡的网关配置文件的命令如下。

```
[root@master user]# vi /etc/sysconfig/network
NETWORKING=yes
HOSTNAME=master
NETWORKING_IPV6=no
GATEWAY=192.168.0.1
```

各参数含义如下。

NETWORKING：表示系统是否使用网络，一般设置为 yes。如果设为 no，则不能使用网络，而且很多系统服务程序将无法启动。

HOSTNAME：设置本机的主机名，需要和/etc/hosts 中设置的主机名对应。

GATEWAY：设置本机连接的网关的 IP 地址。

3. CentOS 修改 DNS

修改对应网卡的 DNS 的配置文件。

```
[root@master user]# vi /etc/resolv.conf
Nameserver 114.114.114.114
```

其中，Nameserver 表明 DNS 服务器的 IP 地址。可以有很多行的 Nameserver，每一个带一个 IP 地址。在查询时就按 Nameserver 在本文件中的顺序进行，且只有当第一个 Nameserver 没有反应时，才查询下面的 Nameserver。

4. 重新启动网络，使新配置的网络参数生效

使用 service network restart 或 /etc/init.d/network restart 命令重新启动网络。

```
[root@master user]# service network restart
Shutting down interface eth0:                              [  OK  ]
Shutting down loopback interface:                          [  OK  ]
Bringing up loopback interface:                            [  OK  ]
Bringing up interface eth0:  Determining if ip address 192.168.0.129 is already in use
for device eth0...
                                                           [  OK  ]
```

5. 测试

通过 ifconfig 查看本机网络配置情况。

```
[root@master user]# ifconfig
eth0      Link encap:Ethernet  HWaddr 00:0C:29:7A:DD:50
          inet addr:192.168.0.129  Bcast:192.168.0.255  Mask:255.255.255.0
          inet6 addr: fe80::20c:29ff:fe7a:dd50/64 Scope:Link
          UP BROADCAST RUNNING MULTICAST  MTU:1500  Metric:1
          RX packets:40685 errors:0 dropped:0 overruns:0 frame:0
          TX packets:22323 errors:0 dropped:0 overruns:0 carrier:0
          collisions:0 txqueuelen:1000
          RX bytes:3355096 (3.1 MiB)  TX bytes:2705710 (2.5 MiB)

lo        Link encap:Local Loopback
          inet addr:127.0.0.1  Mask:255.0.0.0
          inet6 addr: ::1/128 Scope:Host
          UP LOOPBACK RUNNING  MTU:16436  Metric:1
          RX packets:1116363 errors:0 dropped:0 overruns:0 frame:0
          TX packets:1116363 errors:0 dropped:0 overruns:0 carrier:0
          collisions:0 txqueuelen:0
          RX bytes:1834543789 (1.7 GiB)  TX bytes:1834543789 (1.7 GiB)
```

通过 ping 机器 IP/域名，测试网络连通。

```
ping 192.168.0.129              ----测试本机网络连通
ping www.baidu.com              ----测试外网连接
```

也可以 ping 主机名，示例如下。

```
[user@master ~]# ping master
PING master (192.168.0.129) 56(84) bytes of data.
64 bytes from master (192.168.0.129): icmp_seq=1 ttl=64 time=1.20 ms
64 bytes from master (192.168.0.129): icmp_seq=2 ttl=64 time=0.074 ms
```

：动动大脑——Windows 本地远程连接 VMware Workstation 中的虚拟机失败，怎么办

（1）网卡找得到，只是连接不上：笔者曾经遇到这样一个情况，VMware Workstation 中多台虚拟机之间网络连接没有问题，但 Windows 平台与虚拟机之间，只要网络一拔就失败了。经过检查，发现原因是虚拟机处于桥接模式。如果在断网情况，可以做一个水晶头，连接 1-3、2-6 两个回路即可。也可通过在 NAT 或者主机模式下，通过虚拟网络连接的模式进行连接。

（2）网卡找不到：这种情况一般发生在克隆虚拟机时，此时用 ifconfig 查看网络情况时，只有“lo”无“eth”网卡情况。解决办法：在/etc/udev/rules.d/70-persistent-net.rules 文件中找到 NAME 对应的网卡名及 ATTR{address}对应的 HWADDR 地址，在网卡 IP 配置文件/etc/sysconfig/network- scripts/ifcfg-eth0 中，把对应的 DEVICE 和 HWADDR 改过来，然后重启网络。

3.4.2 Hadoop 集群 SSH 配置

集群中机器本地 SSH 配置参见 3.2.2 节。不同机器间实现 SSH 免密登录的核心思想是：将宿主机器上的公钥复制到目标机器上，并写入/etc/ssh/sshd_config 文件指定的文件.ssh/authorized_keys 内。主要参考命令如下。

```
scp ~/.ssh/id_rsa.pub 远程用户名@远程服务器 IP:~/
```

3.4.3 时间同步

在分布式系统中，时间是我们想要精确度量的量，它是一个巨大的问题，因为在不同的计算机上会有它们自己的物理时间，如何做到状态的一致性往往比较难。缺少一个全局的物理时间会很难发现一段分布式程序的执行状态。

Hadoop 是部署在大规模分布式环境中的，由于集群中的机器配置和状态各异，每一台机器上的时间可能不同，例如，某一台机器上的时间比另外一台快几分钟甚至几小时。在大规模的实际应用场景中，集群中节点时间不同步的现象是一直存在的。因此，在 Hadoop 中，需要通过网络时间同步协议（Network Time Protocol，NTP）自动同步节点时间。在集群中的节点上安装并启动时间同步服务，使各节点自动同步自己的时钟。

然而 NTP 能否提供准确时间，取决于准确的时间来源，这一时间应该是国际标准时间 UTC。NTP 获得 UTC 的时间来源可以是原子钟、天文台、卫星，也可以从 Internet 上获取。这样就有了准确而可靠的时间源。时间按 NTP 服务器的等级传播。按照离外部 UTC 源的远近将所有服务器归入不同的 Stratum（层）中。Stratum-1 在顶层，由外部 UTC 接入，而 Stratum-2 则从 Stratum-1 获取时间，Stratum-3 从 Stratum-2 获取时间，依次类推，但 Stratum 层的总数要限制在 15 以内。所有这些服务器在逻辑上形成阶梯式的架构相互连接，而 Stratum-1 的时间服务器是整个系统的基础。

计算机主机一般同多个时间服务器连接，利用统计学的算法过滤来自不同服务器的时间，以选择最佳的路径和来源来校正主机时间。即使在主机长时间无法与某一时间服务器相联系的情况下，NTP 服务依然有效运转。

由于 Hadoop 集群对时间要求很高，尤其是 HBase，各节点如果时间上相差分钟级单位，就会发生一些事件，所以集群内主机配置时间同步是件很必要的事情。配置时间同步的工具很多，这里选用 ntpdate 工具完成时间同步的配置。在配置过程中需要注意以下几点。

（1）各机器在 CentOS 系统的时区首先要保持一致。

（2）可以选用外网公开或局域网内的一台机器作为时间服务的主服务器，其他节点机器的时间定期与主服务器时间同步即可。

下面通过一个范例来演示集群中时间同步配置的过程。

【例 3-3】集群时间同步范例。

1. 所有机器时区一致的设置方法

要保证设置主机时间准确，每台机器时区必须一致。如果不需要同步网络时间，则可以省略这一步。

（1）用命令 date 查看本机时间和时区。

```
[root@master user]# date
```

（2）通过 tzselect 命令调取时区内容，依据提示统一时区。

```
[root@master user]# tzselect
[root@master user]# date -R              ---查看当前时区
[root@master user]# date -s 8:52:00
```

```
[root@master user]# hwclock -w
```

这样主机时间设置完毕，其他机器也按这种方法进行设置。

2. 设置时间同步的主服务器

这里选用集群中的一台机器作为主机，在配置过程中需要注意如下几个问题。

（1）确认所配置的机器上拥有 ntp 相应的工具包。

（2）对 ntp 相应的配置文件进行配置，确认时间同步参考属性。

（3）重启服务，使其生效。

主要实验过程如下。

（1）确认所配置的机器上拥有 ntp 相应的工具包。

```
[root@master user]# rpm -qa|grep ntp          ----查找主机中相关 ntp 的包
[root@master user]# install ntp               ----安装 ntp 工具包
[root@master user]# rpm -qa|grep ntp
ntpdate-4.2.6p5-10.el6.centos.x86_64
ntp-4.2.6p5-10.el6.centos.x86_64
```

（2）对 ntp 相应的配置文件进行配置，确认时间同步参考属性。

```
[root@master user]# vi /etc/ntp.conf  ---打开 ntp 配置文件，在文件后追加如下的配置参数
server 127.127.1.0
Fudge 127.127.1.0 stratum 10
# Undisciplined Local Clock. This is a fake driver intended for backup
# and when no outside source of synchronized time is available.
server  127.127.1.0     # local clock
fudge   127.127.1.0 stratum 10
```

（3）关闭防火墙。

```
[root@master user]# service iptables stop
```

（4）重新启动服务，使配置生效。

```
service ntpd stop(ubuntu 是 service ntp stop)
service ntpd start
```

这样主机准备完毕。

（5）检验。

在 ntp server 上使用如下命令。

```
[root@master user]# watch ntpq -p
```

得到类似图 3-1 所示的结果，即表示配置成功。

```
Every 2.0s: ntpq -p

     remote           refid      st t when poll reach   delay   offset  jitter
==============================================================================
 85.199.214.100  .GPS.            1 u    8   64    7  204.774  376.992   2.901
 ntp.wdc1.us.lea 130.133.1.10     2 u   10   64    7  378.868  309.522   3.095
 biisoni.miuku.n 204.123.2.72     2 u    6   64    7  212.059  382.407   3.126
 61-216-153-104. 211.22.103.157   3 u    7   64    3  125.708  361.081  13.438
*LOCAL(0)        .LOCL.          10 l   13   64    7    0.000    0.000   0.000
```

图 3-1　命令运行结果

3. 其他机器同步

在时间服务主机配置好后，等待约 5 分钟，再到其他机器上通过 ntpdate IP 地址的命令同步该机

器与主机的时间（先确保时区一样，否则同步以后时间也是有时区差的），再用 date 命令查看当前节点的时间与时间主机的时间是否一致，进而判断同步配置的正确性。具体命令如下。

```
[root@slave user]# ntpdate master  ----master 为主机名或具体 IP，如 192.168.70.129
[root@slave user]# date            ----查看时间是否同步完成
```

以上的配置是手动完成节点机 slave 与主机 master 之间的同步，在集群中这样做是非常不明智的选择。根据需要，这里可以让机器通过配置/etc/crontab 文件实现定时自动同步时间。在配置该文件前也需要查看该组件是否存在，不存在的话需要用“yum install crontabs”命令进行安装。

```
[root@master user]# vi /etc/crontab

SHELL=/bin/bash
PATH=/sbin:/bin:/usr/sbin:/usr/bin
MAILTO=root
HOME=/

# For details see man 4 crontabs

# Example of job definition:
# .---------------- minute (0 - 59)
# |  .------------- hour (0 - 23)
# |  |  .---------- day of month (1 - 31)
# |  |  |  .------- month (1 - 12) OR jan,feb,mar,apr ...
# |  |  |  |  .---- day of week (0 - 6) (Sunday=0 or 7) OR sun,mon,tue,wed,thu,fri,sat
# |  |  |  |  |
# *  *  *  *  * user-name command to be executed
* */12 * * * /usr/sbin/ntpdate 192.168.0.129
```

保存退出即可，也可以到/var/spool/mail/下查看记录。

3.4.4 IP 与机器名映射

在 Hadoop 相关的配置文件中，通常需要通过 IP 来指定要执行文件所在的机器。如 core-site.xml 文件中的“hdfs://192.168.0.129:8020”参数，如果机器 IP 发生改变，所有类似这样的 IP 参数需要全部更改，这是不明智的做法。在 Linux 系统中的/etc/hosts 文件下，可配置 IP 与机器名的映射关系，进而用机器名来代替本机 IP 执行。如 Hadoop 伪分布模式配置时，“hdfs://localhost:8020”中的 localhost 代表 IP 127.0.0.1。因为在/etc/hosts 中配置了“127.0.0.1 localhost localhost.localdomain localhost4 localhost4.localdomain4”这样的映射关系。在本实验中，采用 Hadoop 全分布模式搭建时，共选用 4 台机器，那么配置的 IP 与机器名的映射关系如下。

```
[root@master user]# vi /etc/hosts
192.168.0.129 master
192.168.0.141 slave1
192.168.0.142 slave2
192.168.0.143 slave3
```

其中，计划 master 代表主机，slave *为从机。这样配置后，就可以用 master、slave*这样的机器名来代替 IP 使用了。

3.4.5 Hadoop 环境配置

配置 Hadoop 守护进程的环境时，可以使用 hadoop/etc/hadoop/下的 hadoop-env.sh 和 yarn-env.sh

脚本来进行 Hadoop 守护进程环境的设置，至少指定 JAVA_HOME，以便在每个远程节点上正确定义它，示例如下。

```
[user@master ~]$ vi hadoop-env.sh
# The java implementation to use.
export JAVA_HOME=/home/user/bigdata/jdk
```

在大多数情况下，还应指定 HADOOP_PID_DIR 和 HADOOP_SECURE_DN_PID_DIR 来指向只能由要运行 Hadoop 守护进程的用户写入的目录，尽量避免可能发生的符号链接攻击。

除此之外，应对 core-site.xml、hdfs-site.xml、yarn-site.xml、mapred-site.xml、slaves 进行适当的配置（具体含义参见表 3-1），用以指定 Common、HDFS 和 MapReduce 的相应属性。

【例 3-4】 Hadoop 全分布模式配置参考。

1. core-site.xml 文件中主要参数的配置样例

```
<configuration>
    <property>
        <name>fs.defaultFS</name>
        <value>hdfs://master:8020</value>
        <description>机器名为服务器 IP 地址映射，此处也可以写 IP </description>
    </property>
    <property>
        <name>io.file.buffer.size</name>
        <value>131072</value>
        <description>该属性值单位为 KB，131072KB 即为 128MB</description>
    </property>
</configuration>
```

2. hdfs-site.xml 文件中主要参数的配置样例

```
<configuration>
    <property>
        <name>dfs.replication</name>
        <value>3</value>
        <description>Block 副本数量</description>
    </property>
    <property>
        <name>dfs.blocksize</name>
        <value>268435456</value>
        <description>大文件系统 HDFS 块大小为 256MB，默认值为 64MB</description>
    </property>
    <property>
        <name>dfs.namenode.handler.count</name>
        <value>100</value>
        <description>更多的 NameNode 服务器线程处理来自 DataNode 的 RPCS</description>
    </property>
</configuration>
```

3. yarn-site.xml 文件中主要参数的配置样例

```
<property>
    <name>yarn.nodemanager.aux-services</name>
    <value>mapreduce_shuffle</value>
  </property>
  <property>
    <name>yarn.resourcemanager.address</name>
    <value>master:8032</value>
```

```
    </property>
    <property>
      <name>yarn.resourcemanager.scheduler.address</name>
      <value>master:8030</value>
    </property>
    <property>
      <name>yarn.resourcemanager.resource-tracker.address</name>
      <value>master:8031</value>
    </property>
</configuration>
```

4. mapred-site.xml 文件中主要参数的配置样例

```
<configuration>
  <property>
    <name>mapreduce.framework.name</name>
    <value>yarn</value>
  </property>
</configuration>
```

slaves 文件记录了集群中数据节点的 IP，每行一个 IP，可用 IP 映射的机器名替代。

3.4.6 Hadoop 集群启停与验证

Hadoop 集群格式化后，在主节点输入启动命令启动 Hadoop 平台进程。在 Hadoop 文件夹下，也就是我们在 hdfs.xml 文件的配置项 dfs.namenode.name.dir 所指定的值，在主节点 NameNode 相对位置生成 name 的文件夹，用于存储元数据。dfs.datanode.data.dir 所指定的值在每个 slaves 配置文件指定的数据节点 DataNode 相应位置生成相应的 data 的文件夹，用于存储数据文件内容。

用 JDK 的 JPS 命令查询 master 节点上的守护进程如下。

```
[user@master hadoop]# jps
2452 Jps
1769 NameNode
1977 SecondaryNameNode
2185 ResourceManager
```

用 JDK 的 JPS 命令查询 slave1、slave2、slave3 节点上的守护进程如下。

```
 [user@master hadoop]# jps
2132 Jps
1853 DataNode
1911 nodemanager
```

用 JDK 的 JPS 命令查询 Hadoop 的守护进程时，前面的数据如 1769 为 NameNode 守护进程的进程号，如果想删除该守护进程，可用 kill 1769 命令。这里要注意的是，每次启动守护进程时，它所对应的进程号可能不同。

3.5 基于 Hadoop 平台的 Eclipse 开发环境的搭建

拥有一个可运行的 Hadoop 平台是一件令人欣喜的事情，但基于这样的平台做开发，尤其进行 Hadoop 程序编写、调试，还需要注意以下 3 点。

（1）依据个人情况到官网下载适合项目开发的 Eclipse 工具。

（2）通过网络下载 Hadoop 相应版本的源码，自定义编译一个 Hadoop Eclipse 的插件，与 Eclipse

整合。

（3）Eclipse 工具远程访问 Hadoop 平台权限问题。

3.5.1 Hadoop Eclipse 插件配置

在配置 Hadoop Eclipse 插件之前，需要准备好 Eclipse 开发工具的运行环境。首先到官网下载一个 Eclipse 环境，如图 3-2 所示。

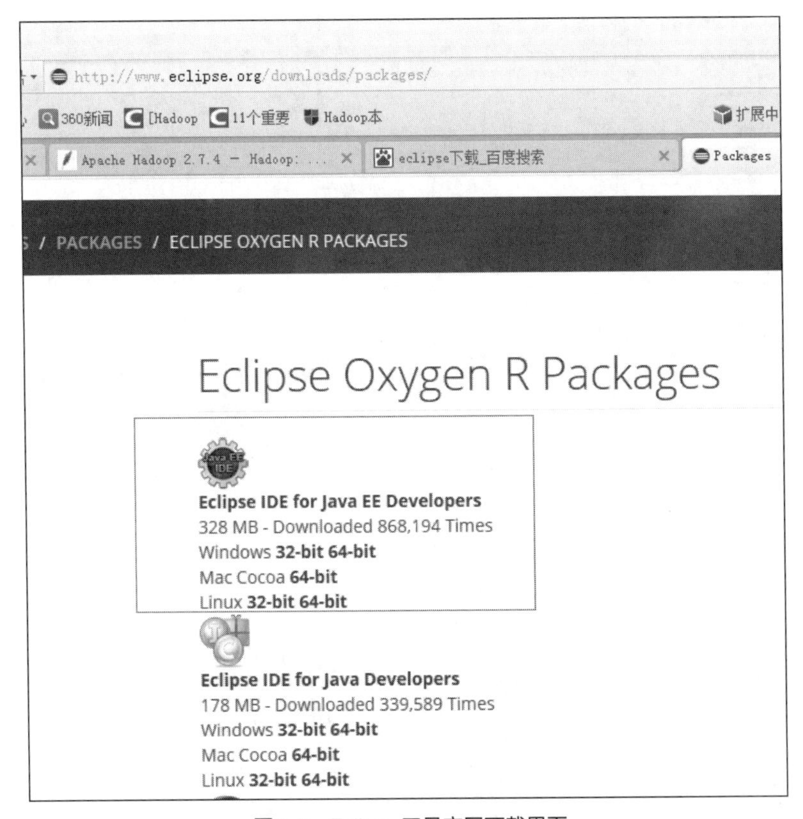

图 3-2　Eclipse 工具官网下载界面

由于 Eclipse 基于 JDK/JRE 运行，建议开发人员安装合适的 JDK 版本，再打开 Eclipse 工具，建立指定工作空间，如图 3-3 所示。

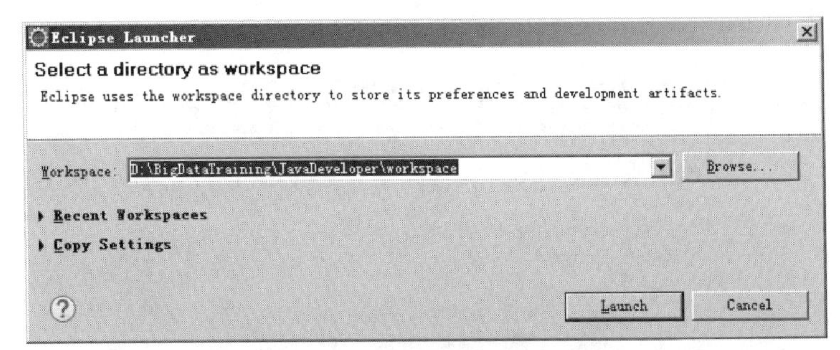

图 3-3　Eclipse 选择工作空间对话框

一般第 1 次运行 Eclipse 时会弹出让用户选择工作空间的对话框，用户也可以通过 File→Switch

workspace 找到更换工作空间的对话框。然后需要通过 Window→Preferences 检查 JDK 配置，如图 3-4 所示。

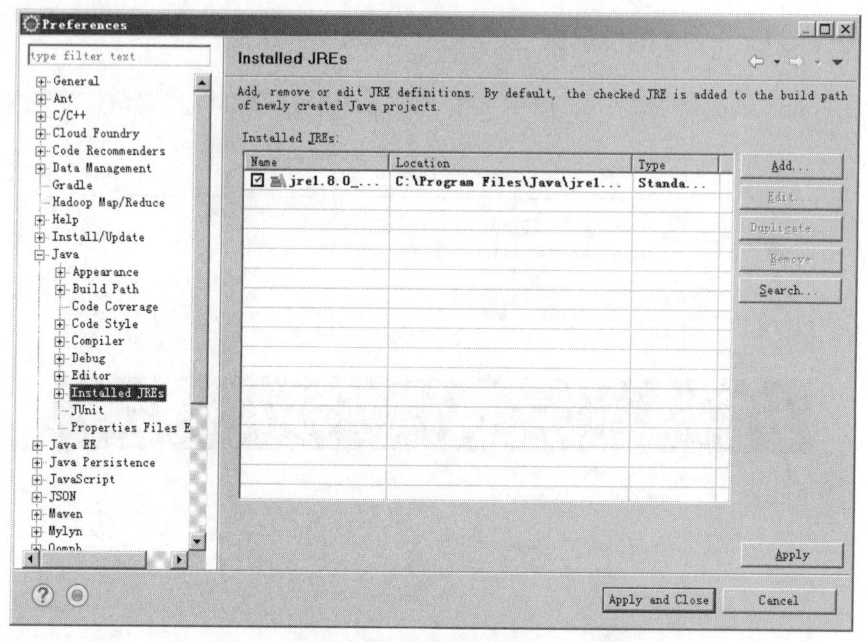

图 3-4　检查 JDK 配置

Eclipse 工具准备好之后，进入 Hadoop Eclipse 工作环境的配置。

第 1 步，Hadoop Eclipse 插件放到 Eclipse 的目录“plugins”中，重新打开 Eclipse 即可生效。此时 Eclipse 多了一个可以连接 Hadoop 上 HDFS 的插件，即在 Eclipse 窗口的左侧“Project Explorer”下面出现“DFS Locations”，说明 Eclipse 已经识别到刚才放入的 Hadoop Eclipse 插件了。

第 2 步，选择 Window→Preference，在弹出的窗口的左侧有一列选项，里面会多出“Hadoop Map/Reduce”选项，单击此选项，选择 Hadoop 的安装目录。

第 3 步，切换到“Map/Reduce”工作目录。有两种切换方法。

（1）选择 Window→Open Perspective，在弹出的窗口中选择“Map/Reduce”选项，即可进行切换。

（2）在 MyEclipse 或者 Eclipse 软件的右上角，单击图标“Java EE”中的“”，单击“Other”选项，也可以弹出图 3-5 所示的窗口，从中选择“Map/Reduce”，然后单击“Open”按钮。

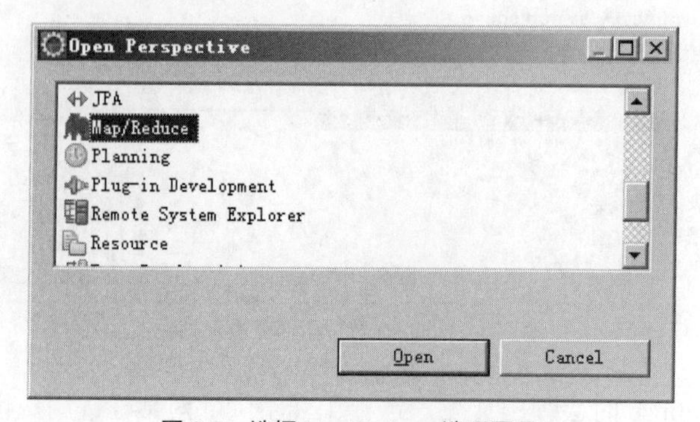

图 3-5　选择 MapReduce 选项图示

第 4 步，建立与 Hadoop 集群的连接。在 Eclipse 软件下面的“Map/Reduce Locations”上单击右键，在弹出的快捷菜单中选择“New Hadoop location”（见图 3-6），系统弹出连接 Hadoop 集群的配置窗口“New Hadoop location”，如图 3-7 所示。

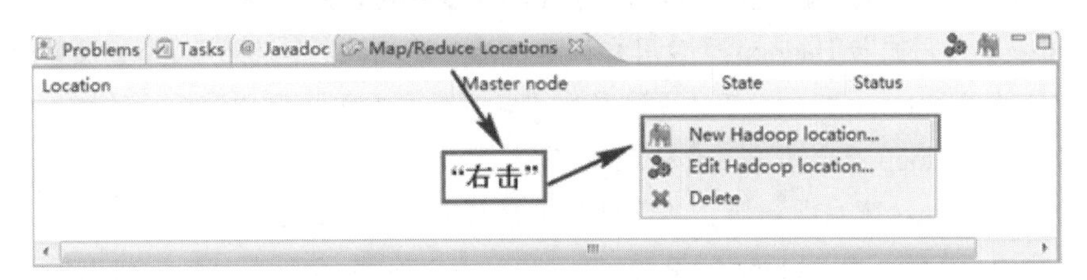

图 3-6　建立 Hadoop 集群连接

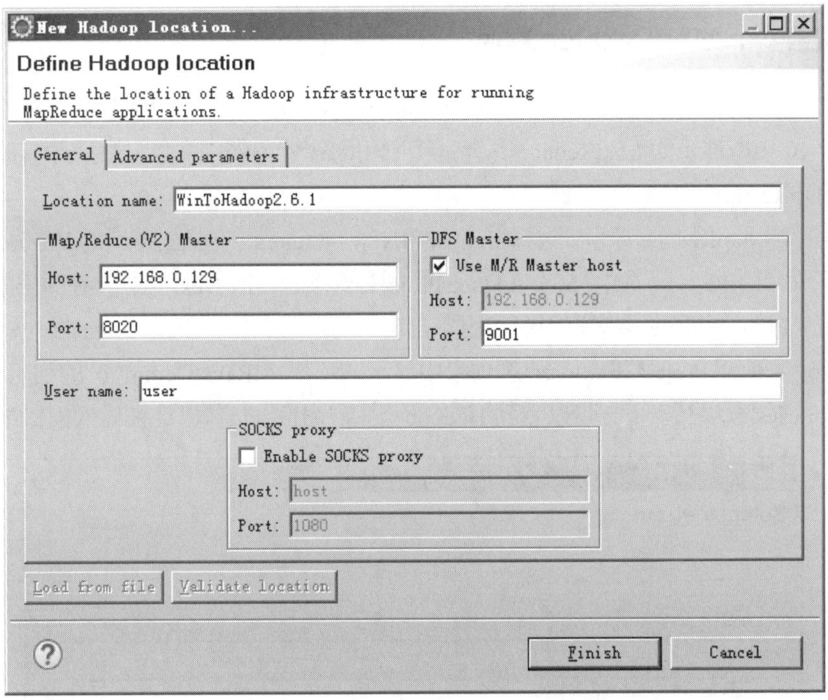

图 3-7　“New Hadoop location”窗口

图 3-7 中各主要参数的含义如下。

Location name：可以任意指定一个标识符，标识一个“Map/Reduce Location”。

Host：Hadoop 集群中处于 Active 的主 NameNode 的 IP 地址。

Port：Hadoop 集群配置文件中配置的端口号。其中 8020 是对应 Hadoop 集群中 core-site.xml 文件中“fs.defaultFS”配置的值。9001 对应 mapred-site.xml 文件中“mapred.job.tracker”参数的值。

第 5 步，配置完图 3-7 中的选项，单击“Finish”按钮之后，Eclipse 软件下面的“Map/Reduce Locations”中出现一条信息，就是刚才建立的“Map/Reduce Location”。此时，在 Eclipse 的 Project Explorer 窗口中可以查看 HDFS 上的内容，如图 3-8 所示。可以试着建立、删除文

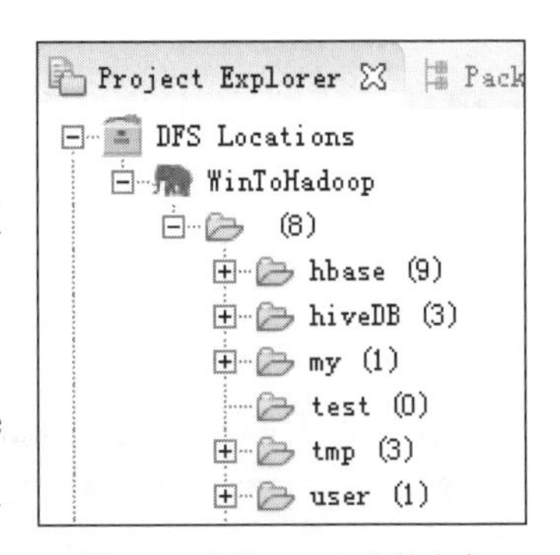

图 3-8　查看 HDFS 上的内容

件夹，试着上传、下载文件到 HDFS。

到此为止，Hadoop Eclipse 开发环境已经配置完毕。

：动动大脑——连接过程中提示无权限访问 HDFS 平台，怎么办

这是 Eclipse 工具用户与 Hadoop 平台用户权限不统一造成的。如果是 Linux，设置两个用户权限统一即可。如果是 Windows 用户，可以通过更改“本地用户或组”中“管理计算机（域）的内置账户”的用户名，与 Hadoop 平台用户名称一致即可。

如果用的是 Windows 家庭普通版，不能进行用户组更改，怎么办?

可以通过命令 hadoop fs –chmod –R 777/，放开 HDFS 平台所有权限，实现连接。也可以在 hdfs-site.xml 中通过参数 dfs.permissions 把权限设成 false，把权限检查关闭即可。

3.5.2 编写第一个 MapReduce 程序

搭建环境，像初学 Java 时写一个“HelloWorld”一样，是一件令人紧张又兴奋的事情。现在以 2.4.1 节的图 2-10 中所展示的 MapReduce 计算过程所用的案例为例，在已经建立好的环境下编写实现这个案例的 MapReduce 程序。

第 1 步，建立 MapReduce 项目。选择 Eclipse→New→Others，在弹出窗口的 Wizards 文本框中输入“map”字样，如图 3-9 所示。选中“Map/Reduce Project”选项，单击“Next”按钮，在弹出的“MapReduce Project”窗口的 Project name 文本框中输入用户自定义的项目名称，单击“Finish”按钮，此时系统默认在 Eclipse 左侧的 Project Explorer 选项卡中显示该项目 MRTestDemoPro 的列表，在列表中的 Referenced Libraries 选项列表下，可以看到 Hadoop 工具的相关 jar 包已经被导入项目中。

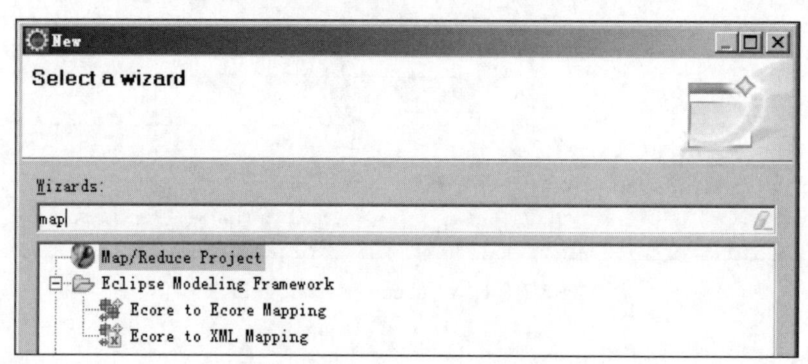

图 3-9　建立 MapReduce 项目窗口

第 2 步，准备实验数据。准备如下两个文件。

```
    file1.txt
hello world
bye world
    file2.txt
hello hadoop
goodbye hadoop
```

第 3 步，建立名为 TxtCounter_job 类文件，程序代码如下。

```
public class TxtCounter_job {

public static class WordCountMap extends Mapper<LongWritable, Text, Text, IntWritable> {
        protected void map(LongWritable key, Text value, Context context) throws
```

```
IOException, InterruptedException {
            System.out.println(key+":"+value);
            String[] strs = value.toString().split(" ");
            for (String str : strs) {
                context.write(new Text(str), new IntWritable(1));
            }
        }
    }

    public static class WordCountReduce extends Reducer<Text, IntWritable, Text, IntWritable>
{
        protected void reduce(Text key, Iterable<IntWritable> values, Context context)
                throws IOException, InterruptedException {

            int sum = 0;
            for (IntWritable val : values) {
                System.out.println("<"+key+","+val+">");
                sum += val.get();
            }
            context.write(key, new IntWritable(sum));
            System.out.println("##################################");
        }
    }

    public static void main(String[] args) throws Exception {
        String inputPath="hdfs://192.168.0.129:8020/input";
        String outputPath="hdfs://192.168.0.129:8020/output";

        args = new String[] { inputPath, outputPath };

        Configuration conf = new Configuration();//获取环境变量

        Job job = Job.getInstance(conf);//实例化任务
        job.setJarByClass(TxtCounter_job.class);//设定运行 Jar 类型

        job.setOutputKeyClass(Text.class);//设置输出 Key 格式
        job.setOutputValueClass(IntWritable.class);//设置输出 Value 格式

        job.setMapperClass(WordCountMap.class);//设置 Mapper 类
        job.setReducerClass(WordCountReduce.class);//设置 Reducer 类

        FileInputFormat.addInputPath(job, new Path(args[0]));//添加输入路径
        FileOutputFormat.setOutputPath(job, new Path(args[1]));//添加输出路径

        job.waitForCompletion(true);

    }
```

第 4 步，运行查看结果。

Mapper 类一共调用了两次（file1.txt 调用 1 次，file2.txt 调用 1 次），每次 Mapper 类执行 map 方法的次数和 file1.txt 和 file2.txt 文件的内容有关。其中 Mapper 类中的 map 方法一次读取并处理了文件中的一行数据。

Reducer 类在本案例仅调用了 1 次 Reducer 类，这与分区机制有关，详情请参见 6.2.4 节。其中 Reducer 类中的每组相同的 Key 调用了 1 次 reduce 方法。

运行结果如图 3-10 所示。

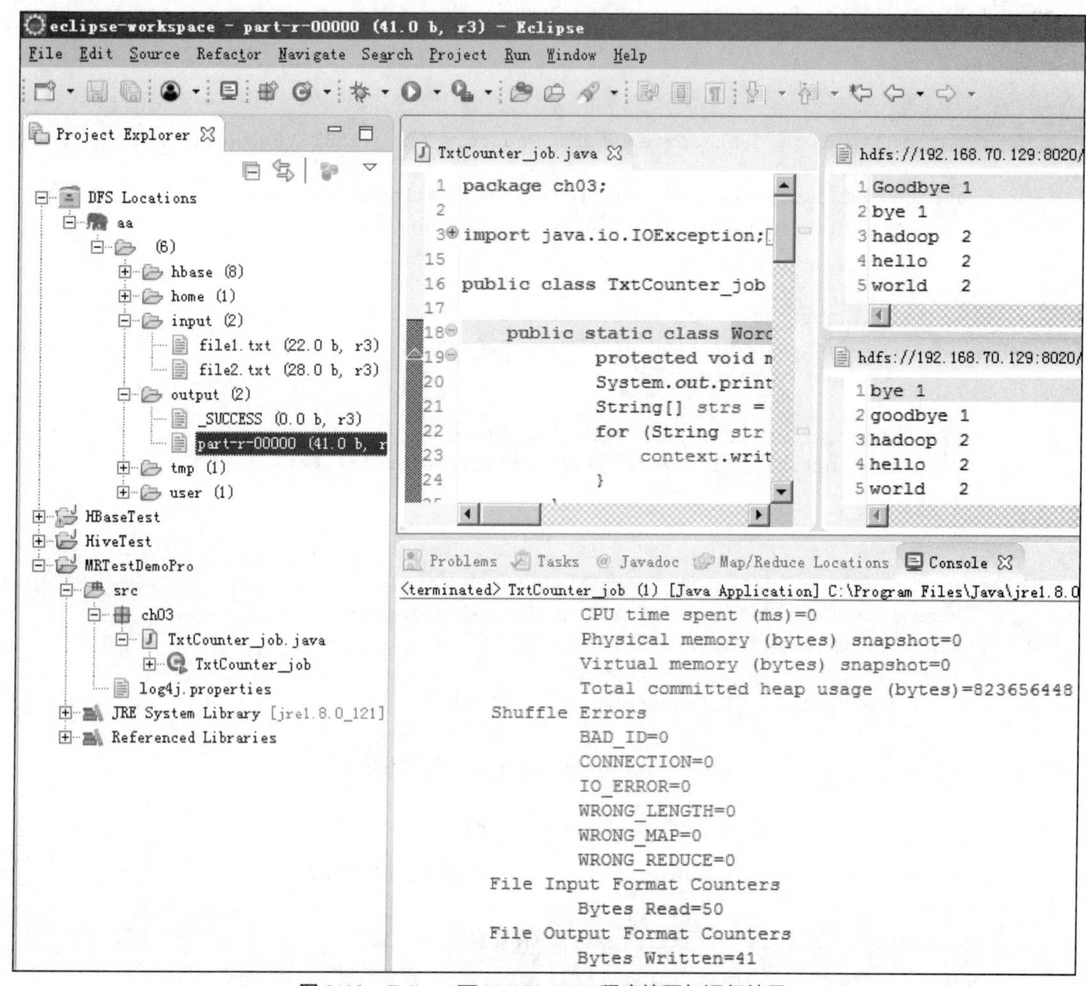

图 3-10　Eclipse 下 MapReduce 程序编写与运行结果

图 3-10 中，“DFS Location”下 input 文件夹中为实验的两个文件，位于 HDFS 平台上。MRtestDemoPro 项目下的 log4j.properties 文件来自 hadoop/etc/hadoop 下，用于记录程序运行过程中的计数显示，如控制台下的红字。这里要注意的是运行的结果，当 Goodbye 中的 G 大写时，排序时它位于 b 之前，当 G 小写时，Shuffle 排序过程会把它排在 b 之后。

3.5.3　编译打包及运行程序

3.5.2 节是在 Windows 环境的 Eclipse 工具下运行完成的，也可以将 Windows 本地项目程序打成 jar 包，在 Hadoop 平台上用 Hadoop 命令执行。打包过程依据项目实际情况执行。下面是其中一种打包的过程演示。

第 1 步，将数据上传至 HDFS 平台，文件层次结构如下。

```
[user@master ~]# hadoop dfs -lsr /input
```

```
-rw-r--r--   3 root supergroup         25 2017-10-22 10:32 /input/file1.txt
-rw-r--r--   3 root supergroup         21 2017-10-22 10:32 /input/file2.txt
```

第 2 步，将上面项目打包，选中要打包的项目“MRTestDemoPro”，单击鼠标右键，选“Export”选项，系统会弹出 Export 窗口。在 Export 窗口的“Select an export wizard”文本框中输入“jar”，选中“jar file”，如图 3-11 所示。单击“Next”按钮。

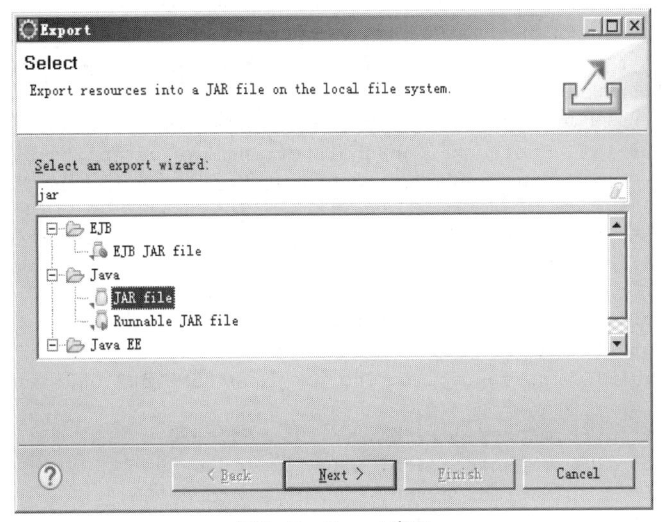

图 3-11　Export 窗口

在弹出的窗口中，选中要打包的项目（见图 3-12），单击“Finish”按钮，完成打包过程。

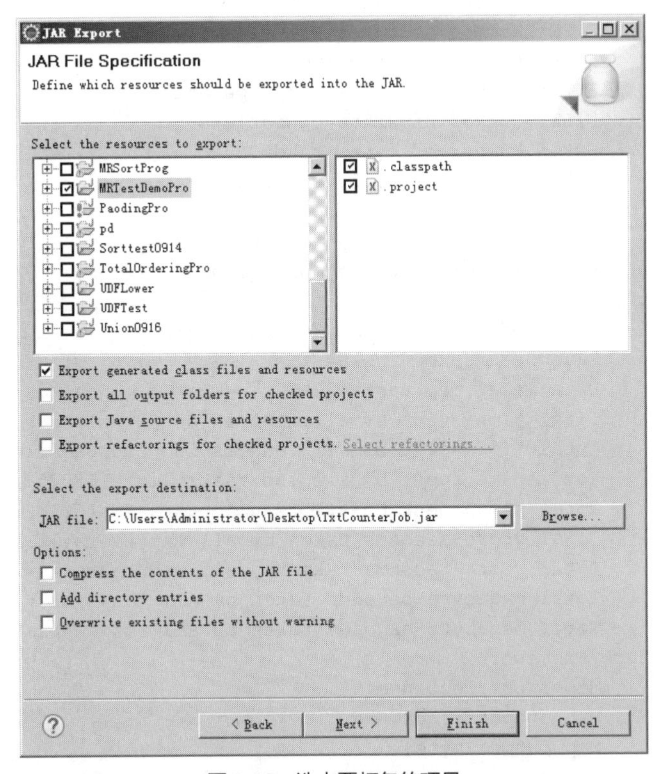

图 3-12　选中要打包的项目

第 3 步，将打好的 jar 包“TxtCounterJob.jar”上传至 Hadoop 所在主节点，运行打包命令运行程序。命令格式为 hadoop jar <jar> [mainClass] args，示例如下。

```
[user@master ~]# ll
total 56
drwxr-xr-x. 14 root root  4096 Oct 22 09:11 bigdata
-rw-r--r--.  1 root root 31432 Oct 22 10:49 TxtCounterJob.jar
[user@master ~]# hadoop jar TxtCounterJob.jar ch03.TxtCounter_job
17/10/22 11:55:43 INFO client.RMProxy: Connecting to ResourceManager at master/192.168.94.145:8032
17/10/22 11:55:50 INFO input.FileInputFormat: Total input paths to process : 2
17/10/22 11:55:50 INFO mapreduce.JobSubmitter: number of splits:2
17/10/22 11:55:52 INFO mapreduce.JobSubmitter: Submitting tokens for job: job_1508635927802_0001
17/10/22 11:55:54 INFO impl.YarnClientImpl: Submitted application application_1508635927802_0001
17/10/22 11:55:56 INFO mapreduce.Job: The url to track the job: http://master:8088/proxy/application_1508635927802_0001/
17/10/22 11:55:56 INFO mapreduce.Job: Running job: job_1508635927802_0001
17/10/22 11:56:55 INFO mapreduce.Job: Job job_1508635927802_0001 running in uber mode : false
17/10/22 11:56:55 INFO mapreduce.Job:  map 0% reduce 0%
17/10/22 11:57:58 INFO mapreduce.Job:  map 50% reduce 0%
17/10/22 11:57:59 INFO mapreduce.Job:  map 100% reduce 0%
17/10/22 11:58:26 INFO mapreduce.Job:  map 100% reduce 100%
17/10/22 11:58:28 INFO mapreduce.Job: Job job_1508635927802_0001 completed successfully
17/10/22 11:58:29 INFO mapreduce.Job: Counters: 49
        File System Counters
                FILE: Number of bytes read=100
                FILE: Number of bytes written=317251
                FILE: Number of read operations=0
                FILE: Number of large read operations=0
                FILE: Number of write operations=0
                HDFS: Number of bytes read=260
                HDFS: Number of bytes written=31
                HDFS: Number of read operations=9
                HDFS: Number of large read operations=0
                HDFS: Number of write operations=2
        Job Counters
                Launched map tasks=2
                Launched reduce tasks=1
                Data-local map tasks=2
                Total time spent by all maps in occupied slots (ms)=119275
                Total time spent by all reduces in occupied slots (ms)=24023
                Total time spent by all map tasks (ms)=119275
                Total time spent by all reduce tasks (ms)=24023
                Total vcore-seconds taken by all map tasks=119275
                Total vcore-seconds taken by all reduce tasks=24023
                Total megabyte-seconds taken by all map tasks=122137600
                Total megabyte-seconds taken by all reduce tasks=24599552
        Map-Reduce Framework
                Map input records=4
                Map output records=8
                Map output bytes=78
                Map output materialized bytes=106
                Input split bytes=214
```

```
                Combine input records=0
                Combine output records=0
                Reduce input groups=4
                Reduce shuffle bytes=106
                Reduce input records=8
                Reduce output records=4
                Spilled Records=16
                Shuffled Maps =2
                Failed Shuffles=0
                Merged Map outputs=2
                GC time elapsed (ms)=2356
                CPU time spent (ms)=9370
                Physical memory (bytes) snapshot=504541184
                Virtual memory (bytes) snapshot=6169395200
                Total committed heap usage (bytes)=349904896
        Shuffle Errors
                BAD_ID=0
                CONNECTION=0
                IO_ERROR=0
                WRONG_LENGTH=0
                WRONG_MAP=0
                WRONG_REDUCE=0
        File Input Format Counters
                Bytes Read=46
        File Output Format Counters
                Bytes Written=31
```

第 4 步，运行结果查看。

查看文件夹及文件信息列表。

```
[user@master ~]# hadoop dfs -lsr /outjob
-rw-r--r--   3 root supergroup          0 2017-10-22 11:58 /outjob/_SUCCESS
-rw-r--r--   3 root supergroup         31 2017-10-22 11:58 /outjob/part-r-00000
```

查看生成结果文件的内容。

```
[user@master ~]# hadoop dfs -cat /outjob/part-r-00000
bye             1
goodbye         1
hadoop      2
hello           2
world           2
```

3.6 小结

本章主要引导读者学会运用 Apache 开源的工具完成基于 Hadoop 平台的开发环境的搭建过程。当然读者能感受到搭建这个环境还是要费一点功夫的；如果应用于企业项目应用的话，在这个实验平台的基础之上，还需要考虑很多，如平台调度、维护、安全、监控等需要一个个地搭建；对于一些特殊的要求，需要对代码进行二次编写。当然，用户可以参照一些被企业包装和改造过的 Hadoop 的生态系统。如华为的 FusionInsight HD 对开源组件进行封装和增强，包含了 Manager 和众多组件，方便用户用较简单的方式去操作较复杂的平台。

04

第4章　Hadoop分布式文件系统

【内容概述】

当数据大到一定程度时，系统就会进行分区存储，HDFS 以流式数据访问的模式可以运行在普通商用服务器集群上，完成了分布式存储的功能，同时也向用户开放了 HDFS 相应的访问接口，以满足不同的需求。本章针对这样的问题结合一些实例详细讲解 Hadoop 分布式文件系统。

【知识要点】

- 理解 HDFS 流的操作过程
- 掌握常用 HDFS 命令
- 掌握 HDFS API 编程方法

由第 2 章可知，HDFS 能够把大数据文件拆分成等大小数据块，以多副本的形式存储于 Hadoop 集群上。在 YARN 时代，HDFS 增强了 NameNode 的水平扩展能力和高可用性，使集群运行起来更加健壮。这些原理的实现整合了计算机原理、分布式理论等专业知识，看似复杂但都是以透明的形式呈现给用户的。用户在应用这样一个集群的数据时，只要按规则操作较简单的命令即可。本章带领读者学习如何操作 HDFS，主要介绍 Shell 命令和 HDFS API，其他接口参见官网。另外，为了让读者更好地理解数据在 HDFS 上存取文件的流程，在进行实操之前，先介绍 HDFS 操作的基本理论。

4.1　HDFS 工作原理

HDFS 中的数据都是分块存储的，默认块大小为 128MB（Hadoop 低版本默认为 64MB，这个值可以在配置文件中更改）。分块处理的好处是可以增加读取数据的吞吐量，通过数据结构模型，以流式的多副本模式存储于集群中各节点的磁盘中。下面介绍 HDFS 读、写、删除与恢复数据的过程。

4.1.1　HDFS 读数据的过程

客户端（Client）用 FileSystem 的 open()函数打开文件，DistributedFileSystem 通过 RPC 调用元数据节点，得到文件的数据块信息。对于每一个数据块，元数据节点返回保存数据块的数据节点的地址。DistributedFileSystem 返回 FSDataInputStream 给客户端，用来读取数据。客户端调用 stream 的 read()函数开始读取数据。DFSInputStream 连接保存此文件第一个数据块的最近的数据节点。Data 从数据节点读到客户端（Client），当此数据块读取完毕时，DFSInputStream 关闭与此数据节点的连接，然后连接距此文件下一个数据块最近的数据节点。当客户端读取完所有数据的时候，调用 FSDataInputStream 的 close()函数。在读取数据的过程中，如果客户端在与数据节点通信时出现错误，则尝试连接包含此数据块的下一个数据节点。失败的数据节点将被记录，以后不再连接。HDFS 读数据的过程如图 4-1 所示。

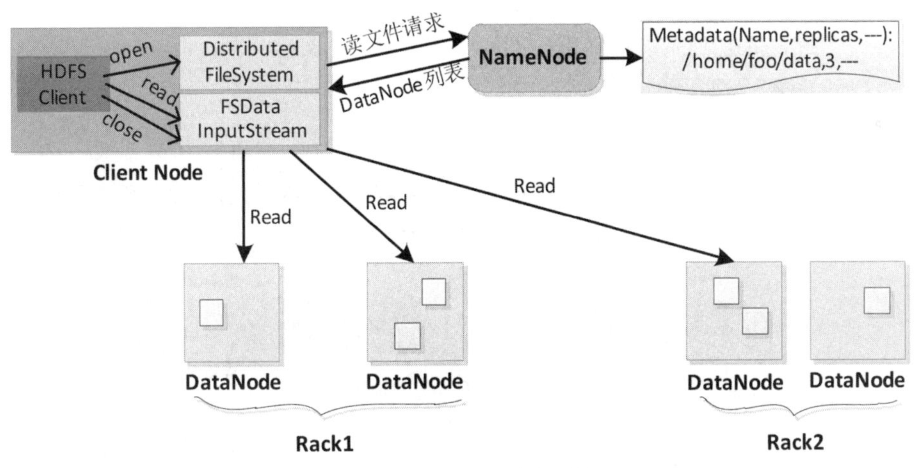

图 4-1　HDFS 读数据的过程

图中 HDFS 读数据的具体过程描述如下。

（1）首先调用 FileSystem 对象的 open 方法，其实是一个 DistributedFileSystem 类的实例。

（2）DistributedFileSystem 类通过 RPC 获得文件的第一批 Block 的 location，同一 Block 按照重复数会返回多个 location，这些 location 按照 Hadoop 结构拓扑排序，距离客户端近的排在前面。

（3）前两步会返回一个 FSDataInputStream 对象，该对象会被封装成 DFSInputStream 对象，DFSInputStream 可以方便地管理 DataNode 和 NameNode 数据流。客户端调用 read 方法，DFSInputStream 会找出离客户端最近的 DataNode 并连接。

（4）数据从 DataNode 源源不断地流向客户端。

（5）如果第一块数据读完了，系统就会关闭指向第一块的 DataNode 连接，接着读取下一块。这些操作对客户端来说是透明的，从客户端的角度来看它只是读一个持续不断的流。

（6）如果第一批 Block 都读完了，DFSInputStream 就会去 NameNode 找下一批 Block 的 location，然后继续读。如果所有的块都读完，就会关闭所有的流。

如果在读数据的时候，DFSInputStream 和 DataNode 的通信发生异常，系统就会尝试距正在读的 Block 第二近的 DataNode，并且会记录哪个 DataNode 发生错误，读剩余的 Block 的时候就会直接跳过该 DataNode。DFSInputStream 也会检查 Block 数据校验和，如果发现一个坏的 Block，就会先报告 NameNode 节点，然后 DFSInputStream 在其他的 DataNode 上读该 Block 的镜像。

该设计的方向就是客户端直接连接 DataNode 来检索数据，并且 NameNode 负责为每一个 Block 提供最优的 DataNode，NameNode 仅仅处理 Block location 的请求，这些信息都加载在 NameNode 的内存中，HDFS 可以通过 DataNode 集群承受大量客户端的并发访问。

4.1.2 HDFS 写数据的过程

HDFS 是一个分布式文件系统，在 HDFS 上写文件的过程与人们平时使用的单机文件系统非常不同，从宏观上来看，在 HDFS 文件系统上创建并写一个文件，流程如图 4-2 所示。

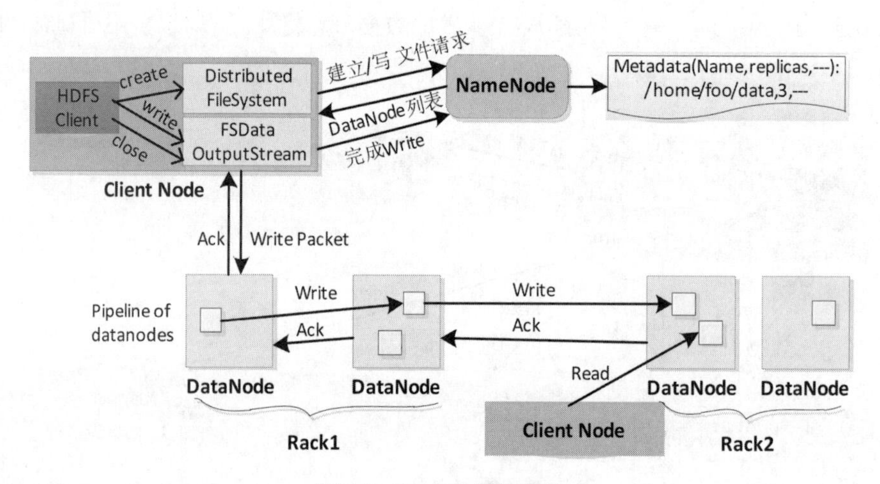

图 4-2 HDFS 写数据流程

图中 HDFS 写数据的具体过程描述如下。

（1）首先 HDFS Client 创建 DistributedFileSystem 对象通过 RPC 调用 NameNode，去创建一个没有 Block 关联的新文件。创建前，NameNode 会检验当前要写入的文件是否存在，客户端是否有权限创建等。如果校验通过，NameNode 就会记录下新文件，否则就会抛出 IO 异常。

（2）检验通过后，在自己的元数据中为新文件分配文件名，同时为此文件分配数据块的备份数（此备份数可以在搭建时的参数文件中设定，也可以后来改变，系统默认 3 份），并为不同的备份副本分配不同的 DataNode，同时生成列表，将列表返回客户端。

（3）Client 调用 DistributedFileSystem 对象的 create 方法，创建一个 FSDataOutputStream 文件输出流对象，协调 NameNode 和 DataNode，开始写数据到 DFSOutputStream 对象内部的 Buffer 中，然后数据被分割成一个个小的 Packet（数据在向 DataNode 传递时以 Packet 为最小单位），然后排成队

列 Data queue。DataStreamer 会去处理 Data queue，先询问 NameNode 这个新的 Block 最适合存储在哪几个 DataNode 里，把它们排成一个管道。

（4）DataStreamer 把 Packet 按队列输出到管道的第一个 DataNode 中，同时把 NameNode 生成的列表也传给第一个 DataNode，当第一个 Packet 传递完成时（注意是 Packet 而不是整个数据传递完成），第一个 DataNode 传递信息给第二个 DataNode，开始把传递完成的 pakage 以管道的形式再传递给第二个 DataNode，同时把删掉第一个 DataNode 节点信息的列表传给第二个 DataNode，依次类推，直到传递到最后一个 DataNode，它会返回 Ack 到前一个 DataNode，最终由管道中第一个 DataNode 节点将管道 Ack 发送给 Client。

：动动大脑——数据排成管道写入好吗

小编 B：数据分成一个个更小的 Packet，以管道形式写入各节点（较慢），由 FSDataOutputStream 协调 NameNode 和 DataNode 并发式写入各节点（如 3 个 DataNode），速度很快，为什么不用这种方式呢？（纠结）

小编 A：以管道形式写入数据，好处就是开启一个线程，一点点流式写入作业就好，客户端负载很小。因为系统硬件资源是有限的，内存大小是固定的。3 个节点并发写入，就要启用 3 个线程，如果副本超过 3 个，需要启用更多线程，这时很耗费系统资源，与 Hadoop 使用在廉价机上的目标就不一致了。

小编 B：原来如此。（佩服）

（5）向文件写入数据的工作完成，客户端在文件输出流（FSDataOutputStream）对象上调用 close 方法，关闭流，调用 DistributedFileSystem 对象的 complete 方法，通知 NameNode 文件写入成功。

注意

DFSOutputStream 还有一个队列叫 Ack queue，由 Packet 组成，等待 DataNode 收到响应，当管道中的所有 DataNode 都表示已经收到的时候，Ack queue 才会把对应的 Packet 包移除掉。

如果在写的过程中某个 DataNode 发生错误，会采取以下几个措施。

①管道被关闭掉。

②为了防止丢包，Ack queue 里的 Packet 会被同步到 Data queue 里。

③把产生错误的 DataNode 上当前正在写但未完成的 Block 删掉。

④Block 剩下的部分被写到剩下的两个正常的 DataNode 中。

⑤NameNode 找到另外的 DataNode 去创建该块的副本。

当然，这些操作对客户端来说是透明的。

4.1.3 HDFS 删除与恢复数据的过程

在 HDFS 中进行数据的删除，与传统方法区别很大。传统硬件文件的删除操作是用户首先找到要删除文件所在的位置，然后把文件清除掉。在 HDFS 中，由于一个大文件是被切割成若干个小的 Block，然后这些 Block 以多副本的形式存储在不同的 DataNode 中。文件与对应 Block 存储位置的映射关系存储在 NameNode 中，如果一次找到该文件所有映射位置，启动多线程进行删除，会给 NameNode 带来很大压力，客户的等待时间也长。HDFS 在这方面有充分的考虑，把删除任务分解成不同的工作线程，减轻 NameNode 工作负载，提高用户体验。

当文件被用户或应用程序删除时，不会立即从 HDFS 中删除。相反，HDFS 首先将其重命名为/trash 目录中的文件。只要文件保持在/trash 目录中，文件就可以快速恢复。文件保持在/trash 中的时间是可配置的，当超过这个时间时，NameNode 就会将该文件从名字空间中删除。删除文件会使与该文件相关的数据块被释放。从用户删除文件到 HDFS 空闲空间的增加之间会有一定时间的延迟。

用户可以在删除文件后取消删除文件操作，只要它保留在/trash 目录中即可。如果用户想要取消删除已删除的文件，则可以浏览垃圾目录并检索文件。/trash 目录仅包含已删除文件的最新副本。/trash 目录与其他目录没有什么区别，除了一点：在该目录上，HDFS 会应用一个特殊策略来自动删除文件。当前默认的垃圾桶时间间隔设置为 0（删除文件不存储在/trash 中）。该值可通过 core-site.xml 文件中的可配置参数 fs.trash.interval 进行设定。

4.2 HDFS 常用命令行操作概述

可以通过 API、Web UI 等方式来访问 HDFS。其中较直接的一种方式是用户可以通过在 Hadoop 平台上进行命令行的交互来执行对 Hadoop 平台相关内容的操作。如 HDFS 平台文件权限分配和读取文件、移动文件、删除文件、列出文件列表等常用文件系统的操作等。如第 3 章涉及的 Hadoop 集群的启动、查看、停止等。本节主要介绍一些常用 Hadoop 操作的方法。其中所有的命令行操作都是由 Hadoop 脚本触发的，用户可以通过 help 命令查看命令列表及命令语法格式。如果命令语法不符合系统规则（如缺少指定参数等），系统会自动在屏幕上打印所有命令描述。

4.2.1 HDFS 命令行

Hadoop 本身很贴心地内置了一套对于整体集群环境进行处理的命令行操作。最值得一提的是，命令行语法格式与 Linux 命令很相似，所以有 Linux 基础的用户学起来会感觉格外轻松。由于篇幅的关系，这里只介绍几个常用的命令及使用方法。

无论是 Linux、MySQL、Oracle 等任一款提供命令行窗口的工具，首先学习它的帮助（help）怎么用，永远是很明智的做法。在 Hadoop 中，查看当前 Hadoop 版本下支持的命令列表及相应命令功能描述，也可以先用 help。在一个已经启动 Hadoop 的 HDFS 服务与 YARN 服务的集群中，用 Hadoop 关键字加上“-help”，即可列出所有 Hadoop Shell 支持的命令。

【例 4-1】Hadoop help 命令的使用。

通过 hadoop –help 查询列出所有 Hadoop Shell 支持的命令。

```
[user@master ~]$ hadoop -help
Usage: hadoop [--config confdir] COMMAND where COMMAND is one of:
  fs                   run a generic filesystem user client
  version              print the version
  jar <jar>            run a jar file
  checknative [-a|-h]  check native hadoop and compression libraries availability
  distcp <srcurl> <desturl> copy file or directories recursively
  archive -archiveName NAME -p <parent path> <src>* <dest> create a hadoop archive
  classpath            prints the class path needed to get the
  credential          interact with credential providers
                      Hadoop jar and the required libraries
  daemonlog           get/set the log level for each daemon
```

```
  trace              view and modify Hadoop tracing settings
 or
  CLASSNAME          run the class named CLASSNAME
Most commands print help when invoked w/o parameters.
```

1. version

功能：打印当前平台所用 Hadoop 版本信息。

命令格式：hadoop version。

```
[user@master ~]$ hadoop version
Hadoop 2.6.1
Subversion https://git-wip-us.apache.org/repos/asf/hadoop.git -r b4d876d837b830405ccdb
6af94742f99d49f9c04
Compiled by jenkins on 2015-09-16T21:07Z
Compiled with protoc 2.5.0
From source with checksum ba9a9397365e3ec2f1b3691b52627f
This command was run using /home/user/bigdata/hadoop/share/hadoop/common/hadoop-
common-2.6.1.jar
```

2. distcp

功能：这是 Hadoop 下的一个分布式复制程序，可以在不同的 HDFS 集群间复制数据，也可以在本地文件间复制数据。它是以一个 MapReduce 作业来实现的，通过集群中并行处理的 Map 来完成复制作业的工作。

命令格式：hadoop distcp 可以显示所有该命令的使用说明。

```
[user@master ~]$ hadoop distcp
usage: distcp OPTIONS [source_path...] <target_path>
--使用命令格式: distcp OPTIONS [源路径...] <目标路径>
               OPTIONS
 -append                Reuse existing data in target files and append new
                        data to them if possible
 -async                 Should distcp execution be blocking
 -atomic                Commit all changes or none
 -bandwidth <arg>       Specify bandwidth per map in MB
 -delete                Delete from target, files missing in source
 -f <arg>               List of files that need to be copied
 -filelimit <arg>       (Deprecated!) Limit number of files copied to <= n
 -i                     Ignore failures during copy
 -log <arg>             Folder on DFS where distcp execution logs are saved
 -m <arg>               Max number of concurrent maps to use for copy
 -mapredSslConf <arg>   Configuration for ssl config file, to use with hftps://
 -overwrite             Choose to overwrite target files unconditionally,
                         even if they exist.
 -p <arg>               preserve status (rbugpcaxt)(replication,
                         block-size, user, group, permission,
                         checksum-type, ACL, XATTR, timestamps). If -p is
                         specified with no <arg>, then preserves
                         replication, block size, user, group, permission,
                         checksum type and timestamps. raw.* xattrs are
                         preserved when both the source and destination
                         paths are in the /.reserved/raw hierarchy (HDFS
                         only). raw.* xattrpreservation is independent of
                         the -p flag. Refer to the DistCp documentation for
                         more details.
 -sizelimit <arg>        (Deprecated!) Limit number of files copied to <= n
                         bytes
 -skipcrccheck           Whether to skip CRC checks between source and
```

```
                        target paths.
 -strategy <arg>       Copy strategy to use. Default is dividing work
                        based on file sizes
 -tmp <arg>            Intermediate work path to be used for atomic
                        commit
 -update               Update target, copying only missingfiles or
                        directories
```

（1）将/test/test.txt 文件复制到/test/cp 目录下。

```
[user@master ~]$ hadoop distcp /test/test.txt /test/cp
```

（2）将 master1 集群/test 目录（包含内容）复制至 master2 集群/test_cp 目录下。

```
[user@master ~]$ hadoop distcp hdfs://master1/test hdfs://master2/test_cp
```

3. jar

功能：用户可以把 MapReduce 代码捆绑到 jar 文件中，使用这个命令执行 jar 文件。

命令格式：hadoop jar <jar> [mainClass] args。

命令选项：

```
<jar>      jar 文件
[mainClass]   指定 jar 文件中的包名+类名
```

args 运行 jar 文件时需要的参数如下。

```
[user@master ~]$ hadoop jar hadoop-mapreduce-examples-2.6.1.jar grep input output 'dfs[a-z.]+'
```

4. archive

功能：创建一个 Hadoop 存档文件，它是一种特殊的文件格式。一个 Hadoop archive 对应一个文件系统目录。Hadoop archive 的扩展名是*.har。可以将文件存入 HDFS 块，一定程度上解决大量小文件耗费 NameNode 节点内存的现象，同时允许对文件的透明访问。也可以当作 MapReduce 的输入来使用。Hadoop archive 包含元数据（形式是_index 和_masterindex）和数据（part-*）文件。_index 文件包含了存档文件的文件名和位置信息。

命令格式：hadoop archive –archiveName <src>* <dest>。

命令选项：

```
-archiveName        要创建的存档文件的名字
src                 文件系统的路径名，和通常含正则表达式的一样
dest                保存存档文件的目录索引坐标
```

【例 4-2】 archive 命令应用举例。

HDFS 下的 f 文件夹下存在 child1 和 child2 的文件夹，每个文件夹下有 3 个很小的子文件，目录结构如图 4-3 所示，请将这些文件归档。

```
[user@master ~]$ hadoop fs -lsr /
lsr: DEPRECATED: Please use 'ls -R' instead.
17/09/07 01:54:19 WARN util.NativeCodeLoader: Unable to load native-hadoop library for
le
drwxr-xr-x   - user supergroup          0 2017-09-07 01:52 /input
drwxr-xr-x   - user supergroup          0 2017-09-07 01:53 /input/child1
-rw-r--r--   3 user supergroup         24 2017-09-07 01:53 /input/child1/child11.txt
-rw-r--r--   3 user supergroup         22 2017-09-07 01:53 /input/child1/child12.txt
-rw-r--r--   3 user supergroup         28 2017-09-07 01:53 /input/child1/child13.txt
drwxr-xr-x   - user supergroup          0 2017-09-07 01:53 /input/child2
-rw-r--r--   3 user supergroup         25 2017-09-07 01:53 /input/child2/child21.txt
-rw-r--r--   3 user supergroup         23 2017-09-07 01:53 /input/child2/child22.txt
-rw-r--r--   3 user supergroup         30 2017-09-07 01:53 /input/child2/child23.txt
drwx------   - user supergroup          0 2017-09-05 18:09 /tmp
```

图 4-3 目录结构

hadoop archive 命令运行 MapReduce job 来并行处理输入文件，将这些小文件的内容合并形成少量大文件，然后再利用 index 文件，指出小文件在大文件中所属的坐标，以此来减少小文件的数量。

（1）文件归档

```
[user@master ~]$ hadoop archive -archiveName part-20170906-0.har -p /input/ child1
child2 /ah_input/har
```

将 input 文件夹下两个子文件夹 child1 和 child2 里的文件归档成一个叫 part-20170906-0.har 的文档，并存储在/ah_input/har 文件夹下。

（2）查看归档后的目录结构

```
[user@master ~]$ hadoop fs -lsr /
```

归档后的目录结构如图 4-4 所示。

```
[user@master ~]$ hadoop fs -lsr /
lsr: DEPRECATED: Please use 'ls -R' instead.
17/09/07 02:09:22 WARN util.NativeCodeLoader: Unable to load native-hadoop library for your platform... us
le
drwxr-xr-x   - user supergroup          0 2017-09-07 01:57 /ah_input
drwxr-xr-x   - user supergroup          0 2017-09-07 01:57 /ah_input/har
drwxr-xr-x   - user supergroup          0 2017-09-07 01:58 /ah_input/har/part-20170906-0.har
-rw-r--r--   1 user supergroup          0 2017-09-07 01:58 /ah_input/har/part-20170906-0.har/_SUCCESS
-rw-r--r--   5 user supergroup        701 2017-09-07 01:58 /ah_input/har/part-20170906-0.har/_index
-rw-r--r--   5 user supergroup         23 2017-09-07 01:58 /ah_input/har/part-20170906-0.har/_masterindex
-rw-r--r--   1 user supergroup        152 2017-09-07 01:58 /ah_input/har/part-20170906-0.har/part-0
drwxr-xr-x   - user supergroup          0 2017-09-07 01:52 /input
drwxr-xr-x   - user supergroup          0 2017-09-07 01:53 /input/child1
-rw-r--r--   3 user supergroup         24 2017-09-07 01:53 /input/child1/child11.txt
-rw-r--r--   3 user supergroup         22 2017-09-07 01:53 /input/child1/child12.txt
-rw-r--r--   3 user supergroup         28 2017-09-07 01:53 /input/child1/child13.txt
drwxr-xr-x   - user supergroup          0 2017-09-07 01:53 /input/child2
-rw-r--r--   3 user supergroup         25 2017-09-07 01:53 /input/child2/child21.txt
-rw-r--r--   3 user supergroup         23 2017-09-07 01:53 /input/child2/child22.txt
-rw-r--r--   3 user supergroup         30 2017-09-07 01:53 /input/child2/child23.txt
```

图 4-4　归档后的目录结构

（3）查看结果文件 part-0 的内容

```
[user@master ~]$ hadoop fs -cat /test/in/har/0825.har/part-0
```

（4）使用 har uri 访问原始数据

har 是 HDFS 之上的一个文件系统，因此所有 fs shell 命令对 har 文件均可用，只不过文件路径格式不一样。

```
[user@master ~]$ hadoop fs -lsr har:///ah_input/har/part-20170906-0.har
```

（5）用 har uri 访问下一级目录

```
[user@master ~]$ hdfs dfs -lsr har:///ah_input/har/part-20170906-0.har/input
```

（6）远程访问

可以使用以下命令远程访问。

```
[user@master ~]$ hadoop fs -lsr har://master:8020/ ah_input/har/part-20170906-0.har
```

其中 master 是 NameNode 所在节点的主机名，8020 是 core-site.xml 文件中 fs.defaultFS 参数配置中对应的端口号。

（7）删除 har 文件

必须使用 rmr 命令来删除 har 文件，rm 命令是不行的。

```
[user@master ~]$ hadoop fs -rmr /ah_input/har/part-20170906-0.har
```

除此之外，har 还可以作为 MapReduce 的输入进行使用。

4.2.2 HDFS 常用命令行操作

由于篇幅关系，本节主要介绍一些常用的命令。

1. dfsadmin –help

help 命令会在屏幕客户端列出 dfsadmin 下命令的列表及语法应用格式的帮助信息。命令格式如下。

```
[user@master ~]$ hadoop dfsadmin -help
```

查询某个命令的详细信息，格式为$ bin/hadoop fs -help command-name。

2. report

-report [-live] [-dead] [-decommissioning]：报告 HDFS 的基本信息和统计信息。有些信息也可以在 NameNode Web 服务首页看到。

```
[user@master ~]$ hadoop dfsadmin -report
DEPRECATED: Use of this script to execute hdfs command is deprecated.
Configured Capacity: 39706910720 (36.98 GB)
Present Capacity: 32694587392 (30.45 GB)
DFS Remaining: 32513245184 (30.28 GB)
DFS Used: 181342208 (172.94 MB)
DFS Used%: 0.55%
Under replicated blocks: 349
Blocks with corrupt replicas: 0
Missing blocks: 0
-------------------------------------------------
Live datanodes (1):

Name: 192.168.94.145:50010 (master)
Hostname: master
Decommission Status : Normal
Configured Capacity: 39706910720 (36.98 GB)
DFS Used: 181342208 (172.94 MB)
Non DFS Used: 7012323328 (6.53 GB)
DFS Remaining: 32513245184 (30.28 GB)
DFS Used%: 0.46%
DFS Remaining%: 81.88%
Configured Cache Capacity: 0 (0 B)
Cache Used: 0 (0 B)
Cache Remaining: 0 (0 B)
Cache Used%: 100.00%
Cache Remaining%: 0.00%
Xceivers: 1
Last contact: Sun Oct 22 12:32:58 CST 2017
```

3. safemode

-safemode <enter|leave|get|wait>：安全模式维护命令，可以说它是一个 NameNode 状态。处于安全模式时，它不接受对名字空间的更改（即只读），同时它不复制或删除块。在 NameNode 启动时，系统自动进入安全模式，当配置的最小 Block 百分比满足最小复制条件时，就会自动离开安全模式。安全模式也可以手动输入，此时只能手动关闭。

获取当前 Hadoop 平台安全模式状态，OFF 表示当前系统安全模式处于离开的状态。

```
[user@master ~]$ hadoop dfsadmin -safemode get
Safe mode is OFF
```

打开当前 Hadoop 平台安全模式状态。

```
[user@master ~]$ hadoop dfsadmin -safemode enter
Safe mode is ON
```

离开当前 Hadoop 平台安全模式状态。

```
[user@master ~]$ hadoop dfsadmin -safemode leave
Safe mode is OFF
```

还有一些其他命令，应用模式相似，用户可参考帮助信息。

4. fs –help

可以输入 hadoop fs -help 命令获取每个命令的详细帮助文件。

命令执行后，屏幕客户端显示出相应管理命令的列表及每个命令的语法格式信息。

```
[user@master ~]$ hadoop fs -help
Usage: hadoop fs [generic options]
        [-appendToFile <localsrc> ... <dst>]
        [-cat [-ignoreCrc] <src> ...]
        [-checksum <src> ...]
        [-chgrp [-R] GROUP PATH...]
        [-chmod [-R] <MODE[,MODE]... | OCTALMODE> PATH...]
        [-chown [-R] [OWNER][:[GROUP]] PATH...]
        [-copyFromLocal [-f] [-p] [-l] <localsrc> ... <dst>]
        [-copyToLocal [-p] [-ignoreCrc] [-crc] <src> ... <localdst>]
        [-count [-q] [-h] <path> ...]
        [-cp [-f] [-p | -p[topax]] <src> ... <dst>]
        [-createSnapshot <snapshotDir> [<snapshotName>]]
        [-deleteSnapshot <snapshotDir> <snapshotName>]
        [-df [-h] [<path> ...]]
        [-du [-s] [-h] <path> ...]
        [-expunge]
        [-get [-p] [-ignoreCrc] [-crc] <src> ... <localdst>]
        [-getfacl [-R] <path>]
        [-getfattr [-R] {-n name | -d} [-e en] <path>]
        [-getmerge [-nl] <src> <localdst>]
        [-help [cmd ...]]
        [-ls [-d] [-h] [-R] [<path> ...]]
        [-mkdir [-p] <path> ...]
        [-moveFromLocal <localsrc> ... <dst>]
        [-moveToLocal <src> <localdst>]
        [-mv <src> ... <dst>]
        [-put [-f] [-p] [-l] <localsrc> ... <dst>]
        [-renameSnapshot <snapshotDir> <oldName> <newName>]
        [-rm [-f] [-r|-R] [-skipTrash] <src> ...]
        [-rmdir [--ignore-fail-on-non-empty] <dir> ...]
        [-setfacl [-R] [{-b|-k} {-m|-x <acl_spec>} <path>]|[--set <acl_spec> <path>]]
        [-setfattr {-n name [-v value] | -x name} <path>]
        [-setrep [-R] [-w] <rep> <path> ...]
        [-stat [format] <path> ...]
        [-tail [-f] <file>]
```

```
        [-test -[defsz] <path>]
        [-text [-ignoreCrc] <src> ...]
        [-touchz <path> ...]
        [-usage [cmd ...]]
---省略详细命令应用解释部分---
```

5. job –history

用户可使用以下命令在指定路径下查看历史日志汇总。

```
[user@master ~]$ bin/hadoop job -history output-dir
```

以下命令会显示作业的细节信息，包括失败和终止的任务细节。

```
[user@master ~]$ hadoop job -history /user/test/output
```

6. dfs –mkdir

可以输入 dfs -mkdir 命令在 DFS 上创建目录。

以下命令在 HDFS 上创建一个/testmkdir 目录。

```
[user@master ~]$ hadoop dfs -mkdir /testmkdir
```

7. fs –put

该命令上传本地 file 到 HDFS 指定目录。

例如: 以下命令将本地目录~/下的所有文件名带 file 的文本文件都复制到 HDFS 上的 input 文件夹下。

```
[user@master ~]$ hadoop fs -put ~/file*.txt /input
```

8. fs –lsr

递归查询 HDFS 下的文件列表信息。如查询 HDFS 下所有文件及所在目录信息。

```
[user@master ~]$hadoop fs -lsr /
```

9. fs –cat

该命令可以查看 HDFS 上的文件内容。

```
[user@master ~]$hadoop fs -cat /input/file1.txt
[user@master ~]$hadoop fs -cat /input/file*.txt
```

10. fs –rm

该命令可以删除 HDFS 上的指定文件。

```
[user@master ~]$hadoop fs -rm /input/file*.txt
```

11. fs –rm –r

该命令可以删除 HDFS 上的文件夹及文件夹内的内容。

```
[user@master ~]$hadoop fs -rm -r /input
```

12. fs –chmod

该命令可以更改 HDFS 文件权限。

对于传统的文件读写与访问来说，设置文件的权限是非常重要的，操作系统根据用户级别区分可以执行的操作。首先通过 lsr 来看一组文件内容。

```
[user@master ~]$ hadoop fs -lsr /
drwxr-xr-x    -       root supergroup  0    2017-10-14 14:15      /input
-rw-r--r--    3       root supergroup  0    2017-10-14 13:00      /input/test1.txt
-rw-r--r--    3       root supergroup  1    30   2017-10-14 14:15 /input/test2.txt
```

上例中第 1 列类似 Linux 命令展示文件权限，第 2 列数字代表副本保存的数目，第 3 列显示文件的所属用户及用户的组别，第 4 列展示的是文件大小，第 5 列展示文件或文件夹最后更改时间，第 6 列显示文件信息。

其中，第 1 列展示的 HDFS 文件访问权限与 Linux 类似。

只读权限-r：最基本的文件权限设置，应用于所有可进入系统的用户，任意一个用户读取文件或列出目录内容时只需要只读权限。

写入权限-w：用户使用命令行或者 API 接口对文件或文件目录进行生成及删除等操作的时候，需要写入权限。

读写权限-rw：同时具备上述两种权限功能的一种更加高级的权限设置。

执行权限-x：一种特殊的文件设置。HDFS 目前没有可执行文件，因此一般不对此进行设置，但是可将此权限用于对某个目录的权限设置，以对用户群加以区分。

对于这样的权限，HDFS 提供了更改权限的命令，如 fs -chmod。

```
[user@master ~]$ hadoop fs -chmod 777 /input/test1.txt
drwxr-xr-x    -       root supergroup      0     2017-10-14 14:15 /input
-rwxrwxrwx    3       root supergroup      0     2017-10-14 13:00 /input/test1.txt
-rw-r--r--    3       root supergroup      1     30   2017-10-14 14:15 /input/test2.txt
```

从例子中可以看出，test1.txt 文件被赋予了 777 的权限。

4.3　通过 Web 浏览 HDFS 文件

HDFS 通过 HTTP 协议支持用户通过浏览器客户端，对 HDFS 平台上的文件目录和数据进行检索服务。如图 4-5 所示，用户通过 IP 地址+访问端口 50070 获得了 Hadoop 平台上相关参数的数据信息，如平台开始时间、当前 Hadoop 版本号、集群 IP 等。

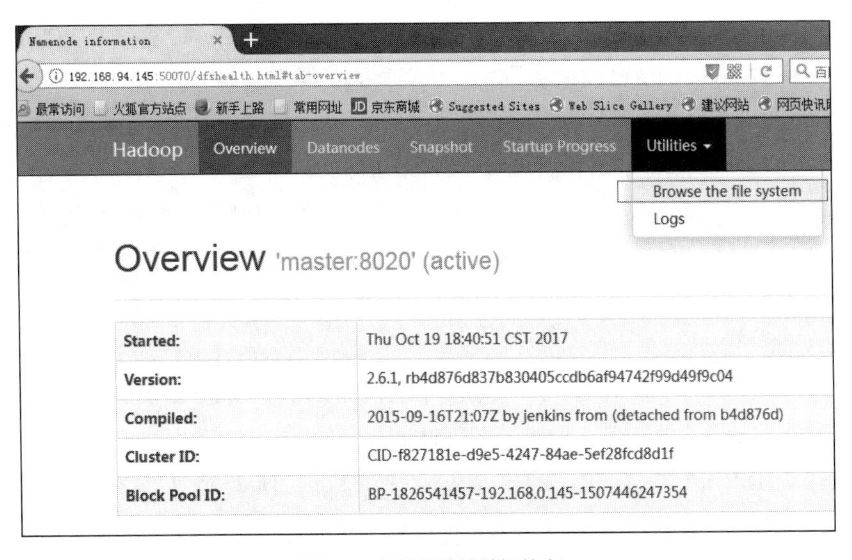

图 4-5　相关参数的数据信息

浏览器对 HDFS 平台上文件的显示页面如图 4-6 所示。

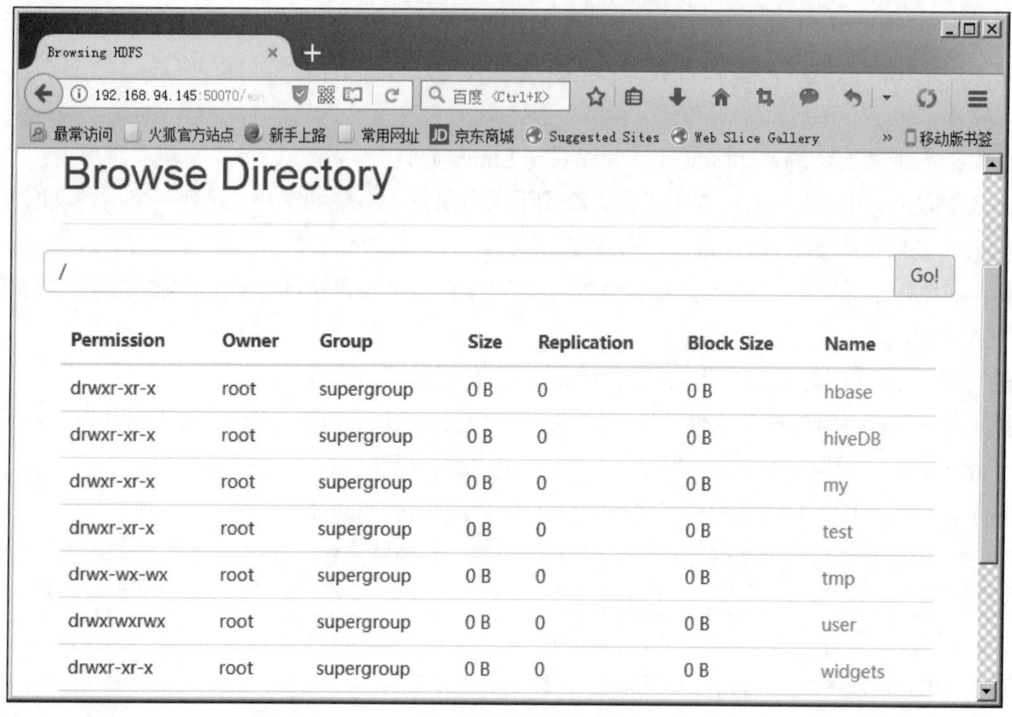

图 4-6　显示页面

此外，页面还提供节点等详细信息，用户可自行浏览查看。

4.4　HDFS API

HDFS 是基于 Java 程序开发的一套分布式存储框架，与传统 Java 其他经典框架类似，提供一套完整的 API 供用户使用。HDFS 所属 Hadoop 版本不同，API 稍有不同，用户应以当前版本 Hadoop 安装包所提供操作 Hadoop 的 API 文档为准。API 文档的获得方式如下。

第 1 步：解压下载的 hadoop-{version}.tar.gz。

第 2 步：打开 hadoop-{version}\share\doc\hadoop\api\index.html。

从该文件可知，对 HDFS 进行的建立、定义、查找、删除等操作，涉及一个非常重要的操作类 FileSystem，它位于 Hadoop 源码包“org.apache.hadoop.fs”中，是一个通用的文件系统 API，通过它来打开一个文件系统的输入流。Hadoop2.6.1 提供了如下几种获取 FileSystem 静态实例的方法。

```
static FileSystem     get(Configuration conf)
static FileSystem     get(URI uri, Configuration conf)
static FileSystem     get(URI uri, Configuration conf, String user)
```

其中 Configuration 类（位于包“org.apache.hadoop.conf”中）封装了客户端或服务器的配置，通过设置配置文件（Hadoop1 版本的位置是 conf/core-site.xml；Hadoop 2 版本的位置是 etc/hadoop/core-site.xml）的读取路径来实现，如果 core-site.xml 中没有指定，则使用默认的本地文件系统。也可通过 Configuration 下的 addResource()方法添加文件需要加载的资源，使用 get*方法和 set*方法访问/设置配置项，资源会在第一次使用的时候自动加载到对象中。参考代码如下。

```
Configuration conf = new Configuration();
conf.addResource("core-default.xml");
```

```
conf.addResource("core-site.xml");
conf.set("mapred.job.tracker", "master:9001");
conf.set("fs.default.name", "hdfs://master:8020");
conf.set("yarn.resourcemanager.hostname", "master");
```

URI（Uniform Resource Identifier，通用资源标识符）使用户按方案及权限确定可以使用的文件系统，如果给定 URI 中没有指定方案，则返回默认文件系统（在 core-site.xml 中指定）。即使用默认的 URI 地址获取当前对象中环境变量加载的文件系统。user 作为给定用户来访问文件系统。参考代码如下。

```
Configuration conf = new Configuration();
FileSystem fs=FileSystem.get(URI.create("scheme://authority/path"),conf);
```

其中 FileSystem 为人们提供相应的方法对文件进行操作，API 进行了详细列举，源码中也给予较详细的注释。现列出部分源码（以 Hadoop 2.6.1 源码做参考）。

```
/**源码 753 行
*依据指定的路径 Path f 上打开一个 FSDataInputStream 输入流
 * @param f 要打开的文件名
 * @param bufferSize 要使用的缓冲区的大小。
 */
  public abstract FSDataInputStream open(Path f, int bufferSize)
    throws IOException;
/**源码 913 行
*在指定的路径上为写入进程（write-progress）创建一个 FSDataOutputStream 输出流报告
* @param f 要打开的文件名
* @param 权限
* @param 判断此名称的文件是否已存在：true，现有文件将被覆盖； false，将抛出错误
* @param bufferSize 要使用的缓冲区的大小
* @param 复制需要该文件的块复制
* @param blockSize 数据块大小
* @param 进度
* @throws IOException
* @see #setPermission（Path, FsPermission）
  */
  public abstract FSDataOutputStream create(Path f,
        FsPermission permission,
        boolean overwrite,
        int bufferSize,
        short replication,
        long blockSize,
        Progressable progress) throws IOException;
/**源码 1176 行
*向现有文件中执行追加操作（可选操作）
* @param f 要附加的现有文件
* @param bufferSize 要使用的缓冲区的大小
* @param 如果进度不为空，则报告进度
* @throws IOException
*/
  public abstract FSDataOutputStream append(Path f, int bufferSize,
        Progressable progress) throws IOException;
```

```
/**源码 1224 行
*将 src 指定路径文件重命名 dst 所确定的形式参数。此行能够在本地的 fs 或远程 DFS 发生
* @param src 要重命名的路径
* @param 重命名后的新路径
* @throws 失败的 IOException
* @如果重命名成功，返回 true
*/
  public abstract boolean rename(Path src, Path dst) throws IOException;
/**源码 1330 行 删除路径及文件
* @param f 要删除的路径。
* @param 递归，如果 path 是目录，则设置为 true，目录被删除，否则会抛出异常
在文件的情况下，递归可以设置为 true 或 false
* @如果删除成功，则返回 true，否则为 false
* @throws IOException
*/
  public abstract boolean delete(Path f, boolean recursive) throws IOException;
/**源码 1467 行 如果给定路径 Path f 是一个目录，列举文件/目录的状态
* @param f 给定路径
* @返回给定 path 中的文件/目录的状态
* @当路径不存在时抛出 FileNotFoundException；看具体实现抛出 IOException 异常
*/
  public  abstract  FileStatus[]  listStatus(Path  f)  throws  FileNotFoundException,
IOException;
/**源码 1813 行 使用默认权限按 Path f 指定位置创建一个目录
   * Call {@link #mkdirs(Path, FsPermission)} with default permission.
   */
  public boolean mkdirs(Path f) throws IOException {
    return mkdirs(f, FsPermission.getDirDefault());
  }
/**源码 1820 行 按指定权限创建目录 */
  public abstract boolean mkdirs(Path f, FsPermission permission
      ) throws IOException;
/**源码 1863 行 将本地磁盘文件复制到 HDFS 上 dfspath 指定目录下
* @param delSrc 是否删除 src
* @param src 磁盘源文件路径
* @param dst 指定目录 HDFS 路径
*/
  public void copyFromLocalFile(boolean delSrc, Path src, Path dst)
    throws IOException {
    copyFromLocalFile(delSrc, true, src, dst);
  }
/**源码 1929 行 将 HDFS 上 src 文件复制到 dst 本地磁盘中
* delSrc 表示 src 是否被删除
* @param delSrc 是否删除 src
* @param src 源路径
* @param dst 目标路径
*/
  public void copyToLocalFile(boolean delSrc, Path src, Path dst)
```

```
      throws IOException {
      copyToLocalFile(delSrc, src, dst, false);
    }
  /**源码 2069 行 获取指定路径 f 下文件状态信息对象实例
  * @param f 想要获取文件状态的信息路径
  * @返回一个 FileStatus 对象
  * @当路径不存在时抛出 FileNotFoundException; 看具体实现抛出 IOException 异常
  */
    public abstract FileStatus getFileStatus(Path f) throws IOException;
```

源码对各方法给出详细说明，用户可以通过源码包“org.apache.hadoop.fs”中 FileSystem 类文件或 HDFS API 对应包，查看类中更多的方法，这里不再讲解。

下面通过一个示例讲解如何用 Java 通过 HDFS API 实现在 HDFS 上建立文件目录、将本文件复制至 HDFS 目录、读取文件列表及删除文件。

【例 4-3】HDFS API FileSystem 类操作演示示例。

```
1.  public class FileSystemOperationDemo1 {
2.
3.   public static void main(String[] args) throws Exception {
4.         //第 1 步：获取环境变量
5.         Configuration conf = new Configuration();
6.         //第 2 步：创建 Path 路径实例
7.         String dfspath = "hdfs://192.168.94.145:8020/TestDir/";//设置一个文件目录的路径
8.         Path pathdir = new Path(dfspath);//设置一个目录路径
9.         Path file = new Path(pathdir + "/test.txt");//在设置目录下创建文件
10.        //第 3 步：创建文件系统实例对象 fs
11.        FileSystem fs = pathdir.getFileSystem(conf);//创建文件系统实例
12.        //第 4 步：fs 部分方法演示操作
13.        fs.mkdirs(pathdir);//通过 fs 调用 FileSystem 的方法，mkdirs 在 Path 指定位置创建一个文件夹
14.        //获取 fs.default.name 参数名，如当前主机名 master
15.        System.out.println("Write to" + conf.get("fs.default.name"));
16.        //将本地 d 盘根目录下 log.txt 文件复制到了 HDFS 上 dfspath 指定目录下
17.        fs.copyFromLocalFile(new Path("d://log.txt"), file);
18.        //将 HDFS 上 dfspath 指定目录下的文件复制到了本地
19.        fs.copyToLocalFile(file, new Path("e://"));
20.
21.        //文件重命名，成功返回 true
22.        boolean bn = fs.rename(file, new Path("hdfs://192.168.94.145:8020/TestDir/
renamelog.txt"));              System.out.println(bn); //输出结果
23.
24.        //获取 HDFS 集群所有节点名称信息
25.        DistributedFileSystem hdfs = (DistributedFileSystem) fs;//转型
26.        DatanodeInfo[] dataNodeStatus = hdfs.getDataNodeStatus();//取得 DataNode 的状态
放到数组里面
27.        for (DatanodeInfo datanodeInfo : dataNodeStatus) {//遍历
28.              //输出 DataNode 节点的名字
29.              System.out.println("DataNode 节点的名字" + datanodeInfo.getHostName());
30.        }
```

```
31.
32.        //删除 HDFS 目录及文件
33.        boolean bndel = fs.delete(pathdir, true);
34.        //删除成功，bndel 为 true
35         System.out.println("删除 HDFS 目录及文件:" + bndel);
36.        //第 5 步 释放 fs 持有的 Blocks
37.        fs.close();
38.
39.  }
40. }
```

程序演示了对文件进行操作的步骤，大体分为如下 5 步。

第 1 步（代码第 5 行），获取环境变量。

第 2 步（代码第 7～9 行），创建 Path 路径实例，为文件及文件夹创建、读取提供支持。HDFS 常用 Path 类定义需要的路径。

第 3 步（代码第 11 行），创建文件系统实例对象 fs，通过 fs 进行文件基本信息的操作。

第 4 步（代码第 13～35 行），fs 部分方法演示操作，供用户参考。

第 5 步（代码第 37 行），释放 fs 持有的 Blocks。

如果希望取得文件基本信息，可以使用 HDFS 提供的 FileStatus 公共类，它位于包“org.apache.hadoop.fs”下，实现了 Writable 和 Comparable 接口，生成的构造函数如下。

```
FileStatus()
FileStatus(FileStatus other)
FileStatus(long length, boolean isdir, int block_replication, long blocksize, long modification_time, long access_time, FsPermission permission, String owner, String group, Path path)
FileStatus(long length, boolean isdir, int block_replication, long blocksize, long modification_time, long access_time, FsPermission permission, String owner, String group, Path symlink, Path path)
FileStatus(long length, boolean isdir, int block_replication, long blocksize, long modification_time, Path path)
```

FileStatus 类提供的主要方法描述如表 4-1 所示。

表 4-1　　FileStatus 类提供的主要方法描述

源码位置	修饰符和类型	方法	描述
326 行	int	compareTo(Object o)	此对象和另一个对象比较：小于，则返回负整数；等于，则返回 0；大于，则返回正整数
341 行	boolean	equals(Object o)	比较此对象是否等于另一个对象：如果两个文件状态具有相同的路径名，则返回 true; 否则返回 false
186 行	long	getAccessTime()	获取文件的访问时间，返回自 1970 年 1 月 1 日 UTC 以来，以毫秒为单位的文件访问时间
163 行	long	getBlockSize()	获取 Block 大小，返回它的字节数
223 行	String	getGroup()	获取与该文件关联的组，如果没有，可能返回为空
117 行	long	getLen()	获取并返回此文件的长度（以字节为单位）
178 行	long	getModificationTime()	获取并返回文件的修改时间。时间以毫秒为单位，自 1970 年 1 月 1 日 UTC 开始计算
213 行	String	getOwner()	获取并返回该文件的所有者。如果没有，字符串可能为空
233 行	Path	getPath()	获取路径

续表

源码位置	修饰符和类型	方法	描述
194 行	FsPermission	getPermission()	获取并返回与文件关联的 fsPermission。如果文件系统没有权限概念或无法确定权限，则默认返回等价于“rwxrwxrwx”的权限
170 行	short	getReplication()	获取并返回文件的复制因子
270 行	Path	getSymlink()	返回符号链接的内容
360 行	int	hashCode()	获取并返回 path name 的 Hash 码值
141 行	boolean	isDir()	一个过期的方法，可用 isFile ( )、isDirectory ( ) 和 isSymlink ( ) 替代
133 行	boolean	isDirectory()	判断是否为路径，如果是，则返回 true
204 行	boolean	isEncrypted()	告诉底层文件或目录是否加密。如果底层文件被加密，则返回 true
125 行	boolean	isFile()	判断是否是文件，如果是，则返回 true
154 行	boolean	isSymlink()	判断是否是象征性的链接，如果是，则返回 true
306 行	void	readFields(DataInput in)	反序列化来自 in 对象的字段
262 行	protected void	setGroup(String group)	设置组。如果@param group 为 null，则设置默认值
254 行	protected void	setOwner(String owner)	设置所有者。如果@param owner 为 null，则设置默认值
237 行	void	setPath(Path p)	设置 Path
245 行	protected void	setPermission(FsPermission permission)	设置权限。如果@param permission 为空，则设置默认值
280 行	void	setSymlink(Path p)	设置象征性的链接
371 行	String	toString()	以字符串形式返回
287 行	void	write(DataOutput out)	写入输出流 out

【例 4-4】HDFS API FileStatus 类操作演示示例。

已知 HDFS 平台上存在如下数据，查看其相关文件状态。

```
[user@master ~]$ hadoop fs -lsr /widgets
-rw-r--r--   3 root supergroup         0 2017-10-14 13:00 /widgets/_SUCCESS
-rw-r--r--   3 root supergroup       130 2017-10-14 14:15 /widgets/part-m-00000
```

程序如下。

```
1. public class FileStatusOperationDemo2 {
2.  public static void main(String[] args) throws Exception {
3.        //第 1 步，获取环境变量
4.        Configuration conf = new Configuration();
5.        //第 2 步，创建 Path 路径实例
6.        String dfspath = "hdfs://192.168.94.145:8020/widgets/";
7.        Path dir = new Path(dfspath);//设置一个目录路径
8.        Path file = new Path(dir + "/part-m-00000");//在设置目录下创建文件
9.        //第 3 步，创建文件系统实例对象 fs
10.       FileSystem fs = dir.getFileSystem(conf);
11.       //第 4 步，通过对象 fs 创建文件状态的实例 status
12.       System.out.println("开始单个文件状态查看--------");
```

```
13.       FileStatus status = fs.getFileStatus(file);//获取文件状态
14.       //第 5 步，通过文件状态的实例 status 获取文件的状态
15.       System.out.println("获取绝对路径:"+status.getPath());
16.       System.out.println("获取相对路径:"+status.getPath().toUri().getPath());
17.       System.out.println("获取 Block 大小:"+status.getBlockSize());
18.       System.out.println("获取所属组:"+status.getGroup());
19.       System.out.println("获取所有者:"+status.getOwner());
20.       System.out.println("开始成批文件状态查看--------");//
21.       FileStatus[] status1 = fs.listStatus(dir);//获取文件状态
22.       //获取 dfs 指向目录下的所有文件名，并打印出来
23.       for (int i = 0; i < status1.length; i++) {
24.            System.out.println("文件及所在位置: "+status1[i].getPath().toString());
25.       }
26.       //第 6 步，释放 fs 持有的 Blocks
27.       fs.close();
28.  }
29. }
```

程序演示了对文件状态进行的操作，大体分为如下 6 步。

第 1 步（代码第 4 行），获取环境变量。

第 2 步（代码第 6～8 行），创建 Path 路径实例，为文件及文件夹创建、读取提供支持。

第 3 步（代码第 10 行），创建文件系统实例对象 fs，通过 fs 进行文件基本信息的操作。

第 4 步（代码第 12、13 行），通过对象 fs 创建文件状态的实例 status。

第 5 步（代码第 14～25 行），通过文件状态的实例 status 获取文件的状态。

第 6 步（代码第 27 行），释放 fs 持有的 Blocks。

运行结果如下。

```
开始单个文件状态查看--------
获取绝对路径: hdfs://192.168.94.145:8020/widgets/part-m-00000
获取相对路径: /widgets/part-m-00000
获取 Block 大小:134217728
获取所属组: supergroup
获取所有者: root
开始成批文件状态查看--------
文件及所在位置: hdfs://192.168.94.145:8020/widgets/_SUCCESS
文件及所在位置: hdfs://192.168.94.145:8020/widgets/part-m-00000
```

建议读者参考示例写法，按表 4-1 中的其他方法自行编写程序运行。

针对 HDFS 上文件内容的读写，由于涉及集群中多个节点数据传输，FileSystem 类提供了 open 方法建立输入流，将结果以 FSDataInputStream 格式返回，以完成进一步的读取工作；提供 create 方法建立输出流，将结果以 FSDataOutputStream 格式返回，将已完成文件的相关信息写入工作。具体详细解释请参见如下各节的内容。

4.4.1 使用 FileSystem API 读取数据命令行

HDFS Java API 上的文件读操作与 FSDataInputStream 密切相关。在应用它之前，先来了解一下

它的功能。它的源码位于包“org.apache.hadoop.fs”中，主要方法描述如表 4-2 所示。

表 4-2　　FSDataInputStream 类主要方法描述

源码位置	修饰符和类型	方法	描述
149 行	FileDescriptor	getFileDescriptor()	通过 HasFileDescriptor 接口获取 FileDescriptor
65 行	long	getPos()	获取并返回输入流中的当前位置
140 行	int	read(ByteBuffer buf).	返回从 buf 中读回的有效的字节数
204 行	ByteBuffer	read(ByteBufferPool bufferPool, int maxLength)	返回 read(bufferPool, maxLength, EMPTY_READ_OPTIONS_SET)
183 行	ByteBuffer	read(ByteBufferPool bufferPool, int maxLength, EnumSet<ReadOption> opts)	获取包含文件数据的 ByteBuffer
75 行	int	read(long position, byte[] buffer, int offset, int length)	将流中给定 position 的字节读取到给定的 buffer
110 行	void	readFully(long position, byte[] buffer)	查看 readFully(long, byte[], int, int).
92 行	void	readFully(long position, byte[] buffer, int offset, int length)	将流中给定 position 的字节读取到给定的 buffer
209 行	void	releaseBuffer(ByteBuffer buffer)	释放由增强的 ByteBuffer 读取功能创建的 ByteBuffer。调用此函数后，用户不能继续使用 ByteBuffer
55 行	void	seek(long desired)	寻求给定的偏移
119 行	boolean	seekToNewSource(long targetPos)	在数据的备用副本上寻求给定的位置。如果找到新的源，则返回 true，否则返回 false
172 行	void	setDropBehind(boolean dropBehind)	配置流是否应该丢弃缓存
160 行	void	setReadahead(long readahead)	在 this 流上设置 readahead

下面通过一个 HDFS 上文件内容的读取来进一步讲解 FSDataInputStream 类的应用过程。

【例 4-5】通过 HDFS API 中 FSDataInputStream 进行指定 HDFS 上文件内容的读取操作的演示示例。

```
1. public static void main(String[] args) throws IOException {
2.        String outputpath = "hdfs://192.168.94.145:8020/widgets/part-m-00000";
3.        //设置一个文件目录的路径
4.        Path path = new Path(outputpath);//获取文件路径
5.        Configuration conf = new Configuration();//获取环境变量
6.
7.        FileSystem fs = path.getFileSystem(conf);//获取文件系统实例
8.        FSDataInputStream fsin = fs.open(path);//打开数据输入流
9.
10.       byte[] buff = new byte[128];//建立缓存数组
11.       int length = 0;//辅助长度
12.       while ((length = fsin.read(buff, 0, 128)) != -1) {//将数据读入缓存数组
13.           System.out.println("缓存数组的长度: " + length);
14.           System.out.println(new String(buff, 0, length));//打印数据
15.       }
16.
17.       //seek 实现数据的定位
18.
```

```
19.       System.out.println("length=" + fsin.getPos());//打印输出流的长度
20.       fsin.seek(10);//返回要读取文件的第 11 个字节处，空格也算字节
21.       while ((length = fsin.read(buff, 0, 128)) != -1) {//将数据读入缓存
22.           System.out.println(new String(buff, 0, length));//打印数据
23.       }
24.       fsin.seek(0);//返回开始处
25.       byte[] buff2 = new byte[128];//建立辅助字节数组
26.       fsin.read(buff2, 0, 128);//将数据读入缓存数组
27.       System.out.println("buff2=" + new String(buff2));//打印数据
28.       System.out.println(buff2.length);//打印数组长度
29.       fs.close();
30.  }
```

第 2～5 行：通过 Configuration 类为用户获取了当前环境变量的一个实例 conf，实例封装了当前运行的 Hadoop 平台的环境配置，主要指 core-site.xml 设置。

第 7 行：通过 org.apache.hadoop.fs 包下 Path 类下的 getFileSystem（Configuration conf）方法获取对应的 HDFS 文件系统实例 fs。

第 8 行：使用 fs.open(Path path)方法打开数据的输入流，看打开输入流时的返回类型 FSDataInput Stream 的源码，源码位置从“org.apache.hadoop.fs”包下 FileSystem 类文件的第 761 行开始。

```
public FSDataInputStream open(Path f) throws IOException {
    return open(f, getConf().getInt("io.file.buffer.size", 4096));
  }
```

其中 getConf()方法的源码如下。

```
@Override
  public Configuration getConf() {
    return conf;
  }
```

getInt 方法的源码如下。

```
public int getInt(String name, int defaultValue) {
      String valueString = getTrimmed(name);
      if (valueString == null)
         return defaultValue;
      String hexString = getHexDigits(valueString);
      if (hexString != null) {
         return Integer.parseInt(hexString, 16);
      }
      return Integer.parseInt(valueString);
  }
```

从源码知，open 方法依据传进来的路径，获取环境变量，并通过 getInt 方法通过“io.file.buffer.size”参数设置文件读取缓冲区的大小，此处给定 4096 作为默认值，返回一个 FSDataInputStream 实例。

第 10～28 行：建立缓存数组，对文件内容进行读取、打印的操作。

第 20、24 行：这里应用了 seek 方法，实现了对文件数据的定位功能。它的源码位置从“org.apache.hadoop.fs”包下 FSDataInputStream 类文件的第 60 行开始。

```
@Override
public synchronized void seek(long desired) throws IOException {
  ((Seekable)in).seek(desired);
}
```

其中 seek(desired)来自于 Seekable（位于 org.apache.hadoop.fs 包下）接口提供的方法，可以指定

到文件内容数据的任何一个绝对的位置。

4.4.2　使用 FileSystem API 写入数据命令行

HDFS Java API 上文件写操作与 FSDataOutputStream 类密切相关。在应用它之前，先来了解一下它的功能。它的源码位于“org.apache.hadoop.fs”包中，主要方法描述如表 4-3 所示。

表 4-3　FSDataOutputStream 类主要方法描述

源码位置	修饰符和类型	方法	描述
69 行	void	close()	关闭底层输出流
93 行	long	getPos()	获取并返回输出流中的当前位置
127 行	void	hflush()	刷新客户端用户缓冲区中的数据
136 行	void	hsync()	类似于 posix fsync，将客户端用户缓冲区中的数据一直冲洗到磁盘设备（但磁盘可能在其缓存中）
145 行	void	setDropBehind(boolean dropBehind)	确认配置流是否应该丢弃缓存
119 行	void	sync()	老版本写法，已过期，不建议使用

下面通过一个 HDFS 上文件内容的写入来进一步讲解 FSDataOutputStream 的应用过程。

【例 4-6】通过 HDFS API 中的 FSDataOutputStream 进行指定 HDFS 上文件内容的写入操作的演示示例。

```
1. public class FSDataOutputStreamOperationDemo {
2. public static void main(String[] args) throws Exception {
3.       String dfspath = "hdfs://192.168.94.145:8020/test/";//设置一个文件目录的路径
4.       Path dir = new Path(dfspath);//设置一个目录路径
5.       Path path = new Path(dir + "/writeSample.txt");//在设置目录下创建文件
6.       Configuration conf = new Configuration();//获取环境变量
7.       FileSystem fs = dir.getFileSystem(conf);//创建文件系统实例
8.       FSDataOutputStream fsout=fs.create(path);//创建输出流
9.       byte[] buff="hello world 1".getBytes();//设置输出字节数组
10.      fsout.write(buff);//开始写出数组
11.      fsout.writeUTF("hello world 2");//开始写入
12.      fsout.flush();//将缓存内容输出
13.      //fsout.sync();//更新所有节点，此方法已经过时
14.      fsout.hsync();//更新所有节点
15.      IOUtils.closeStream(fsout);//关闭写出流
16.  }
17. }
```

程序运行结果：在 Hadoop 平台 HDFS 上的 test 文件夹下生成一个 writeSample.txt 文件，并在该文件内生成内容第一行为“hello world 1”，内容第二行为“hello world 2”。

程序解析：与读文件类似，在第 3～6 行先通过 Configuration 类为用户获取了当前环境变量和 Path 对象 dir 的创建，在第 7 行通过 dir 对象下的 getFileSystem（Configuration conf）方法获取对应的 HDFS 文件系统 fs。这里主要看一下第 8 行中 fs 实例下的 create（Path path）方法，它的源码位置如下。

```
public FSDataOutputStream create(Path f) throws IOException {
  return create(f, true);//调用重载的 create 方法
}
```

与 open 方法类似，这里使用 create(Path f, boolean overwrite)打开数据的输出流。它的源码如下。

```
public FSDataOutputStream create(Path f, boolean overwrite)
      throws IOException {
                    return create ( f, //要打开的文件名
                    overwrite, //如果文件名存在，为 true 时覆盖原文件,为 false 时抛出异常
                    getConf().getInt("io.file.buffer.size", 4096),//缓冲区大小设定，默认值
                                                                  //为 4096
                    getDefaultReplication(f),//获取文件需要的块复制
                    getDefaultBlockSize(f));//返回 f 路径文件系统的默认块大小
}
```

由源码可知，create 方法返回一个 FSDataOutputStream 对象的实例，它继承自 OutputStream 子类 FilterOutputStream 的子类 DataOutputStream 类文件，用于为 FileSystem 创建文件的输出流。本例创建了 FSDataOutputStream 输出流 fsout 实例，并通过它的 write 方法对数据文件进行了写操作。在写操作完成后，通过调用 hsync 方法，强制所有 HDFS 体系内缓存与数据节点进行同步，保证所有用户对文件查看的一致性。

4.4.3 FileUtil 文件处理

FileUtil 是一种文件处理方法的集合。该类中包含一些对文件的复制、移动、删除及权限读写执行等的方法。下面以一个文件合并的过程为例，讲解 FileUtil 的应用过程。

【例 4-7】将 HDFS 上 input 文件夹下的众多小文件合并成一个大文件，并将该合并后的文件放在 HDFS 的 output 目录下。

```
public class AllFilesToFile {
 public static void main(String[] args) throws Exception {
      Configuration conf = new Configuration();
      Path srcDir = new Path("hdfs://192.168.94.225:8020/input");
      Path dstFile = new Path("hdfs://192.168.94.225:8020/output");
      FileSystem srcFS = srcDir.getFileSystem(conf);
      FileSystem dstFS = dstFile.getFileSystem(conf);
      boolean deleteSource = false;
      String addString = "^A";
      /**
        * srcFS:要归档的文件实例
        * srcDir: 要归档的文件所在的目录，如 dstFS、dstFile、deleteSource、conf、addString
        */
      boolean s = FileUtil.copyMerge(srcFS, srcDir, dstFS, dstFile, deleteSource, conf,
addString);
      System.out.println(s);
 }
}
```

当然，如果 FileUtil 下提供的方法并不能满足用户的业务要求，可以参考 FileUtil 类的方法，进行功能的自行编写。

4.5 小结

本章通过对 HDFS 读、写及删除与恢复操作的介绍，使读者对 HDFS 工作原理有所掌握，如理解 HDFS 平台间文件的读取过程，会提示用户在进行文件存储设计时要注意的事情。对后继 MapReduce、HBase 和 Hive 的学习起到重要的作用。Shell 命令教会读者使用一些命令去操作 HDFS 平台上的文件，HDFS API 教会读者通过 API 接口应用 HDFS 文件。本章选用了较常用的 FileSystem、FileStatus 和 FileUtil 类，使读者在学会 HDFS API 应用的同时，理解并掌握文件操作、状态读取及文件间处理的一些基本功能。

05

第5章　Hadoop的I/O操作

【内容概述】

在集群中大规模数据的转换与传输是一项艰巨的任务，而 Hadoop 自带一套特有的文件 I/O 系统，使这项艰巨的任务变得简单。本章主要对数据传输与转换过程中的压缩和数据类型进行详细讲解。

【知识要点】

■　掌握压缩类型的正确应用

■　掌握 Writable 类型的正确应用

■　掌握自定义 Writable 类型的实现与应用

■　掌握 SequenceFile 的基本应用

回顾一下 3.5.2 节中应用的 MapReduce 案例，Mapper 与 Reducer 在定义类时的写法：

```
1.  public static class WordCountMap extends Mapper<LongWritable, Text, Text, IntWritable> {
2.              protected void map(LongWritable key, Text value, Context context) {
3.                  ----
4.                    context.write(new Text(value.toString()), new IntWritable(1));
5.                  -----
6.              }
7.        }
8.   }
9.
10. public static class WordCountReduce extends Reducer<Text, IntWritable, Text, IntWritable> {
11.        protected void reduce(Text key, Iterable<IntWritable> values, Context context) {
12.            ----
13.              context.write(key, new IntWritable(sum));
14.            ------
15.        }
16.  }
```

代码中 Mapper 中加黑的“Text，IntWritable”是 map 方法中 context.write 写出的类型，同时也是 Reducer（加黑部分）接收数据的类型，即 Mapper、Reducer 中的泛型及 map、reduce 方法中的形式参数，在进行数据传递时用的并不是编写 Java 程序时用的 int、string 等基于内存存储的变量或对象，而是采用我们并不认识的 LongWritable、Text 等这样的基于数据流封装的类名，代码的第 4 行和第 13 行会把计算的结果再次写入这样的类中进行传递。为什么会这样呢？回顾一下第 4 章，HDFS 中的数据在写入与读取时，也是需要通过输入流 FSDataInputStream 和输出流 FSDataOutputStream 才能完成，这又是为什么呢？这是因为在 Hadoop 集群中，Mapper 与 Reducer 还是 HDFS 索取的数据，可能存在于不同的数据节点，故索取数据涉及节点与节点间的网络传输，这就需要考虑几个问题：①基于内存的值需要序列化成适合网络传输的形式才可以，故 Hadoop 通过 Writable 接口将原来的 Java 数据类型进行基于流的进一步封装，完成传输数据值的序列化与反序列化过程，形成 text 等类型，具体参见 5.2 节。②由于网络是稀缺资源，故希望能用较少的数据量格式完成指定的数据量传输，所以压缩在 Hadoop 集群的数据传输中也是重要的一环，具体实现参见 5.1 节。③数据传输时采用的文件数据结构也是值得关注的事情，参见 5.3 节。

5.1　压缩

Hadoop 文件数据存取与计算需要集群中的众多节点，通过网络连接方式进行相互协作完成作业，节点间数据采用压缩形式传输，这样可以减少存储文件所需要的磁盘空间，而且可以加速数据在网络和磁盘上的传输。这两大好处在处理大规模数据时相当重要，因此值得认真讨论一下 Hadoop 中文件压缩的用法。

5.1.1　Hadoop 压缩类型

在采用压缩算法传输数据前，需要考虑的问题是 Hadoop 需要能够辨识压缩算法计算后的文件，依据业务需求考虑压缩算法的空间占比与时间占比的均衡。压缩工具很多，常用压缩工具如表 5-1 所示。

表 5-1　　Hadoop 常用压缩工具

压缩格式	工具	算法	文件扩展名	是否可切分
DEFLATE	无	DEFLATE	.deflate	否
gzip	Gzip	DEFLATE	.gz	否
bzip2	bzip2	bzip2	.bz2	是
LZO	Lzop	LZO	.lzo	否
LZ4	无	LZ4	.lz4	否
Snappy	无	Snappy	.snappy	否

DEFLATE 是同时使用了 LZ77 算法与哈夫曼编码（Huffman Coding）的一个无损数据压缩算法。它最初是由菲尔·卡茨（Phil Katz）为他的 PKZIP 软件第二版所定义的，后来被 RFC 1951 标准化。它是一个标准压缩算法，该算法的标准实现是 zlib，压缩与解压缩的源码可以在自由、通用的压缩库 zlib 上找到。目前没有通用的命令行工具生成 DEFLATE 格式，通常都用 gzip 格式。注意，gzip 文件格式只是在 DEFLATE 格式上增加了一个文件头和一个文件尾。DEFLATE 文件扩展名是 Hadoop 约定的。

bzip2 是 Julian Seward 开发并按照自由软件/开源软件协议发布的数据压缩算法及程序。从压缩率角度讲，bzip2 比传统的 gzip 或者 zip 的压缩效率更高，但是它的压缩速度较慢。

LZO 是致力于提高解压速度的一种数据压缩算法，是 Lempel-Ziv-Oberhumer 的缩写。该算法是无损算法，参考实现程序是线程安全的。如果 LZO 文件已经在预处理过程中被索引了，那么 LZO 文件是可切分的。

LZ4 是一种无损数据压缩算法，着重于压缩和解压缩速度。它属于面向字节的 LZ77 压缩方案家族。该算法提供一个比 LZO 算法稍差的压缩率——这逊于 gzip 等算法。但是，它的压缩速度类似 LZO——比 gzip 快几倍；而解压速度显著快于 LZO。

Snappy（以前称为 Zippy）是 Google 基于 LZ77 的思路用 C++语言编写的快速数据压缩与解压缩程序库，并在 2011 年开源。它的目标并非实现最大压缩率或与其他压缩程序库的兼容，而是非常高的速度和合理的压缩率。

表 5-1 中的“是否可切分”列表示对应的压缩算法是否支持切分，也就是说，是否可以搜索数据流的任意位置（即从某块被切分后形成的单个 Block 开始）并进一步往下读取数据。可切分压缩格式尤其适合 MapReduce。

编解码器（Codec）指的是一个能够对一个信号或者一个数据流进行编解码操作的设备或者程序。它实现了一种压缩/解压缩算法。在 Hadoop 中，一个对 CompressionCodec 接口的实现代表一个 Codec，用于实例化相应的压缩类对象，Hadoop 对所有常用的压缩类都实现了 CompressionCodec 接口。表 5-2 列举了 Hadoop 实现的 Codec。

表 5-2　　Hadoop 的压缩 Codec

压缩格式	压缩类库	是否 Java 实现	是否有原生实现
DEFLATE	org.apache.hadoop.io.compress.DeflateCodec	是	是
gzip	org.apache.hadoop.io.compress.GzipCodec	是	是
bzip2	org.apache.hadoop.io.compress.Bzip2Codec	是	否
LZO	com.hadoop.compression.lzo.LzoCodec	否	是
LZ4	org.apache.hadoop.io.compress.Lz4Codec	否	是
Snappy	org.apache.hadoop.io.compress.SnappyCodec	否	是

表 5-2 中，DEFLATE、gzip 和 bzip2 由 Java 实现，故在 Hadoop 压缩类库调用中可直接使用，LZO、LZ4 和 Snappy 则需要在 Hadoop 平台上进行工具安装后再使用。

在压缩类应用过程中，为了保证 Hadoop 性能，建议最好使用“原生”（native）类库来实现压缩和解压缩。例如，在一个测试中，使用原生 gzip 类库可以减少约一半的解压缩时间和约 10%的压缩时间（与内置的 Java 实现相比）。可以通过 Java 系统的 java.library.path 属性指定原生代码库。在 Hadoop 中如果不通过属性设置，也可手动设置该属性。默认情况下，Hadoop 会根据自身运行的平台搜索原生代码库，如果找到相应的代码库，就会自动加载。也可将属性 hadoop.native.lib 的值设置成 false，禁用原生代码库。

Hadoop 提供压缩 API 供用户使用。其主要位于包“import org.apache.hadoop.io.compress.CompressionCodec;”中，提供了 CompressionCodec 接口，同时提供 CompressionCodecFactory 类，通过它可以找到一个给定的文件名正确的编解码器（Codec），即通过读取的压缩文件的扩展名来推断需要使用哪个 Codec。例如，文件以.gz 结尾，则可以用 GzipCodec 来读取，如此等等。

5.1.2　CompressionCodec 接口

CompressionCodec 接口的源码位于“org.apache.hadoop.io.compress.CompressionCodec”中，所有已知的实现类有 Bzip2Codec、DefaultCodec 和 GzipCodec，同时包含很多方法，供压缩文件操作使用。接口方法如表 5-3 所示。

表 5-3　CompressionCodec 接口方法

源码位置	修饰符和类型	方法	描述
67 行	Compressor	createCompressor()	创建并返回一个新的 Compressor，供此 CompressionCodec 使用
105 行	Decompressor	createDecompressor()	创建并返回一个新的 CompressionCodec 使用的解压缩器
74 行	CompressionInputStream	createInputStream(InputStream in)	创建一个 CompressionInputStream，它将从给定的输入流中读取并返回一个流，以读取未压缩的字节
84 行	CompressionInputStream	createInputStream(InputStream in, Decompressor decompressor)	创建一个 CompressionInputStream，它将使用给定的 Decompressor 从给定的 InputStream 中读取数据并返回一个流，以读取未压缩的字节
36 行	CompressionOutputStream	createOutputStream(OutputStream out)	创建一个将写入给定的 OutputStream 的 CompressionOutputStream，并返回用户，可以将未压缩的数据写入一个流中进行压缩
47 行	CompressionOutputStream	createOutputStream(OutputStream out, Compressor compressor)	创建一个 CompressionOutputStream，它将使用给定的 Compressor 写入给定的 OutputStream，并返回用户，可以将未压缩的数据写入一个流中进行压缩
60 行	Class<? extends Compressor>	getCompressorType()	获取并返回 CompressionCodec 所需的压缩器的类型
98 行	Class<? extends Decompressor>	getDecompressorType()	获取并返回 CompressionCodec 所需的解压缩器的类型
112 行	string	getDefaultExtension()	获取这种压缩的默认文件扩展名

下面通过一个 HDFS 上文件内容的读取来进一步讲解 FSDataInputStream 的应用过程。

【例 5-1】使用 CompressionCodec 接口实现压缩的演示示例。

```
1.  public class DeflateCodecDemo {
2.   public static void main(String[] args) throws Exception {
3.     String inpath = "/home/user/comments.xml";
4.   String outpath = "/home/user/comments.deflate";
5.      Configuration conf = new Configuration();
6.   String codecClassname = "org.apache.hadoop.io.compress.DeflateCodec";
7.   Class<?> codecClass = Class.forName(codecClassname);
8.   //创建压缩类型的实例的第 1 种写法
9.  CompressionCodec codec = (CompressionCodec) ReflectionUtils.newInstance(codecClass, 
conf);
10.      //创建压缩类型的实例的第 2 种写法
11.      //CompressionCodec codec=new DeflateCodec();  //直接指定创建压缩类型的实例
12.      //创建压缩类型的实例的第 3 种写法
13.     //DeflateCodec codec = (DeflateCodec) ReflectionUtils.newInstance(codecClass, 
conf);
14.
15.  //依据 outpath 输出路径进行输出流包装，产生新的压缩流
16.  FileOutputStream fos = new FileOutputStream(outpath);/
17.  //创建输出压缩类
18.  CompressionOutputStream comOut = codec.createOutputStream(fos);
19.  //依据压缩路径 inpath 并写入流
20.  IOUtils.copyBytes(new FileInputStream(inpath), comOut, 1024, false);
21.  comOut.finish();
22.   }
23. }
```

将例 5-1 程序打成名为 hadoopbookdemo.jar 的 jar 包，在 Hadoop 平台上运行，结果如下。

```
1. [user@master ~]$ hadoop jar hadoopbookdemo.jar ch05.compression.DeflateCodecDemo5_1
2. 18/02/18 04:58:27 INFO compress.CodecPool: Got brand-new compressor [.deflate]
3. [user@master ~]$ ll
4. drwxrwxr-x. 8 user user   4096 2月  4 08:33 bigdata
5. -rw-rw-r--. 1 user user 227629 2月  18 04:58 comments.deflate
6. -rw-rw-r--. 1 user user 689736 2月  18 04:46 comments.xml
```

第 1 行，展示了 Hadoop 平台下 hadoopbookdemo.jar 包的运行命令。

第 5 行，comments.deflate 是程序运行时把 comments.xml 压缩后生成的文件，原文件大小是 689 736，压缩后大小是 227 629。当然如果原文件过小，如只有 1B，压缩后文件大小会比 1B 大，这是因为文件压缩过程中，需要记录一些压缩的原文件信息。

第 6 行，comments.xml 是要压缩的文件。

例 5-1 的代码实现了将磁盘“/home/user/”下的 comments.xml 文件压缩成 comments.defalte 的形式。其中在定义 Codec 时，使用了如下代码。

第 9 行，创建压缩类型的实例的一种非常直接的写法：CompressionCodec codec = (Compression Codec)ReflectionUtils.newInstance(codecClass, conf)。

CompressionCodec 的 Codec 实例化了一个 codecClass 指定的 DeflateCodec 类，由此获得 System.out 上支持压缩的一个方法。除此写法外，还可以通过 CompressionCodec 接口实现的子类直接调用，获得编解码器的实例。例如 DeflateCodec 编解码器，它继承了 DefaultCodec 类，该类是 CompressionCodec

接口实现的一个类，故例 5-1 中定义 Codec 实例时还可采用如下两种写法，读者可以自行测试一下效果。

第 11 行，直接指定创建压缩类型实例的写法：CompressionCodec codec=new DeflateCodec()。

第 13 行，创建压缩类型实例的第 3 种写法：DeflateCodec codec = (DeflateCodec) ReflectionUtils.newInstance(codecClass, conf)。

第 18 行，获得 codec 实例后，通过 createOutputStream(OutputStream out)方法创建一个 CompressionOutputStream 压缩文件输出流。然后通过 IOUtils 对象调用 copyBytes()方法将输入数据复制到输出，输出由 CompressionOutputStream 对象压缩。

第 21 行，对 CompressionOutputStream 对象调用 finish()方法，要求压缩方法完成到压缩数据流的写操作，但不关闭这个数据流。

与 CompressionDesc 中 createOutputStream 方法实现压缩相对应，如果要对输入数据流中读取的数据进行解压缩，可对另一个方法 createInputStream 进行调用，获取 CompressionInputStream，实现从底层数据流读取解压后数据的功能。样例代码如例 5-2 所示。

【例 5-2】DeflateCodec 编解码器解压缩演示示例。

```
public class DeflateCodecDemo {
 public static void main(String[] args) throws Exception {
       Configuration conf = new Configuration();
       //直接实例化 codec 对象
       DeflateCodec codec = new DeflateCodec();
       //检查并设置 conf 对象
       ReflectionUtils.setConf(codec, conf);
       //创建解压缩流
       CompressionInputStream comIn = codec.createInputStream(new FileInputStream(inputpath));
       //写入流
       IOUtils.copyBytes(comIn, new FileOutputStream(outputpath), 1024);
comIn.close();
}
}
```

将例 5-2 程序打成名为 hadoopbookdemo.jar 的 jar 包，在 Hadoop 平台上运行，结果如下。

```
[user@master ~]$ hadoop jar hadoopbookdemo.jar ch05.compression.DeflateCodecDemo5_2
18/02/18 05:01:45 INFO compress.CodecPool: Got brand-new decompressor [.deflate]
[user@master ~]$ ll
drwxrwxr-x. 8 user user    4096 2月   4 08:33  bigdata
-rw-rw-r--. 1 user user  227629  2月  18  04:58  comments.deflate
-rw-rw-r--. 1 user user  689736  2月  18  04:46  comments.xml
-rw-rw-r--. 1 user user  689736  2月  18  05:01  def_comments.xml
-rw-rw-r--. 1 user user 2084568  2月  18  04:57  hadoopbookdemo.jar
```

例 5-2 中通过形参 inputpath 指定输入文件路径，createInputStream 方法获取解压缩流，然后通过形参 outputpath 设定输出文件路径，调用 copyBytes()方法输出，由 CompressionInputStream 对象解压缩。

5.1.3 CompressionCodecFactory 类

通过 5.1.2 节的学习，通过文件扩展名可以推断出需要哪一类 Codec，如.deflate 代表 DeflateCodec 压缩，扩展名与类名对应关系如表 5-2 所示。但这含有很大程度的人为因素，在实际程序设计中，有时希望根据扩展名获取相应的编解码器对象。包“org.apache.hadoop.io.compress”里提供的 CompressionCodecFactory 类实现了这样的功能。该类提供的方法如表 5-4 所示。

表 5-4　CompressionCodecFactory 类方法描述

源码位置	修饰符和类型	方法	描述
186 行	CompressionCodec	getCodec(Path file)	根据文件名后缀查找给定文件的相关压缩编解码器，并返回编解码器对象
209 行	CompressionCodec	getCodecByClassName(String classname)	为编解码器的规范类名称找到相关的压缩编解码器，并返回编解码器对象
221 行	CompressionCodec	getCodecByName(String codecName)	查找编解码器的规范类名称或编解码器别名的相关压缩编解码器，并返回编解码器对象
248 行	Class<? extends CompressionCodec>	getCodecClassByName(String codecName)	查找编解码器的规范类名称或编解码器别名的相关压缩编解码器，并返回它的实现类
101 行	static List<Class<? extends CompressionCodec>>	getCodecClasses(Configuration conf)	获取并返回通过 Java ServiceLoader 发现的编解码器列表
284 行	static void	main(String[] args)	一个小测试程序
271 行	static String	removeSuffix(String filename, String suffix)	从文件名中删除后缀（如果有的话），并返回该值
145 行	static void	setCodecClasses(Configuration conf, List<Class> classes)	设置配置中的编解码器类列表
75 行	String	toString()	以字符串形式打印扩展 Map

下面通过对文件进行解压缩的案例来演示 CompressionCodecFactory，将文件扩展名映射到一个 CompressionCodec 的方法，该方法取文件的 Path 对象作为参数。

【例 5-3】使用 CompressionCodecFactory 实现文件解压缩的案例。

```
1. public class CompressionCodecFactoryDemo {
2.
3.  public static void main(String[] args) throws Exception {
4.       String uri = args[0];//文件位于 HDFS 上的路径
5.       Configuration conf = new Configuration();//创建环境变量
6.       FileSystem fs = FileSystem.get(URI.create(uri), conf);//
7.
8.       Path inputPath = new Path(uri);//创建文件输入路径
9.       //使用工厂模式获取本地环境变量中的压缩格式
10.      CompressionCodecFactory factory = new CompressionCodecFactory(conf);
11.      //获取输入文件的压缩格式
12.      CompressionCodec codec = factory.getCodec(inputpath);
13.      //如果压缩格式为空，打印错误信息
14.      if (codec == null) {
15.           System.err.println("No codec found for " + uri);
16.           System.exit(1);
17.      }
18.      //去除扩展名，获取输出文件名
19.      String outputUri = CompressionCodecFactory.removeSuffix(uri, codec.getDefault
Extension());
20.
21.      InputStream in = null;
```

```
22.      OutputStream out = null;
23.      try {
24.          //创建解压缩流
25.          in = codec.createInputStream(fs.open(inputpath));
26.          out = fs.create(new Path(outputUri));
27.          //写入流
28.          IOUtils.copyBytes(in, out, conf);
29.      } finally {
30.          //关闭打开的流
31.          IOUtils.closeStream(in);
32.          IOUtils.closeStream(out);
33.      }
34.
35.  }
36.
37. }
```

运行过程及结果如下。

```
1. [user@master ~]$ hadoop jar hadoopbookdemo1.jar ch05.compression.CompressionCodec
FactoryDemo /input/029070-99999-1901.gz
2. 18/02/18 07:28:04 INFO compress.CodecPool: Got brand-new decompressor [.gz]

3. [user@master ~]$ hadoop jar hadoopbookdemo1.jar ch05.compression.CompressionCodec
FactoryDemo /input/comments.deflate
4. 18/02/18 07:29:10 WARN util.NativeCodeLoader: Unable to load native-hadoop library
for your platform... using builtin-java classes where applicable
5. 18/02/18 07:29:16 INFO compress.CodecPool: Got brand-new decompressor [.deflate]

6. [user@master ~]$ hadoop dfs -lsr /input
7. -rw-r--r--   1 user supergroup  148476 2018-02-18 07:28 /input/029070-99999-1901
8. -rw-r--r--   3 user supergroup  11445 2018-02-18 07:27 /input/029070-99999-1901.gz
9. -rw-r--r--   1 user supergroup  689736 2018-02-18 07:29 /input/comments
10. -rw-r--r--   3 user supergroup  227629 2018-02-18 07:27 /input/comments.deflate
```

第 1 行，运行的是 HDFS 上/input/029070-99999-1901.gz 的文件，在第 2 行末[.gz]看到编解码器通过要解压的文件的扩展名，已经判断出要解压的文件的类型，第 7 行是该文件的解压结果。

第 3 行，运行的是 HDFS 上/input/comments.deflate 的文件，在第 5 行末[.deflate]看到编解码器通过要解压的文件的扩展名，已经判断出要解压的文件的类型，第 9 行是该文件的解压结果。

例 5-3 中的第 10~12 行，通过 CompressionCodecFactory 实例下的 getCodec 获取编解码器的类型，然后依据该类型完成后继的工作。

5.1.4　压缩池

在 Hadoop 程序运行中，如果过于频繁地进行压缩与解压缩的工作，会占用系统大量资源，对于系统来讲这是一份沉重的工作。Hadoop 提供了 CodecPool 类，位于源码包“org.apache.hadoop.io.compress”中，它在设计上可以重用压缩程序和解压缩程序，尽量缩减了系统在创建这些对象时的开销。在 CodecPool 类文件的第 138～235 行中有几个重要的方法：getCompressor 和 getDecompressor 方法可以从压缩池和解压缩池中获取闲置资源；returnCompressor 和 returnDecompressor 方法则将已经调用完毕的压缩资源归还到压缩池中。示例如下。

```
Configuration conf = new Configuration(); //获取环境变量
Compressor compressor = null; //生成压缩池对象实例
```

```
compressor = CodecPool.getCompressor(new GzipCodec()); //对 Gzip 压缩池对象进行赋值
CodecPool.returnCompressor(compressor); //取消压缩池对象赋值
compressor = CodecPool.getCompressor(new Bzip2Codec()); //重新对 Bzip 压缩池对象赋值
```

下面通过一个非常简单的小案例进一步讲解压缩池在程序中的写法。

【例 5-4】通过压缩池实现对文件压缩的小案例。

```
public class PooledStreamCompressor {

 public static void main(String[] args) throws Exception {
      String codecClassname = args[0];//压缩类库
      Class<?> codecClass = Class.forName(codecClassname);
      Configuration conf = new Configuration();//创建系统资源
    //创建压缩类型的实例
      CompressionCodec codec = (CompressionCodec) ReflectionUtils.newInstance(codec
Class, conf);
      Compressor compressor = null;
      try{
         compressor = CodecPool.getCompressor(codec);//获取压缩池对象
         FileOutputStream out = new FileOutputStream(args[2]);
         CompressionOutputStream outs = codec.createOutputStream(out, compressor);
         IOUtils.copyBytes(new FileInputStream(args[1]), outs, 4096, false);
         outs.finish();
      } finally {
         CodecPool.returnCompressor(compressor);//取消压缩池对象赋值
      }
   }
}
```

运行过程及结果如下。

```
1. [user@master ~]$ hadoop jar hadoopbookdemo6.jar ch05.compression.PooledStream
Compressor org.apache.hadoop.io.compress.DeflateCodec /home/user/def_comments.xml /home/
user/ def_comments.deflate
2. 18/02/18 09:07:12 INFO compress.CodecPool: Got brand-new compressor [.deflate]
3. [user@master ~]$ hadoop jar hadoopbookdemo6.jar ch05.compression.PooledStream
Compressor org.apache.hadoop.io.compress.GzipCodec /home/user/def_comments.xml /home/user/
def_comments.gz
4. 18/02/18 09:15:37 INFO compress.CodecPool: Got brand-new compressor [.gz]
5. [user@master ~]$ ll
6. drwxrwxr-x. 8 user user   4096 2月  4 08:33 bigdata
7. -rw-rw-r--. 1 user user 227629 2月  18 04:58 comments.deflate
8. -rw-rw-r--. 1 user user 689736 2月  18 05:01 def_comments.xml
9. -rw-rw-r--. 1 user user 227629 2月  18 09:07 def_comments.deflate
10. -rw-rw-r--. 1 user user 227641 2月  18 09:15 def_comments.gz
```

第 1 行，将例 5-4 程序打成 hadoopbookdemo6.jar 包，在 Hadoop 平台上运行，意图是将本地的/home/user/def_comments.xml 文件压缩成 deflate 的格式。

第 3 行，将例 5-4 程序打成 hadoopbookdemo6.jar 包，在 Hadoop 平台上运行，意图是将本地的/home/user/def_comments.xml 文件压缩成 gz 的格式。

第 5～10 行，展示了运行结果。

5.1.5 Hadoop 中使用压缩

对于 Hadoop 来说，压缩是透明的，可以根据程序的后缀名自动识别压缩，从而产生对应的压缩对象和调用相关的格式，也就是说如果输入的是被压缩后的数据，那么 Hadoop 可以自动根据后缀名进行解压缩，因此对于处理程序来看，压缩或者不压缩的结果都是一样的，都能从中提取所需要的材料。

在 Hadoop 任务的输入端和输出端都是可以采用压缩技术的。

先来看下 Hadoop 任务的输入端。在 3.5.2 节首次编写的 MapReduce 程序，采用的测试数据是两个文件，参与的数据块（Block）是两个，启用了两个 Mapper 类进行计算。一般情况下，一个数据块会启用一个 Mapper 类，那么如果在 Mapper 读取的数据采用压缩格式的话，就会使原文件的数据块数量降低，进而启用的 Mapper 数量减少，实现了计算相同的结果启用了较少数量 Mapper 的愿望。只是这样要注意压缩的文件是否可切分的问题，详见表 5-1 “是否可切分” 项中的描述。如果压缩后的文件不可切分，要注意文件本身的特性，因为它在运行时可能牺牲数据的本地性：一个 Map 任务处理的 *N* 个 HDFS 数据块中，大多数据块并没有存储在执行该 Map 任务的节点中。同时，Map 任务数越少，作业的粒度就越大，运行的时间可能会越长。

再来看下 Hadoop 任务的输出端，通常有两种方式可以设置输出端的压缩操作。第一种是打开 Hadoop_HOME/src/mapred/mapred-default.xml 文件，通过该文件中对压缩相应属性的配置，完成 Hadoop 压缩的启用与协调，示例如下。

```
<property>
<name>mapred.output.compress</name>
<value>true</value>
<description>Should the job outputs be compressed?
</description>
</property>
<property>
<name>mapred.output.compression.codec</name>
<value>org.apache.hadoop.io.compress.GzipCodec</value>
<description>If the job outputs are compressed, how should they be compressed?
</description>
</property>
```

小提示：value 中的值要求填写全称，不能只写类似 GzipCodec 这样的属性名。全名可参考表 5-2 的压缩类库所示。

Mapred.output.compress 的属性修改为 true，表示我们准备使用压缩类（默认是不使用），而 Mapred.output.compression.codec 中的 value 值指定了使用何种压缩格式。

第二种是通过代码的形式，在 main 方法中调用 Contribution 类中的 set 方法动态地实现对压缩类的确定，并设定相应的压缩格式，对输出结果进行压缩。

【例 5-5】用第二种方式在 main 方法中设置参数，代码片段如下。

```
public static void main(String[] args) throws Exception {
      String inputPath="hdfs://192.168.0.129:8020/input";
      String outputPath="hdfs://192.168.0.129:8020/output";
      args = new String[] { inputPath, outputPath };
      Configuration conf = new Configuration();//获取环境变量
      Job job = Job.getInstance(conf);//实例化任务
```

```
        job.setJarByClass(TxtCounter_job.class);//设定运行 jar 类型
        job.setOutputKeyClass(Text.class);//设置输出 Key 格式
        job.setOutputValueClass(IntWritable.class);//设置输出 Value 格式
       FileOutputFormat.setCompressOutput(job, true); //确认打开压缩格式
       FileOutputFormat.setOutputCompressorClass(job, GzipCodec.class);
        job.setMapperClass(WordCountMap.class);//设置 Mapper 类
        job.setReducerClass(WordCountReduce.class);//设置 Reducer 类
        FileInputFormat.addInputPath(job, new Path(args[0]));//添加输入路径
        FileOutputFormat.setOutputPath(job, new Path(args[1]));//添加输出路径
        job.waitForCompletion(true);
}
```

运行结果如图 5-1 所示。

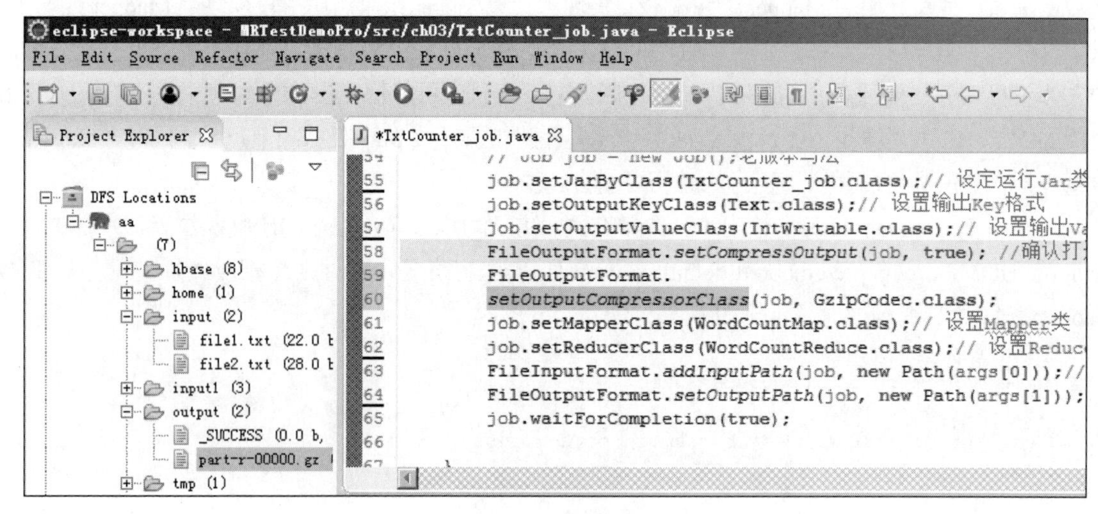

图 5-1 运行结果

从上面可以看到，HDFS 平台上/output 目录下的运行结果，被压缩成例 5-5 中代码第 10～11 行指定的 GzipCodec 格式。

例 5-5 中的代码即使用压缩文件对整体的 MapReduce 结果进行压缩，但是此种压缩是对最终结果进行压缩。在 Hadoop 集群中的各节点间传输数据量比较大的时候，采用对传输过程中的数据进行压缩处理是值得提倡的事情。

5.2 I/O 序列化类型

在 Hadoop 集群中，多节点间通信是通过远程过程调用（Remote Procedure Call，RPC）协议完成的。其中 RPC 是一个计算机通信协议，它允许运行于一台计算机的程序调用另一台计算机的子程序，即它将消息序列化成二进制流后发送到远程节点，远程节点接着将二进制流反序列化为原始消息。

其中序列化（Serialization）就是将结构化的对象转化为字节流，这样可以方便在网络上传输或写入磁盘进行永久存储。反序列化（Deserialization）就是将字节流转回结构化对象的逆过程。它在

分布式领域主要出现在进程间通信和永久存储的应用中。

RPC 序列化格式的四大理想属性非常重要：一是存储格式紧凑，能高效使用存储空间。二是快速，因而读/写数据的额外开销比较小。三是可扩展，可以透明地读取老格式的数据。四是支持互操作，可以支持不同语言（如 C++、Java、Python 等）读/写永久存储的数据。

Hadoop 不论是进行 HDFS 存取操作还是进行 MapReduce 运算模型，都是将任务分散在不同节点上进行传输、处理等操作。例如，MapReduce 主要通过<key,value>形式进行传输、排序、计算。Hadoop 引入了 org.apache.hadoop.io.Writable 接口，作为所有可序列化对象必须支持的接口。Hadoop Writable 接口基于 DataInput 和 DataOutput 实现序列化协议。这样做的好处如下。

（1）格式统一，应用方便。数据传输与读取可以类似 Java 语言一样依据约定对数据进行操作。

（2）容错好，资源开销较小。Writable 中每一条记录间是相互独立的，一定程度弥补 Java 序列化的不足，这种不足是成员对象出现的位置可以随机，一旦出错，整个后面的序列化就会全部错误。另外，Java 中每次序列化都要重新创建对象，内存消耗大，而 Writable 是可以重用的。

（3）便于传输与管理。对数据进行序列化后，方便了 Map 端与 Reduce 端之间的数据传输，而且序列化后，程序在后期进行变更与升级改造时，即使新的功能与方法采用的数据格式与现有不同，只需要对双方提供新的序列与反序列化约定即可。

总之，Hadoop 序列化的核心思想就是将节点数据以特定类型格式存储并以序列化形式进行传输，接收端再通过将序列化的数据重新转化为相应格式的原始数据格式。

5.2.1 Writable 接口

Writable 接口定义了两个方法：一个将其状态写到 DataOutput 二进制流，另一个从 DataInput 二进制流读取状态。源码如下。

```
package org.apache.hadoop.io;

import java.io.DataOutput;
import java.io.DataInput;
import java.io.IOException;

import org.apache.hadoop.classification.InterfaceAudience;
import org.apache.hadoop.classification.InterfaceStability;

@InterfaceAudience.Public
@InterfaceStability.Stable
public interface Writable {
  void write(DataOutput out) throws IOException;
  void readFields(DataInput in) throws IOException;
}
```

通过 Writable 接口，基于 DataInput 和 DataOutput 实现简单、高效的序列化协议的可序列化对象。基于 Hadoop MapReduce 框架中的任何键或值类型都实现了此接口。其中 write(DataOutput out)与 readFields(DataInput in)，其功能分别是将数据写入指定的流中和从指定的流中读取数据，在 Hadoop 应用该接口规则中，也可以通过实现自己的 write 与 readFields 方法达到目的。

Hadoop 自带的 org.apache.hadoop.io 包中有广泛的 Writable 类可供选择。它们形成如图 5-2 所示的层次结构。

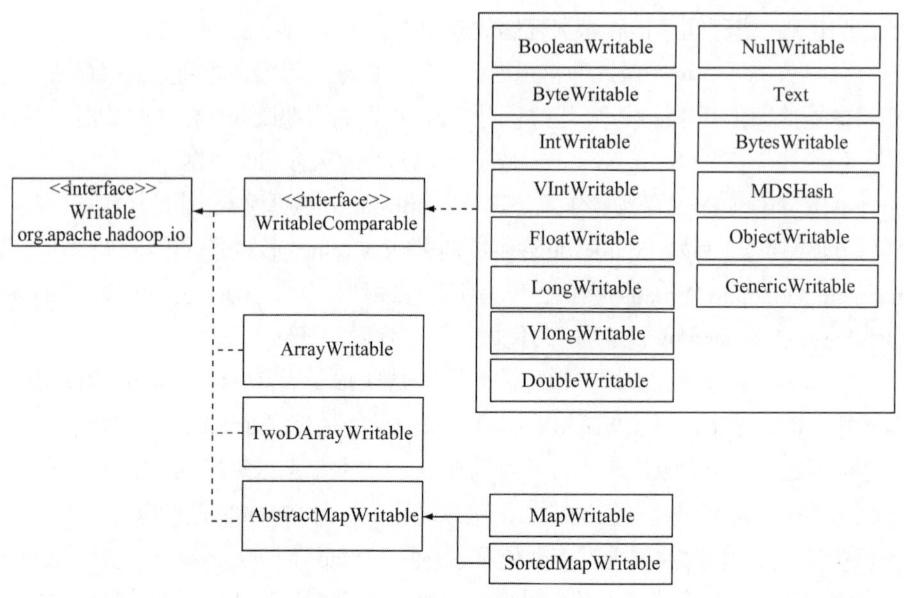

图 5-2　Writable 类的层次结构

其中 WritableComparable 接口继承自 Writable 和 Comparable 接口，其中 Comparable 源码如下。

```
package java.lang;
import java.util.*;
public interface Comparable<T> {
     public int compareTo(To);
}
```

对 MapReduce 来说，类型比较非常重要，因为中间有个基于键的排序阶段。由源码知 Comparable 提供一个 compareTo(To)方法用于对象的比较。故 WritableComparable 可以相互比较，当比较器使用。任何在 Hadoop MapReduce 框架（详见第 6 章）中用作键（Key）的类型都应该实现这个接口。

【例 5-6】WritableComparable 实现的一个案例。

```
public class MyWritableComparable implements WritableComparable<MyWritableComparable> {
 private int counter;
 private long timestamp;

 @Override
 public void write(DataOutput out) throws IOException {
      out.writeInt(counter);
      out.writeLong(timestamp);
 }

 @Override
 public void readFields(DataInput in) throws IOException {
      counter = in.readInt();
      timestamp = in.readLong();
 }

 @Override
 public int compareTo(MyWritableComparable o) {
      int thisValue = this.counter;
      int thatValue = o.counter;
      return (thisValue < thatValue ? -1 : (thisValue == thatValue ? 0 : 1));
 }
```

```
public int hashCode() {
      final int prime = 31;
      int result = 1;
      result = prime * result + counter;
      result = prime * result + (int) (timestamp ^ (timestamp >>> 32));
      return result;
    }
}
```

提到比较的 WritableComparable 接口，很容易让人联想到 Hadoop 提供的一个继承自 Java Comparator 的 RawComparator 接口，它的源码位于包“org.apache.hadoop.io”中，源码如下。

```
public interface RawComparator<T> extends Comparator<T> {
  public int compare(byte[] b1, int s1, int l1, byte[] b2, int s2, int l2);
}
```

该接口比较两个对象（b1 [s1：l1]是第一个对象，b2 [s2：l2]是第二个对象）的二进制形式，允许其实现直接比较数据流中的记录，无须先把数据流反序列化为对象，这样便避免了新建对象的额外开销。其中 compare()方法可以从每个字节数组 b1 和 b2 中读取给定起始位置（s1 和 s2）及长度（l1 和 l2）的一个整数，进而直接进行比较。这相对于 compareTo 需要将内容重新构建成需要的类型而言，速度快不少。为此，读者可以尝试在序列化中进行数据的比较。

至于比较的实现，还需要从 WritableComparator 类说起，它是对继承自 WritableComparable 接口类的 RawComparator 类的一个通用实现。它提供两个主要功能：第一，它提供了对原始 compare()方法的一个默认实现，该方法能够反序列化将在流中进行对象的比较，并调用对象的 compare()方法。第二，它充当的是 RawComparator 实例的工厂（已注册 Writable 的实现）。例如，为了获得 IntWritable 的 comparator，直接进行如下调用。

```
RawComparator<IntWritable>comparator =WritableComparator.get (IntWritable.class);
```

这个 comparator 可以用于比较两个 IntWritable 对象 o1 和 o2。

```
comparator.compare(o1, o2);
```

或其序列化的表示

```
comparator.compare(b1, s1, l1, b2, s2, l2);
```

因此，可以这样讲，WritableComparable 接口的类声明提供了 compare 服务，而 RawComparator 接口的作用提供了 compare 服务的一个具体实现。可以通过 Writable 封装的 Java 类型的一些方法来进一步理解这些内容。

5.2.2　Java 基本类型的 Writable 封装器

Writable 类对 Java 基本类型提供封装（见表 5-5），但 char 除外（可以存储在 IntWritable 中）。所有的封装包含 get()和 set()两个方法，用于读取或存储封装的值。

表 5-5　　Java 基本类型的 Writable 类

Java 基本类型	Writable	序列化后的长度
boolean	BooleanWritable	1
byte	ByteWritable	1
short	ShortWritable	2
int	IntWritable	4

续表

Java 基本类型	Writable	序列化后的长度
int	VIntWritable	1～5
float	FloatWritable	4
long	LongWritable	8
	VLongWritable	1～9
double	DoubleWritable	8

表 5-5 中有两个有意思的封装，即在对整数进行编码时，封装成两种类型供选择，即定长格式（IntWritable 和 LongWritable）和变长格式（VIntWritable 和 VLongWritable）。需要编码的数值如果相当小（如在-127～127，包括-127 和 127），变长格式会依据当前机器编号用 1 或 2 个字节进行编码，否则使用第 1 个字节来表示数值的正负和后跟多少个字节。

Writable 存在的意义就是解决集群中各节点间的数据传输问题。以往 Java 程序中的数据是借用 int、float 等类型，将存于内存中的数据进行传递，而通过网络节点间的数据传输这种基于内存的形式，不符合网络传输规则。故这些 Java 的基本类型通过 Writable 接口进行封装，以达到网络间数据传输的目的。为了很好地理解它们，先来看下 IntWritable 的部分源码，位于包“org.apache.hadoop.io”中，进一步体会 Writable 封装的意义。

```
public class IntWritable implements WritableComparable<IntWritable> {
  public IntWritable(int value) { set(value); }//构造方法，设定 get()方法取值
  public void set(int value) { this.value = value; }//set 方法，设定 get()方法取值
  public int get() { return value; }//获取设定值
//创建读方法，从输入字节流读数据
  public void readFields(DataInput in) throws IOException {//
    value = in.readInt();//
  }
//创建写方法，数据写入输出流
  public void write(DataOutput out) throws IOException {//
    out.writeInt(value);//
  }
//比较对象中 int 变量内存的数据，即原生数据
  public int compareTo(IntWritable o) {//
    int thisValue = this.value;//
    int thatValue = o.value;//
    return (thisValue<thatValue ? -1 : (thisValue==thatValue ? 0 : 1));//
  }
//通过对流中序列化的数据进行直接比较，节省资源调度
    public int compare(byte[] b1, int s1, int l1, byte[] b2, int s2, int l2) {
      int thisValue = readInt(b1, s1);
      int thatValue = readInt(b2, s2);
      return (thisValue<thatValue ? -1 : (thisValue==thatValue ? 0 : 1));
    }
  }
}
```

其中 IntWritable 实现了 WritableComparable 这个带比较的 Writable 接口，除实现该接口必要的流的读 readFields 与写 write 及比较方法 compareTo 外，对 Java 的基本类型 int 进行了封装的处理，通过 set 方法将外界传入的值存入 IntWritable 对象中，通过 get 方法帮助用户从 IntWritable 对象中取出

传输的 Java 的 int 值。如此，便完成了 Java 中基本类型 int 的封装工作。节点间在进行 int 值传输时，首先通过 set 方法传入 IntWritable 对象，该对象中会被系统通过 write 方法写入流中，通过流在网络间传输。然后接收到数据的节点会通过 IntWritable 对象中的 get 方法从 readFields 中读取数据。这样就完成了节点间通过网络进行数据传递的工作。

5.2.3　IntWritable 与 VIntWritable 类

在表 5-5 中，在对 Java 基本类型 int 和 long 进行 Writable 封装时，封装了定长与变长两种类型。其存在的目的也是考虑到网络资源的稀缺性，对于传递的数据长短差距较大时可用变长，否则用定长处理。为了更好地理解定长与变长的概念，现以 IntWritable 与 VIntWritable 为例进行实例的编写，如例 5-7 所示。

【例 5-7】IntWritable 与 VIntWritable 比较。

为了验证实验结果序列化长度输出，通过两个方法实现对输入输出流的操作。

```
public static byte[] serizlize(Writable writable) throws IOException {
    //创建一个输出字节流对象
    ByteArrayOutputStream out = new ByteArrayOutputStream();
    DataOutputStream dataout = new DataOutputStream(out);
    //将结构化数据的对象 writable 写到输出字节流
    writable.write(dataout);
    return out.toByteArray();
}

public static byte[] deserizlize(Writable writable, byte[] bytes) throws IOException {
    //创建一个输入字节流对象，将字节数组中的数据写到输入流中
    ByteArrayInputStream in = new ByteArrayInputStream(bytes);
    DataInputStream datain = new DataInputStream(in);
    //将输入流中的字节流数据反序列化
    writable.readFields(datain);
    return bytes;
}
```

通过序列化字节不同范围设定值，体会定长 IntWritable 与变长 VIntWritable 的区别。

```
IntWritable writable = new IntWritable(112);
  VIntWritable vwritable = new VIntWritable(-112);
  show(writable, vwritable);

  writable.set(-256);
  vwritable.set(-256);
  show(writable, vwritable);

  writable.set(-65536);
  vwritable.set(-65536);
  show(writable, vwritable);

  writable.set(-16777216);
  vwritable.set(-16777216);
  show(writable, vwritable);

  writable.set(-2147483648);
  vwritable.set(-2147483648);
```

```
    show(writable, vwritable);
```

调用方法，查看结果。

```
public static void show(Writable writable, Writable vwritable) throws IOException {
        //对上面两个进行序列化
        byte[] writablebyte = serizlize(writable);
        byte[] vwritablebyte = serizlize(vwritable);

        //分别输出字节大小
        System.out.println("定长格式" + writable + "序列化后字节长大小：" + writablebyte.length);
        System.out.println("变长格式" + vwritable + "序列化后字节长大小：" + vwritablebyte.length);
  }
```

运行结果如下。

```
定长格式 112 序列化后字节长大小：4
变长格式-112 序列化后字节长大小：1
定长格式-256 序列化后字节长大小：4
变长格式-256 序列化后字节长大小：2
定长格式-65536 序列化后字节长大小：4
变长格式-65536 序列化后字节长大小：3
定长格式-16777216 序列化后字节长大小：4
变长格式-16777216 序列化后字节长大小：4
定长格式-2147483648 序列化后字节长大小：4
变长格式-2147483648 序列化后字节长大小：5
```

在此例中，先定义 IntWritable 和 VIntWritable，然后依据不同的值分别序列化这两个类，最后比较序列化后字节的大小，可以看到定长和变长在不同范围内容的区别。

5.2.4 Text 类

Text 是针对 UTF-8 序列的 Writable 类。一般认为它是在 Hadoop 中实现等同于 java.lang.String 的 Writable。由于它主要应用标准的 UTF-8 进行编码，故 Text 类的索引根据编码后字节序列中的位置实现，并非字符串中的 Unicode 字符，也不是 Java char 的编码单元。读者可通过下面的案例进一步理解。

【例 5-8】Text 类演示案例。

```
import org.apache.hadoop.io.Text;
public class TextWritable02 {
public static void main(String[] args) {
    //TODO Auto-generated method stub
    Text text = new Text("hello world");//定义 Text 类
    String str=new String("hello world");
    System.out.println("text.getLength():"+text.getLength());//定义 Text 类的长度—11
    System.out.println("string.length():"+str.length());
    System.out.println("text.find(\"lo\")"+text.find("lo"));//获取 lo 对应的位置—3
    System.out.println("string.indexOf(\"lo\")"+str.indexOf("lo"));
    System.out.println("text.find(\"world\")"+text.find("world"));//获取 world 对应的
                                                                  //位置—6
    System.out.println("string.indexOf(\"world\")"+str.indexOf("world"));
    System.out.println("text.charAt(0)"+text.charAt(0));//获取第 0 个字符量—104
    System.out.println("string.charAt(0)"+str.charAt(0));
```

```
        System.out.println("string.codePointAt(0)"+str.codePointAt(0));

        Text text1 = new Text();//创建一个 Text 类的实例
        text1.set("had");//进行赋值
        text1.append("oop".getBytes(), 0, "oop".getBytes().length);//在后追加数据
        System.out.println(text1);//输出结果
    }

}
```

运行结果如下。

```
text.getLength():11
string.length():11
text.find("lo")3
string.indexOf("lo")3
text.find("world")6
string.indexOf("world")6
text.charAt(0)104
string.charAt(0)h
string.codePointAt(0)104
hadoop
```

从实验结果可以看出，对于大多数的方法，text 类型与 string 类型的输出结果相同，而对于某些方法，输出结果不同。例如，charAt(0)在 string 类型输出结果是字母 h，而对于 text 类型来说，输出结果却是整数 104。

Text 类中的 charAt(int i)方法返回的是一个表示编码偏移量的 int 类型字符。对于 string 类型来说，调用其 charAt(int i)方法，会根据指定的 i 值直接返回用 char 表示的值。

5.2.5　BytesWritable 类

BytesWritable 是对二进制数据数组的封装。可以通过它在源码中的构造方法代码查询。

```
public BytesWritable() {this(EMPTY_BYTES);}
public BytesWritable(byte[] bytes) { this(bytes, bytes.length); }
public BytesWritable(byte[] bytes, int length) {
    this.bytes = bytes;
    this.size = length;
  }
```

它的构造方法接受的是字节数组。

它的序列化格式是一个指定所含数据字节数的整数域（4 字节），后跟数据内容本身。BytesWritable 是可变的，其值可以通过 set()方法进行修改。BytesWritable 的 getBytes()方法，返回的是字节数组的容量，不能体现存储数据的实际大小，需要通过 getLong()方法来确定 BytesWritable 的大小。

【例 5-9】BytesWritable 类演示案例。

```
import org.apache.hadoop.io.BytesWritable;
public class BytesWritable02 {
  public static void main(String[] args) {
       BytesWritable b = new BytesWritable(new byte[] { 3, 5 });
       System.out.println("字节数组的实际数据长度：" + b.getLength());
       System.out.println("字节数组的容量大小：" + b.getBytes().length);

       //改变其容量
```

```
        b.setCapacity(11);
        //getLength()方法，返回的是实际数据的大小
        System.out.println("改变容量后实际数据的大小：" + b.getLength());
        //getBytes().length 返回的是容量大小
        System.out.println("改变容量后容量的大小：" + b.getBytes().length);
    }
}
```

实验结果如下。

```
字节数组的实际数据长度：2
字节数组的容量大小：2
改变容量后实际数据的大小：2
改变容量后容量的大小：11
```

5.2.6 NullWritable 类

NullWritable 是 Writable 的一个特殊类型，它的序列化长度为 0。它并不从数据流中读取数据，也不写入数据，而仅充当占位符。在 MapReduce 中，如果不需要使用键或者值，就可以将键或者值声明为 NullWritable——结果是存储常量空值。

【例 5-10】NullWritable 类演示案例。

```
import org.apache.hadoop.io.NullWritable;
public class NullWritable01 {
    public static void main(String[] args) throws IOException {

        NullWritable writable = NullWritable.get();
        byte[] bytes = serialize(writable);
        System.out.println("NullWritable 序列化后的长度："+bytes.length);
    }

    public static byte[] serialize(Writable writable) throws IOException{
        ByteArrayOutputStream out = new ByteArrayOutputStream();
        DataOutputStream dataOut = new DataOutputStream(out);
        writable.write(dataOut);
        return out.toByteArray();

    }
}
```

运行结果如下。

```
NullWritable 序列化后的长度：0
```

NullWritable 是一个单例实例类型，例子中通过静态方法 get()获得其实例，通过 byte[] serialize(Writable writable)方法序列化后，查看其长度为 0。

5.2.7 ObjectWritable 类

ObjectWritable 是 Writable 和 Configurable 接口的实现，是对 Java 基本类型的一个通用封装。它在 Hadoop RPC 中用于对方法的参数和返回类型进行封装和解封装。尤其在一个字段中包含多个类型时，可以将值类型声明为 ObjectWritable，将每个类型封装在一个 ObjectWritable 中，但作为一个通用的类，它同样占用相对较大的空间。可以通过一个实例来验证这一点。

【例 5-11】ObjectWritable 类演示案例。

```
public class ObjectWritable01 {

    public static void main(String[] args) throws IOException {

        BytesWritable bytes = new BytesWritable(new byte[] { 3, 5 });
        byte[] byte1 = serialize(bytes);
        //由前面的介绍可知，长度为 6
        System.out.println("bytes 数组序列化后的长度：" + byte1.length);
        System.out.println("bytes 数组序列化的十六进制表示：" + StringUtils.byteToHexString
(byte1));

        ObjectWritable object = new ObjectWritable();
        object.set(new byte[] { 3, 5 });
        byte[] byte2 = serialize(object);
        System.out.println("ObjectWritable 序列化后的长度：" + byte2.length);
        System.out.println("ObjectWritable 序列化的十六进制表示：" + StringUtils.byteToHex
String(byte2));
    }

    public static byte[] serialize(Writable writable) throws IOException {
        ByteArrayOutputStream out = new ByteArrayOutputStream();
        DataOutputStream dataOut = new DataOutputStream(out);
        writable.write(dataOut);
        return out.toByteArray();

    }
}
```

运行结果如下。

```
bytes 数组序列化后的长度：6
bytes 数组序列化的十六进制表示：000000020305
ObjectWritable 序列化后的长度：22
ObjectWritable 序列化的十六进制表示：00025b420000000200046279746503000462797465 05
```

ObjectWritable 作为一个通用的机制，每次序列化都写封装类型的名称，这非常浪费空间。如果封装的类型数量比较少并且能够提前知道，则可以通过使用静态类型的数组，并使用对序列化后的类型的引用，加入位置索引来提高性能。GenericWritable 类采取的就是这种方式，所以需要在继承的子类中指定支持什么类型。下面通过一个实例来看一下。

【例 5-12】GenericWritable 应用实例。

```
public class GenericWritable01 {
    public static void main(String[] args) throws IOException {
        BytesWritable bytes = new BytesWritable(new byte[] { 3, 5 });
        byte[] byte1 = serialize(bytes);
        System.out.println("bytes 数组序列化后的长度：" + byte1.length);
        System.out.println("bytes 数组序列化的十六进制表示：" + StringUtils.byteToHexString
(byte1));

        MyGenericWritable generic = new MyGenericWritable();
        generic.set(bytes);
        byte[] byteBytes = serialize(generic);
        System.out.println("GenericWritable 序列化后的长度：" + byteBytes.length);
```

```
        System.out.println("GenericWritable 序列化的十六进制表示: " + StringUtils.byteToHex
String(byteBytes));
    }

    public static byte[] serialize(Writable writable) throws IOException {
        ByteArrayOutputStream out = new ByteArrayOutputStream();
        DataOutputStream dataOut = new DataOutputStream(out);
        writable.write(dataOut);
        return out.toByteArray();

    }
}
```

运行结果如下。

```
bytes 数组序列化后的长度：6
bytes 数组序列化的十六进制表示：000000020305
GenericWritable 序列化后的长度：7
GenericWritable 序列化的十六进制表示：01000000020305
```

5.2.8 自定义 Writable 接口

Hadoop 自带的 Writable 接口为应用在分布式存储系统间传输数据提供便利，能满足大部分需求，但在一些复杂业务中，它的这些基本功能显得不尽如人意。Hadoop 自身框架机制非常灵活，用户可以依据自己的业务需求定制 Writable 类型，用以完成多值的封装传递或完全控制的二进制表示和排序。下面依据业务实例的实现来讲解它的程序编制过程。

【例 5-13】存在大量微博数据，在统计中，需要将标题、发布时间和内容以封装形式一起进行值的传输。

```
public class MyValueWritable implements Writable {
    private String title;
    private long timestamp;
    private String content;

    @Override
    public void write(DataOutput out) throws IOException {
        out.writeUTF(title);
        out.writeLong(timestamp);
        out.writeUTF(content);
    }

    @Override
    public void readFields(DataInput in) throws IOException {
        title=in.readUTF();
        timestamp = in.readLong();
        content=in.readUTF();
    }

    public String getTitle() {
        return title;
    }

    public void setTitle(String title) {
        this.title = title;
```

```
    }

    public long getTimestamp() {
        return timestamp;
    }

    public void setTimestamp(long timestamp) {
        this.timestamp = timestamp;
    }

    public String getContent() {
        return content;
    }

    public void setContent(String content) {
        this.content = content;
    }

    @Override
    public String toString() {
        return title + "\t" + timestamp + "\t" + content;
    }
}
```

这个定制的 Writable 实现的功能非常直观，定制类中包含 3 个封装的私有变量 title、timestamp 和 content，并通过实现 Writable 接口中的方法 readFields 和 write，进行 3 个变量数据的传输和交换。该类只是实现几个简单地封装在一起的值在 Hadoop 框架间的传输。如果需要在定制的 Writable 类中增加比较功能，可直接实现 WritableComparable 接口，位于包“package org.apache.hadoop.io”中，源码如下。

```
public interface WritableComparable<T> extends Writable, Comparable<T> {}
```

由源码可知，WritableComparable 接口继承了 Writable 接口和 Comparable 接口，源码如下。

```
package java.lang;
import java.util.*;
public interface Comparable<T> {
public int compareTo(T o);
}
```

由源码知，Comparable 只包含一个用于比较的 compareTo 抽象方法。例如，在例 5-13 中，若需要将标题、发布时间和内容以封装形式一起进行键的传输。由于键传递需要指定比较的规则，故在代码实现时可采用实现 WritableComparable 接口来重写 Comparable 接口下的 compareTo 方法，以时间戳为参照进行比较。参考代码如下，读者可自行加入例 5-13 中进行体会。

```
public class MyKeyWritableComparable implements WritableComparable<MyKeyWritableComparable> {
……与上例同，省略……
public int compareTo(MyKeyWritableComparable o) {
    long thisValue = this.timestamp;
    long thatValue = o.timestamp;
    return (thisValue < thatValue ? -1 : (thisValue == thatValue ? 0 : 1));
}
……与上例同，省略……
}
```

很明显，使用上面代码的 compareTo 方法进行比较时，需要将传输数据流反序列化为对象，这样才能正常进行。针对这种现象，如果能够在序列化表示时就进行比较，就更理想了。RawComparator 接口下的抽象方法，可以提供两个对象的二进制比较。这样可以依据定制的 Writable 中多个类型的连接串的长度进行比较，实现两个对象的二进制比较功能。RawComparator 接口的源码如下。

```
public interface RawComparator<T> extends Comparator<T> {

  /**
     * @参数 b1 第一个字节数组。
     * @param s1 b1 中的位置索引。比较对象的起始索引。
     * @参数 l1 b1 中对象的长度。
     * @参数 b2 第二个字节数组。
     * @param s2 b2 中的位置索引。比较对象的起始索引。
     * @参数 l2 在 b2 中比较的对象的长度。
     * @return 比较的整数结果。   */
public int compare(byte[] b1, int s1, int l1, byte[] b2, int s2, int l2);
}
```

源码中，RawComparator 接口继承了 Comparator 接口，实现一个 compare 比较方法，比较方法中 b1 [s1：l1]是第一个对象，b2 [s2：l2]是第二个对象。可以以 Writable 文本类型 Text 为例，体会 RawComparator 的用法。Text 类文件的源文件的 357 行开始源码如下。

```
public static class Comparator extends WritableComparator {
  public Comparator() {
    super(Text.class);
  }

  @Override
  public int compare(byte[] b1, int s1, int l1,
                           byte[] b2, int s2, int l2) {
   int n1 = WritableUtils.decodeVIntSize(b1[s1]);
   int n2 = WritableUtils.decodeVIntSize(b2[s2]);
   return compareBytes(b1, s1+n1, l1-n1, b2, s2+n2, l2-n2);
  }
 }
```

这里可以看到 Comparator 类继承的 WritableComparator 类源码第 5 行实现了 WritableComparator 接口的 compare 方法，源码如下。

```
@Override
  public int compare(byte[] b1, int s1, int l1, byte[] b2, int s2, int l2) {
    try {
      buffer.reset(b1, s1, l1);                    //parse key1
      key1.readFields(buffer);
      buffer.reset(b2, s2, l2);                    //parse key2
      key2.readFields(buffer);
    } catch (IOException e) {
      throw new RuntimeException(e);
    }
    return compare(key1, key2);                    //compare them
  }
```

在实际项目中，用户可依据这些知识实现自己的业务需求。

5.3　基于文件的数据结构

HDFS 平台可以存储结构、半结构和非结构化的数据，而在 MapReduce 数据处理的计算过程中，将数据以合理格式进行存储是一件很有意义的事情。例如，文本类型存储、二进制数据类型格式存储等。Hadoop SequenceFile 类为二进制 key/value 对提供了一个持久数据结构，可以存储二进制类型的文件，同时 SequenceFile 也可以作为小文件的容器，将若干小文件打包成一个 SequenceFile 类，效率较高。

5.3.1　SequenceFile

SequenceFile 提供了 SequenceFile.Writer、SequenceFile.Reader 和 SequenceFile.Sorter 类，分别用于写入、读取和排序的编程应用。

此外，SequenceFile 支持压缩功能，它有 3 个基于 SequenceFile.CompressionType 用于压缩的键/值对的枚举类型，它的源码如下。

```
public static enum CompressionType {
  /** 不压缩 records. */
  NONE,
  /** 只压缩 values. */
  RECORD,
  /** 压缩很多条记录的 key/value 至一个 block */
  BLOCK
}
```

用于压缩 key/value 的实际压缩算法可以通过使用适当的 CompressionCodec 来参考，在进行压缩时，官网推荐使用 SequenceFile 提供的静态 createWriter 方法在创建写对象时指定，格式如下。

```
SequenceFile.createWriter(conf, out, Text.class, BytesWritable.class,type,new GzipCodec());
```

这里指定的压缩类型是 GzipCodec。在读取文件内容时，可应用 SequenceFile.Reader 方法读取上述 SequenceFile 格式文件的内容。

为了进一步讲解 SequenceFile 的原理，可先通过图 5-3 来进一步理解它的内部格式（参考自官方文档。

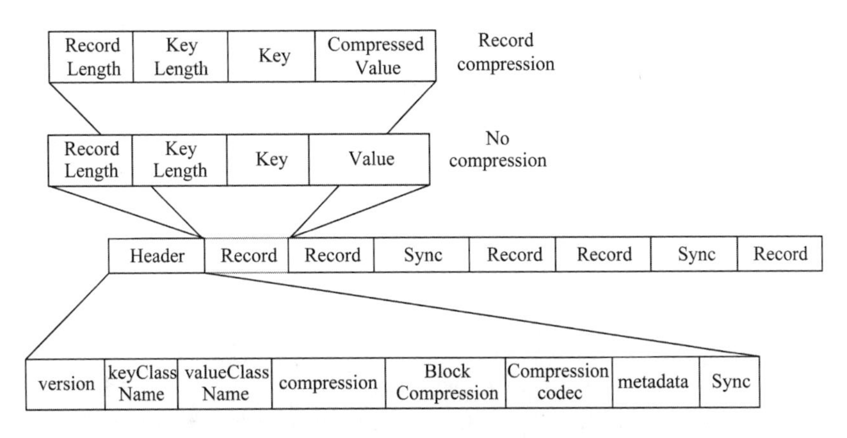

图 5-3　SequenceFile 格式内部结构

如图 5-3 所示，一个 SequenceFile 由 Header、Record 和一个 100 字节左右的同步标记 Sync 组成。其中 Header 由 version（SequenceFile 文件的前 3 个字母为 SEQ，随后是 1 个字节的文件版本号，如 SEQ4 或 SEQ6）、keyClassName、valueClassName、compression（指定是否为此文件中的 key/value 打开压缩的一个布尔值）、BlockCompression（指定是否为此文件中的 key/value 打开块压缩的一个布尔值）、Compression codec（用于指定 key/value 编解码器的类 Compression codec，启用压缩时）、metadata（用户操作文件的 SequenceFile 元数据信息）和 Sync 组成（表示标头结尾的同步标记，用于读取文件时能从任意位置开始识别记录的标识，位于 SequenceFile 中的 Record 与 Record 之间）。Record 在是否启用压缩时，存储格式上有所不同。没有启用压缩时（默认情况下），Record 由 Record-Length、Key Length、Key 和 Value 值组成。启用压缩时，Key 不被压缩，值 Value 被压缩。

SequenceFile 提供块的压缩功能。块压缩的格式结构如图 5-4 所示。它由 Header、Sync 和 Block 组成。其中 Header 与 Sync 与图 5-3 中类似，这里主要介绍 Block，它主要指一次性压缩多少条的记录，主要由 Number of records（非压缩的数据块中的字节数记录）和 4 个压缩字段（键长度、键、值长度和值）组成。

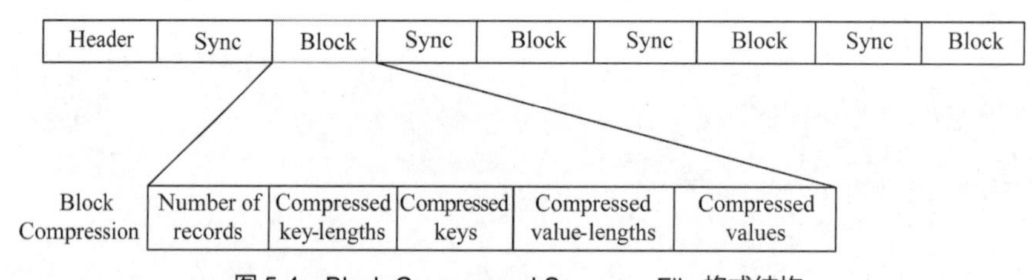

图 5-4　Block-Compressed SequenceFile 格式结构

下面通过一个小实例进一步讲解 SequenceFile 的应用。

【例 5-14】 由于 Hadoop 中每个小文件都会成为 Block，每个 Block 的索引都会占用 NameNode 的内存，内存是有限资源，故小文件过多会导致内存损耗，也会影响 NameNode 的性能。故希望合理利用资源，把众多小文件进行合并，减少数据块或者说文件索引所带来的 NameNode 的资源浪费。下面以 CentOS 下/input 文件夹下的 6 个不超过 30 字节的小文件为例，实现将这些小文件合并成一个 SequenceFile 的过程。

数据文件如下。

```
[user@master ~]$ ll input/
-rw-rw-r--. 1 user user 22 2月  18 18:21 file1.txt
-rw-rw-r--. 1 user user 28 2月  18 18:21 file2.txt
-rw-rw-r--. 1 user user 28 2月  18 18:21 file3.txt
-rw-rw-r--. 1 user user 22 2月  18 18:21 file4.txt
-rw-rw-r--. 1 user user 28 2月  18 18:21 file5.txt
-rw-rw-r--. 1 user user 22 2月  18 18:21 file6.txt
```

程序代码如下。

```
1.  public static void main(String[] args) throws Exception {
2.          Configuration conf = new Configuration();
3.          String seqFS = "hdfs://master:8020/output/block_deflate_sqFile";//输出文件地址
4.          FileSystem fs = FileSystem.get(URI.create(seqFS), conf);
5.          Path seqPath = new Path(seqFS);
```

```
    6.         SequenceFile.Writer writer = null;
    7.       //生成 SequenceFile 时不指定压缩格式
    8.         writer=SequenceFile.createWriter(fs, conf, seqPath, NullWritable.class,Text.
class);
    9.       //生成 SequenceFile 时指定 BLOCK 压缩，压缩类型 deflate
    10.       //writer = SequenceFile.createWriter(fs, conf, seqPath, NullWritable.class,
Text.class, CompressionType.BLOCK,new DefaultCodec());
    11.      //生成 SequenceFile 时指定 RECORD 压缩，压缩类型 deflate
    12.      //writer = SequenceFile.createWriter(fs, conf, seqPath, NullWritable.class,
Text.class, CompressionType.RECORD,new DefaultCodec());
    13.     //生成 SequenceFile 时指定 BLOCK 压缩，压缩类型 gz
    14.     //writer=SequenceFile.createWriter(fs, conf, seqPath, NullWritable.class, Text.
class, CompressionType.BLOCK,new GzipCodec());
    15.     //生成 SequenceFile 时指定 RECORD 压缩，压缩类型 gz
    16.     //writer=SequenceFile.createWriter(fs, conf, seqPath, NullWritable.class, Text.
class, CompressionType. RECORD,new GzipCodec());
    17.        Text value = new Text();
    18.
    19.     //得到输入流
    20.     String filePath = "/home/user/input/";
    21.     File Path = new File(filePath);
    22.     String[] Files = Path.list();
    23.     int fileLen = Files.length;
    24.
    25.     //循环的读取
    26.     while (fileLen > 0) {
    27.         File file = new File(filePath + Files[fileLen - 1]);
    28.         InputStream in = new BufferedInputStream(new FileInputStream(file));
    29.         long len = file.length();
    30.         byte[] buffer = new byte[(int) len];
    31.         if ((len = in.read(buffer)) != -1) {
    32.              value.set(buffer);
    33.              writer.append(NullWritable.get(), value);
    34.         }
    35.
    36.         //资源的回收
    37.         value.clear();
    38.         in.close();
    39.         fileLen--;
    40.     }
    41. }
```

运行结果如下。

```
1. [user@master ~]$ hadoop dfs -lsr /output
2. -rw-r--r--  3 user supergroup   129 2018-02-18 18:20 /output/block_deflate_sqFile
3. -rw-r--r--  3 user supergroup   126 2018-02-18 18:15 /output/block_gz_sqFile
4. -rw-r--r--  3 user supergroup   348 2018-02-18 18:19 /output/record_deflate_sqFile
5. -rw-r--r--  3 user supergroup   357 2018-02-18 18:16 /output/record_gz_sqFile
6. -rw-r--r--  3 user supergroup   348 2018-02-18 18:18 /output/sqFile
```

例 5-14 中，程序第 7～17 行分别采用了不同的形式（不压缩、BLOCK 压缩、RECORD 压缩）通过 SequenceFile 提供了 SequenceFile.Writer 建立 write 对象，然后程序的第 25～40 行循环遍历 CentOS 磁盘/home/user/input 下的 6 个小文件，将它们通过 writer.append 方法依次追加写入建立好的 write 对象中。最后完成 SequenceFile 文件的建立。

这里值得注意的是第 7～17 行的代码，其中第 8 行在生成 SequenceFile 时不指定压缩格式，执行结果如“运行结果”中第 6 行/ouput/sqFile 所示。第 10 行在生成 SequenceFile 时指定 BLOCK 压缩，所以应用程序运行时采用默认的压缩类型 deflate 进行压缩，结果如“运行结果”中第 2 行“/output/block_deflate_sqFile”所示。第 12 行在生成 SequenceFile 时指定 RECORD 压缩，压缩类型为 deflate，执行结果如“运行结果”中第 4 行“/output/record_deflate_sqFile”所示。第 14 行生成 SequenceFile 时指定 BLOCK 压缩，压缩类型为 gz，执行结果如“运行结果”中第 3 行“/output/block_gz_sqFile”所示。第 16 行生成 SequenceFile 时指定 RECORD 压缩，压缩类型为 gz，执行结果如“运行结果”中第 5 行“/output/record_gz_sqFile”所示。

从运行结果中可看到，采用不同形式的压缩，生成的文件大小不相同。

5.3.2 MapFile

MapFile 继承自 SequenceFile，是一个已经排序的 SequenceFile。MapFile 一般会生成 data 和 index 两部分。其中 index 作为文件的数据索引，记录了每个 Record 的 Key 值和该 Record 在文件中的偏移位置，其中索引的间隔是通过 io.map.index.interval 进行设定的。在 MapFile 被访问的时候，索引文件会被加载到内存，通过索引映射关系，可迅速定位到指定 Record 所在文件位置，因此，相对 SequenceFile 而言，MapFile 的检索效率是高效的，缺点是会消耗一部分内存来存储 index 数据。其中 MapFile 提供的 Key 继承的 WritableComparable 接口，便于在计算中排序，可以实现按 Key 查找。

MapFile 读写操作过程的实现类似于 Sequence 的读写操作。它通过建立一个 MapFile.Writer 实例，然后通过 append 方法实现文件内容的写操作。通过建立一个 MapFile.Reader 实例，然后通过 next 方法实现文件读的操作。此外，MapFile 中的搜索相当于在一个排好序并加有索引的 SequenceFile 中搜索。下面通过一个实例进行讲解。

【例 5-15】将例 5-14 改写成 MapFile 写入的形式。

这里程序并没有大的变化，只要将 writer 实例建立成基于 MapFile 的即可，其他与 SequenceFile 都极为相似。改好后的代码如下。

```
public static void main(String[] args) throws Exception {
        //得到输出流
        Configuration conf = new Configuration();
        String seqFS = "hdfs://192.168.70.129:8020/output/mvap_sqFile";
        FileSystem fs = FileSystem.get(URI.create(seqFS), conf);

        MapFile.Writer writer = null;
        writer = new MapFile.Writer(conf, fs, seqFS, NullWritable.class, Text.class);

        Text value = new Text();

        //得到输入流
        String filePath = "D:/input/";
        File gzPath = new File(filePath);
        String[] gzFiles = gzPath.list();
        int fileLen = gzFiles.length;

        //循环的读取
```

```
        while (fileLen > 0) {
            File file = new File(filePath + gzFiles[fileLen - 1]);
            InputStream in = new BufferedInputStream(new FileInputStream(file));
            long len = file.length();
             byte[] buffer = new byte[(int) len];
             if ((len = in.read(buffer)) != -1) {
                    value.set(buffer);
                    writer.append(NullWritable.get(), value);
             }

             //资源的回收
             value.clear();
             in.close();
             fileLen--;
        }
    }
```

可以看到，只有第 7～8 行数据有所改变。运行结果如下。

```
[user@master ~]$ hadoop dfs -lsr /output
-rw-r--r--   3 user supergroup       348 2018-02-18 19:26 /output/map_sqFile/data
-rw-r--r--   3 user supergroup       137 2018-02-18 19:26 /output/map_sqFile/index
```

得到两个文件，其中 index 是索引关系文件，data 是数据文件。

5.4　小结

本章内容对于 MapReduce 来讲是一个类似于 Java 数据类型那样的基础知识，主要针对 HDFS I/O 操作中涉及的知识点进行了介绍，包括 Hadoop 任务中涉及的节点间数据传递的方方面面的知识。本章介绍了比较重要的压缩，解决相同文件尽量以较少数据的形式传递的问题；介绍 Writable，它主要解决网络间数据传递的问题；介绍文件数据结构，主要解决的是文件以什么样的格式传递的问题。

06 第6章　MapReduce编程基础

【内容概述】

MapReduce 是 Hadoop 的分布式计算框架，在进入 Hadoop 业务编程之前，理解 MapReduce 计算过程中的每一环节的基本知识尤为重要。本章主要内容包括剖析 MapReduce 编程过程、由 WordCount 理解 MapReduce 编程过程、MapReduce 类型、Mapper 输入、Shuffle 过程、Combiner、OutFormat 输出。

【知识要点】

- ■ 掌握 MapReduce 工作输入过程
- ■ 掌握 Combiner 用法
- ■ 掌握 Shuffle 工作原理及实验过程
- ■ 掌握 MapReduce 工作输出过程

6.1　剖析 MapReduce 编程过程

本章将会基于前面的知识，讲解 MapReduce 的编程。简单地讲，MapReduce 分 Map 与 Reduce 两个阶段，当 HDFS 存储的大数据经过 Job 启动后，这个大数据任务被分成若干个小任务，每个小任务由一个 Map 来计算，Map 计算完的结果再由少数的 Reduce 任务取走，进行全局的汇总计算，计算出最终结果。也可以这样理解，MapReduce 程序运行在一个分布式集群中，它合理利用集群中的资源，发挥出分布式集群中各个节点本身的处理能力，把分布式计算中网络处理、协调不同节点的资源调配、任务协同变得简单透明。MapReduce 实现了指定一个 Map（映射）函数，把一组 key/value 对映射成一组新的 key/value 对，然后指定并行的 Reduce（归约）函数，用来保证所有 Map 的每一个 key/value 对共享相同的 key（键）组。用户编写程序时，只需要掌握 Map 与 Reduce 写法就能完成在分布式集群中的基本计算。如果遇到较复杂的业务，从 Map 输入、Shuffle 到 Reduce 输出，Hadoop 对外开放一些 API，可以满足用户依据自己业务需求进行定制的功能编写。

6.2　由 WordCount 理解 MapReduce 编程过程

在 3.5 节，我们已经体会了一个简单的 MapReduce 编程过程，写了一个单词计数的程序，这相当于学程序语言时的 hello world 程序一样，是大数据编程学习的入门案例。现在我们通过阅读 MapReduce 运行过程的部分源码来进一步理解 MapReduce 程序的执行过程。

6.2.1　准备工作

首先回顾一下经典的 WordCount 案例的 MapReduce 编程过程。第 1 件事是准备两个文档作为实验数据，如图 6-1 所示。

图 6-1　实验数据文件及内容

下面介绍几种实验平台数据的准备方法。

方法 1：在本地建立上述两个文件，然后参考 4.2 节命令，将本地文件上传至 HDFS。

方法 2：直接在 HDFS 建立上述两个文件。

方法 3：参考 4.4 节，通过 HDFS API 编写程序实现在 HDFS 上建立两个文件。参考程序如下。

```
public class HDFSWriteSample {
public static void main(String[] args) throws Exception {
    Configuration conf = new Configuration();//获取环境变量
    String dfspath = "hdfs://master:8020/input/";//指定 HDFS 平台上文件目录路径 input
    Path dir = new Path(dfspath);//创建一个目录路径的对象 dir
```

```
        Path path1 = new Path(dir + "/file1.txt");//在设置目录 input 下创建文件 file1.txt
        Path path2 = new Path(dir + "/file2.txt");//在设置目录 input 下创建文件 file2.txt
        FileSystem fs = dir.getFileSystem(conf);//创建文件系统实例 fs
        FSDataOutputStream fsout1=fs.create(path1);//通过 fs 的方法 create 创建输出流 fsout1
        byte[] buff1="hello world \\n hello hadoop".getBytes();//设置输出字节数组
        fsout1.write(buff1);//开始向/input/file1.txt 中写入 buff1 的数据
        IOUtils.closeStream(fsout1);//关闭写出流 fsout1
        FSDataOutputStream fsout2=fs.create(path2);//通过 fs 的方法 create 创建输出流 fsout2
        byte[] buff2="hello world \\n hello hadoop".getBytes();//设置输出字节数组
        fsout2.write(buff2);//开始向/input/file2.txt 中写入 buff2 的数据
        IOUtils.closeStream(fsout2);//关闭写出流 fsout2
    }
}
```

将上列程序编译生成 jar 文件并上传至集群环境中，使用如下命令执行程序。

```
[user@master ~]$ hadoop jar HDFSWriteSample.jar ch06.createfile. HDFSWriteSample
```

执行完毕后，用命令 cat 查看结果，命令如下。

```
[user@master ~]$ hadoop fs -cat /input/file1.txt
[user@master ~]$ hadoop fs -cat /input/file2.txt
```

至此，实验数据准备完毕。参照 3.5.2 节的程序编写执行，完成 WordCount 单词计数功能。其中 MapReduce 程序在编写时，大体上分成三大模块——Mapper、Reducer 和 Job。其中 Mapper 负责局部小任务的执行，Reducer 负责汇总 Mapper 输出的结果并计算作业（Job）任务的最终结果，Job 负责整个作业任务的启动与运行。

6.2.2 Mapper 工作过程

简单来讲，一个 map 函数就是对一些独立元素组成的概念上的列表（如单词计数中每行数据形成的列表）的每一个元素进行指定的操作（如把每行数据拆分成不同的单词并对每个单词计数为 1，用户可以定义一个把一行数据拆分成不同单词并每个单词计数为 1 的映射 map 函数）。事实上，每个元素都是被独立操作的，而原始列表没有被更改，因为这里创建了一个新的列表来保存新的答案。这就是说，Map 操作是可以高度并行的，这对高性能应用及并行计算领域的需求非常有用。

可以通过查看 Mapper 类源码（位于包“org.apache.hadoop.mapreduce”中），进一步理解 Map 任务的工作过程，源码如下。

```
1. public class Mapper<KEYIN, VALUEIN, KEYOUT, VALUEOUT> {
2.
3.  //设定 Context 传递给{@link Mapper}实现
4.  public abstract class Context
5.    implements MapContext<KEYIN,VALUEIN,KEYOUT,VALUEOUT> {
6.  }
7.
8.  //在任务开始时调用一次，为 map 方法提供预处理的一些内容
9.  protected void setup(Context context) throws IOException, InterruptedException {}
10.
11. //对输入分片里的 key/value 对调用一次，进行处理
```

```
12.   @SuppressWarnings("unchecked")
13.   protected void map(KEYIN key, VALUEIN value,
14.                      Context context) throws IOException, InterruptedException {
15.     context.write((KEYOUT) key, (VALUEOUT) value);//处理结果加载至 context 缓存中
16.   }
17.
18.  //在任务结尾调用一次，进行一些扫尾的工作
19.  protected void cleanup(Context context) throws IOException, InterruptedException {}
20.
21.  public void run(Context context) throws IOException, InterruptedException {
22.    setup(context);
23.    try {
24.       while (context.nextKeyValue()) {
25.         map(context.getCurrentKey(), context.getCurrentValue(), context);
                                                      //对 key/value 对进行处理
26.       }
27.    } finally {
28.       cleanup(context);
29.    }
30.  }
31. }
```

在编写 MapReduce 程序时，任何一个 Map 任务都会继承此 Mapper 类，Mapper 类里有 4 个范型，分别是 KEYIN、VALUEIN、KEYOUT、VALUEOUT，其中 KEYIN、VALUEIN 代表输入数据的<key,value>对的值，KEYOUT、VALUEOUT 代表 Mapper 类执行结束时数据输出时对应的<key,value>对的值。考虑到这些值经常需要在节点间进行网络传输，故它们都继承自 Writable 接口被封闭的类（Writable 的理解与应用详见 5.2 节）。现在解读一下 Map 任务对应的源码的执行过程。

Map 任务作业的运行开始于 Mapper.class 文件中的 run()方法（代码第 21 行），它相当于 Mapper 类的驱动，由它来开始 Map 任务作业的运行。

首先，run 方法执行 Map 作业中的 setup 方法（由代码第 22 行转到第 9 行执行），它只在作业任务开始时调用一次，非常适合处理 Map 作业需要的一些初始化的工作。

然后，通过 while（代码第 24～26 行）循环遍历 context 里的<key,value>对，对每一组 context.nextKeyValue() 获取的<key,value>对调用一次 map 方法，进行相应业务的处理。通常需要重写 map 方法以满足业务的需求（如 3.5.2 节 MapReduce 程序中 Mapper 类中的 map 方法）。在 map 方法（代码第 25 行）中定义了 3 个参数，分别是 key、value 和 context。其中，key 作为输入的关键字，value 作为输入的值，它们形成了 MapReduce 工作过程中用于传值的<key,value>对，即数据的输入是一批<key,value>对。其次从源码 context.write((KEYOUT) key, (VALUEOUT) value)（代码第 15 行）语句中可以看出，生成的结果也是一批<key,value>对，然后将其写进 context。

注意：由于 MapReduce 是基于集群运算的框架，故 key 和 value 的值为了满足集群中节点间网络传输的规则，需要支持序列化（serialize）/反序列化（unserialize）的操作，故 key 和 value 传递数据的类型需要继承 Writable 接口，而且由于整个 MapReduce 过程都以 key 为参考进行排序、分组，故 key 的值必须实现 WritableComparable 接口，保证 MapReduce 对数据输出的结果执行对应的排序操作。

最后，调用 cleanup 方法（由代码第 28 行跳到第 19 行执行）做最后的处理。它只在 Map 作业

的任务进行到结尾时执行一次，非常适合作业的一些扫尾工作。

这些操作看似复杂，但对于用户来说是透明的，在编程时，只需要按规则调用 Mapper 类，通常依据自己的业务要求对 setup、map 和 cleanup 方法中的一个或多个进行重写即可。下面给出基于 6.1 节实验数据的单词计数统计中 Mapper 类的编写代码。

【例 6-1】一个单词统计 Mapper 类编写代码。

```
1. public class WordCountMap extends Mapper<LongWritable, Text, Text, IntWritable> {
2.      protected void map(LongWritable key, Text value, Context context) throws
IOException, InterruptedException {
3.           //key 记录的是数据的偏移位置，value 是每次分片提供给我们的读取的一行数据
4.           //Map 读数据是按分片给的内容一行一行来读取的
5.           String[] strs = value.toString().split(" ");  //每一行数据拆分成单个单词放入
                                                          //数组 strs
6.           for (String str : strs) {
7.                context.write(new Text(str), new IntWritable(1));//每个单词当 key，并
                                                                  //赋值 1
8.           }
9.      }
10. }
```

例 6-1 中是一个用户重定义的 Mapper 类 WordCountMap，它依据单词计数统计的业务需求，只对 Mapper 类中的 map 方法进行了自定义重写。现在来分析一下运行的整个过程。

从宏观上来分析 Mapper 类的分配情况。依据 2.4.1 节的知识点，考虑例 6-1 中 Mapper 输入端采用的测试数据是 file1.txt 和 file2.txt 两个文件，分别不到 1KB（远小于 Block 的 128MB），故两个文件分别单独成块，共计两个 Block，分两片，每片对应一个 Mapper 类，所以本例共调用两次 Mapper 类。

现在讲解 Mapper 类的编写过程。代码第 1 行，用户自定义 WordCountMap 类继承了 Mapper 类，其中 Mapper<LongWritable, Text, Text, IntWritable>的 4 个参数的含义如下。

第 1 个参数类型 LongWritable：输入 key 类型，记录数据分片的偏移位置。

第 2 个参数类型 Text：输入 value 类型，对应于分片中的文本数据。

第 3 个参数类型 Text：输出 key 类型，对应 map 方法计算结果的 key 值。

第 4 个参数类型 IntWritable：输出 value 类型，对应 map 方法计算结果的 value 值。

Mapper 类从分片后传出的上下文中接收数据，数据以类型<LongWritable, Text>为<key,value>对的形式接收过来，然后通过重写 map 方法（代码第 2～9 行），按默认设置一行一行读取数据并以<key,value>对形式进行遍历（本例对应的实验数据文件每个文件都有两行数据，故每个文件所在的 Mapper 类都单独调用了两次 map 方法），最后经过 context.write 方法按 Mapper 类中定义的输出格式<Text, IntWritable>写入上下文中，供 Mapper、Reducer 等支持 Context 的传输程序使用。具体执行过程如图 6-2 所示。

图 6-2 中，按系统默认计算，分成两片，启用了两个 Mapper 类，经过 map 方法程序生成最终的多组<key,value>对存入上下文 Context。之后可进行 Reducer（参见 6.2.3 节）的计算，对集群中的数据进行归纳合并，计算出最终的结果。

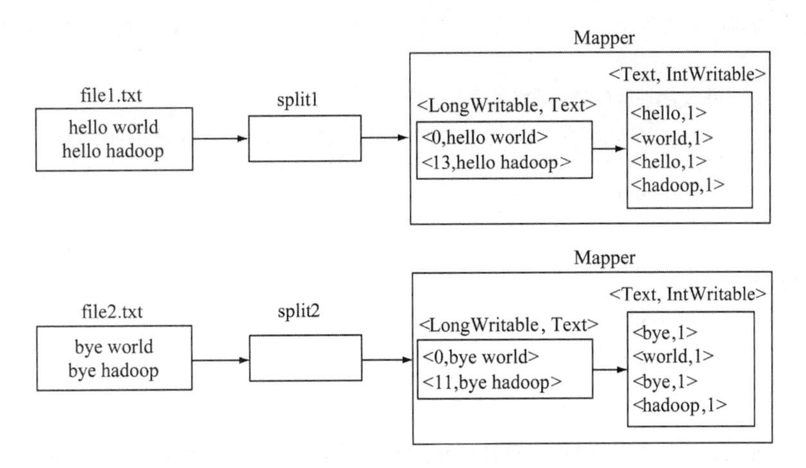

图 6-2　基于实验数据的 WordCountMap 类执行过程

6.2.3　Reducer 工作过程

Reducer 获取 Mapper 任务输出的已经完成任务的地址信息后，系统会启用复制程序，将需要的数据复制到本地存储空间，如果 Mapper 输出很小，会复制到 Reducer 的内存区域，否则会复制到磁盘上。随着复制内容的增加，Reduce 作业会批量地启动合并任务，执行合并操作。启动 Reducer 类后，接收上下文的数据进行 Reduce 作业任务。在讲解程序执行过程之前，先来看下 Reducer 类（位于包“org.apache.hadoop.mapreduce”）的源码。

```
1.  public class Reducer<KEYIN,VALUEIN,KEYOUT,VALUEOUT> {
2.
3.  //设定 Context 传递给{@link Reducer }实现，即获得 context 中的内容
4.    public abstract class Context
5.      implements ReduceContext<KEYIN,VALUEIN,KEYOUT,VALUEOUT> {
6.    }
7.
8.    //在任务开始时调用一次，为 reduce 方法提供预处理的一些内容
9.   protected void setup(Context context ) throws IOException, InterruptedException {}
10.
11. //对调用的 key/value 对进行处理
12.   protected void reduce(KEYIN key, Iterable<VALUEIN> values, Context context
13.                         ) throws IOException, InterruptedException {
14.     for(VALUEIN value: values) {//迭代获取 context 的数据
15.        context.write((KEYOUT) key, (VALUEOUT) value);//将计算结果写入 context
16.     }
17.   }
18.
19.   //在任务结尾调用一次进行一些扫尾的工作
20.   protected void cleanup(Context context) throws IOException, InterruptedException {}
21.
22.   //Reducer 类的驱动方法
23.   public void run(Context context) throws IOException, InterruptedException {
24.     setup(context);//
25.     try {
26.       while (context.nextKey()) {//确认数据是否读到结尾
```

```
27.          reduce(context.getCurrentKey(), context.getValues(), context);//对数据进行
                                                                          //处理
28.          //如果使用备份存储，请将其重置
29.          Iterator<VALUEIN> iter = context.getValues().iterator();
30.          if(iter instanceof ReduceContext.ValueIterator) {
31.            ((ReduceContext.ValueIterator<VALUEIN>)iter).resetBackupStore();
32.          }
33.        }
34.    } finally {
35.      cleanup(context);//扫尾工作
36.    }
37.  }
38. }
```

在编写 MapReduce 程序时，任何一个 Reduce 任务都会继承此 Reducer 类(代码第 1 行)，Reducer 类里有 4 个范型，分别是 KEYIN、VALUEIN、KEYOUT、VALUEOUT，其中 KEYIN 和 VALUEIN 是 Reducer 接收来自 Mapper 的输出，故 Writable 类型要与 Mapper 类里的 KEYOUT、VALUEOUT 指定输出的 key/value 数据类型一一对应。至于每个 Reducer 类接收的具体数据数量，并不一定是一个 Mapper 传出的数据量，而是由 Shffule 过程的分区决定的（详见 6.5 节）。一般一个分区对应一个 Reducer 类，当只有一个 Reducer 类时，可以接收所有分区的数据。

从宏观上来看，Reducer 的结构与 Mapper 的源码结构非常类似，由 run 方法（代码第 23 行）启动 Reducer 的任务，执行顺序是 setup→while→cleanup，其中 setup 与 cleanup 方法分别提供了对预执行和扫尾工作的支持，分别在 Reducer 任务启动前执行一次，在任务结尾时执行一次。while（代码第 26 行）会通过 context.nextKey()判断所在 Reducer 类中（一般一个 Reducer 类对应一个，一个分区接收一组或多组由 Map 任务输出的 key/value 对的值，相同的 key 及对应的值一定在一个分区中）是否有下一组 key，如果有，则把相同 key 对应的所有值放在一起传给 reduce 方法进行处理（由代码第 27 行转到第 12 行执行）。reduce 方法（代码第 12 行）有 KEYIN key、Iterable<VALUEIN> values 和 Context context 共 3 个形式参数，其中 key 就是 while 条件判定的 key，values 就是与该 key 相同的 key 对应的所有值，context 是上下文。也可以说在默认情况下，每个 reduce 方法处理的是 Reducer 类接收过的一组相同 key 对应的值，然后会依据一个 for 循环（代码第 14～16 行）对该组里每个 value 进行处理并写进上下文中。

这里可以看到，Reduce 任务在对输入数据进行处理时，因为传递过来的数据类型已经由 Map 任务确定，因此在获取数据时，也必须根据 Map 任务传递过来的数据类型进行类型的转换。

reduce 方法将传递过来的 value 值根据 key 的相同与不同进行重排序，形成一个列表，列表的构成是根据 Map 结果具有相同 key 的值合并而成的。通过对列表的迭代，可以让 reduce 方法获得每一个 key 对应的 value 值，进而对所有数据进行计算。由此可知，一个 Map 任务的执行过程及数据的输入输出形式为 Map：<k1,v1>→list<k2,v2>。

Map 任务接收输入的数据，并采用 key/value 对的形式存储(k1,v1)，然后通过自定义的算法，将符合的数据进行分类，根据相同 key 值生成若干条列表 list，此列表存储着具有相同 key 值的 value 组成的键值对(list<k2,v2>)。map 方法的第三个参数，通过指定一个 Context 实例，可以认为是系统内部上下文环境，用来存储 map 方法处理后产生的输出记录。

Reduce 任务接收的数据来自 Map 任务的输出，中间经过 Shuffle 分区、排序、分组（具体内部

操作详情见 6.5 节)，Reduce 任务正式传给 reduce 方法处理时，已经是根据相同的 key 将对应的 value 组成的一个队列。故一个 Reduce 任务执行过程及数据的输入输出形式为 Reduce：<k2,list<v2>>→<k3,v3>。

这些操作对于用户来说是透明的，编程时，只需要按规则继承 Reducer 类，一般依据自己业务对相应 Reducer 类提供的方法（通常是 reduce 方法）进行重写即可。基于 6.2.2 节的实例里数据统计中 Mapper 类输出后对应的 Reducer 类的编写代码如下。

【例 6-2】一个单词统计 Reducer 类编写代码。

```
1.  public class WordCountReduce extends Reducer<Text, IntWritable, Text, IntWritable> {
2.          //reduce 方法重写
3.          protected void reduce(Text key, Iterable<IntWritable> values, Context context)
4.                  throws IOException, InterruptedException {
5.          int sum = 0;//初始化变量 sum 为 0
6.          for (IntWritable val : values) {
7.                  sum += val.get();//将相同的单词对应的值加一起
8.          }
9.          context.write(key, new IntWritable(sum));//结果写入上下文
10.     }
11. }
```

例 6-2 中用户自定义 WordCountReduce 类继承了 Reducer 类，接收来自例 6-1 用户自定义的 Mapper 类，WordCountMap 的输出类型为 Text 和 IntWritable 的<key,value>值，其中 reduce 方法输入的是相同 key 的值迭代在一起的一组值。在本例中，reduce 方法被调用 4 次，具体 Reducer 类的执行过程如图 6-3 所示。

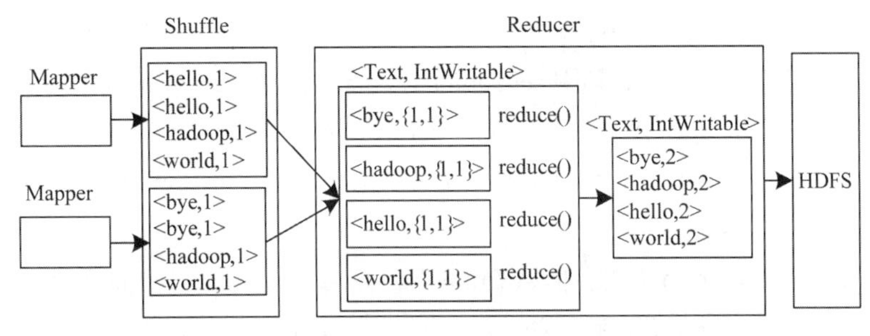

图 6-3 基于实验数据的 WordCountReducer 类执行过程

注意，reduce 方法输出后是没有排序的。

6.2.4 Job 工作过程

Map 和 Reduce 完成了集群中作业任务的映射与并发的归约过程。map 函数用来把一组键值对映射成一组新的 key/value 对，并指定 reduce 函数保证所有映射的 key/value 对中的每一个共享相同的 key 组（默认情况下，一组内是相同的 key，但也可以通过对源码的二次开发，把不同的 key 指到一组中，详见 6.5.4 节），极大地方便了编程人员在不会分布式并行编程的情况下，将自己的程序运行在分布式系统上。为保证 Mapper 和 Reducer 的运行，MapReduce 提供一个 Job 类，允许用户配置作业、提交作业、控制作业并查询状态。

Job 公共类位于源码包“org.apache.hadoop.mapreduce”中，它继承了 JobContext 接口的实现类

JobContextImpl，里面借助 set 设置启动 MapReduce 任务时需要的一些细节问题，如输入输出的数据类型、文件输入输出的路径，任务处理过程中涉及的分区（详见 6.5.2 节）、分组（详见 6.5.4 节）和排序（详见 6.5.3 节）的类等信息。下面用一个实例说明 Job 启动已经编写好的例 6-1 中名为 WordCountMap 的 Mapper 类和例 6-2 中名为 WordCountReduce 的 Reducer 类的过程：首先建立一个类文件，然后在类文件中写入例 6-3 的代码。

【例 6-3】一个简单 Job 对象编写及提交的示例。

```
1.  public static void main(String[] args) throws Exception {
2.        args = new String[] { "input", "outjob" };//指定输入输出路径地址
3.        Configuration conf = new Configuration();//获取环境变量
4.        Job job = Job.getInstance(conf);//实例化任务
5.        job.setJarByClass(WordCount_job.class);//设定运行 jar 类型
6.        job.setOutputKeyClass(Text.class);//设置输出 Key 格式
7.        job.setOutputValueClass(IntWritable.class);//设置输出 Value 格式
8.        job.setMapperClass(WordCountMap.class);//设置 Mapper 类
9.        job.setReducerClass(WordCountReduce.class);//设置 Reducer 类
10.       FileInputFormat.addInputPath(job, new Path(args[0]));//设置输入路径
11.       FileOutputFormat.setOutputPath(job, new Path(args[1]));//设置输出路径
12.       job.waitForCompletion(true);
13. }
```

例 6-3 中，首先获得集群的环境变量情况（代码第 3 行），然后建立 Job 的实例，并把创建的环境变量的实例 conf 赋予 Job 的构造方法（代码第 4 行）。在 Job 作业中，set 方法只有在作业被提交之后才会起作用，之后它们将抛出一个 IllegalStateException 异常。通常，用户创建应用程序，通过 Job 描述作业的各个方面，然后提交作业并监视其进度。代码第 5～9 行指定 Job 作业要执行的 MapReduce 程序的类名及类间传输的数据类型，其中 setOutputKeyClass 与 setOutputValueClass 设定输出的类型。除此之外，也可以自定义 Mapper 输入类型。代码第 10 行的 FileInputFormat 类继承自 InputFormat 类，主要完成输入路径的设置。如果输入路径来自多个文件夹，可通过 setInputPaths 方法指定 Mapper 输入文件的多路路径来源（详见 6.4.3 节）。

代码第 11 行 FileOutputFormat 类继承自 OutputFormat 类，通过 setOutputPath 方法指定 Job 作业执行完成结果输出的路径。对于 Shuffle 过程默认的分区、分组、排序，如果不能满足业务要求，也可以自定义指定（详见 6.5 节）。

1. 作业 Job 提交过程

JobClient 是用户提交的作业和 ResourceManager（Hadoop1 时代是 JobTracker）交互的主要接口。JobClient 提供提交作业、追踪进程、访问子任务的日志记录、获得 MapReduce 集群状态信息等功能。

Hadoop1 时代作业提交过程如下。

（1）检查作业输入输出样式的细节。

（2）为作业计算 InputSplit 值。

（3）如果需要的话，为作业的 DistributedCache 建立必需的统计信息。

（4）复制作业的 jar 包和配置文件到 FileSystem 上的 MapReduce 系统目录下。

（5）提交作业到 JobTracker 并且监控它的状态。

到了 Hadoop 2 时代，作业提交过程第（5）条发生改变，即提交作业到 ResourceManager 并且监

控它的状态。

2. 作业 Job 的输入

InputFormat 为 MapReduce 作业描述输入的细节规范。MapReduce 框架根据作业的 InputFormat 做如下工作。

（1）检查作业输入的有效性。

（2）把输入文件切分成多个逻辑 InputSplit 实例，并把每一个实例分别分发给一个 Mapper。

（3）提供 RecordReader 的实现，这个 RecordReader 从逻辑 InputSplit 中获得输入记录，这些记录将由 Mapper 处理。

3. 作业 Job 的输出

OutputFormat 描述 MapReduce 作业的输出样式。MapReduce 框架根据作业的 OutputFormat 来做如下工作。

（1）检查作业的输出，例如检查输出路径是否已经存在。

（2）提供一个 RecordWriter 的实现，用来输出作业结果。TextOutputFormat 是默认的 Output Format，输出文件被保存在 FileSystem 上。

6.3 MapReduce 类型

由 6.2 节可知，map 和 reduce 函数遵循如下常规格式。

```
map: <k1,v1>—> list<k2,v2>
reduce: <k2,list<v2>>—>list <k3,v3>
```

并不要求在 map 函数计算后输出的 key/value 类型<k2,v2>与 map 函数输入的 key/value 类型<k1,v1>一致，但 reduce 函数输入的 key/value 类型必须与 map 函数的输出类型一致，reduce 函数的输出类型可以不同于它的输入类型。

Context 类对象是输入和输出任务的上下文对象，它仅提供给 Mapper 或 Reducer 连接对应的 key/value 的任务的输入与输出。其中，程序中用到的 write 方法的源码包含在 TaskInputOutputContext 接口中，位于包“org.apache.hadoop.mapreduce”下，源码如下。

```
public void write(KEYOUT key, VALUEOUT value)
        throws IOException, InterruptedException;
```

它用于生成一个输出 key/value 对。参数 key 代表键值，KEYOUT 代表任务输出的键类型；参数 value 代表值，VALUEOUT 代表任务输出的值类型。程序中通过 context.write<key,value>语句将 key/value 输出写入至上下文，在 Mapper 和 Reducer 这两个单独类间起到一个承上启下的作用。

6.4 Mapper 输入

Mapper 数据的输入本质上讲来源于 HDFS 上存储的数据，这些数据在进入 Mapper 计算之前有一个分片的过程，它主要将 HDFS 上的 Block 在进行 map 计算之前，进行重新划分，生成一组记录分片长度和一个记录数据位置的数组，进而内部形成记录数组位置和值的<key,value>逻辑，然后传输给 Mapper 进行计算。在这里，key 和 value 的类型有一套默认的类型机制，同时也是向用户开放的接口，允许用户进行自定义分片逻辑和自定义 Mapper 输入类型的编辑。

6.4.1 默认输入格式

例 6-1 中对 Mapper 定义时，我们采用的语句是 public class WordCountMap extends Mapper<LongWritable, Text, Text, IntWritable>。

请注意，Mapper 的输入类型是 LongWritable，而对 Job 的定义（详见例 6-3）并没有对 Mapper 输入进行指定。如果您试着把此处 LongWritable 更改成其他类型，如 Text，即 public static class WordCountMap extends Mapper<Text, Text, Text, IntWritable>。程序会报如下的错误。

```
    java.lang.Exception: java.io.IOException: Type mismatch in key from map: expected org.apache.hadoop.io.Text, received org.apache.hadoop.io.LongWritable
    at org.apache.hadoop.mapred.LocalJobRunner$Job.runTasks(LocalJobRunner.java:462)
    at org.apache.hadoop.mapred.LocalJobRunner$Job.run(LocalJobRunner.java:522)
    Caused by: java.io.IOException: Type mismatch in key from map: expected org.apache.hadoop.io.Text, received org.apache.hadoop.io.LongWritable
    at org.apache.hadoop.mapred.MapTask$MapOutputBuffer.collect(MapTask.java:1069)
    at org.apache.hadoop.mapred.MapTask$NewOutputCollector.write(MapTask.java:712)
    at org.apache.hadoop.mapreduce.task.TaskInputOutputContextImpl.write(TaskInputOutputContextImpl.java:89)
    at org.apache.hadoop.mapreduce.lib.map.WrappedMapper$Context.write(WrappedMapper.java:112)
    at org.apache.hadoop.mapreduce.Mapper.map(Mapper.java:124)
    at org.apache.hadoop.mapreduce.Mapper.run(Mapper.java:145)
    at org.apache.hadoop.mapred.MapTask.runNewMapper(MapTask.java:784)
    at org.apache.hadoop.mapred.MapTask.run(MapTask.java:341)
    at org.apache.hadoop.mapred.LocalJobRunner$Job$MapTaskRunnable.run(LocalJobRunner.java:243)
    at java.util.concurrent.Executors$RunnableAdapter.call(Unknown Source)
    at java.util.concurrent.FutureTask.run(Unknown Source)
    at java.util.concurrent.ThreadPoolExecutor.runWorker(Unknown Source)
    at java.util.concurrent.ThreadPoolExecutor$Worker.run(Unknown Source)
    at java.lang.Thread.run(Unknown Source)
```

错误的大体意思是 Map 输入的 key 类型设定的是 text，而接收的输入类型是 LongWritable，即传输的数据类型与输入的数据类型不匹配。

出现这种错误的原因是 LongWritable 是系统默认的输入类型，这是分片阶段就决定了的事情。然后通过 Job 类下的 setInputFormatClass 方法进行输入类型的匹配设定，由于例 6-3 中没有写，故系统采用默认匹配类型，代码如下。

```
    job.setInputFormatClass(TextInputFormat.class);
```

对于 TextInputFormat 类，Mapper 输入 key 为 LongWritable。现在让我们从 setInputFormatClass 方法到引用中的 TextInputFormat 类的源码开始，一点点理解它们的具体执行过程。

1. setInputFormatClass

查看 Job 类下 setInputFormatClass 方法的源码如下。

```
public void setInputFormatClass(Class<? extends InputFormat> cls) throws IllegalStateException {
    ensureState(JobState.DEFINE);
    conf.setClass(INPUT_FORMAT_CLASS_ATTR, cls,
                  InputFormat.class);
  }
```

这里有一个很重要的类 InputFormat，它位于包“org.apache.hadoop.mapreduce”中，一共包含两

个方法——getSplits 和 createRecordReader，它们的源码如下。

```
@InterfaceAudience.Public
@InterfaceStability.Stable
public abstract class InputFormat<k, v> {
//对输入的数据进行分片
  public abstract List<InputSplit> getSplits(JobContext context) throws IOException,
InterruptedException;
//获取分片中的数据
  public abstract RecordReader<k,v> createRecordReader(InputSplit split, TaskAttempt
Context context
                                        ) throws IOException, InterruptedException;
}
```

getSplits 对输入数据进行分片，最终获取一个 InputSplit 的返回列表。InputSplit 的源码如下。

```
@InterfaceAudience.Public
@InterfaceStability.Stable
public abstract class InputSplit {
//获取分片 split 的大小，以便输入分片按其排序，并返回分片的字节数据
public abstract long getLength() throws IOException, InterruptedException;
//获取分片所在本地节点的命名列表（本地不需要序列化），并返回一个新的节点数组
public abstract String[] getLocations() throws IOException, InterruptedException;
  //返回分片数据存储每一位置的本地拆分信息列表
//如果是空值，则表示所有位置都有数据存储在磁盘上
  @Evolving
  public SplitLocationInfo[] getLocationInfo() throws IOException {
    return null;
  }
}
```

createRecordReader 方法获得一个 RecordReader 的返回值。RecordReader 的源码信息如下。

```
@InterfaceAudience.Public
@InterfaceStability.Stable
public abstract class RecordReader<KEYIN, VALUEIN> implements Closeable {
  //在初始化时调用一次
  public abstract void initialize(InputSplit split,TaskAttemptContext context
                                        ) throws IOException, InterruptedException;
  //判断下一个 key/value 是否存在，如果存在，则返回 true
  public abstract boolean nextKeyValue() throws IOException, InterruptedException;
  //获取当前 key。如果存在当前 key，则返回当前 key，否则返回 null
  public abstractKEYIN getCurrentKey() throws IOException, InterruptedException;
  //获取当前的值，返回读取的对象
  public abstract VALUEIN getCurrentValue() throws IOException, InterruptedException;
  //记录 record reader 通过数据的当前处理进度，返回 0.0～1.0 之间的数字，用于标记当前进度情况
  public abstract float getProgress() throws IOException, InterruptedException;
  //关闭 recorde reader
  public abstract void close() throws IOException;
}
```

可见，RecordReader 类主要实现了将数据拆分成<key,value>对，然后传递给 Map 的任务。

2. TextInputFormat

TextInputFormat 是输入采用的默认格式，即如果 Job 对象中不指定，系统默认会运行它。如果指定的话，它的代码引用格式如下。

```
job.setInputFormatClass(TextInputFormat.class);
```

TextInputFormat 类中一共包含 createRecordReader 和 isSplitable 两个方法，它的源码位于包“org.apache.hadoop.mapreduce.lib.input”中，源码如下。

```
@InterfaceAudience.Public
@InterfaceStability.Stable
public class TextInputFormat extends FileInputFormat<LongWritable, Text> {
  //定义文本文件的读取方式，是通过返回的 RecordReader<LongWritable, Text>类实现的
  @Override
  public RecordReader<LongWritable, Text> createRecordReader(InputSplit split,
                           TaskAttemptContext context) {
    String delimiter = context.getConfiguration().get(
          "textinputformat.record.delimiter");
    byte[] recordDelimiterBytes = null;
    if (null != delimiter)
        recordDelimiterBytes = delimiter.getBytes(Charsets.UTF_8);//采用 UTF_8 编码
    return new LineRecordReader(recordDelimiterBytes);//返回一个 LineRecordReader 实例
  }

  //判断是否分片，如果分片，则返回 true
  @Override
  protected boolean isSplitable(JobContext context, Path file) {
//根据文件名后缀查找给定文件 file 的相关压缩编解码器
    final CompressionCodec codec =
      new CompressionCodecFactory(context.getConfiguration()).getCodec(file);
    if (null == codec) {
       return true;//没有压缩，返回 ture
    }
    //返回 SplittableCompressionCodec 的编解码器实例
    return codec instanceof SplittableCompressionCodec;  }
}
```

TextInputFormat 以<LongWritable, Text>形式继承了 FileInputFormat 类的逻辑，重写了 isSplitable()方法，FileInputFormat 中 isSplitable()方法源码如下。

```
protected boolean isSplitable(JobContext context, Path filename) {
    return true;
  }
```

代码设定了默认可分片的格式。在 TextInputFormat 类中的 isSplitable()方法中，代码加入了压缩的判定，如果没有压缩，则设定为可分片，如果有压缩，返回的是分片压缩的编解码器的实例。

createRecorderReader()是定义文本文件的读取方式，实际文件读取是通过它返回的 RecordReader <LongWritable, Text>的子类 LineRecordReader 的实例（它的源码位于包“org.apache.hadoop.mapreduce.lib.input”中），在源码的第 206～215 行中用两个 get 方法获取了 RecordReader 中两个指定泛型的类型。源码如下。

```
@Override
public LongWritable getCurrentKey() {
  return key;
}

@Override
public Text getCurrentValue() {
  return value;
}
```

其中 getCurrentKey 方法指定了获取 key 的类型，也就是 Mapper 要获取的输入 key 的类型；getCurrentValue 方法指定了获取 value 的类型，也就是 Mapper 要获取的输入 value 的类型。

当数据类型的问题解决后，那么在 2.4.1 节中图 2-11 中体现的当 map 方法想取一行数据，而又恰好该条数据存在于两个 Block 中的情况。这个问题是如何解决的呢？可以参考 LineRecordReader 中的 initialize 方法，位于源码第 114～116 行，代码如下。

```
  public void initialize(InputSplit genericSplit,
                         TaskAttemptContext context) throws IOException {
------
start = split.getStart();
------
      if (start != 0) {
         start += in.readLine(new Text(), 0, maxBytesToConsume(start));
      }
      this.pos = start;
  }
```

这里 if 的判定条件是 start != 0，即从第二行开始读取数据，那么第一行数据哪里去了呢？这里 LineRecordReader 采用了较直接的设计思想，为了保证数据一行被切断时能正确读取，并没有判断数据是否切断，而且一视同仁地除了第一个 split，其他所有 split 都经过 if 的判定，全部从第二行开始读数据，当然到达 split 结尾时总是再多读一行，这样就避开数据被切断的烦恼了。这时问题又出来了，首行这样解决，如果读到最后一个 split 的结尾时，没有下一行，再读就越界了，这时怎么办？源码的第 170～204 行的 nextKeyValue 方法解决了这样的问题。它的源码如下。

```
public boolean nextKeyValue() throws IOException {
      if (key == null) {
         key = new LongWritable();
      }
      key.set(pos);
      if (value == null) {
         value = new Text();
      }
      int newSize = 0;
      //We always read one extra line, which lies outside the upper
      //split limit i.e. (end - 1)
      while (getFilePosition() <= end || in.needAdditionalRecordAfterSplit()) {
       if (pos == 0) {
          newSize = skipUtfByteOrderMark();
        } else {
          newSize = in.readLine(value, maxLineLength, maxBytesToConsume(pos));
          pos += newSize;
        }

        if ((newSize == 0) || (newSize < maxLineLength)) {
          break;
        }

        //line too long. try again
        LOG.info("Skipped line of size " + newSize + " at pos " +
                 (pos - newSize));
    }
    if (newSize == 0) {
       key = null;
       value = null;
       return false;
```

```
    } else {
      return true;
    }
  }
```

其中 while 使用的判定条件计算当前位置小于或等于 split 的结尾位置，即当前已处于 split 的结尾位置时，while 依然会执行一次，然后结束。这样就解决了 InputSplit 读取跨界的问题。

6.4.2 FileInput 输入

在讲解系统输入格式之前，继续上个实验，仍然采用下面的写法，即将 LongWritable 改成 Text。

```
public class WordCountMap extends Mapper<Text, Text, Text, IntWritable>
```

同时调用 Job 类中的 setInputFormatClass 方法，引用 KeyValueTextInputFormat 类，指定作业 Job 输入格式。

```
job.setInputFormatClass(KeyValueTextInputFormat.class);
```

此时再运行范例，程序不会报错，而是正常运行。这是为什么呢？主要是在 KeyValueTextInputFormat 类中的 RecordReader<Text, Text>中已经指定了 Map 输入格式为：key 是 Text 类型，value 是 Text 类型。Hadoop 还提供了其他的输入格式，归纳起来如图 6-4 所示。

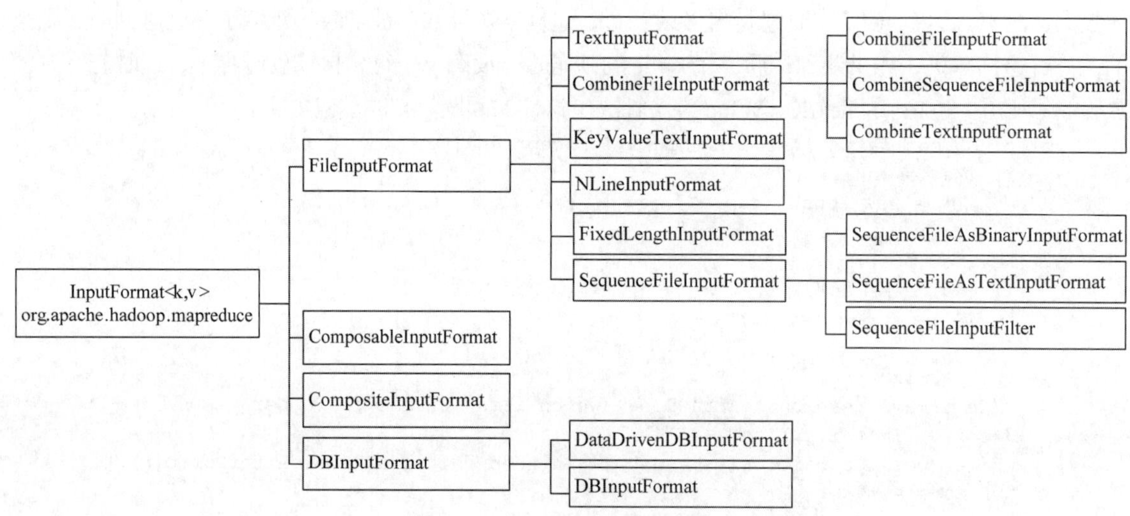

图 6-4 InputFormat 类的层次结构

MapReduce 框架的作业依赖于 InputFormat。InputFormat 描述 MapReduce 作业的输入规范，将输入文件拆分为逻辑的分片，提供 RecordReader 实现，用于从逻辑 InputSplit 中收集输入记录以供 Mapper 处理。InputFormat 拥有 4 个子类，如表 6-1 所示。

表 6-1　　InputFormat 子类描述

类名	所在包名	功能描述
ComposableInputFormat	org.apache.hadoop.mapreduce.lib.join	继承 WritableComparable 和 Writable 接口，并提供 Composable RecordReader
CompositeInputFormat	org.apache.hadoop.mapreduce.lib.join	继承 WritableComparable 接口，能够对一组数据源进行连接，并以相同的方式进行排序和分区
DBInputFormat	org.apache.hadoop.mapreduce.lib.db	继承 DBWritable 接口，一个从 SQL 表读取输入数据的 InputFormat。输入格式为<LongWritables,DBWritables>
FileInputFormat	org.apache.hadoop.mapreduce.lib.input	所有基于文件的 InputFormats 的基类

其中 FileInputFormat 是所有使用文件作为其数据源的 InputFormat 实现的基类。它提供两个功能，一是 Job 输入文件的位置，二是输入文件生成分片的实现代码。FileInputFormat 有 6 个子类，其含义如下。

（1）TextInputFormat：它是默认的纯文本文件的 InputFormat，每条记录是一行输入，换行符或回车符用于表示行结束。键（key 或 K）是文件中的位置，值（value 或 V）是文本的行。输入格式如下。

```
<K,V>—<LongWritable,Text>
```

（2）CombineFileInputFormat：它是一个抽象的 InputFormat，它返回 InputFormat.getSplits（JobContext）方法中的 CombineFileSplit。它主要是针对小文件而设计的，可以把多个文件打包到一个分片中，以便每个 Mapper 处理更多的操作，同时会考虑到节点和机架的因素。例如，如果未指定 maxSplitSize，则来自同一机架的块将在一个分割中组合，可参见 6.4.4 节中的示例。

（3）KeyValueTextInputFormat：纯文本文件的 InputFormat。每条记录是一行输入，换行符或回车符用于表示行结束。每行按分隔符字节分为键和值两部分。如果不存在这样的字节，则键将是整行的，并且值将是空的。分隔符字节可以在属性名称 mapreduce.input.keyvaluelinerecord- reader.key. value.separator 下的配置文件中指定。默认值是制表符（'\ t'）。输入格式如下。

```
<K,V>—<Text,Text>
```

（4）NLineInputFormat：TextInputFormat 与 KeyValueTextInputFormat 都是将一行作为一个记录输入给 map 方法，而 NLineInputFormat 可以实现使 Mapper 收到固定行数的输入，其中 N 是每个 Mapper 收到的输入行数。其中键和值与 TextInputFormat 一样，是<LongWritable,Text>格式，不同的是输入分片的构造。

（5）FixedLengthInputFormat：一种用于读取包含固定长度记录的输入文件格式。记录的内容不必是文本，它可以是任意的二进制数据。

（6）SequenceFileInputFormat：它是 Hadoop 的顺序文件格式，存储二进制的<K,V>对的序列。支持压缩，它的输入格式<K,V>由顺序文件决定，只需要保证 Map 输入类型匹配即可。

6.4.3 多路径输入

以上案例中 Path 路径的输入都指定为一个固定的文件夹下的所有文件或者单个文件位置，但实际项目中往往需要从不同路径下取文件，且这些文件都由同一个 InputFormat 和同一个 Mapper 来解释。针对这样的情况，FileInputFormat 类下的 setInputPaths 方法可以实现此功能。

【例 6-4】数据源多路径输入单个 Mapper 样例，且 Mapper 类从 HDFS 下的 root 文件夹下的 a\b\c\d\e 这 5 个子文件夹下的所有文件获取数据。

```
1. String inPath = "root";
2.        String[] puts = new String[] { inPath + "/a", inPath + "/b", inPath + "/c", 
inPath + "/d", inPath + "/e" };
3.        Path[] inPaths = new Path[puts.length];
4.        for (int i = 0; i < puts.length; i++) {
5.              inPaths[i] = new Path(puts[i]);
6.        }
7.        FileInputFormat.setInputPaths(job, inPaths);
```

代码第 2 行指定了由要取数据的 a\b\c\d\e 5 个子文件夹路径组成的字符数组，这些数组与 Job 实例一起传给代码第 7 行中 FileInputFormat 类下的 setInputPaths 构造方法，完成了不同数据源中相同格式数据的读取。

有时会遇到数据集不同、格式不同，甚至参与 Mapper 类不同的情况，例如连接操作（具体参见 7.4 节）。这时需要对数据源分别进行解析，MapReduce 在包“org.apache.hadoop.mapreduce.lib.input”下提供的 MultipleInputs 类可以妥善处理此问题。该类支持具有多个输入路径的 MapReduce 作业，且每条输入路径可以指定不同的 InputFormat 和 Mapper。

【例 6-5】不同数据源多路径输入多个 Mapper。

```
1.  public class JoinMultiMapper {
2.   public static int time = 0;
3.
4.   public static class MapA extends Mapper<Object, Text, Text, Text> {
5.   public void map(Object key, Text values, Context context) throws IOException,
InterruptedException {
6.            String[] str = values.toString().split(" ");
7.            context.write(new Text(str[0]), new Text("mapA," + values.toString()));
8.      }
9.    }
10.
11.  public static class MapB extends Mapper<Object, Text, Text, Text> {
12.   public void map(Object key, Text values, Context context) throws IOException,
InterruptedException {
13.            String[] str = values.toString().split(",");
14.            context.write(new Text(str[0]), new Text("mapB," + values.toString()));
15.      }
16.  }
17.
18.   public static class Reduce extends Reducer<Text, Text, Text, Text> {
19.  public void reduce(Text key, Iterable<Text> values, Context context) throws
IOException, InterruptedException {
20.            for (Text val2 : values) {
21.                  context.write(new Text(" "), new Text(key + ", " + val2));
22.            }
23.      }
24.  }
25.
26.  public static void main(String[] args) throws Exception {
27.       Configuration conf = new Configuration();
28.       String[] otherArgs = new String[] { "input", "aMulti" };
29.       if (otherArgs.length != 2) {
30.             System.err.println("Usage: Single Table Join <in><out>");
31.             System.exit(2);
32.       }
33.       Job job = Job.getInstance(conf);
34.       job.setJobName("Single Table Join");
35.       job.setJarByClass(JoinMultiMapper.class);
36.       job.setNumReduceTasks(1);
37.       MultipleInputs.addInputPath(job, new Path("inputA/"), TextInputFormat.class,
MapA.class);
38.       MultipleInputs.addInputPath(job, new Path("inputB/"), TextInputFormat.class,
MapB.class);
39.       job.setReducerClass(Reduce.class);
40.       job.setOutputKeyClass(Text.class);
41.       job.setOutputValueClass(Text.class);
42.       FileInputFormat.addInputPath(job, new Path(otherArgs[0]));
43.       FileOutputFormat.setOutputPath(job, new Path(otherArgs[1]));
```

```
44.        System.exit(job.waitForCompletion(true) ? 0 : 1);
45.  }
46. }
```

这段代码取代了对 FileInputFormat.addInputPath()和 job.setMapperClass()的常规调用。路径 inputA 与路径 inputB 下数据格式不同，一个是以空格分隔，一个是以逗号分隔，实际开发中可能会更复杂。两个 Mapper（代码第 4 行、第 11 行）分别对不同路径、不同格式下的数据进行分隔操作，然后通过 context 传递给下一个任务。Reducer 接收到的只是 Map 输出，并不知道输入是由不同 Mapper 产生的。在代码的第 37～38 行，MultipleInputs 下的 addInputPath 方法指定了要执行的多个 Mapper 中每一个 Mapper 对应的路径及 Job 作业实例。

6.4.4　自定义输入分片

作为 Mapper 输入，分片是很重要的一个环节。它主要将 HDFS 上 Block 在进行 Map 计算之前，重新进行逻辑上的划分。6.4.1 节对 FileInputFormat 下系统分片过程做了简短介绍，通常默认情况下，分片大小与 HDFS 的 Block 大小一样，这是合理的。下面通过 FileInputFormat 的部分源码来进一步讲解分片的计算过程。

```
/**
* isSplitable 方法确定文件是否分片
* 如果文件可拆分，此处设定分片为真
* 否则，如压缩文件不支持拆分（见表 5-1 的文件）的，则不进行拆分。
*/
protected boolean isSplitable(JobContext context, Path filename) {
     return true;
  }

//获取由格式强加的分片大小的下限，默认值是 1
  protected long getFormatMinSplitSize() {
    return 1;
  }
//返回一个分片中最小的有效字节数
  public static long getMinSplitSize(JobContext job) {
    return job.getConfiguration().getLong(SPLIT_MINSIZE, 1L);
  }
//返回一个分片中最大的有效字节数
  public static long getMaxSplitSize(JobContext context) {
    return context.getConfiguration().getLong(SPLIT_MAXSIZE, Long.MAX_VALUE);
  }
--------------------------------
//用 getSplits 方法生成文件列表并将其制作成 FileSplits
public List<InputSplit> getSplits(JobContext job) throws IOException {
    //返回 getFormatMinSplitSize 与 getMinSplitSize 返回的两个 long 值中较大的一个
    long minSize = Math.max(getFormatMinSplitSize(), getMinSplitSize(job));
    long maxSize = getMaxSplitSize(job);
//对每个文件进行切片
    for (FileStatus file: files) {
--------------------------------
        //文件分片为真的话，进行分片大小的计算
        if (isSplitable(job, path)) {
```

```
            long blockSize = file.getBlockSize();//获取 HDFS Block 大小
            long splitSize = computeSplitSize(blockSize, minSize, maxSize);//计算分片的
                                                                              //大小
------------------------------
    }
    }
    }

    //分片大小的计算
    protected long computeSplitSize(long blockSize, long minSize, long maxSize) {
        return Math.max(minSize, Math.min(maxSize, blockSize));
    }
```

最小分片大小通常是 1 字节，最大分片大小默认值是由 Java 的 long 类型表示的最大值（Long.MAX_VALUE），只有把它的值设置成小于 HDFS Block 才有效果。computeSplitSize 方法通过 Math.max(minSize, Math.min(maxSize, blockSize))计算了分片的大小。在默认情况下，minSize< blockSize< maxSize，故通常情况下，分片的大小就是 HDFS 下 Block 的大小。

这些值也可以通过设置 Hadoop 的属性 mapred.min.split.size、mapred.max.split.size 和 dfs.block.size 进行重新设定。

【例 6-6】要对 HDFS 中存储的很多不到 1KB 大小的小文件进行统计计算，默认一个小文件启用的 Mapper 类，系统运行性能太低，拟通过自定义分片形式将 4KB 启用为一片，进行计算。

自定义输入格式，默认取消分片设置，并继承 CombineFileInputFormat，可以将多个小文件进行合并，泛型参数为输入 map 函数中的<key,value>类型。此例设定为<Text, Text>，作为 Mapper 输入类型。

```
    /**
     * 自定义的分片类，继承 CombineFileInputFormat 可以将多个小文件进行合并，泛型参数为输入 map 函数中
的 key,value 类型
     */
    public class MyInputFormat extends CombineFileInputFormat<Text, Text> {

        //重写此方法，直接返回 false，对所有文件都不进行切割，保持完整
        @Override
        protected boolean isSplitable(JobContext context, Path file) {
            return false;
        }

        /**
         * 重写此方法，返回的 CombineFileRecordReader 为处理每个分片的 RecordReader
         * 在构造函数中设置的自定义 RecordReader 对象
         */
        @Override
        public RecordReader<Text, Text> createRecordReader(InputSplit inputSplit, Task
AttemptContext taskAttemptContext) throws IOException {
            return new CombineFileRecordReader<Text, Text>((CombineFileSplit) inputSplit,
taskAttemptContext, MyRecordReader.class);
        }
    }
```

调用主程序，在主程序中设定文件的最大有效字节数，使分片计算中，按参数设定值进行切片。参考代码如下。

```
1. public class ReSplitDemo {
2. public static class FFMap extends Mapper<Text, Text, Text, Text> {
3.  protected void map(Text key, Text value, Context context) throws IOException, 
InterruptedException {
4.              context.write(key, value);
5.          }
6.    }
7.
8.    public static class FFReduce extends Reducer<Text, Text, Text, Text> {
9.         protected void reduce(Text key, Iterable<Text> values, Context context)
10.                throws IOException, InterruptedException {
11.             for (Text val : values) {
12.                  context.write(key, val);
13.             }
14.        }
15.  }
16.
17. public static void main(String[] args) throws Exception {
18.        args = new String[] { "root/a", "outs00002" };
19.        String inPath = "root";
20.        Configuration conf = new Configuration();//获取环境变量
21.     //设置一个文件分片中最大的有效字节数（以字节算）
22.        conf.setLong("mapreduce.input.fileinputformat.split.maxsize", 4096);
23.        Job job = Job.getInstance(conf);//实例化任务
24.        job.setJarByClass(ReSplitDemo.class);//设定运行 Jar 类型
25.        job.setOutputKeyClass(Text.class);//设置输出 Key 格式
26.        job.setOutputValueClass(Text.class);//设置输出 Value 格式
27.        job.setInputFormatClass(MyInputFormat.class);  //自定义输入格式
28.        job.setMapperClass(FFMap.class);//设置 Mapper 类
29.        job.setReducerClass(FFReduce.class);//设置 Reducer 类
30.
31.        FileInputFormat.addInputPath(job, new Path(args[0]));//添加输入路径
32.        //添加多路径输入路径
33.        String[] puts = new String[] { inPath + "/a", inPath + "/b", inPath + "/c", 
inPath + "/d", inPath + "/e" };
34.        Path[] inPaths = new Path[puts.length];
35.        for (int i = 0; i < puts.length; i++) {
36.             inPaths[i] = new Path(puts[i]);
37.        }
38.        FileInputFormat.setInputPaths(job, inPaths);
39.        FileOutputFormat.setOutputPath(job, new Path(args[1]));//添加输出路径
40.        job.waitForCompletion(true);
41. }
42. }
```

运行结果如下。

（1）当不加入第 22 行代码时，作业运行结果只有一个分片。

```
17/12/15 12:09:19 INFO input.FileInputFormat: Total input paths to process : 10
17/12/15 12:09:19 INFO mapreduce.JobSubmitter: number of splits:1
```

（2）当加入第 22 行代码时，作业运行此语句后，会按总文件的大小除以 4096 进行文件分片。本例共有 10 个小文件，总计大小 6KB，共分 2 片。

```
17/12/15 12:12:12 INFO input.FileInputFormat: Total input paths to process : 10
17/12/15 12:12:12 INFO mapreduce.JobSubmitter: number of splits:2
```

此例中，在进行重写 InputFormat 时继承的是 CombineFileInputFormat，它可以进行小文件的合并。

6.5 Shuffle

考虑大数据下的数据排序，如果能分散在集群中进行，即在 Reducer 输入时数据已经按 Key 排好序，这会是一个不错的主意。Hadoop 运行机制中有个 Shuffle 的过程，执行的就是这样的功能，即可以把系统执行排序的过程（将 Map 输出进行分区、分组、排序和归纳等处理后，作为输入传给 Reducer）称为 Shuffle。它对于用户来讲基本是透明的，可插拔的设计模式方便用户应用自定义的逻辑（如：自定义分区、算定义排序）替换内置的 Shuffle 逻辑。可以说它是整个 MapReduce 运行过程中的“心脏”，能帮助我们解决很多实际项目的大数据计算问题。

6.5.1 Shuffle 运行原理

在进行 Shuffle 的开发之前，有必要了解下它内部的运行原理。如图 6-5 所示，Shuffle 分为 Map 的 Shuffle 端和 Reduce 的 Shuffle 端。下面让我们来看看它在这两端都做了什么。

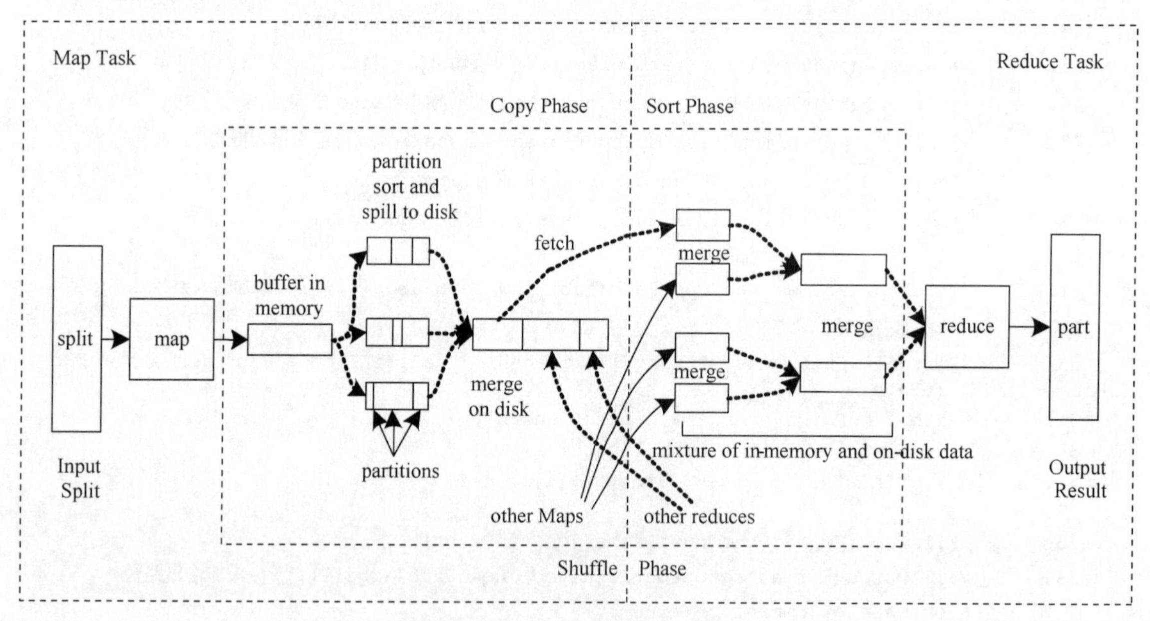

图 6-5　MapReduce 的 Shuffle 和排序

1. Map 端

Map 操作是可以高度并行的，这对有高性能要求的应用及并行计算领域的需求非常有用，也将大数据计算过程的任务分散化，它的计算结果产生输出时，并不是直接写入磁盘，在传输给 Reduce 端之前，出于对整个计算过程的效率问题的考虑，对数据进行了排序处理。下面从写磁盘，分区、分组和排序，文件合并和压缩 4 个方面说明 Map 端的 Shuffle 过程。

（1）写磁盘

文件分片之后进行 Map 计算，Map 函数计算产生输出的结果，首先写入每个 Map 任务自己的环形内存缓冲区。当缓冲区的数据积累到一定量（如 100MB 缓冲区内容达到 80%）时，后台线程开始把内容溢出至磁盘。其中缓冲区的大小 100MB 和阈值 80%可通过 Hadoop 属性 io.sort.mb 和 io.sort.spill.percent 设置。这样保证在溢出写到磁盘的过程中，剩余的 20MB 缓冲区空间可以从 Map 输出继续写到缓冲区。如果这个过程中缓冲区被填满，Map 会被阻塞，直到写磁盘过程完成。

（2）分区和排序

数据在写入磁盘之前，缓存中的数据首先会被分区（Partition），默认为 Hash 算法，会依据 Reducer 的任务数或者 Hadoop 属性设定 Reducer 任务数，参与分区的计算。在每个分区中，后台进程会按 key 进行内存排序（Sort）。最后传给 reduce 方法计算时，默认情况下，reduce 方法每次接收一组相同的 key 进行计算。如果默认的分区、分组和排序的计算方法不能满足业务要求，可通过 MapReduce API 进行自定义编写，具体实现方法可参见 6.5.2 节至 6.5.4 节。在排序之后，如果任务启动了 Combiner 输出，则相同的 key 会进行本地的合并操作，类似 Reduce 操作，不同的是它发生在本地，从而减少了需要溢写到磁盘的数据量，减轻了网络传输的负载，最终 Combiner 的输出（如果 Combiner 可选项被启用时）成为 Reducer 任务的输入。

（3）文件合并

缓存内的数据会以轮询的方式写出到指定的目录（可通过 mapred.local.dir 属性设置），每次缓冲区数据达到设定的溢写阈值时，都会建立一个新的溢写文件（Spill File），将经过分区和排序的所有 <key,value>数据写入溢写文件中。随着 MapReduce 任务的继续执行，溢写文件也会增多，它们会在 Map 任务全部结束之前，进行归并（Merge），生成一个已经分区和排序的输出文件。这里需要提及一个重要的 Hadoop 属性——min.num.spill.for.combine，默认值是 3，用户也可自行设定，每次溢出文件的数量达到这个设定值时，Combiner 就会再次运行。相反，如果溢出文件的数量小于这个设定值，系统不会为该 Map 输出再次运行 Combiner。

（4）压缩

在 Shuffle 过程中，如果压缩被启用，在 Map 输出数据传入 Reducer 之前也可执行压缩。默认情况下压缩并不启用，可将 mapred.compress.map.output 设置为 true，以启用压缩。基于压缩的编解码器用法可参见 5.1 节。

2. Reduce 端

Reduce 任务的启动并不是在 Map 任务全部执行完成的时候，每个 Map 任务完成时间很难达到一致，故在有一个 Map 任务完成时，Reduce 任务就开始从 Map 输出中将指定数据取回来。值得一说的是，Reduce 的任务数可以同时启动多个，但不建议太多，线程数可通过 Hadoop 属性 mapred.reduce.parallel.copies 的设定来改变。

（1）从 Map 输出提取数据的过程

Map 任务执行完成后，直接通知应用程序 Master，Reduce 任务会通过心跳机制定时通过 RPC 向应用程序 Master 询问 Map 任务是否完成，以便通过 Map 输出的位置，按指定分区拖曳回自己需要的数据至本地相应磁盘上的分区内。Reduce 拖曳后数据的处理方式与 Map 有些相似，如果 Map 输出数据量很小，会被拖曳至 Reduce 任务 JVM 的内存中，此参数相关的堆空间也可通过 Hadoop 属性进行设置。否则 Map 输出达到阈值时会溢写至磁盘，如果启动 Combiner，会有个合并的操作。Reduce 任务后台的线程也会依据溢写文件的增多不断对 Map 输出已经排好序的文件进行合并，如果存在压缩，会在内存中进行解压操作，以此完成 Reduce 端对 Map 输出数据的提取过程。

（2）数据归并的过程

一台机器上可以存在很多 Map 任务，不同的 Map 任务极有可能存在不同的机器上，而相对于 Map 较少的 Reduce 任务，会从多个已经分好区、排好序的 Map 任务输出中拖曳至本地 Reduce 所在 JVM 相应的分区中。拖曳回来的数据由于来自多个 Map 输出，所以通常会存在相同 key 的<key,value>值，它们会按顺序归并。这个过程也不是要等待所有 Map 任务完成才进行的，而是通过参考合并因子属性值进行多轮归并操作，最后一趟归并操作可能来自内存，也可能来自磁盘片段。在 Reduce 函数中，默认每次处理一组具有相同 key 的 value 值（分组也可通过用户自定义指定，参见 6.5.4 节），经过业务求解，将最终计算结果输出至输出文件系统，一般为 HDFS。

6.5.2 分区

分区（Partitioner）用于划分键值空间（Key Space）。Partitioner 负责控制 Map 输出结果 key 的分割。key（或者一个 key 子集）被用于产生分区，通常使用的是 Hash 函数。分区的数目与一个作业的 Reduce 任务的数目是一样的。因此，Partitioner 控制将中间过程的 key（也就是这条记录）发送给 *m* 个 Reduce 任务中的哪一个来进行 Reduce 操作，它位于包“org.apache.hadoop.mapreduce”中，源码如下。

```
public abstract class Partitioner<KEY, VALUE> {
 public abstract int getPartition(KEY key, VALUE value, int numPartitions);
 }
```

其中 key 和 value 为 Shuffle 传输中的<key,value>，numPartitions 是分区的总数。Map 输出在进行分区的时候，可以继承这个类，在 getPartition 中可以借助系统传过来的这 3 个参数进行分区的设置。继承它的子类有 4 个，全部位于包“org.apache.hadoop.mapreduce.lib.partition”中，构造如图 6-6 所示。下面依次对其进行介绍。

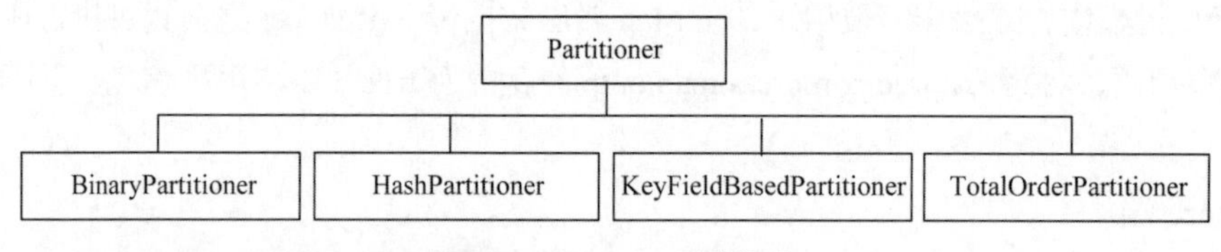

图 6-6　Partitioner 子类构造

（1）BinaryPartitioner

BinaryPartitioner 继承 Partitioner<BinaryComparable, V>，是 Partitioner 的偏特化子类。该类提供如下两个偏移量。

```
mapreduce.partition.binarypartitioner.left.offset：数组左偏移量（默认为 0）
mapreduce.partition.binarypartitioner.right.offset：数组右偏移量（默认为-1）
```

在计算任一个 Reduce 任务时仅对键值 K 的[rightOffset，leftOffset]这个区间取 Hash。分区 BinaryComparable 键使用 BinaryComparable.getBytes()返回的 bytes 数组的可配置部分。它的 getPartition 方法的源码如下。

```
public int getPartition(BinaryComparable key, V value, int numPartitions) {
    int length = key.getLength();
    int leftIndex = (leftOffset + length) % length;
    int rightIndex = (rightOffset + length) % length;
    int hash = WritableComparator.hashBytes(key.getBytes(),
      leftIndex, rightIndex - leftIndex + 1);
    return (hash & Integer.MAX_VALUE) % numPartitions;
  }
```

（2）HashPartitioner

它位于包“org.apache.hadoop.mapreduce.lib.partition”中，是默认的 Partitioner，源码如下。

```
public class HashPartitioner<k, v> extends Partitioner<k, v> {
  public int getPartition(k key, v value, int numReduceTasks) {
    return (key.hashCode() & Integer.MAX_VALUE) % numReduceTasks;
  }
}
```

其中 key 和 value 为 Map 输出的<key,value>，numReduceTasks 取自 Reduce 的任务数。例如写一个 MapReduce，Job 中 Reduce 任务数用如下命令设定。

```
job.setNumReduceTasks(3);//设定 Reduce 任务数量
```

此时，getPartition 方法中形式参数 numReduceTasks 的值为 3。再来解析下 HashPartitioner 的公式(key.hashCode() & Integer.MAX_VALUE) % numReduceTasks。

用 key.hashCode()和 Integer.MAX_VALUE 进行与操作，保证了数据的正数表达，再和 numReduce Tasks 进行取余操作，就保证了 key 对应的值被大致均匀地分配给相应的 Reducer 任务，保证了任务分配的均衡性。它在 Job 中的引用代码如下。

```
job.setPartitionerClass(HashPartitioner.class);//分区用的
```

此代码可以不写，系统会默认执行 HashPartitioner。

（3）KeyFieldBasedPartitioner

KeyFieldBasedPartitioner 也是基于 Hash 的 Partitioner。和 BinaryPartitioner 不同，它提供了多个区间用于计算 Hash。当区间数为 0 时，KeyFieldBasedPartitioner 退化成 HashPartitioner。它的 getPartition 方法的源码如下。

```
public int getPartition(K2 key, V2 value, int numReduceTasks) {
      byte[] keyBytes;

      List <KeyDescription> allKeySpecs = keyFieldHelper.keySpecs();
      if (allKeySpecs.size() == 0) {
          return getPartition(key.toString().hashCode(), numReduceTasks);
      }

      try {
         keyBytes = key.toString().getBytes("UTF-8");
      } catch (UnsupportedEncodingException e) {
         throw new RuntimeException("The current system does not " +
              "support UTF-8 encoding!", e);
      }
      //return 0 if the key is empty
      if (keyBytes.length == 0) {
          return 0;
      }
```

```
        int []lengthIndicesFirst = keyFieldHelper.getWordLengths(keyBytes, 0,
            keyBytes.length);
        int currentHash = 0;
        for (KeyDescription keySpec : allKeySpecs) {
          int startChar = keyFieldHelper.getStartOffset(keyBytes, 0,
            keyBytes.length, lengthIndicesFirst, keySpec);
           //no key found! continue
          if (startChar < 0) {
              continue;
          }
          int endChar = keyFieldHelper.getEndOffset(keyBytes, 0, keyBytes.length,
              lengthIndicesFirst, keySpec);
          currentHash = hashCode(keyBytes, startChar, endChar,
              currentHash);
        }
        return getPartition(currentHash, numReduceTasks);
  }
```

（4）TotalOrderPartitioner

分区程序通过从外部生成的源文件中读取分割点来影响总体顺序。这个类可以实现输出的全排序。不同于以上 3 个 Partitioner，这个类并不是基于 Hash 的。它的 getPartition 方法的源码如下。

```
public int getPartition(K key, V value, int numPartitions) {
    return partitions.findPartition(key);
  }
```

它的应用可参见 7.3 节中的全排序。

（5）自定义 Partitioner

以上是系统提供的常用的 4 种分区模式，有时项目对分区会有额外的要求，此时用户可以编写自己的分区类。其中最主要的就是 getPartition 的编写。

【例 6-7】自定义分区举例。

```
1. public class MyPartitioner extends Partitioner<Text, Text> {
2.   @Override
3.   public int getPartition(Text key, Text value, int numPartitions) {
4.               return (Integer.parseInt(key.toString())& Integer.MAX_VALUE)%numPartitions;
5.   }
6. }
```

第 1 行定义了自定义分区的名字 MyPartitioner，它和其他分区一样继承了抽象类 Partitioner，然后重写了 getPartition 方法，对分区进行了重新计算方法的定义，如代码第 3～5 行。

在 Job 中添加如下语句，引用自定义分区的类名 MyPartitioner。

```
job.setPartitionerClass(MyPartitioner.class);//自定义分区
```

用户可依据自己的情况自行定义测试。

6.5.3 排序

排序（Sort）是 MapReduce 计算过程中的核心部分，默认按字典排序，有时业务需求与默认形式并不一致，例如要按降序排列，与原来的排序相反，就可以通过自定义排序的形式来满足要求。自定义排序编写时需要继承 WritableComparator 类，重写 compare 方法，对于接收的 key 的类型，可通过当前类构造方法的 super 来指定。下面通过一个实例来讲解它的自定义过程。

【例 6-8】自定义排序举例。

```
1.  public class MySort extends WritableComparator{
2.  //对 Key 进行计算
3.  public MySort() {
4.         super(IntWritable.class,true);
5.  }
6.  public int compare(WritableComparable a,WritableComparable b) {
7.         IntWritable v1=(IntWritable)a;
8.         IntWritable v2=(IntWritable)b;
9.         return v2.compareTo(v1);
10.  }
11. }
```

第 1 行代码定义了自定义排序的名字 MySort，由于 Shuffle 过程是以 key 为标准进行排序的，所以这里需要在第 3 行代码的 MySort 构造方法中，用 super 指定 key 的 Writable 类型。又由于排序是通过 WritableComparator 类下的比较方法实现的，故自定义排序的类 MySort 里通过重写 compare（第 6 行代码）里的比较计算方法，完成自定义排序的实现。

在 Job 实例中添加如下语句，引用自定义排序的类名 MySort。

```
job.setSortComparatorClass(MySort.class);
```

其通过 Job 对象下的 setSortComparatorClass 方法将自定义的 MySort 类引用至当前的 MapReduce 作业中。

6.5.4　分组

默认的情况下，reduce 方法每次接收的是一组具有相同 key 的 value 值，所以每个 reduce 方法每次只能对相同 key 所对应的值进行计算。但有时用户会期望不同的 key 所对应的 value 值能在一次 reduce 方法调用时进行操作。这样的期望与默认的行为不符合，此时需要用户进行自定义分组的操作。

【例 6-9】自定义分组举例。

```
1. public class MyGroupSort extends WritableComparator {
2.
3.   public MyGroupSort() {
4.         super(IntWritable.class, true);
5.   }
6.
7.   @SuppressWarnings("rawtypes")
8.   @Override
9.   public int compare(WritableComparable a, WritableComparable b) {
10.        IntWritable v1 = (IntWritable) a;
11.        IntWritable v2 = (IntWritable) b;
12.        if (v1.get() > 10) {
13.              return 0;//代表是同一组数
14.        } else {
15.              return -1;//代表不是同一组数
16.        }
17.  }
18. }
```

代码第 1 行定义了自定义分组的名字 MyGroupSort，由于 Shuffle 过程是以 key 为判断分组依据的，所以这里需要在第 3 行代码的 MyGroupSort 构造方法中，用 super 指定 key 的 Writable 类型。又由于分组是通过 WritableComparator 类下的比较方法实现的，故自定义分组的类 MyGroupSort 里通过重写 compare（代码第 9～17 行）里的比较计算方法，完成自定义分组的实现，确定哪些 key 作为一组传给 reduce 方法使用。其中返回值是 0 的作为一组，一次性传给同一个 reduce 方法；不是 0 的作为不同组，传给不同的 reduce 方法。

在 Job 实例中添加如下语句，引用自定义分组的类名 MyGroupSort。

```
job.setGroupingComparatorClass(MyGroupSort.class);
```

通过 Job 对象下的 setGroupingComparatorClass 方法将自定义的 MyGroupSort 类引用至当前的 MapReduce 作业中。

6.6 Combiner

由 Shuffle 运行原理可知，启用 Combiner 具有减少磁盘 IO 和减少网络 IO 的好处。由于 Combiner 相当于本地 Reducer 的计算模式，故并不是所有的场合都适用。下面通过一个典型的 WordCount 案例来讲解 Combiner 的应用过程，通过一个计算平均值的过程来讲解 Combiner 的应用场景。

6.6.1 由 WordCount 案例讲解 Combiner

继续 6.2 节的案例，在 Map 至 Reduce 的传输过程中，两个<hello,1>和两个<bye,1>都需要通过 RPC 传输给 Reduce 进行计算，最终结果无非是把相同 key 下的值都累加一起。那么如果在 RPC 传输之前把相同 key 对应的值进行一归约，既不影响最终结果，又能减轻网络传输的压力。Combiner 就解决了这样的问题。它的计算过程如图 6-7 所示。

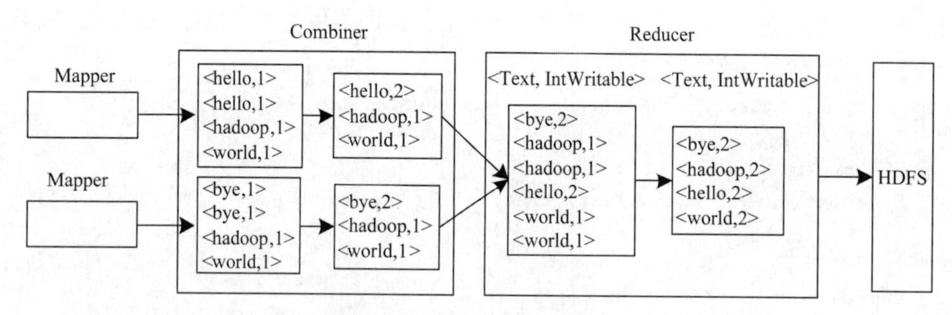

图 6-7　Combiner 的计算过程

图 6-7 中，Combiner 实现在 RPC 传输之前对相同的 key 对应的值进行了一次类似 Reduce 的计算操作，累加了值。然后把 key 和累加后的值作为<key,value>通过 RPC 传输给了 Reduce，达到了我们的预期目的。

【例 6-10】MapReduce 中 Combiner 计算示例。

```
public class WordCount_Combiner_job {
 public static class WordCountMap extends Mapper<LongWritable, Text, Text, IntWritable>
{
        protected void map(LongWritable key, Text value, Context context) throws IOException,
InterruptedException {
              System.out.println("split:<"+key+","+value+">");
```

```
            //key 记录的是数据的偏移位置，value 是每次分片提供给我们读取的一行数据
            String[] strs = value.toString().split(" ");
            for (String str : strs) {
                System.out.println("map:<"+key+","+str+">");
                context.write(new Text(str), new IntWritable(1));
            }
        }
    }

    public static class WordCountReduce extends Reducer<Text, IntWritable, Text, IntWritable> {
        protected void reduce(Text key, Iterable<IntWritable> values, Context context)
                throws IOException, InterruptedException {
            int sum = 0;
            for (IntWritable val : values) {
                System.out.println("reduce:<"+key+","+val+">");
                sum += val.get();
            }
            context.write(key, new IntWritable(sum));
        }
    }

    public static void main(String[] args) throws Exception {
        args = new String[] { "input", "outjob" };
        Configuration conf = new Configuration();//获取环境变量
        Job job = Job.getInstance(conf);//实例化任务
        job.setJarByClass(WordCount_Combiner_job.class);//设定运行 Jar 类型
        job.setOutputKeyClass(Text.class);//设置输出 Key 格式
        job.setOutputValueClass(IntWritable.class);//设置输出 Value 格式
        job.setMapperClass(WordCountMap.class);//设置 Mapper 类
        job.setCombinerClass(WordCountReduce.class);
        job.setReducerClass(WordCountReduce.class);//设置 Reducer 类
        FileInputFormat.addInputPath(job, new Path(args[0]));//添加输入路径
        FileOutputFormat.setOutputPath(job, new Path(args[1]));//添加输出路径
        job.waitForCompletion(true);
    }
}
```

本例 WordCount 的 MapReduce 计算过程没变，唯一变化的是通过 Job 对象下的 setCombinerClass 方法调用了 WordCountReduce 类，实现了 Reducer 类在本地的 Combiner。

6.6.2 由 SVG 案例进一步讲解 Combiner

有些业务在应用 Combiner 时必须仔细考虑一些问题，否则会出错。下面通过一个求解实验数据 file1.txt 和 file2.txt 文件中数据的平均值的过程来说明这一点。

```
file1.txt
20
10
3
file2.txt
25
17
```

【例 6-11】应用 Combiner 求取平均值的小案例的错误写法。

```
1. public class TxtSVG_Error_job {
2.
3. public static class SVGMap extends Mapper<LongWritable, Text, IntWritable, IntWritable> {
4.
5.     protected void map(LongWritable key, Text value, Context context) throws IOException, InterruptedException {
6.
7.         context.write(new IntWritable(1), new IntWritable(Integer.parseInt(value.toString())));
8.     }
9.   }
10.
11. public static class SVGReduce extends Reducer<IntWritable, IntWritable, IntWritable, IntWritable> {
12.     protected void reduce(IntWritable key, Iterable<IntWritable> values, Context context)
13.                 throws IOException, InterruptedException {
14.             int sum = 0;
15.             int count = 0;
16.             for (IntWritable val : values) {
17.                 sum += val.get();
18.                 count++;
19.             }
20.                 context.write(new IntWritable(1), new IntWritable(sum/count));
21.
22.     }
23. }
24.
25. public static void main(String[] args) throws Exception {
26.     args = new String[] { "ch06/svg_input", "ch06/outsvgc" };
27.
28.     Configuration conf = new Configuration();//获取环境变量
29.     Job job = Job.getInstance(conf);//实例化任务
30.     job.setJarByClass(TxtSVG_Error_job.class);//设定运行 Jar 类型
31.     job.setOutputKeyClass(IntWritable.class);//设置输出 Key 格式
32.     job.setOutputValueClass(IntWritable.class);//设置输出 Value 格式
33.     job.setMapperClass(SVGMap.class);//设置 Mapper 类
34.     job.setCombinerClass(SVGReduce.class);
35.     job.setReducerClass(SVGReduce.class);//设置 Reducer 类
36.     FileInputFormat.addInputPath(job, new Path(args[0]));//添加输入路径
37.     FileOutputFormat.setOutputPath(job, new Path(args[1]));//添加输出路径
38.     job.waitForCompletion(true);
39. }
40. }
```

例 6-11 的实验数据是 file1.txt 和 file2.txt 两个小文件，共启用了两个 Mapper 进行计算。map 方法（第 5～8 行代码）里没有做过多的事情，只是单纯地把文件里的每行数据读进来，然后把 key 设为 1，把 value 设置为读进来的数据，传给 context（第 7 行代码）。这样所有数据就都分到一组，统一传给一个 Reducer 类中的同一个 reduce 方法（第 12～23 行代码）进行计算。其中计算的公式

（第 16～19 行代码）是把接收来的所有数据进行求和（第 17 行代码）再计算一共有多少个数（第 18 行代码），然后用数据总和除以数据总个数，将值写入上下文（第 20 行代码）。计算过程如图 6-8 所示。

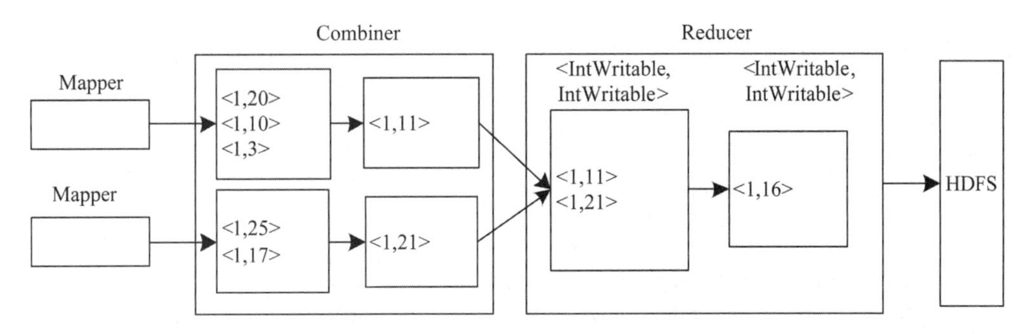

图 6-8　SVG Combiner 计算过程

从图 6-8 可以看出，每个 Mapper 进行一次 Combiner 计算的过程如下。

SVG_Mapper1=（20+10+3）/3=11→ <1,11>

SVG_Mapper2=（25+17）/2=21→ <1,21>

Reduce SVG =（11+21）/2=16

而正确地计算结果应该是（20+10+3+25+17）/5=15

由此可见，按照 WordCount 应用中 Combiner 的用法求 SVG 会出现错误。例 6-11 中代码不变，单纯去掉第 34 行代码再运行，发现结果是对的。但这里又出问题了，没有 Combiner 参与，按此例的写法就是将所有数据都传给一个 Reduce 去计算，如果数据量较大，Reduce 任务所在节点的资源会出现奇怪的现象甚至卡机。那么，是不是我们在计算平均值时就不能用 Combiner 减轻 I/O 传输量，只能以重负载形式进行计算呢?

其实不然，我们可以改变思维方式，这种使用 Combiner 减少网络 I/O 的好处如何放弃。默认情况下，在这里我们不能用 Reduce 的实现当作 Combiner，因为平均值的计算是非关联操作。相反，Mapper 要输出两列数据，即数值个数和平均值。每条输入记录计数 1。Reduce 通过计数和平均值的总和，累加计数作为总的数值个数和。这样通过动态的计数计算动态的数值和，然后输出计数和平均值。使用这种迂回策略，Reducer 代码就能用作 Combiner，因为相关性得到了保存。

再来重述一下程序的实现过程。

第 1 步，定义一个自定义的 Writable，用于存储数据量的值和平均值。

第 2 步，计算总和。用 Writable 中的数据量乘以平均值来反推回总和。

第 3 步，计算平均值。平均值=总和/总数据量。

【例 6-12】 采用改进方法应用 Combiner 求取平均值的小案例的正确写法。

自定义 Writable。

```
public class TxtSVG_Writable implements Writable {
 private int count = 0;//数据的数量
 private int average = 0;//数据的平均值

 public int getCount() {
      return count;
```

```
    }

    public void setCount(int count) {
        this.count = count;
    }

    public int getAverage() {
        return average;
    }

    public void setAverage(int average) {
        this.average = average;
    }

    public void readFields(DataInput in) throws IOException {
        count = in.readInt();
        average = in.readInt();
    }

    public void write(DataOutput out) throws IOException {
        out.writeInt(count);
        out.writeInt(average);
    }

    public String toString() {
        return count + "\t" + average;
    }

}
```

再写 MapReduce 程序。

```
public class TxtSVG_True_job {

    public static class SVGMap extends Mapper<LongWritable, Text, IntWritable, TxtSVG_Writable> {
        private TxtSVG_Writable w = new TxtSVG_Writable();

        protected void map(LongWritable key, Text value, Context context) throws IOException,
InterruptedException {
            w.setCount(1);
            w.setAverage(Integer.parseInt(value.toString()));
            context.write(new IntWritable(1), w);
        }
    }

    public static class SVGReduce extends Reducer<IntWritable, TxtSVG_Writable, IntWritable,
TxtSVG_Writable> {
        private TxtSVG_Writable result = new TxtSVG_Writable();

        protected void reduce(IntWritable key, Iterable<TxtSVG_Writable> values, Context
context)
                throws IOException, InterruptedException {
            int sum = 0;
            int count = 0;

            for (TxtSVG_Writable val : values) {
                sum += val.getCount() * val.getAverage();
                count += val.getCount();
```

```
                }

            result.setCount(count);
            result.setAverage(sum / count);

            context.write(key, result);

        }
    }

    public static void main(String[] args) throws Exception {
        args = new String[] { "ch06/svg_input", "ch06/outsvgt7" };

        Configuration conf = new Configuration();//获取环境变量
        Job job = Job.getInstance(conf);//实例化任务
        //Job job = new Job();老版本写法
        job.setJarByClass(TxtSVG_True_job.class);//设定运行 Jar 类型

        job.setOutputKeyClass(IntWritable.class);//设置输出 Key 格式
        job.setOutputValueClass(TxtSVG_Writable.class);//设置输出 Value 格式

        job.setMapperClass(SVGMap.class);//设置 Mapper 类
        job.setCombinerClass(SVGReduce.class);//Combiner 在本地运行
        job.setReducerClass(SVGReduce.class);//设置 Reducer 类

        FileInputFormat.addInputPath(job, new Path(args[0]));//添加输入路径
        FileOutputFormat.setOutputPath(job, new Path(args[1]));//添加输出路径

        job.waitForCompletion(true);

    }

}
```

平均值计算最麻烦的事就是分母与分子计算时，一定要用总和除以数据总数量，而例 6-11 因为 Combiner 是在本地运行的，故总体来讲它是把分子与分母的关系处理错了，所以导致结果错了。例 6-12 避开了这个问题，传递的值变成计算总数据量和平均值，这样在 Reduce 端再用数据量乘以平均值，把自定义 Writable 里的总数据量求和，总之，就是无论什么时候都要保证总和与总数量不能错。本例中程序的计算过程如图 6-9 所示。

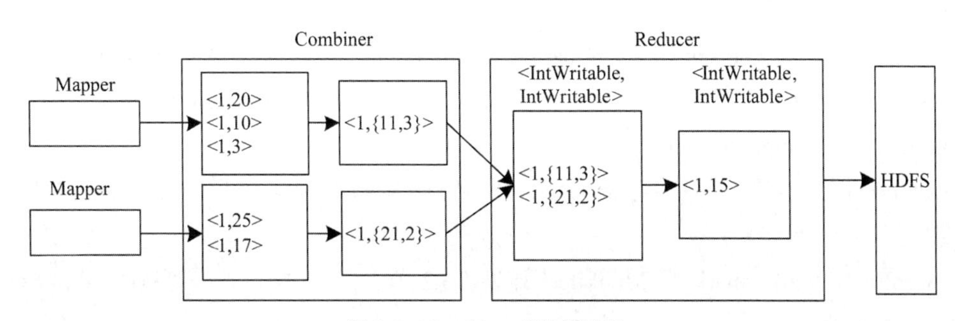

图 6-9　Combiner 的计算过程

由图 6-9 可知，本例还是启用两个 Mapper，每个 Mapper 在本地进行一次 Combiner 计算，过程如下。

SVG_Mapper1= { 局部平均值，局部总数据量 }

= {（20+10+3）/3=11，3 } → <1, { 11，3 } >

SVG_Mapper2= { 局部平均值，局部总数据量 }

= {（25+17）/2=21，2 } → <1, { 21，2 } >

Reduce SVG =（11×3+21×2）/（3+2）=15

验证正确的计算结果应该是（20+10+3+25+17）/5=15。

可见，通过以上这种思维方式，仍然保证了 Combiner 在平均值求解过程中的应用。可以总结一下：针对这种满足结合律和交换律的计算，都可以参考 SVG 这种思维方式进行思维转换，从而达到合理利用 Combiner 的目的。

6.7 OutputFormat 输出

InputFormat 描述 MapReduce 作业的输入规范，而 OutputFormat 描述的是 MapReduce 作业输出的规范。它的源码位于包“org.apache.hadoop.mapreduce”中，是一个抽象类。它能够设置 MapReduce 作业文件输出格式，完成输出规范检查（如检查目录是否存在），并为文件输出格式提供作业结果数据输出的功能。在讲解 OutputFormat 的应用之前，先讲解一下它所属类的层次结构，如图 6-10 所示。

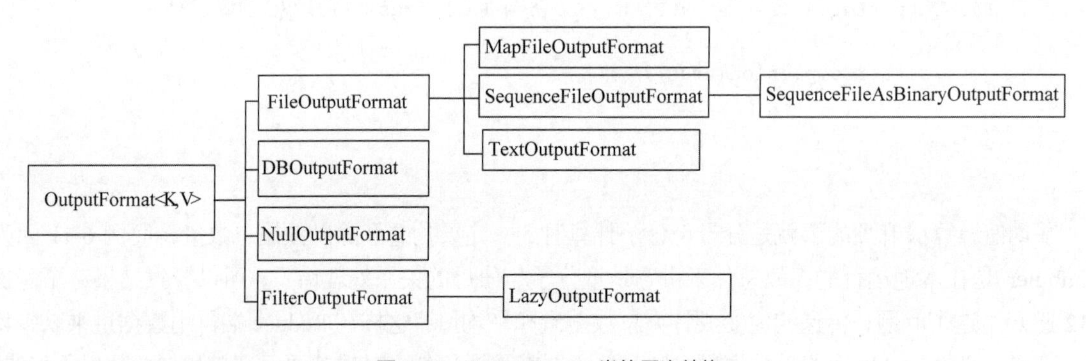

图 6-10　OutputFormat 类的层次结构

1. FileOutputFormat 类

它的源码位于包“org.apache.hadoop.mapreduce.lib.output”中，对于 OutputFormat 来讲，它是一个从 FileSystem 读取数据的基类。它的直接的已知子类有 MapFileOutputFormat、SequenceFile-OutputFormat 和 TextOutputFormat。

FileOutputFormat 类提供了若干静态方法，用户可以用它们进行输入路径设置、分块大小设置等全局设置。

（1）MapFileOutputFormat：把 MapFile（详见 5.3.2 节）作为输出。故需要确保 Reducer 输出的 key 已经是排好序的。

（2）SequenceFileOutputFormat：SequenceFileOutputFormat 将它的输出写为一个二进制顺序文件。其格式紧凑、容易被压缩，因此如果输出需要作为后续的 MapReduce 任务的输入，它便是一个很好的输出格式。

（3）TextOutputFormat：在 FileOutputFormat 的所有直接已知的子类中，TextOutputFormat 类是默认的输出格式，它把每条记录写成文本行。由于 TextOutputFormat 调用 toString()方法把键和值转换为字符串，它的键和值可以是任意的类型。

2. DBOutputFormat 类

DBOutputFormat 接受<key, value>对，其中 key 的类型继承 DBWritable 接口。OutputFormat 将 Reduce 输出发送到 SQL 表。DBOutputFormat 返回的 RecordWriter 只使用批量 SQL 查询将 key 写入数据库。

3. NullOutputFormat 类

NullOutputFormat 是继承自 OutputFormat 类的一个抽象类，位于 org.apache.hadoop.mapreduce.lib.output.NullOutputFormat<k, v>，它会消耗掉所有输出，将键值对写入/dev/null，相当于舍弃这些值。

4. FilterOutputFormat 类

其实是将 OutputFormat 进行再次封装，类似 Java 的流的 Filter 方式。

对于 OutputFormat 的输出，可以自定义编写它的格式，与自定义 InputFormat 类似，首先要继承 FileOutputFormat，然后重写 getRecordWriter 方法，返回值类型要求是 RecordWriter。

此外，OutputFormat 输出可以指定为多路径，与 Reduce 任务数的设定及分区数据有着紧密关系。即当 Reduce 任务数为 1 时，分区数多于 1 也能运行。但当 Reduce 任务数大于 1 时，它与分区数必须是保持一致的。

【例 6-13】采用 6.2 节的实验数据，实现一个 OutputFormat 多路径输出小案例。

自定义分区。

```
1. public class MyPartitioner extends Partitioner<Text, IntWritable> {
2.   @Override
3.   public int getPartition(Text key, IntWritable value, int numPartitions) {
4.        if (key.toString().equals("bye")) {
5.              return 0;
6.        } else if (key.toString().equals("hello")) {
7.              return 1;
8.        } else if (key.toString().equals("hadoop")) {
9.              return 2;
10.       } else {
11.             return 3;
12.       }
13.  }
14. }
```

本案例通过代码第 5、7、9、11 行固定指定了当 key 的值为“bye”时进入第 1 个分区，对应输出文件 part-r-00000，当 key 的值为“hello”时进入第 2 个分区，对应输出文件 part-r-00001，其他类似。当指定好分区后，写 WordCount 单词计数的 MapReduce 程序。其实和 6.2 节中用的案例一样，只是在 Job 实例中增加了 2 行代码。所有代码如下。

```
public class TxtCounter_job {
```

```
    public static class WordCountMap extends Mapper<LongWritable, Text, Text, IntWritable> {

        protected void map(LongWritable key, Text value, Context context) throws IOException,
InterruptedException {
            String[] strs = value.toString().split(" ");
            for (String str : strs) {
                context.write(new Text(str), new IntWritable(1));
            }
        }
    }

    public static class WordCountReduce extends Reducer<Text, IntWritable, Text, IntWritable> {
        protected void reduce(Text key, Iterable<IntWritable> values, Context context)
                throws IOException, InterruptedException {

            int sum = 0;
            for (IntWritable val : values) {
                System.out.println("<" + key + "," + val + ">");
                sum += val.get();
            }
            context.write(key, new IntWritable(sum));

        }
    }

    public static void main(String[] args) throws Exception {
        args = new String[] { "ch05/input", "ch05/output" };

        Configuration conf = new Configuration();//获取环境变量
        Job job = Job.getInstance(conf);//实例化任务
        job.setJarByClass(TxtCounter_job.class);//设定运行 Jar 类型

        job.setOutputKeyClass(Text.class);//设置输出 Key 格式
        job.setOutputValueClass(IntWritable.class);//设置输出 Value 格式

        job.setMapperClass(WordCountMap.class);//设置 Mapper 类
        job.setReducerClass(WordCountReduce.class);//设置 Reducer 类
        job.setPartitionerClass(MyPartitioner.class);//自定义分区
        job.setNumReduceTasks(4);//设定 Reduce 任务数量
        FileInputFormat.addInputPath(job, new Path(args[0]));//添加输入路径
        FileOutputFormat.setOutputPath(job, new Path(args[1]));//添加输出路径

        job.waitForCompletion(true);

    }

}
```

程序运行的结果如图 6-11 所示。

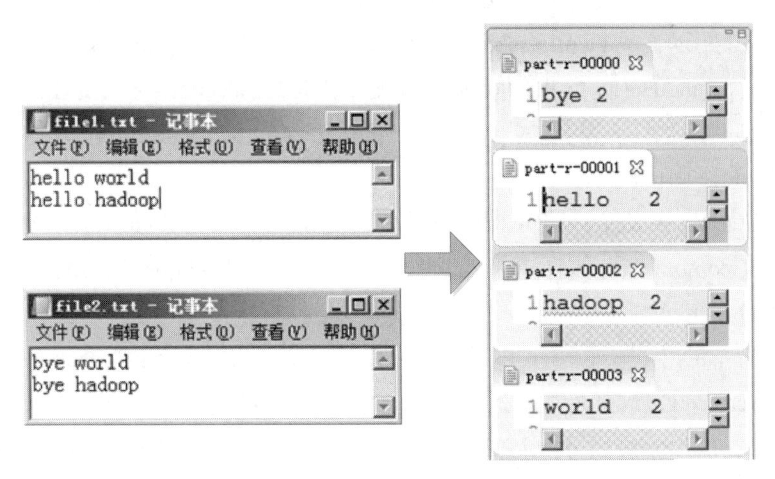

图 6-11 MapReduce 运行结果

图 6-11 中展示了两个数据文件经过 4 个分区后的运行结果。这里需要说明的是，一定要注意 Reduce 任务的数目与分区的对应关系。

6.8 编程模型的扩展——FlumeJava：云计算高级编程模型

基于 map-shffle-reduce，Google 的一些开发人员实现了另外一些好用的并行计算编程框架，FlumeJava 就是其中的一种。FlumeJava 的出发点应该是 map-reduce job 不那么容易写，并且如果一个任务需要很多的 map-reduce 过程结合就更麻烦了，而且当一连串的 map-reduce 需要运行的时候，如何优化也不是一件容易的事情。FlumeJava 让并发编程更容易设计的基础是，将 map-shuffle-combine -reduce 作为基本元素融合进来，并且提供一些基本的运算函数（如 count、group、join），这使一些常见的编程任务变得比较容易。当用户有一连串的并发任务要一起运行的时候，FlumeJava 还会尝试进行优化，采取的办法有经典的 loop fusion 优化，也有传统数据库使用的下推条件优化，优化的核心基础是减少文件 I/O，减少重复运行的任务，减少通信。

FlumeJava 是一个建立在 MapReduce 之上的 Java 库，适合由多个 MapReduce 作业拼接在一起的复杂计算场景使用。FlumeJava 能简单地开发、测试和执行数据并行管道。FlumeJava 库位于 MapReduce 等原语的上层，在允许用户表达计算和管道（Pipeline）信息的前提下，通过自动的优化机制后，调用 MapReduce 等底层原语执行。FlumeJava 首先优化执行计划，然后基于底层的原语来执行优化了的操作。核心是方便写多个 MapReduce 才能完成的复杂处理逻辑，并进行查询、改写，转化为更简洁高效的 MapReduce 计划。

6.8.1 FlumeJava 结构

1. The FlumeJava Library

核心抽象和基本原语如下。

PCollection<T>是一个不可变的包，可以是有序的（Sequence），也可以是无序的（Collection）。

PCollection 可以来自于内存里的 Java PCollection 对象，也可以读取自文件。

PTable<K, V>，可以看成 PCollection<Pair<K, V>>，不可变无序 multi-map。

第一个原语是 parallelDo()，把 PCollection<T>变成新的 PCollection<S>，处理方式定义在 DoFn<T, S>里。emitFn 是 call-back，传给用户的 process(…)，使用 emitFn.emit(outElem)发射出去。parallelDo()可以在 Map 或 Reduce 中使用。

第二个原语是 groupByKey()，把 PTable<K, V>转变成 PTable<K,Collection<V>>。

第三个原语是 combineValues()，接收 input 为 PTable<K,Collection<V>>和一个 V 的符合结合律的方法，返回 PTable<K, V>。

第四个原语是 flatten()，接收一个 PCollection<T>的 list，返回一个 PCollection<T>。

衍生原语（Derived Operations）如下。

count()接收 PCollection<T>，返回 PTable<T, Integer>。实现方式为 parallelDo()，groupByKey()和 combineValues()。

join()接收 PTable<K, V1>，PTable<K, V2>，返回 PTable <K, Tuple2 <Collection<V1>, Collection<V2>>。实现方式为：第 1 步，使用 parallelDo()把每个输入的 PTable<K, V1>变成通用的 PTable<K, TaggedUnion2 <V1,V2>>；第 2 步，使用 Flattern 来合并 tables；第 3 步，使用 groupByKey()作用于被扁平过的 tables，产生 PTable <K, Collection <TaggedUnion2<V1, V2>>>。

top()接收比较函数和 N。实现方式为 parallelDo()、groupByKey()和 combineValues()。

延迟分析（Deffered Evaluation）：PCollection 对象有两种状态——defferred 或 materialized；FlumeJava.run()真正触发执行计划的实体化/执行；PObject<T>用于存储 Java 对象，实体化之后可以使用 getValue()方法获得 PObject 的值。

2. MapShuffleCombineReduce（MSCR）操作

FlumeJava 优化器的核心在于把 parallelDo、groupByKey、combineValues 和 Flattern 的组合转换成一个个单个的 MapReduce。

MSCR 操作产生于一些相关的 groupByKey 操作集合，相关的 groupByKey 操作是指产生于相同的输入（如 Flattern 操作），或被同一个 parallelDo 操作制造出来的输入。

MSCR 是一个中间层的操作，有 M 个输入通道（每个可以进行 Map 操作），有 R 个 Reduce 通道（每个可以进行 Shuffle、Combine 或 Reduce 操作）。单个输入通道，接收 PCollection<T>作为输入，执行 R 路输出的 parallelDo "Map" 操作，产生 R 个 PTable<Kr, Vs>输出。每个输出通道将其的 M 个输入扁平化，然后进行一次 groupByKey 的 "Shuffle"，或 CombineValues 的 "combine"，或输出的 parallelDo 的 "Reduce"，然后把结果写出为输出的 PCollections，或者把输入直接写出为输出，前者这样的输出通道被称为 "Grouping" 通道，后者被称为 "pass-through" 通道。"pass-through" 通道允许 Map 的输出成为一个 MSCR 操作的输出。

每个 MSCR 操作可以用一个 MapReduce 完成。它让 MapReduce 更加通用，体现在：允许多个 Reducer 和 Combiner；允许每个 Reducer 产生多个输出；消除了每个 Reducer 必须以相同的 key 作为输入来产出输出的约束；允许穿透形式的输出。

因此，MSCR 是优化器里很好的一个中间操作目标。

6.8.2 FlumeJava 优化

优化要达到的效果是最后的执行计划里包含尽可能少又高效的 MSCR 操作，具体策略如下。

（1）把扁平化操作下沉，如 $h(f(a)+f(b)) \Rightarrow h(f(a))+h(f(b))$，即分配律，然后又能和 ParallelDo 的融合特性结合起来，如$(h \circ f)(a)+(h \circ g)(b)$。

（2）上提 CombineValues 操作。如果 CombineValues 紧跟着 groupByKey 操作，则上提 CombineValues。

（3）插入融合块。如果两个 groupByKey 操作是由生产者-消费者的 ParallelDo 链接起来的，parallelDo 要在 groupByKey 里做上调和下移。

（4）融合 ParallelDo。

（5）融合 MSCR。

优化器没有分析用户写的方法，如估算输入和输出数据量大小。也没有修改用户的代码来做优化。需要做一些分析以避免运算的重复，以及去除不必要或不合理的 groupByKey。

6.9 小结

本章主要使用源码带领读者理解整个 MapReduce 的计算过程。从 Map 输入到 Reduce 端输出，都配合小案例进行讲解。这里着重要提一下的就是 Shuffle 过程，可以说它是整个 MapReduce 工作的灵魂。只有掌握本章所有知识，才能有的放矢地解决项目中遇到的问题。

07 第7章 MapReduce高级编程

【内容概述】

前面的章节对 MapReduce 基本知识做了介绍，本章主要探讨 MapReduce 的一些高级特性，包括计数器、大数据集最值的求法、大数据集的排序和连接操作。

【知识要点】

- ■ 熟练掌握计数器的用法
- ■ 熟练掌握大数据的编程思想

7.1 计数器

在数据集基于整个集群进行 MapReduce 运算的过程中，许多时候，用户都期待能了解待分析的数据的运行情况，如数据集分了多少片，输入与输出的任务数，Map 或 Reduce 失败任务数等。这些信息帮助用户理解大数据集的运算过程，有助于程序员收集并思考运算过程。Hadoop 内置的计数器功能收集作业的主要统计信息，帮助用户理解程序的运行情况，也可辅助用户诊断故障。

对于项目中的一些特定要求，如 MapReduce 统计过程中实现特定业务的计数需求，可通过自定义计数器的形式实现。

7.1.1 内置计数器

为了更好地理解 Hadoop 工作过程，Hadoop 框架对于大多数的内置组件，都提供了内部计数器功能，以便记录某项任务的各项指标，供用户参考使用，对于一些事件和组件的记录，有时甚至比查阅单独的记录日志文件方便得多。

例如计算 6.6 节的例子，在执行过程中，Hadoop 平台会给出相应信息，下面只列出部分信息。

```
17/12/18 08:17:48 INFO mapreduce.Job: map 100% reduce 100%
17/12/18 08:17:48 INFO mapreduce.Job: Job job_local129595196_0001 completed successfully
17/12/18 08:17:48 INFO mapreduce.Job: Counters: 33
File System Counters
     FILE: Number of bytes read=2075
     FILE: Number of bytes written=786858
     FILE: Number of read operations=0
     FILE: Number of large read operations=0
     FILE: Number of write operations=0
Map-Reduce Framework
     Map input records=4
     Map output records=8
     Map output bytes=78
     Map output materialized bytes=84
     Input split bytes=298
     Combine input records=8
     Combine output records=6
     Reduce input groups=4
     Reduce shuffle bytes=84
     Reduce input records=6
     Reduce output records=4
     Spilled Records=12
     Shuffled Maps =2
     Failed Shuffles=0
     Merged Map outputs=2
     GC time elapsed (ms)=25
     CPU time spent (ms)=0
     Physical memory (bytes) snapshot=0
     Virtual memory (bytes) snapshot=0
     Total committed heap usage (bytes)=1016070144
Shuffle Errors
     BAD_ID=0
     CONNECTION=0
     IO_ERROR=0
     WRONG_LENGTH=0
```

```
        WRONG_MAP=0
        WRONG_REDUCE=0
    File Input Format Counters
        Bytes Read=46
    File Output Format Counters
        Bytes Written=43
```

这里记录了该程序运行过程的一些信息的计数，如 Map input records=4 表示 Map 有 4 条输入记录。可以看出，这些内置的计数器可以被划分为若干个组，即对于大多数的计数器来说，Hadoop 根据使用的组件不同分成几大类，如表 7-1 所示。

表 7-1　　各组计数器列表

分组属性名（CounterGroupName）	描述信息
MapReduce 任务计数器（Map-Reduce Framework）	org.apache.hadoop.mapreduce.TaskCounter
文件系统任务计数器（File System Counters）	org.apache.hadoop.mapreduce.FileSystemCounter
输入文件任务计数器（File Input Format Counters）	org.apache.hadoop.mapreduce.lib.input.FileInputFormatCounter
输出文件任务计数器（File Output Format Counters）	org.apache.hadoop.mapreduce.lib.input.FileOutputFormatCounter
作业计数器（Job Counters）	org.apache.hadoop.mapreduce.JobCounter

从表 7-1 可见，大部分 Hadoop 都有相对应的计数器，可以对其跟踪，以便处理运行中出现的问题。这些分组信息从应用角度来讲又可以从任务计数器和作业计数器两方面来说明。

1. 任务计数器

任务计数器主要是收集任务在运行时的任务信息，例如 MAP_INPUT_RECORDS 会在作业中每一个 Map 任务上聚集统计，计算整个作业中所有输入记录中 Mapper 读取的文件数。当然这里需要强调的是，计数器采用的是关联计算模型，它会定期按时间循环向 Master 传送完整的统计情况，保证了每次统计信息的正确性，即如果一个作业失败，相关计数器值会减少。故只有整个作业完成之后，计数信息才是此作业的最终完整计数信息。这样做的另一个好处是任务在运行过程中计数显示，可以给用户提供利于参考的统计信息，如 PHYSICAL_MEMORY_BYTES 可以显示物理内存的变化情况。

细分一下，任务计数器主要包括 MapReduce 任务计数器（见表 7-2）、内置的文件系统任务计数器（见表 7-3）、内置的输入文件任务计数器（见表 7-4）和内置的输出文件任务计数器（见表 7-5）。

表 7-2　　内置的 MapReduce 任务计数器

计数器属性	计数器名	说明
MAP_INPUT_RECORDS	Map input records	Map 输入的记录数
MAP_OUTPUT_RECORDS	Map output records	Map 输出的记录数
MAP_OUTPUT_BYTES	Map output bytes	Map 输出的字节数
MAP_OUTPUT_MATERIALIZED_BYTES	Map output materialized bytes	Map 输出后物化到磁盘的字节数
MAP_SKIPPED_RECORDS	Map skipped records	所有 Map 跳过的输入的记录数
COMBINE_INPUT_RECORDS	Combine input records	Combiner 合并已处理的输入的记录数
COMBINE_OUTPUT_RECORDS	Combine output records	Combiner 合并已处理的输出的记录数
REDUCE_INPUT_GROUPS	Reduce input groups	Reduce 已处理的不同分组的个数

续表

计数器属性	计数器名	说明
REDUCE_SHUFFLE_BYTES	Reduce shuffle bytes	Reduce 经过 Shuffle 的字节数
REDUCE_INPUT_RECORDS	Reduce input records	Reduce 已处理的输入的记录数
REDUCE_OUTPUT_RECORDS	Reduce output records	Reduce 已处理的输出的记录数
REDUCE_SKIPPED_RECORDS	Reduce skipped records	Reduce 已跳过的输入的记录数
REDUCE_SKIPPED_GROUPS	Reduce skipped groups	Reduce 已跳过的输入的分组数
SPLIT_RAW_BYTES	Input split bytes	输入分片对象的字节数
SPILLED_RECORDS	Spilled Records	MapReduce 任务溢出磁盘的记录数
SHUFFLED_MAPS	Shuffled Maps	由 Shuffle 传输到 Reducer 的 Map 输出数
FAILED_SHUFFLE	Failed Shuffles	失败的 Shuffle 数
MERGED_MAP_OUTPUTS	Merged Map outputs	Shuffle 中 Reducer 端合并的 Map 输出数
GC_TIME_MILLIS	GC time elapsed (ms)	GC 运行时间毫秒数
COMMITTED_HEAP_BYTES	Total committed heap usage (bytes)	JVM 中有效的堆字节数
CPU_MILLISECONDS	CPU time spent (ms)	总计 CPU 时间的毫秒数
PHYSICAL_MEMORY_BYTES	Physical memory (bytes) snapshot	单个任务占用物理内存的字节数
VIRTUAL_MEMORY_BYTES	Virtual memory (bytes) snapshot	单个任务所有虚拟内存的字节数

表 7-3　　　　内置的文件系统任务计数器

计数器属性名	计数器名	说明
BYTES_READ.name	Number of bytes read	文件系统读字节数
BYTES_WRITTEN.name	Number of bytes written	文件系统写字节数
READ_OPS.name	Number of read operations	文件系统读的操作数
LARGE_READ_OPS.name	Number of large read operations	文件系统读的大操作数
WRITE_OPS.name	Number of write operations	文件系统写的操作数

表 7-4　　　　内置的输入文件任务计数器

计数器属性名	计数器名	说明
BYTES_READ	Bytes Read	Map 通过 FileInputFormat 读取的字节数

表 7-5　　　　内置的输出文件任务计数器

计数器属性名	计数器名	说明
BYTES_WRITTEN	Bytes Written	Map 或 Reduce 通过 FileOutputFormat 写的字节数

2. 作业计数器

作业计数器由 YARN 应用的主机维护，主要进行 MapReduce 整个作业过程中主要属性的统计，它无须在网络间传输。内置的作业计数器如表 7-6 所示。

表 7-6　　内置的作业计数器

计数器属性	计数器名	说明
NUM_FAILED_MAPS	Failed Map tasks	失败的 Map 数
NUM_FAILED_REDUCES	Failed Reduce tasks	失败的 Reduce 数
NUM_KILLED_MAPS	Killed Map tasks	杀死的 Map 数
NUM_KILLED_REDUCES	Killed Reduce tasks	杀死的 Reduce 数
TOTAL_LAUNCHED_MAPS	Launched Map tasks	启用的 Map 数
TOTAL_LAUNCHED_REDUCES	Launched Reduce tasks	启用的 Reduce 数
OTHER_LOCAL_MAPS	Other local Map tasks	其他本地的 Map 数
DATA_LOCAL_MAPS	Data-local Map tasks	数据本地化 Map 数
RACK_LOCAL_MAPS	Rack-local Map tasks	机架本地化 Map 数
SLOTS_MILLIS_MAPS	Total time spent by all maps in occupied slots (ms)	占用槽的 Map 任务总运行毫秒数
SLOTS_MILLIS_REDUCES.name	Total time spent by all Reduces in occupied slots (ms)	占用槽的 Reduce 任务总运行毫秒数
MILLIS_MAPS	Total time spent by all Map tasks (ms)	Map 任务总运行毫秒数
MILLIS_REDUCES	Total time spent by all Reduce tasks (ms)	Reduce 任务总运行毫秒数
MB_MILLIS_MAPS	Total megabyte-seconds taken by all Map tasks	所有 Map 任务总兆秒
MB_MILLIS_REDUCES	Total megabyte-seconds taken by all Reduce tasks	所有 Reduce 任务总兆秒
VCORES_MILLIS_MAPS	Total vcore-seconds taken by all Map tasks	所有 Map 任务总 VCORE 秒
VCORES_MILLIS_REDUCES	Total vcore-seconds taken by all Reduce tasks	所有 Reduce 任务总 VCORE 秒
FALLOW_SLOTS_MILLIS_MAPS	Total time spent by all Maps waiting after reserving slots (ms)	保留槽之后，Map 花费的总等待毫秒数
FALLOW_SLOTS_MILLIS_REDUCES	Total time spent by all Reduces waiting after reserving slots (ms)	保留槽之后，Reduce 花费的总等待毫秒数

7.1.2　自定义计数器

尽管 Hadoop 内置的计数器较全面，给作业运行过程的监控带来了方便，但对于一些业务中的特定要求（如期望在业务数据的统计过程中对某种情况的发生进行计数统计），MapReduce 还是提供了用户编写自定义计数器的方法。

自定义计数器的编写过程如下。

（1）定义一个 Java 的枚举（enum）类型，用于记录计数器分组。其中枚举类型的名称即为分组的名称，枚举类型的字段就是计数器的名称。

（2）通过 Context 类的实例调用 getCounter 方法进行计数的写入，返回值可以通过继承 Writable 类的 Counter 接口中的方法，按形参 incr 值调用 Counter 中的 increment(long incr)方法，进行计数的添加。

现通过一个案例来进一步讲解自定义计数器的实现过程。

【例 7-1】在进行单词统计计算中，期望将文档中出现的 ErroWord、GoodWord、ReduceReport 这 3 个单词的次数，统计到计数器中。

（1）建立枚举文件 ReportTest，对要进行计数的计数命名。

```
enum ReportTest {
 ErroWord, GoodWord, ReduceReport
}
```

第 1 行代码定义一个名叫 ReportTest 的枚举文件，并在第 2 行代码写入要记录的计数器的名字，有多个名字时用逗号分隔，它们分别是 ErroWord、GoodWord、ReduceReport。

（2）Mapper 类中通过 context.getCounter 方法写入计数。

```
class TxtMapper extends Mapper<LongWritable, Text, Text, IntWritable> {
 public void map(LongWritable key, Text value, Context context)
          throws IOException, InterruptedException {
      String[] strs = value.toString().split(" ");
      for (String str : strs) {
           if (str.equals("GoodWord")) {
                 context.setStatus("Goodword is coming!");
                 context.getCounter(ReportTest.GoodWord).increment(1);
           } else if (str.equals("ErrorWord")) {
                 context.setStatus("BadWord is coming!");
                 context.getCounter(ReportTest.ErroWord).increment(1);
           } else {
                 context.write(new Text(str), new IntWritable(1));
           }
      }
 }
}
```

（3）在 Reducer 类中按枚举中的计数名写入计数。

```
class TxtReducer extends Reducer<Text, IntWritable, Text, IntWritable> {
 //Reducer类中的Reduce方法
 public void reduce(Text key, Iterable<IntWritable> values, Context context)
          throws IOException, InterruptedException {
      int sum = 0;
      Iterator<IntWritable> it = values.iterator();
      while (it.hasNext()) {
           IntWritable value = it.next();
           sum += value.get();
      }
      if (key.toString().equals("hello")) {
            context.setStatus("BadKey is coming!");
            context.getCounter(ReportTest.ReduceReport).increment(1);
      }
      context.write(key, new IntWritable(sum));


 }
}
```

（4）编写执行类 ToolRunnerJS 代码。

```
public class ToolRunnerJS extends Configured implements Tool {
 public static void main(String[] args) throws Exception {
      Tool tool = new ToolRunnerJS();
      tool.run(null);
 }

 @Override
 public int run(String[] arg0) throws Exception {
      //TODO Auto-generated method stub
      //Configuration: MapReduce的配置类，向Hadoop框架描述MapReduce执行的工作
      Configuration conf = new Configuration();
      String output = "jishuout1";*/
```

```
        Job job = Job.getInstance(conf);
        job.setJarByClass(ToolRunnerJS.class);
        job.setJobName("jishu"); //设置一个用户定义的 Job 名称
        job.setOutputKeyClass(Text.class); //为 Job 的输出数据设置 Key 类
        job.setOutputValueClass(IntWritable.class); //为 Job 输出设置 Value 类
        job.setMapperClass(TxtMapper.class); //为 Job 设置 Mapper 类
        job.setReducerClass(TxtReducer.class); //为 Job 设置 Reducer 类
        job.setInputFormatClass(TextInputFormat.class);
        job.setOutputFormatClass(TextOutputFormat.class);
        FileInputFormat.addInputPath(job, new Path(input));//为 Job 设置输入路径
        FileOutputFormat.setOutputPath(job, new Path(output));//为 Job 设置输出路径
        job.waitForCompletion(true); //运行 Job
        Counters counters = job.getCounters();
        System.out.println("counters getGroupNames:"+counters.getGroupNames());
        return 0;
    }
}
```

至此，一个自定义的计数器就编写完了。

7.1.3 计数器结果查看

1. 在 Hadoop 运行平台上查看计数器的结果

通过在 Hadoop 平台上执行计数器，计数器里会标记出多出来的值，如图 7-1 所示。

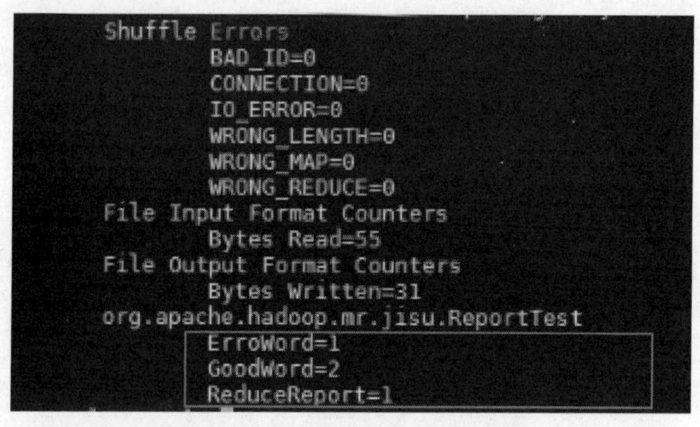

图 7-1 自定义计数器平台运行结果

2. 通过 Web UI 查看计数器的结果

为了能在 Web UI 上查看计数器的结果，首先需要在配置文件 mapred-site.xml 中增加如下参数。

```
<property>
        <name>mapreduce.jobhistory.address</name>
        <value>master:10020</value>
</property>
<property>
        <name>mapreduce.jobhistory.webapp.address</name>
        <value>master:19888</value>
</property>
```

启动服务，命令如下。

```
$ sbin/mr-jobhistory-daemon.sh  start historyserver
```

查看服务端口是否启动。图 7-2 中，“19888”表示端口已经启动。

```
[root@master sbin]# netstat -nltp
Active Internet connections (only servers)
Proto Recv-Q Send-Q Local Address           Foreign Address
tcp        0      0 192.168.94.225:19888    0.0.0.0:*
tcp        0      0 0.0.0.0:10033           0.0.0.0:*
tcp        0      0 192.168.94.225:8019     0.0.0.0:*
tcp        0      0 192.168.94.225:8020     0.0.0.0:*
tcp        0      0 192.168.94.225:50070    0.0.0.0:*
tcp        0      0 0.0.0.0:22              0.0.0.0:*
tcp        0      0 192.168.94.225:53310    0.0.0.0:*
tcp        0      0 192.168.94.225:10020    0.0.0.0:*
```

图 7-2 自定义计数器参数设定后的启动端口

在页面上查看计数器情况，如图 7-3 所示。

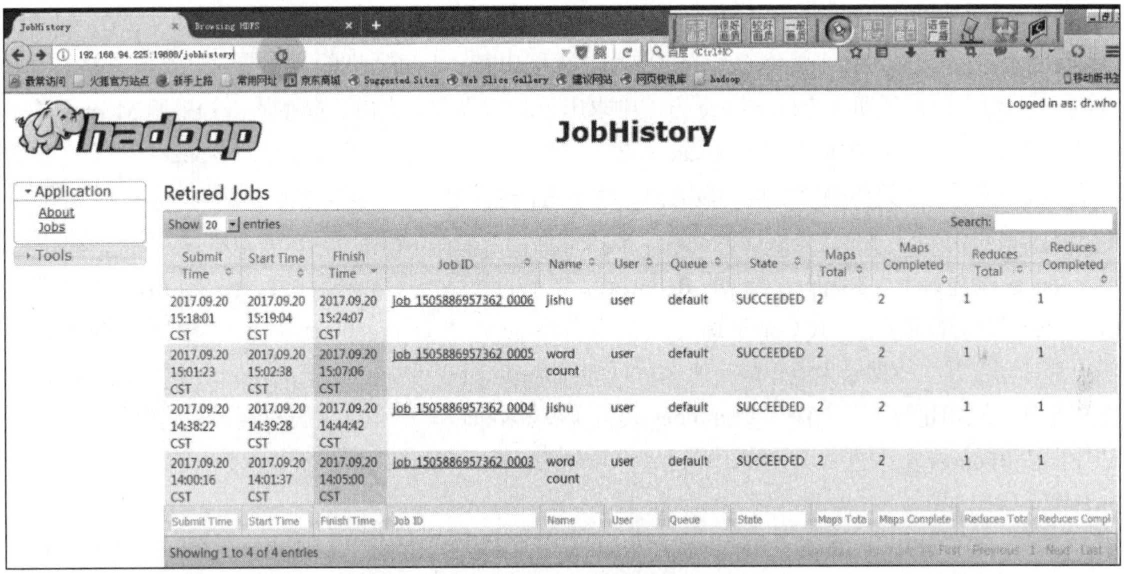
JobHistory
Logged in as: dr.who
Application
About
Jobs
Tools
Retired Jobs
Show 20 entries
Search:
Submit Time | Start Time | Finish Time | Job ID | Name | User | Queue | State | Maps Total | Maps Completed | Reduces Total | Reduces Completed
2017.09.20 15:18:01 CST | 2017.09.20 15:19:04 CST | 2017.09.20 15:24:07 CST | job_1505886957362_0006 | jishu | user | default | SUCCEEDED | 2 | 2 | 1 | 1
2017.09.20 15:01:23 CST | 2017.09.20 15:02:38 CST | 2017.09.20 15:07:06 CST | job_1505886957362_0005 | word count | user | default | SUCCEEDED | 2 | 2 | 1 | 1
2017.09.20 14:38:22 CST | 2017.09.20 14:39:28 CST | 2017.09.20 14:44:42 CST | job_1505886957362_0004 | jishu | user | default | SUCCEEDED | 2 | 2 | 1 | 1
2017.09.20 14:00:16 CST | 2017.09.20 14:01:37 CST | 2017.09.20 14:05:00 CST | job_1505886957362_0003 | word count | user | default | SUCCEEDED | 2 | 2 | 1 | 1
Showing 1 to 4 of 4 entries

图 7-3 Web UI 查看计数器

至此，计数器的查看功能完成。

7.2 最值

最大值、最小值、平均值、均方差、众数、中位数等是统计学中经典的数值计数统计，也是项目中常用的统计属性字段。除此之外，人们有时想知道最大的 10 个数值、最小的 10 个数值，这就涉及 Top/Bottom N 问题。接下来分别介绍这两个问题的求解。

7.2.1 单一最值

常用的统计属性字段在 MapReduce 的求解过程中，由于一个大任务分散成众多 Mapper 任务，最后会进行 Reducer 合并，比传统求解计数时单纯的比较显得复杂。在 MapReduce 框架中，全程以

key 为参考进行分区、分组、排序的操作，故在进行这些数值的求解时，只要设定合理的 key 值，整个问题也就简单化了。此外，在计算过程中，像 6.6 节一样合理地利用 Combiner 技术，可以极大地减少 Shuffle 到 Reduce 端中间<key,value>的数目，达到减轻磁盘 I/O 和网络 I/O 的目的。下面以求解最大值和最小值为例演示数值计算求解的过程。最大值与最小值的求解在项目中应用很广泛，如每个月的最大营业额和最小营业额店铺；论坛发帖用户最近一次和最早一次评论帖子的时间等。

【例 7-2】求解一组数据（图 7-1 中的 Mapper 所示数据）中每一时间段内的最大值、最小值。

思路：MapReduce 计算过程以<key,value>形式传输。

（1）key 的确定：保证任务在分解时每一时间段内的数值能合并至同一个 reduce 方法中，而 reduce 方法每次处理的是一组相同的 key，故可以把每一时间段当作 key 传输，把每一时间段里的众多值当作 key 对应的 value 值。这样，在 Shuffle 过程就可以实现同一时间段的所有 value 值最终会作为一组传递给 reduce 方法了。

（2）value 值的传递：最终求解的值有两个，分别是最大值、最小值，故可编写一个自定义的 Writable，里面包含两个值，分别是最大值和最小值，作为值传递，可以不用继承带比较的 Writable 类。

（3）优化的考量：由于最终求解的是整个数据集中某一时间段内的最大值、最小值，故需要在 Reducer 端每一时间段所指定的 reduce 方法中求出该时间段的最大值、最小值。如果用 Mapper 实现单纯的读数据，然后把数据都传给 Reducer 端，这显然是不明智的做法。如果 Mapper 端进行一次最大值、最小值计算，只传输该节点的最大值、最小值，这显然靠谱得多。然而这里 Mapper 与 Reducer 最大值、最小值的计算公式是同样的规则，故考虑借用 Combiner 应用显示更为恰当，满足数据传输给 Reducer 端之前进行 Mapper 本地的 Reducer 端规则的计算。只是需要注意，在 Shuffle 过程中启用 Combiner，依据数据量不同，Combiner 运行的次数会不同，并且 Combiner 不一定会把所有的 Mapper 输出都完全合并。故把最大值、最小值求解规则在 Reducer 实现，这样把 Reducer 作为 Combiner 的复用类即可，如此做既可以保证 Combiner 大大减少 Reducer 输入量，又可以保证没有计算完全的部分数据在 Reducer 类中进一步计算，以达到求解最终值的目的。

参考代码如下。

（1）定义自定义 Writable 类 MinMaxWritable，用来存储最大值、最小值的值的传递的组合键。参考代码如下。

```
public class MinMaxWritable implements Writable {
    private int min;//记录最小值
    private int max;//记录最大值
    public int getMin() {
        return min;
    }
    public void setMin(int min) {
        this.min = min;
    }
    public int getMax() {
        return max;
    }
    public void setMax(int max) {
        this.max = max;
    }
    @Override
    public void readFields(DataInput in) throws IOException {
```

```
            min = in.readInt();
            max = in.readInt();
        }
        @Override
        public void write(DataOutput out) throws IOException {
            out.writeInt(max);
            out.writeInt(min);
        }
        @Override
        public String toString() {
            return max + "\t" + min;
        }
    }
```

（2）建立自定义的 Mapper 类 MinMaxMapper，完成数据的读取、处理、传递工作。参考代码如下。

```
    1.  public class MinMaxMapper extends Mapper<Object, Text, Text, MinMaxWritable> {
    2.          private MinMaxWritable outTuple = new MinMaxWritable();
    3.          @Override
    4.          public void map(Object key, Text value, Context context) throws IOException,
InterruptedException {
    5.                  String[] strs = value.toString().split(" ");
    6.                  String strDate = strs[0];//定义记录日期的字符串变量 strDate
    7.                  if (strDate == null) {
    8.                          return;//如果该日期值为空，则返回
    9.                  }
    10.                 //将值既作为最大值又作为最小值存储到自定义 Writable 类 MinMaxWritable 中
    11.                 outTuple.setMin(Integer.parseInt(strs[1]));
    12.                 outTuple.setMax(Integer.parseInt(strs[1]));
    13.                 //将结果写入 context
    14.                 context.write(new Text(strDate), outTuple);
    15.         }
    16.  }
```

第 5 行代码通过字符串对象的 split 方法对读入的每行数据（如第一行数据“2017-10 300”）依据空格进行拆分。拆分的第一个字符串（2017-10）即为日期，当作 key 写入上下文（第 14 行代码）；拆分的第二个字符串（300）即为值，同时当作最大值、最小值写入自定义的 Writable 类 MinMaxWritable 的对象 outTuple 中（第 11～12 行代码），并把 outTuple 对象当作一个值的整体写入 context 中（第 14 行代码）。

（3）建立自定义的 Reducer 类 MinMaxReducer，完成按日期求取分组的每一组数据中的最大值、最小值。参考代码如下。

```
    1. public static class MinMaxReducer extends Reducer<Text, MinMaxWritable, Text, MinMax
Writable> {
    2.         private MinMaxWritable result = new MinMaxWritable();
    3.         @Override
    4.         public void reduce(Text key, Iterable<MinMaxWritable> values, Context context)
    5.                 throws IOException, InterruptedException {
    6.         result.setMax(0);
    7.         result.setMin(0);
    8.             //按 key 迭代输出 value 的值
    9.             for (MinMaxWritable val : values) {
    10.                //最小值放于结果集中
    11.                if (result.getMin()==0||val.getMin() < result.getMin()) {
```

```
12.                     result.setMin(val.getMin());
13.                 }
14.                 //最大值放于结果集中
15.                 if (result.getMax()==0||val.getMax() > result.getMax()) {
16.                     result.setMax(val.getMax());
17.                 }
18.             }
19.             context.write(key, result);
20.     }
21. }
```

第 7～16 行代码通过一个 for 循环，对同一日期中的所有数据进行遍历，通过第 9～11 行代码判定出相对最小的值，放入通过自定义的 Writable 类 MinMaxWritable 建立的对象 result 的 setMin 方法中，通过第 13～15 行代码判定出相对最大的值，放入通过自定义的 Writable 类 MinMaxWritable 建立的对象 result 的 setMax 方法中。最后将计算的结果写入上下文（第 17 行代码），完成该组日期中的最大值、最小值的计算。

（4）执行如下程序。

```
1. public static void main(String[] args) throws Exception {
2.         Configuration conf = new Configuration();
3.         String[] otherArgs = new GenericOptionsParser(conf, args).getRemainingArgs();
4.         if (otherArgs.length != 2) {
5.             System.err.println("Usage: MinMaxMapper<in><out>");
6.             System.exit(2);
7.         }
8.         Job job = Job.getInstance(conf);
9.         job.setJarByClass(MinMaxValueDemo.class);
10.        job.setMapperClass(MinMaxMapper.class);
11.        job.setCombinerClass(MinMaxReducer.class);
12.        job.setReducerClass(MinMaxReducer.class);
13.        job.setOutputKeyClass(Text.class);
14.        job.setOutputValueClass(MinMaxWritable.class);
15.        FileInputFormat.addInputPath(job, new Path(otherArgs[0]));
16.        FileOutputFormat.setOutputPath(job, new Path(otherArgs[1]));
17.        System.exit(job.waitForCompletion(true) ? 0 : 1);
18.  }
```

第 11 行代码启用了 Combiner，使 Mapper 类在通过网络传输数据组 Reducer 之前，进行一次合并，采用的是 MinMaxReducer 的计算模型。这样大大减少了网络传输的数据量，从而达到代码优化的目的。

具体计算过程如图 7-4 所示。

Mapper

key	value	
时间段	最大值	最小值
2017-10	300	300
2017-10	100	100
2017-10	200	200
2017-11	320	320
2017-11	200	200
2017-11	280	280
2017-12	290	290
2017-12	270	270

⇔

{key:2017-10}和{key:2017-11}对应的值
在Mapper输出Reducer输入之前进行了Combiner
key：2017-12没有进行Combiner

Combiner

key	value	
时间段	最大值	最小值
2017-10	300	100
2017-11	320	200
2017-12	290	290
2017-12	270	270

⇔

Reducer

key	value	
时间段	最大值	最小值
2017-10	300	100
2017-11	320	200
2017-12	290	270

图 7-4　最大值、最小值 MapReduce 计算过程

在一个 MapReduce 计算过程中，Mapper 任务相对于 Reducer 任务是大量的，故少量的 Reducer 处理大量数据并不明智。所以通过在 Shuffle 阶段引入 Combiner，并把 Reducer 作为它的计算类，大大减少了 Reducer 端数据量的输入，使整个计算过程变得合理可靠。

7.2.2 Top N

对于一组输入集 List（key，value），我们要创建一个 Top N 列表，这是一种过滤模式，查看输入数据的特定子集，可以观察用户的行为。

Top N 的形式化描述如下。

令 N 是一个正整数，L=List（key，value），其中 key 为任意类型，value 为 integer，表示 key 的频数，L 的大小为 M，且 M>N，用（Ki，Vi）来表示 L 中的元素。

对 L 按 Vi 进行降序排序如下。

Sort（L）= List（Ki，Vi），1<=i<=M, V1>=V2>=…>=VM

取前 N 个数据，则 L 的 Top N 如下。

Top N（L）=List（Ki，Vi），1<=i<=N, V1>=V2>=…>=VN

例如 key 是一个 App 的名字，value 为使用 App 的总时长，那么我们就可以通过 Top N 找到上周末使用时间最长的前 10 个 App（N=10）。然而，我们使用的输入集中的 key 有时并不唯一，这就产生了求解 Top N 列表的两种不同方案。

1. Hadoop MapReduce 唯一键解决方案

key 是唯一键，则不需要对输入进行额外的聚集处理。先将输入分区分为小块，然后将每个小块发送到一个映射器中。每个映射器会创建一个本地 Top N 列表发送到一个规约器中，即最终由一个规约器产生 Top N 列表。对于大多数的 MapReduce 算法，由一个规约器接受所有的数据可能会使得负载不均衡，从而产生瓶颈问题。但是本解决方案中，每个映射器产生的 Top N 是很少量的数据，如果有 1000 个映射器，则这个规约器需要处理 1000×N 的数据，如果 N 为 10、20、100，那么这个数据量还没有大到能够产生性能瓶颈的程度。

【例 7-3】求解某一网站排名靠前的 10 个热帖。这里只展示几个抽样的数据，如图 7-5 所示。其中第 1 列代表帖子 ID，第 2 列代表该帖被访问次数。

file1 - 记事本	file2 - 记事本	file3 - 记事本
t1 2067	t111 1067	t211 67
t2 2055	t112 2155	t212 55
t3 2055	t113 2065	t213 65
t4 1200	t114 1290	t214 90
t5 2367	t115 237	t215 37
t6 255	t116 25	t216 425
t7 2555	t117 15	t217 155
t8 12100	t118 1	t218 189
t9 20647	t119 10647	t219 1047
t10 245	t110 2995	t210 295
t11 205	t111 2057	t211 27
t12 100	t112 10044	t212 144

图 7-5 某网站帖子访问数据展示

思路：MapReduce 计算过程以<key,value>形式传输。

为了获取 Top N，我们可以构造一个最小堆，在 Java 中，最常用的是 SortedMap<K,V>和 TreeMap <K,V>，将 L 的所有元素逐一增加到 Top N 中，如果 top N.size()>N，则删除第一个元组（频数最小的），反之，如果求 Bottom N，就构造最大堆，则删除第一个元组（频数最大的）。

套用这样的思维，针对本例来讲，它的设计模式求解过程如图 7-6 所示。

如图 7-6 所示，分别将网站帖子的数据文件 file1、file2 和 file3 通过分片（共分 3 片），启动 3 个 Mapper 来读取，每个 Mapper 首先计算出本地数据中的 Top10，然后这 3 个 Mapper 产生的共计 30 条数据通过 Shuffle 处理后输出给 Reducer 逻辑进一步计算 Top10，最终输出结果。

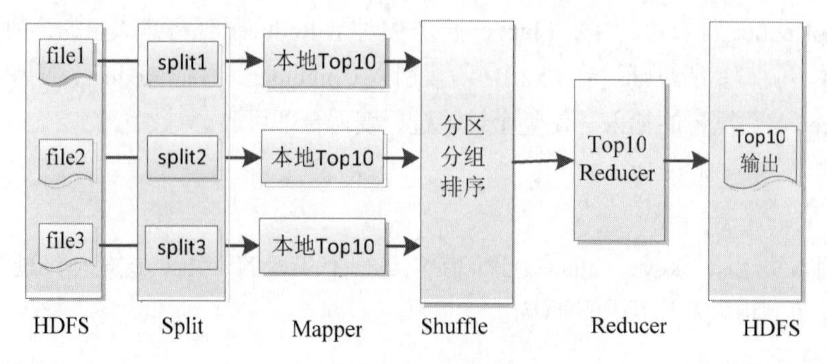

图 7-6 Top10 模式

（1）建立自定义的 Mapper 类 TopTenMapper。在 map()中创建一个 Top 10 列表（如代码 16～19 行），然后在 cleanup()函数（如代码 23 行）中使用一个键将所有映射器的输出传送给同一个规约器处理，完成本地 Top 10 的生成。具体参考代码如下所示。

```
1.      public class TopTenMapper extends Mapper<Object, Text, NullWritable, Text> {
2.      private TreeMap<Integer, Text> visittimesMap = new TreeMap<Integer, Text>();
3.
4.      @Override
5.      public void map(Object key, Text value, Context context)
6.              throws IOException, InterruptedException {
7.          if (value == null) {
8.              return;
9.          }
10.         String[] strs = value.toString().split(" ");
11.         String tId = strs[0];
12.         String reputation = strs[1];
13.         if (tId == null || reputation == null) {
14.             return;
15.         }
16.         visittimesMap.put(Integer.parseInt(reputation), new Text(value));
17.         if (visittimesMap.size() > 10) {
18.             visittimesMap.remove(visittimesMap.firstKey());
19.         }
20.     }
21.
22.     @Override
23.     protected void cleanup(Context context) throws IOException,
24.             InterruptedException {
25.         for (Text t : visittimesMap.values()) {
26.             context.write(NullWritable.get(), t);
27.         }
28.     }
29.  }
```

（2）建立自定义的 Reducer 类 TopTenReducer。完成最终 Top 10 的生成（如代码 12～15 行），即由这个规约器，产生最终的 Top 10 列表，使得 Top 10 操作也达到分而治之的效果，从而提高运算效率。具体参考代码如下所示。

```
1.      public class TopTenReducer extends Reducer<NullWritable, Text, NullWritable,
Text> {
2.       private TreeMap<Integer, Text> visittimesMap = new TreeMap<Integer, Text>();
3.
4.       @Override
```

```
5.        public void reduce(NullWritable key, Iterable<Text> values, Context context)
6.                  throws IOException, InterruptedException {
7.             for (Text value : values) {
8.
9.                  String[] strs = value.toString().split(" ");
10.                 visittimesMap.put(Integer.parseInt(strs[1]), new Text(value));
11.
12.                 if (visittimesMap.size() > 10) {
13.                      visittimesMap.remove(visittimesMap.firstKey());
14.                 }
15.            }
16.
17.            for (Text t : visittimesMap.values()) {
18.                 context.write(NullWritable.get(), t);
19.        }
20.     }
21.    }
```

（3）执行程序，具体参考代码如下所示。

```
1.      public class TopTenJob {
2.
3.       public static void main(String[] args) throws Exception {
4.            Configuration conf = new Configuration();
5.            if (args.length != 2) {
6.                 System.err.println("Usage: TopTenDriver <in> <out>");
7.                 System.exit(2);
8.            }
9.            Job job = Job.getInstance(conf);
10.           job.setJarByClass(TopTenJob.class);
11.           job.setMapperClass(TopTenMapper.class);
12.           job.setReducerClass(TopTenReducer.class);
13.           job.setNumReduceTasks(1);
14.           job.setOutputKeyClass(NullWritable.class);
15.           job.setOutputValueClass(Text.class);
16.           FileInputFormat.addInputPath(job, new Path(args[0]));
17.           FileOutputFormat.setOutputPath(job, new Path(args[1]));
18.           System.exit(job.waitForCompletion(true) ? 0 : 1);
19.      }
20.    }
```

代码使用 MapReduce Configuration 对象将 Top10 从驱动器传递给 map()和 reduce()，驱动器设置参数，并启动 MapReduce 作业，map()和 reduce()通过 setup()读取参数。程序的运行结果示意如图 7-7 所示。

2. Hadoop MapReduce 非唯一键解决方案

在这里假设所有输入键是不唯一的，即会出现 key 值相同而 value 值不同的情况，则需分为两个阶段解决。

第一阶段：通过 MapReduce 框架先聚集具有相同键的元组，并将频数相加，将不唯一的键转换为唯一的键，其 value 值为频数和，输出为唯一键值对<key,value>。

第二阶段：将第一阶段输出的唯一键值对作为输入，采用唯一键的解决方案求 Top N 即可，再不赘述。

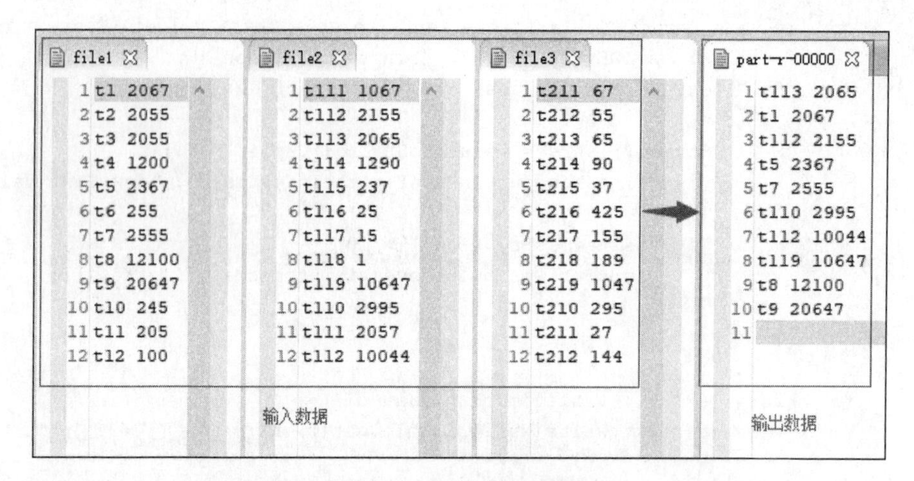

图 7-7　Top N 程序运行结果

7.3　全排序

在 Shuffle 阶段，我们对 MapReduce 计算过程的排序已经有了一定理解，在项目中可以借用 Shuffle 的默认排序机制，用户也可以自定义编写符合业务的排序算法模型。不得不说排序是 MapReduce 的核心技术。到目前为止，相对于常规的排序功能，用户已经有了一定的处理能力。本节将对于全排序进行讲述，以便用户进一步理解实际项目中排序的应用过程。

7.3.1　全排序业务需求

全排序的要求是将所有的数据按业务要求排序，例如按字母顺序、按数字大小、按日期、按地区、按业务类型等排序，并且排好序的内容按排列顺序输出。下面通过一个范例来说明全排序的求解过程。

【例 7-4】存在一个大数据集，里面只有一列数字（具体实验数据的准备方法参见 7.3.2 节），请通过 MapReduce 计算，将大数据集中的数字按从大到小排列，并按排好序的顺序输出文件。

由于 Reduce 端的输出是不进行任何排序的，所以想达到数据集的排序效果，只能在 Reduce 端输出之前完成，并且输出的文件的内容要保证排列顺序。编程思路如下。

（1）定义符合业务要求的 Shuffle 排序机制。本题是要求数字从大到小排序，而 Shuffle 的默认数字排序是从小到大，故需要进行自定义 Shuffle 排序的编写，保证排序算法模型的正确性。

（2）保证 Reduce 端输出的文件内容符合要求。可以从 3 种情况来考虑输出问题。

第 1 种情况：设想内容全部输出至一个文件中，即应用一个 Reducer 类，此种情况只要保证在 reduce 方法中调用 context 的 write 方法之前完成排序，即多个 Mapper→1 个 Reducer。

此种输出模式的好处：只要排序正确，Reduce 端输出会按输入排序结果写入文件。

此种输出模式的不足：由于是大数据集，故以一个文件输出，即在一个节点完成这样的工作，很容易发生内存溢出的情况，并不明智。

第 2 种情况（详细参见 7.3.3 节）：考虑第 1 种情况的不足，将输出结果分别通过不同的 Reducer 类写入不同的文件，保证了 Reducer 运行节点资源的充足，即多个 Mapper→多个 Reducer（自定义指定界限节点的分区）。

此种输出模式的难点：如何保证多个输出至 HDFS 的文件是按数字从大到小排序。这就需要在 Shuffle 阶段进行自定义分区的设置，即保证第一个分区的文件都是较大的数，第二个分区文件的数都比第一个文件小，依次类推。然后每个分区的文件再进行从大到小排序，最后保证输出的多个文件是连接的从大到小排序，保证排序的正确性。

此种输出模式的优点：将输出的大数据分散到不同的 Reducer 任务执行，保证节点计算资源充足，计算模式设计合理。

此种输出模式的不足：自定义界限的节点可能导致分区数据量不均匀造成数据倾斜。

第 3 种情况（详细参见 7.3.4 节）：针对第 2 种情况的不足，如果业务在自定义分区时，很难人为地把握分区的边界点，可应用 MapReduce 自带的 3 种抽样方法，它们基本能保证找到较均匀的分区界限节点，进而完成均匀分区的目的。这 3 种抽样方法及其特点如下。

（1）SplitSampler：取一片数据，对这片数据进行处理，选出分区用的临界点，作为分区不适用的情况：选取的数据要有代表性，如源数据是经过排序的，就不适用。

（2）IntervalSampler：间隔一定量的数据取一个样本。

（3）RandomSampler（随机抽样）：随机地抽取一些样本。

计算模型为多个 Mapper→多个 Reducer（抽样进行分区）。

此种计算模式的优点：保证分区数据的基本均匀，规避了分区不均匀导致数据倾斜的风险。下面通过一个完整的实验来进一步体会基于大数据量的全排序的实现过程。

7.3.2　实验数据准备

在做大数据全排序前，准备一个可供计算的数据有一定意义。这里介绍一种通过 Linux Shell 实现测试数据的方法。

第 1 步，通过 vi 命令建立文件 createdatas.sh。参考命令如下。

```
[user@master ~]$ vi createdatas.sh
```

第 2 步，在第 1 步建立的文件中写入如下代码生成 5 位内的随机正整数。

```
for i in {1..100000};do
        echo $RANDOM
done;
```

其中$RANDOM 变量是 Shell 内置的，使用它能够生成 5 位内的随机正整数。具体程序运行的命令窗口如图 7-8 所示。

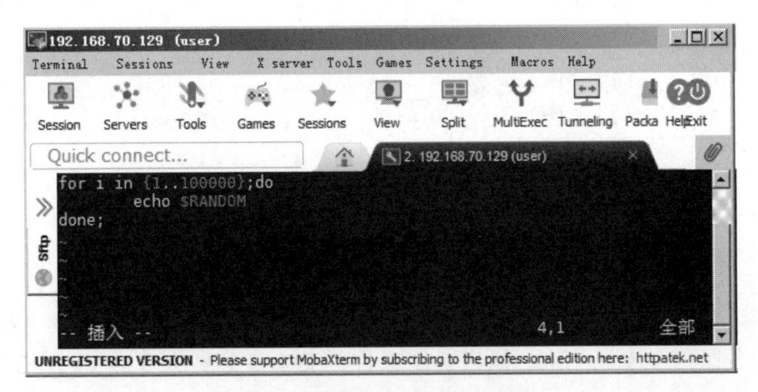

图 7-8　具体程序运行的命令窗口

在窗口中输入命令后，运行“wq!”命令并保存，此时通过 sh 命令运行 4 次新建立的文件 createdatas.sh 脚本，这样会生成 4 份随机数文件 data1、data2、data3 和 data4。具体命令如下。

```
[user@master ~]$ sh createdatas.sh >data1
[user@master ~]$ sh createdatas.sh >data2
[user@master ~]$ sh createdatas.sh >data3
[user@master ~]$ sh createdatas.sh >data4
[user@master ~]$ ll
drwxrwxr-x. 8 user user   4096 2月  4 08:33 bigdata
-rw-rw-r--. 1 user user     52 2月  21 05:48 createdatas.sh
-rw-rw-r--. 1 user user 565990 2月  21 05:50 data1
-rw-rw-r--. 1 user user 566258 2月  21 05:50 data2
-rw-rw-r--. 1 user user 566109 2月  21 05:50 data3
-rw-rw-r--. 1 user user 566030 2月  21 05:50 data4
```

最后把生成的随机数文件 data1、data2、data3 和 data4 上传至 HDFS 上，完成了全排序实验数据的准备工作。现在可以来写程序对这两个文件里面的数据进行排序了。

7.3.3 自定义分区实现全排序过程

把结果输出到一个文件中实现数据全局有序有个很大的局限性：所有的数据都发送到一个 Reducer 进行排序，导致不能充分利用集群的计算资源，而且在数据量很大的情况下，很有可能会出现内存溢出（Out Of Memory，OOM）问题。故我们期望以多 Reducer 文件输出，但输出的文件内容要连续，不能破坏原有的顺序。这就要求第一个输出文件里的最小数大于第二个输出文件里的最大数，第二个输出文件里的最小数大于第三个输出文件里的最大数，依次类推。回顾一下 MapReduce 默认的分区函数是 HashPartitioner，其实现的原理是计算 Map 输出 key 的 hashCode，然后对 Reducer 个数求模，这样只要求模结果一样的 key 都会发送到同一个 Reducer。它的具体公式如下：(key.hashCode() & Integer.MAX_VALUE) % numReduceTasks。

这种计算模式在 6.5.2 节讨论过，它能保证数据基本均匀地分布到各分区中，保证数据基本均匀分布。但这种排序并不能按范围分布，与我们期望的不同。借用 1、2、3、4、5、6 这几个数据来进一步讲解全排序与分区的问题，期望数据 1～6 以多输出形式倒序排列，如图 7-9 所示。

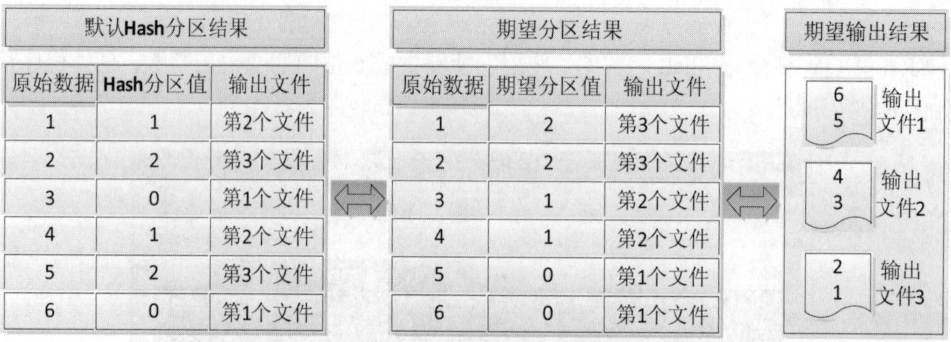

默认Hash分区结果

原始数据	Hash分区值	输出文件
1	1	第2个文件
2	2	第3个文件
3	0	第1个文件
4	1	第2个文件
5	2	第3个文件
6	0	第1个文件

期望分区结果

原始数据	期望分区值	输出文件
1	2	第3个文件
2	2	第3个文件
3	1	第2个文件
4	1	第2个文件
5	0	第1个文件
6	0	第1个文件

期望输出结果

数据	输出
6 5	输出文件1
4 3	输出文件2
2 1	输出文件3

图 7-9　分区产生输出文件的结果

由图 7-9 可知，Shuffle 过程中默认的分区计算模型与期望分区并不一致。故我们需要写一个自定义的分区，由于分区是以 key 为准，所以计算条件为 key>4 分到第 0 区，key>2 分到第 1 区，其他分到第 2 区。具体实现代码如下。

```
public class MyPartitioner extends Partitioner<IntWritable, IntWritable> {
 @Override
 public int getPartition(IntWritable key, IntWritable value, int numPartitions) {
      int keyInt = Integer.parseInt(key.toString());
      if (keyInt >4) {
            return 0;
      } else if (keyInt >2) {
            return 1;
      } else {
            return 2;
      }
 }
}
```

这样写就能得到期望输出的结果。针对 7.3.2 节所生成的实验数据，每个文件生成约 10 万条数据，共计 3 个实验文件，肉眼观察大体都分布在[0,35000]区间，由于随机生成的概率较均匀，故分区点建议设置为 key>20 000 为第 0 区，key>10 000 为第 1 区，其他为第 2 区。

再看输出的结果，每个分区对应的输出文件内部的内容都是倒排序，而 Shuffle 过程中默认是按数据升序排序。故此处排序也需要自定义处理，参考代码如下。

```
public class MySort extends WritableComparator{
 public MySort() {
        super(IntWritable.class,true);
}
 public int compare(WritableComparable a,WritableComparable b) {
        IntWritable v1=(IntWritable)a;
        IntWritable v2=(IntWritable)b;
        return v2.compareTo(v1);
 }
}
```

分区与排序问题解决后，剩下的就是 Mapper 与 Reducer 的编写。本案例只是单纯的一个排序的问题，并没有涉及复杂的业务，故只需要把 Mapper 输入的文件以正确的格式给 Shuffle 即可。参考代码如下。

```
static class SimpleMapper extends Mapper<LongWritable, Text, IntWritable, IntWritable> {
        @Override
        protected void map(LongWritable key, Text value, Context context) throws
IOException, InterruptedException {
           //将 Text 类的 value 转换为 IntWritable 类型
             IntWritable intvalue = new IntWritable(Integer.parseInt(value.toString()));
           //值写入 context
             context.write(intvalue,intvalue);
        }
 }
```

本例 Mapper 输入采用的是默认的<LongWritable,Text>类型，而输出时，Text 类的值需要采用 IntWritable 形式。故 Mapper 代码只做了值 value 的类型转换，然后将类型转换后的 value 写入 context，交给 Shuffle 处理。

由于 Shuffle 完成分区和排序的功能，故 Reducer 阶段只要把接收到的输入数据原样输出即可，并不需要做额外的操作。参考代码如下。

```
    static class SimpleReducer extends Reducer<IntWritable, IntWritable, IntWritable,
NullWritable> {
            @Override
            protected void reduce(IntWritable key, Iterable<IntWritable> values, Context
context)
                    throws IOException, InterruptedException {
                for (IntWritable value : values)
                    context.write(value, NullWritable.get());
            }
    }
```

Reducer 并没有做什么工作，它只是把输入的内容原样做了输出。故此处的 Reducer 完全可以不写，即在 Job 执行时，并不需要调用 setReducerClass 方法，只执行 Mapper 类。

至此，业务代码已经编写完成了。启动 Job 去执行这些代码，参考代码如下。

```
@Override
 public int run(String[] args) throws Exception {
      if (args.length != 2) {
            System.err.println("<input><output>");
            System.exit(127);
      }

      Job job = Job.getInstance(getConf());
      job.setJarByClass(TotalOrderingUserDefine.class);
      FileInputFormat.addInputPath(job, new Path(args[0]));
      FileOutputFormat.setOutputPath(job, new Path(args[1]));
      job.setMapperClass(SimpleMapper.class);
      job.setReducerClass(SimpleReducer.class);
      job.setPartitionerClass(MyPartitioner.class);
      job.setSortComparatorClass(MySort.class);
      job.setMapOutputKeyClass(IntWritable.class);
      job.setMapOutputValueClass(IntWritable.class);
      job.setOutputKeyClass(IntWritable.class);
      job.setOutputValueClass(NullWritable.class);
      job.setNumReduceTasks(3);
      return job.waitForCompletion(true) ? 0 : 1;
 }

 public static void main(String[] args) throws Exception {
      args = new String[] { "ch07", "ch07OutUserDefine2" };
      int exitCode = ToolRunner.run(new TotalOrderingUserDefine(), args);
      System.exit(exitCode);
 }
```

这个程序的运行结果是：生成了 3 个文件（因为设置了 Reduce 个数为 3），而且每个文件都是局部有序；所有小于 10 000 的数据都在 part-r-00000 里面，所有小于 20 000 的数据都在 part-r-00001 里面，所有大于等于 20 000 的数据都在 part-r-00002 里面。

part-r-00000、part-r-00001 和 part-r-00002 这 3 个文件实现了全局有序。

部分结果如图 7-10 所示。

这个方法在编写自定义分区时能把握好条件，但是也有一些问题：如果分区条件不能把握，或者分区后的划分区间内的数据分布不均匀，会导致数据倾斜，进而出现任务分配不均衡的问题，发生慢的任务出现拖后腿的情况。针对这样的情况，可以考虑通过抽样分区的方法去解决。

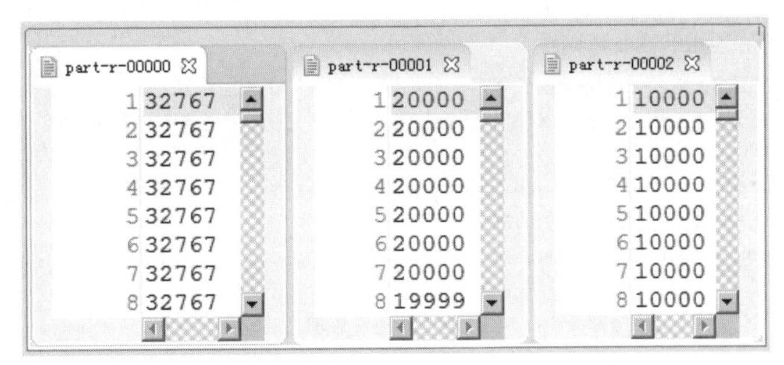

图7-10 部分结果

7.3.4 通过抽样实现全排序过程

自定义分区实现用户按业务分区并与Reduce任务数据一一对应，使全排序最终结果在多个文件中依次按顺序输出。但有可能存在人为对数据了解不够多，进而造成不同分区中数据个数不一导致数据倾斜的问题。除非用户对所有数据有深刻理解，才能给出合理的分区界限。

设想如果能够通过取得一小部分具有代表性的数据，选出分区条件的点，使整体数据达到按key分布的效果，会是个不错的主意。Hadoop工具的“org.apache.hadoop.mapreduce.lib.partition”包中提供了InputSampler，它继承了Configured类，实现了Tool接口。InputSampler类包含了3种采样方法，分别是RandomSampler、SplitSampler和IntervalSampler，它们实现了Sampler接口，该接口包含了唯一的方法getSample，它的源码如下。

```
public interface Sampler<K,V> {
    K[] getSample(InputFormat<K,V> inf, Job job)
    throws IOException, InterruptedException;
  }
```

RandomSampler的作用是对于给定的作业，从输入数据中收集并返回一个key的子集。而Sample接口由InputSampler类的writePartitionFile方法调用，以便创建一个顺序文件，由TotalOrderPartitioner使用，选择合理的抽样方式，达到为排序作业创建较均衡分区的目的。

1. RandomSampler

RandomSampler是一个随机数据采样器，它的工作原理是以指定的采样率均匀地从一个数据集中选择样本。采样过程：首先通过InputFormat的getSplits方法得到所有的输入分区；然后确定需要抽样扫描的分区数目，取输入分区总数与用户输入的maxSplitsSampled两者的较小值得到splitsToSample；然后对输入分区数组Shuffle排序，打乱其原始顺序；循环逐个扫描每个分区中的记录进行采样，循环的条件是当前已经扫描的分区数小于splitsToSample或者当前已经扫描的分区数超过splitsToSample但是小于输入分区总数并且当前的采样数小于最大采样数numSamples。

其中每个分区中记录采样的具体过程是首先从指定分区中取出一条记录，判断得到的随机浮点数是否小于等于采样频率freq，如果大于则放弃这条记录，然后判断当前的采样数是否小于最大采样数，如果小于则这条记录被选中，被放进采样集合中，否则从[0, numSamples]中选择一个随机数。如果这个随机数不等于最大采样数numSamples，则用这条记录替换掉采样集合随机数对应位置的记录，同时采样频率freq减小，变为freq*(numSamples-1)/numSamples，然后依次遍历分区中的其他记录。

【例 7-5】RandomSampler 代码样例。

```
public class TotalSortRandomSampler_ {
    public static void main(String[] args) throws IOException, ClassNotFoundException, InterruptedException {
        Configuration conf = new Configuration();
        FileSystem fs = FileSystem.get(conf);
        InputSampler.RandomSampler<Text, Text> sampler = new InputSampler.RandomSampler<>(0.1, 10000, 10);
        //设置分区文件，TotalOrderPartitioner 必须指定分区文件
        Path partitionFile = new Path( "_partitions1");
        TotalOrderPartitioner.setPartitionFile(conf, partitionFile);
        Job job = Job.getInstance(conf);
        job.setJarByClass(TotalSortRandomSampler_.class);
        job.setInputFormatClass(KeyValueTextInputFormat.class); //数据文件默认以\t 分割
        job.setMapperClass(Mapper.class);
        job.setReducerClass(Reducer.class);
        job.setNumReduceTasks(3); //设置 Reduce 任务个数
        job.setOutputKeyClass(Text.class);
        job.setOutputValueClass(Text.class);
        job.setPartitionerClass(TotalOrderPartitioner.class);
        FileInputFormat.addInputPath(job, new Path("totalOrdering"));
        Path path = new Path("sortoutput1");
        FileOutputFormat.setOutputPath(job, path);
        //将随机抽样数据写入分区文件
        InputSampler.writePartitionFile(job, sampler);
        boolean b = job.waitForCompletion(true);
    }
}
```

2. SplitSampler

取一片数据，对这片数据进行处理，选出分区用的临界点，进行分区。在采样时，它只采样一个分片中的前 *n* 条记录，且也不保证从所有分片中获取采样数据，故该类采样器不适合已经排好序的数据。

【例 7-6】SplitSampler 代码样例。

```
public class TotalSortSplitSampler {
    public static void main(String[] args) throws IOException, ClassNotFoundException, InterruptedException {
        Configuration conf = new Configuration();
        FileSystem fs = FileSystem.get(conf);
        InputSampler.SplitSampler<Text, Text> sampler = new SplitSampler<Text, Text>(10000, 10);
        Path partitionFile = new Path( "_partitionsss2");
        TotalOrderPartitioner.setPartitionFile(conf, partitionFile);
        Job job = Job.getInstance(conf);
        job.setJarByClass(TotalSortSplitSampler.class);
        job.setInputFormatClass(KeyValueTextInputFormat.class); //数据文件默认以\t 分割
        job.setMapperClass(Mapper.class);
        job.setReducerClass(Reducer.class);
        job.setNumReduceTasks(5); //设置 Reduce 任务个数
        job.setOutputKeyClass(Text.class);
        job.setOutputValueClass(Text.class);
        job.setPartitionerClass(TotalOrderPartitioner.class);
        FileInputFormat.addInputPath(job, new Path("totalOrdering"));
```

```
            Path path = new Path("outSplitSampler");
            FileOutputFormat.setOutputPath(job, path);
            //将随机抽样数据写入分区文件
            InputSampler.writePartitionFile(job, sampler);
            boolean b = job.waitForCompletion(true);
        }
    }
```

3. IntervalSampler

以一定间隔从分片中选择键，适合排好序的文件。

【例 7-7】IntervalSampler 代码样例。

```
    public class TotalSortIntervalSampler {
    public static void main(String[] args) throws IOException, ClassNotFoundException,
InterruptedException {
                Configuration conf = new Configuration();
                FileSystem fs = FileSystem.get(conf);
                InputSampler.IntervalSampler<Text, Text> sampler = new InputSampler.
IntervalSampler<>(10000, 10);
                Path partitionFile = new Path( "_partitions2");
                TotalOrderPartitioner.setPartitionFile(conf, partitionFile);
                Job job = Job.getInstance(conf);
                job.setJarByClass(TotalSortIntervalSampler.class);
                job.setInputFormatClass(KeyValueTextInputFormat.class); //数据文件默认以\t
                                                                        //分割
                job.setMapperClass(Mapper.class);
                job.setReducerClass(Reducer.class);
                job.setNumReduceTasks(3); //设置 Reducer 任务个数
                job.setOutputKeyClass(Text.class);
                job.setOutputValueClass(Text.class);
                job.setPartitionerClass(TotalOrderPartitioner.class);
                FileInputFormat.addInputPath(job, new Path("ch05/input"));
                Path path = new Path("outIntervalSampler1");
                FileOutputFormat.setOutputPath(job, path);
                //将随机抽样数据写入分区文件
                InputSampler.writePartitionFile(job, sampler);
                boolean b = job.waitForCompletion(true);
        }
    }
```

TotalOrderPartitioner 类可以实现输出的全排序。不同于以上 3 个 Partitioner，这个类并不是基于 Hash 的。每一个 Reducer 的输出在默认情况下都是有顺序的，但是 Reducer 之间在输入无序的情况下也是无序的。如果要实现输出是全排序的，就会用到 TotalOrderPartitioner。要使用 TotalOrderPartitioner，就得给 TotalOrderPartitioner 提供一个 Partition File。用户可以通过 InputSampler 类实现 Sampler 接口，找到这样的 Partition File。InputSampler 类和 TotalOrderPartitioner 类使用户可以按自己的意愿定义分区数，通常该值取决于 Reducer 任务数量。

【例 7-8】一个应用抽样分区的全排序案例。

```
     public class TotalOrderingPartition extends Configured implements Tool {
    //Mapper 类
     static class SimpleMapper extends Mapper<Text, Text, Text, IntWritable> {
        @Override
     protected void map(Text key, Text value, Context context) throws IOException,
 InterruptedException {
```

```
                IntWritable intWritable = new IntWritable(Integer.parseInt(key.toString()));
                context.write(key, intWritable);
            }
        }
    //Reducer 类
     static class SimpleReducer extends Reducer<Text, IntWritable, IntWritable, NullWritable> {
         @Override
         protected void reduce(Text key, Iterable<IntWritable> values, Context context)
                 throws IOException, InterruptedException {
             for (IntWritable value : values)
                 context.write(value, NullWritable.get());
         }
     }
    //运行方法
     public int run(String[] args) throws Exception {
         Configuration conf = getConf();
         Job job = Job.getInstance(conf, "Total Order Sorting");
         job.setJarByClass(TotalOrderingPartition.class);
         job.setInputFormatClass(KeyValueTextInputFormat.class);
         FileInputFormat.addInputPath(job, new Path(args[0]));
         FileOutputFormat.setOutputPath(job, new Path(args[1]));
         job.setNumReduceTasks(3);
         job.setMapOutputKeyClass(Text.class);
         job.setMapOutputValueClass(IntWritable.class);
         job.setOutputKeyClass(IntWritable.class);
         job.setOutputValueClass(NullWritable.class);

         TotalOrderPartitioner.setPartitionFile(job.getConfiguration(), new Path(args[2]));
         InputSampler.Sampler<Text, Text> sampler = new InputSampler.SplitSampler<Text,
Text>(10000, 10);
         InputSampler.writePartitionFile(job, sampler);
         job.setPartitionerClass(TotalOrderPartitioner.class);
         job.setMapperClass(SimpleMapper.class);
         job.setReducerClass(SimpleReducer.class);
         job.setJobName("iteblog");
         return job.waitForCompletion(true) ? 0 : 1;
     }
    //主方法
     public static void main(String[] args) throws Exception {
         args = new String[] { "input", "outUserPartition1", "outUserPartition2" };
         int exitCode = ToolRunner.run(new TotalOrderingPartition(), args);
         System.exit(exitCode);
     }
    }
```

通过抽样分区，可以使各分区所含的记录数大致相等，使作业的总体执行时间不会因为某一个Reducer的任务滞后而拖慢整体进度。

7.4 二次排序

二次排序不同于全排序，它在规约阶段对与中间键相关联的中间值的某个属性进行排序。可以对传入各个 Reducer 的值进行升序排序或降序排序，即首先按照第一字段排序，然后再对第一字段相同的行按照第二字段排序，注意不能破坏第一次排序的结果。

使用 Hadoop MapReduce 来实现二次排序的设计模式，MapReduce 会自动对映射器生成的键进行排序，所有中间键和中间值为按 key 有序排列。MapReduce 不会自动对 Reducer 的值进行排序，即传入 Reducer 的值并不是有序的，如果在某些场景下需要对传入 Reducer 的数据进行排序，就需要用到二次排序设计模式。

MapReduce 的 Map 和 Reduce 函数有如下相关类型：

```
map(k1,v1)→list(k2,v2)
reduce(k2,list(v2))→list(k3,v2)
```

可以看出 reduce 函数接受键值对(k2,list(v2))，其中 list(v2)为一个 n 元组，里面相应的值是无序的，若令 list(v2)=（A1,A2,⋯,An），则二次排序的目的就是使 list(v2)中的值有序（Ai 可能是一个数据类型，也可能是一个 m 元组），即 list(v2')=（B1,B2,⋯,Bn），（B1,B2,⋯,Bn）是（A1,A2,⋯,An）的一个升序或降序的全排列，因此传入 Reducer 的值就可以有序了。

7.4.1 解决方案

方案 1：Reducer 内排序。让 Reducer 接受(k2,list(v2))之后，利用 Reducer 内存进行排序，生成(k2,list(v2'))，再进行处理，但是这种方法在值的数量过多的情况下，可能会导致内存溢出，不具有可伸缩性。

方案 2：利用 MapReduce 框架的排序技术对 Reducer 值进行排序。为自然键增加自然值的部分或整个值，构造组合键进行排序。由于排序工作是由 MapReduce 框架完成的，因此不会导致溢出，具有可伸缩性。

该方案的流程大致如下。

（1）构造组合中间键（k,v1），其中 v1 为次键，k 为自然键。要在 Reducer 中注入一个值（v1），创建一个组合键。Reducer 值按什么来排序，就将其加入到自然键中，共同成为组合键。

对于 key= k2，若所有的映射器生成键值对为（k2,A1），（k2,A2），⋯，（k2,An），对于每个 Ai，设 Ai 为一个 m 元组，Ai=（ai1,ai2,⋯,aim），我们按 ai1 对 Reducer 的值进行排序，将 ai1 记为 ai，并将剩下的元组值（ai2,ai3,⋯,aim）用 bi 来表示。因而映射器生成键值对可以做如下表示。

（k2,（a1,b1）），（k2,（a2,b2）），⋯，（k2,（an,bn））

自然键为 k2，加入 ai 形成组合键（k2，ai），最终映射器发出键值对如下。

（（k2,a1），（a1,b1）），（（k2,a2），（a2,b2）），⋯，（（k2,an），（an,bn））

（2）在分区器中加入两个插件类：定制分区器，确保相同自然键的数据到达相同 Reducer，也就是说，在同一 Reducer 中可能有 key=k2，key=k3 的所有数据，定制比较器就将这些数据按自然键进行分组。

（3）分组比较器，可以使 v1 按有序的顺序到达 Reducer，使用 MapReduce 执行框架完成排序，可以保证到达 Reducer 的值按键有序并按值有序。

Hadoop MapReduce 的实现类如表 7-7 所示。

表 7-7　　　　**Hadoop MapReduce 的实现类**

类名	描述
SecondarySortDriver	驱动器类，定义输入、输出并注册插件类
SecondarySortMapper	Map 函数
SecondarySortReducer	Reduce 函数
NaturalKeyPartitioner	定义自然键分区
NaturalKeyGroupingComparator	定义自然键如何分组
CompositeKeyComparator	定义区内组合键排序

1. SecondarySortDriver

SecondarySortDriver 是驱动器类，会向 Hadoop MapReduce 框架注册 NaturalKeyPartitioner 和 NaturalKeyGroupingComparator，示例如下。

```
Configuration conf = new Configuration();
        Job job = new Job(conf, "Secondary Sort");
        //向分区增加 jars
        HadoopUtil.addJarsToDistributedCache(conf, "/lib/");

        String[] otherArgs = new GenericOptionsParser(conf, args).getRemainingArgs();
        if (otherArgs.length != 2) {
            System.err.println("Usage: SecondarySortDriver <input><output>");
            System.exit(1);
        }
        job.setJarByClass(SecondarySortDriver.class);
        job.setJarByClass(SecondarySortMapper.class);
        job.setJarByClass(SecondarySortReducer.class);
       //定义 Mapper and Reducer
        job.setMapperClass(SecondarySortMapper.class);
        job.setReducerClass(SecondarySortReducer.class);
        //定义了自然键和组合键的 bean
        job.setMapOutputKeyClass(CompositeKey.class);
        job.setMapOutputValueClass(NaturalValue.class);
        //定义 Reducer 的输出键值对
        job.setOutputKeyClass(Text.class);
        job.setOutputValueClass(Text.class);
        //定义自然键的分区
        job.setPartitionerClass(NaturalKeyPartitioner.class);
        //定义分区内自然键的排序
        job.setGroupingComparatorClass(NaturalKeyGroupingComparator.class);
        //定义组合键的排序
        job.setSortComparatorClass(CompositeKeyComparator.class);
        job.setInputFormatClass(TextInputFormat.class);
        job.setOutputFormatClass(TextOutputFormat.class);
        FileInputFormat.addInputPath(job, new Path(otherArgs[0]));
        FileOutputFormat.setOutputPath(job, new Path(otherArgs[1]));
        job.waitForCompletion(true);
```

2. SecondarySortMapper

```
 //定义两个自然键
private final CompositeKey reducerKey = new CompositeKey();
private final NaturalValue reducerValue = new NaturalValue();


 @Override
 public void map(LongWritable key,
                 Text value,
                 Context context)
   throws IOException, InterruptedException {

   String[] tokens = StringUtils.split(value.toString().trim(), ",");
   if (tokens.length == 3) {
       //tokens[0] = stokSymbol
       //tokens[1] = timestamp (as date)
       //tokens[2] = price as double
       Date date = DateUtil.getDate(tokens[1]);
       if (date == null) {
           return;
       }
       long timestamp = date.getTime();
       //设置自然键和组合键
       reducerKey.set(tokens[0], timestamp);
       reducerValue.set(timestamp, Double.parseDouble(tokens[2]));
       //emit key-value pair
       context.write(reducerKey, reducerValue);
    }
```

3. SecondarySortReducer

```
//reduce类public void reduce(CompositeKey key,
                           Iterable<NaturalValue> values,
                           Context context)
      throws IOException, InterruptedException {

      //用builder对value进行包装，已经是排序好的了
      StringBuilder builder = new StringBuilder();
      for (NaturalValue data : values) {
            builder.append("(");
            String dateAsString = DateUtil.getDateAsString(data.getTimestamp());
            double price = data.getPrice();
            builder.append(dateAsString);
            builder.append(",");
            builder.append(price);
            builder.append(")");
       }
       //取key和保存好的{values}，然后保存到在SecondarySortDriver中设置的输出目录
       context.write(new Text(key.getStockSymbol()), new Text(builder.toString()));
   } //reduce
```

4. NaturalKeyPartitioner

```
//根据相同的StockSymbol的Hash值分配分区
@Override
   public int getPartition(CompositeKey key,
                           NaturalValue value,
```

```
                                int numberOfPartitions) {
        return Math.abs((int) (hash(key.getStockSymbol()) % numberOfPartitions));
    }
```

5. NaturalKeyGroupingComparator

```
//对分区内的键进行排序，因为 Reduce 需要
@Override
    public int compare(WritableComparable wc1, WritableComparable wc2) {
        CompositeKey ck1 = (CompositeKey) wc1;
        CompositeKey ck2 = (CompositeKey) wc2;
        return ck1.getStockSymbol().compareTo(ck2.getStockSymbol());
    }
```

6. CompositeKeyComparator

定义一个排序插件类 CompositeKeyComparator，完成两个 WritableComparable 对象（表示 CompositeKey 对象）的比较，对组合键排序。具体参考代码如下。

```
CompositeKeyComparator.java
  @Override
   public int compare(WritableComparable wc1, WritableComparable wc2) {
        CompositeKey ck1 = (CompositeKey) wc1;
        CompositeKey ck2 = (CompositeKey) wc2;

        int comparison = ck1.getStockSymbol().compareTo(ck2.getStockSymbol());
        //当两个键的值相同的时候才比较另一个值
        if (comparison == 0) {
            //stock symbols are equal here
            if (ck1.getTimestamp() == ck2.getTimestamp()) {
                 return 0;
            }
            else if (ck1.getTimestamp() < ck2.getTimestamp()) {
                 return -1;
            }
            else {
                 return 1;
            }
        }
        else {
            return comparison;
        }
    }
```

7.4.2 例子

假设水位数据如下。

（年，月，日，当天水位）

2016,5,1,20

2016,5,2, 28

2018,2,15,18

2016,5,3, 22

2018,2,16,17

⋮

要求得到每一个月的水位变化（按升序），即（年-月:（水位（升序），日））。

2016-5:（20,1）,（22,3）,（28,2）;

2018-2:（17,16）,（18,15）

（1）数据经过 map()之后，得到中间键（年-月,（水位，日）），其中年-月为自然键,（水位，日）为自然值，通过构造组合键（年-月，水位），得到组合中间键（(年-月，水位),（水位，日））。因此上述数据变为

((2016-5，20)，(**20,1**))

((2016-5，28)，(**28,2**))

((2018-2，18)，(**18,15**))

((2016-5，22)，(**22,3**))

((2018-2，17)，(**17,16**))

⋮

（2）数据经过分区器可按照自然键划分（(年-月，水位),（水位，日））。

((2016-5，20)，(**20,1**))

((2016-5，28)，(**28,2**))

((2016-5，22)，(**22,3**))

((2018-2，18)，(**18,15**))

((2018-2，17)，(**17,16**))

⋮

（3）数据通过分组比较器即可对值进行排序（年-月，已按照水位升序排好的（水位，日））。

2016-5: [（**20,1**）,（**22,3**）,（**28,2**）]

2018-2: [（**17,16**）,（**18,15**）]

7.5 连接

在实际项目中，多个文件通过关联因素进行连接操作的计算是非常常见的功能。为了更清楚地说明这个概念，下面先来回顾几个数据库中非常常用的有关连接的术语。

1. **自连接**

自连接即对同一张表进行连接操作，如图 7-11 所示。

id	author	Recommended
1	Jam	
2	Kitty	1
3	Betty	1

原始表A

id	author	Recommended
1	Jam	
2	Kitty	Jam
3	Betty	Jam

内连接计算出的表B

图 7-11　自连接输出

图 7-11 中，通过自连接规则的计算，即通过对原始表 A 数据进行读取，通过关联因素 id 与

Recommended（推荐人）值的关联关系，推导出人员信息表 B 的结果，在推荐人一栏记录的不再是人员 ID，而是推荐人的真实姓名。

2. 内连接与外连接

内连接：交集，即两张表都符合筛选条件的值出现，如图 7-12 所示。

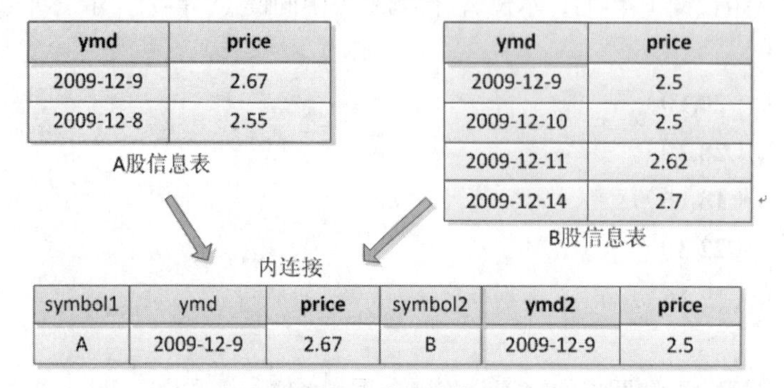

A股信息表

ymd	price
2009-12-9	2.67
2009-12-8	2.55

B股信息表

ymd	price
2009-12-9	2.5
2009-12-10	2.5
2009-12-11	2.62
2009-12-14	2.7

内连接

symbol1	ymd	price	symbol2	ymd2	price
A	2009-12-9	2.67	B	2009-12-9	2.5

图 7-12　内连接输出

左外连接：左表都显示，右表符合条件的值显示，不符合条件的记 NULL，如图 7-13 所示。

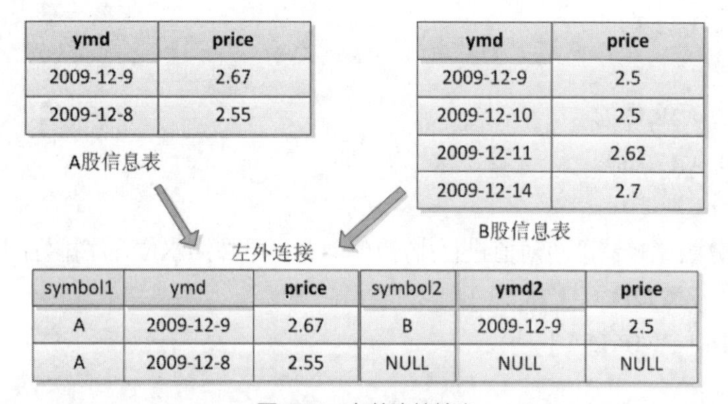

A股信息表

ymd	price
2009-12-9	2.67
2009-12-8	2.55

B股信息表

ymd	price
2009-12-9	2.5
2009-12-10	2.5
2009-12-11	2.62
2009-12-14	2.7

左外连接

symbol1	ymd	price	symbol2	ymd2	price
A	2009-12-9	2.67	B	2009-12-9	2.5
A	2009-12-8	2.55	NULL	NULL	NULL

图 7-13　左外连接输出

右外连接：右表都显示，左表符合条件的值显示，不符合条件的记 NULL，如图 7-14 所示。

A股信息表

ymd	price
2009-12-9	2.67
2009-12-8	2.55

B股信息表

ymd	price
2009-12-9	2.5
2009-12-10	2.5
2009-12-11	2.62
2009-12-14	2.7

右外连接

symbol1	ymd	price	symbol2	ymd2	price
A	2009-12-9	2.67	B	2009-12-9	2.5
NULL	NULL	NULL	B	2009-12-10	2.5
NULL	NULL	NULL	B	2009-12-11	2.62
NULL	NULL	NULL	B	2009-12-14	2.7

图 7-14　右外连接输出

全外连接：完整外部连接，返回左表和右表中的所有行。当某行在另一个表中没有匹配行时，另一个表的选择列表列包含 NULL，如图 7-15 所示。

ymd	price
2009-12-9	2.67
2009-12-8	2.55

A股信息表

ymd	price
2009-12-9	2.5
2009-12-10	2.5
2009-12-11	2.62
2009-12-14	2.7

B股信息表

全外连接

symbol1	ymd	price	symbol2	ymd2	price
A	2009-12-9	2.67	B	2009-12-9	2.5
A	2009-12-8	2.55	NULL	NULL	NULL
NULL	NULL	NULL	B	2009-12-10	2.5
NULL	NULL	NULL	B	2009-12-11	2.62
NULL	NULL	NULL	B	2009-12-14	2.7

图 7-15　全外连接输出

除了这几种连接外，还有些连接在项目中经常出现，如半连接、交叉连接等。以往在关系库中用简单的 SQL 语句很容易就能实现上述的业务功能。在 MapReduce 下，面对大数据文件间的连接操作，就稍显复杂了。

很明显，这是两张表（实际生产中可能有多张表，但思路相似）按条件（本例按日期 ymd 字段为两张表的主外键相等为条件）连接成一张表的操作。具体的操作取决于数据集的规模及存储形式。如果数据集非常小，可以直接读入内存对象，建立两个对象的逻辑连接实现。但在大数据平台下，这种理想情况非常罕见。但对于两个大的数据集的连接操作，可以采用 MapReduce 的操作，较直接的一种思维就是用两个 Mapper 类（如果两个数据集的存储逻辑不同，两个 Mapper 类里写入不同的计算逻辑，但输出到上下文的值类型形式要一致）分别读取不同数据集的内容，进行处理后，将两个数据集连接需要的判定值（要求类型一致，且要有可比性）以 key 的形式，其他连接值以 value 的形式写入 context，然后 Reducer 依据 context 内容读取进行连接的操作。当然如果其中一个数据较小，以至于完全可以放入内存中处理时，也可以将一个表读入缓存，另一个表写入 context 进行操作。当然，此时也可以采取在 Mapper 端连接的情况，如果 Mapper 端能完成连接的要求，也可以不用启动 Reducer 操作。这里可以给出一个定义，如果连接操作由 Mapper 执行，称为“Map 端连接”；如果连接操作由 Reducer 执行，称为“Reduce 端连接”。为了更好地理解连接的操作，现就图 7-10 至图 7-12 中的 A 股信息表和 B 股信息表的数据为实验样本，进行 Map 端连接和 Reduce 端连接操作的举例。

7.5.1 Reduce 端连接

Reduce 端连接很好理解，可以依据业务通过关联 key（类似 SQL 中的主键、外键）将多个大的数据集连接起来。

【例 7-9】图 7-10 至图 7-12 中的 A 股信息表和 B 股信息表的数据基于 Reduce 端连接实例。

本节采用图 7-13 至图 7-14 中的 A 股信息表和 B 股信息表的数据为实验样本，进行 Reduce 端的连接操作。如图 7-16 所示，不同的 Mapper 通过不同的 Mapper 类分别读取两个数据集对应的 A 股信息表和 B 股信息表的数据，将数据以相同的输出格式传输给 Reducer，在 Reduce 端统一进行连接处理，最终将连接的结果输出到 HDFS 平台。

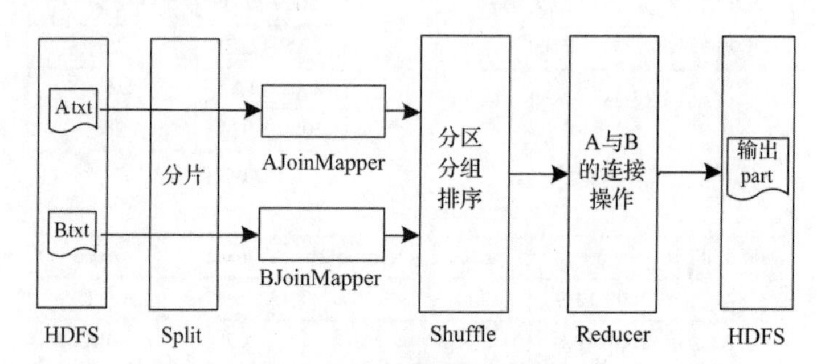

图 7-16　Reduce 端连接模式

图 7-16 中，分别用 AJoinMapper 和 BJoinMapper 来读取记录 A 股信息表的数据的文件 A.txt 和记录 B 股信息表的数据的文件 B.txt，然后将处理结果都输出给相同的 Reducer，计算出连接的结果。具体参考代码如下。

```
1. public class ReduceSideJoinDriver {
2.     //编写读取 A.txt 文件的 Mapper 类
3.   public static class AJoinMapper extends Mapper<Object, Text, Text, Text> {
4.         private Text outkey = new Text();
5.         private Text outvalue = new Text();
6.         @Override
7.         //编写 map 方法，用于处理 A.txt 文件的内容
8.        public void map(Object key, Text value, Context context) throws IOException,
InterruptedException {
9.             String[] str = value.toString().split(" ");
10.            String joindata = str[0];
11.            if (joindata == null) {
12.                return;
13.            }
14.            outkey.set(joindata);
15.            outvalue.set("A" + value.toString()); //将该行值前加入 A 标记，标识本条数据
                                                      //来自 A 文件
16.            context.write(outkey, outvalue);//日期为 key，打上 A 标识的行为 value，传入上下文
17.        }
18. }
19.
20.   //编写读取 B.txt 文件的 Mapper 类
21.   public static class BJoinMapper extends Mapper<Object, Text, Text, Text> {
22.       private Text outkey = new Text();
23.       private Text outvalue = new Text();
24.       //编写 map 方法，用于处理 A.txt 文件的内容
25.       @Override
26.       public void map(Object key, Text value, Context context) throws IOException,
InterruptedException {
27.           String[] str = value.toString().split(" ");
28.           String joindata = str[0];
```

```
29.            if (joindata == null) {
30.                 return;
31.            }
32.            outkey.set(joindata); //获取一行数据中的日期值为 Text 类型
33.            outvalue.set("B" + value.toString());//将该行值前加入 A 标记，标识本条数据来自
                                                        //A 文件
34.            context.write(outkey, outvalue); //日期为 key，打上 A 标识的行为 value，传入上下文
35.       }
36. }
37.   //编写 Reducer 类，用于处理上面两个 Mapper 类传过来的值
38. public static class JoinReducer extends Reducer<Text, Text, Text, Text> {
39.      private ArrayList<Text> listA = new ArrayList<Text>();
40.      private ArrayList<Text> listB = new ArrayList<Text>();
41.      private String joinType = null;
42.     //在执行 reduce 方法前，通过 setup 方法获取 Job 作业传过来的连接类型的值
43.      @Override
44.      public void setup(Context context) {
45.           joinType = context.getConfiguration().get("join.type");
46.      }
47.      //编写 reduce 方法，用于处理两个 Mapper 类传过来的值的连接操作
48.      @Override
49.      public void reduce(Text key, Iterable<Text> values, Context context)
50.                throws IOException, InterruptedException {
51.           //清空 list
52.           listA.clear();
53.           listB.clear();
54.           //遍历上下文接收的值，进行值处理
55.           for (Text t : values) {
56.                if (t.charAt(0) == 'A') {
57.                    //将去除 A 文件传过来的值中的 A 标识值存入 listA
58.                    listA.add(new Text(t.toString().substring(1)));
59.                } else if (t.charAt(0) == 'B') {
60.                   //将去除 B 文件传过来的值中的 B 标识值存入 listB
61.                    listB.add(new Text(t.toString().substring(1)));
62.                }
63.         }
64. 
65.         //调用 executeJoinLogic 方法，按方法里 listA 与 listB 连接逻辑，将连接结果写入上下文
66.         executeJoinLogic(context);
67.      }
68. 
69.   //设定 listA 与 listB 连接逻辑，并将生成的连接结果写入上下文
70.      private void executeJoinLogic(Context context) throws IOException,
71.                 InterruptedException {
72.           if (joinType.equalsIgnoreCase("inner")) {
73.                //内连接，当 listA 与 listB 按日期连接时，值不为空的写入上下文
74.                if (!listA.isEmpty() && !listB.isEmpty()) {
75.                     for (Text A : listA) {
76.                          for (Text B : listB) {
77.                               context.write(A, B);
78.                          }
79.                  }
```

```
80.                 }
81.             } else if (joinType.equalsIgnoreCase("leftouter")) {
82.                 //For each entry in A,
83.                 for (Text A : listA) {
84.                     //左外连接，当listA与listB按日期连接时，listB值为空时用空值写入
85.                     if (!listB.isEmpty()) {
86.                         for (Text B : listB) {
87.                             context.write(A, B);
88.                         }
89.                     } else {
90.                             context.write(A, new Text(""));
91.                     }
92.                 }
93.             } else if (joinType.equalsIgnoreCase("rightouter")) {
94.                 //右外连接，当listA与listB按日期连接时，listA值为空时用空值写入
95.                 for (Text B : listB) {
96.                     if (!listA.isEmpty()) {
97.                         for (Text A : listA) {
98.                             context.write(A, B);
99.                         }
100.                        } else {
101.                            context.write(new Text(""), B);
102.                        }
103.                }
104.                } else if (joinType.equalsIgnoreCase("fullouter")) {
105.                    //全外连接，当listA与listB按日期连接时，无值的用空值写入
106.                    if (!listA.isEmpty()) {
107.                        for (Text A : listA) {
108.                            if (!listB.isEmpty()) {
109.                                for (Text B : listB) {
110.                                    context.write(A, B);
111.                                }
112.                            } else {
113.                                context.write(A, new Text(""));
114.                            }
115.                        }
116.                    } else {
117.                        for (Text B : listB) {
118.                            context.write(new Text(""), B);
119.                        }
120.                    }
121.                } else {
122.                    throw new RuntimeException(
123.                            "Join连接类型设置成: inner, leftouter, rightouter, fullouter");
124.                }
125.            }
126.        }
127.
128.        public static void main(String[] args) throws Exception {
129.            Configuration conf = new Configuration();
130.            String[] otherArgs = new String[] { "joindata/input/A.txt",
131.                    "joindata/input/B.txt", "hdfs://master:8020/joindata/
outreducefullouter", "fullouter" };
132.            //"joindata/input/A.txt"
```

```
133.          String joinType = otherArgs[3];
134.          Job job = Job.getInstance(conf);
135.          job.getConfiguration().set("join.type", joinType);
136.          job.setJarByClass(ReduceSideJoinDriver.class);
137.      MultipleInputs.addInputPath(job, new Path(otherArgs[0]),TextInputFormat.class,
AJoinMapper.class);
138.      MultipleInputs.addInputPath(job, new Path(otherArgs[1]),TextInputFormat.class,
BJoinMapper.class);
139.          job.setReducerClass(JoinReducer.class);
140.          FileOutputFormat.setOutputPath(job, new Path(otherArgs[2]));
141.          job.setOutputKeyClass(Text.class);
142.          job.setOutputValueClass(Text.class);
143.          System.exit(job.waitForCompletion(true) ? 0 : 3);
144.      }
145. }
```

代码依据图 7-16 定义了不同的 Mapper 类，按实验数据样式的特点将日期作为连接的键，通过代码第 69～126 行的连接逻辑，依据不同的连接模式进行连接结果的输出。程序的运行结果如图 7-17 所示。

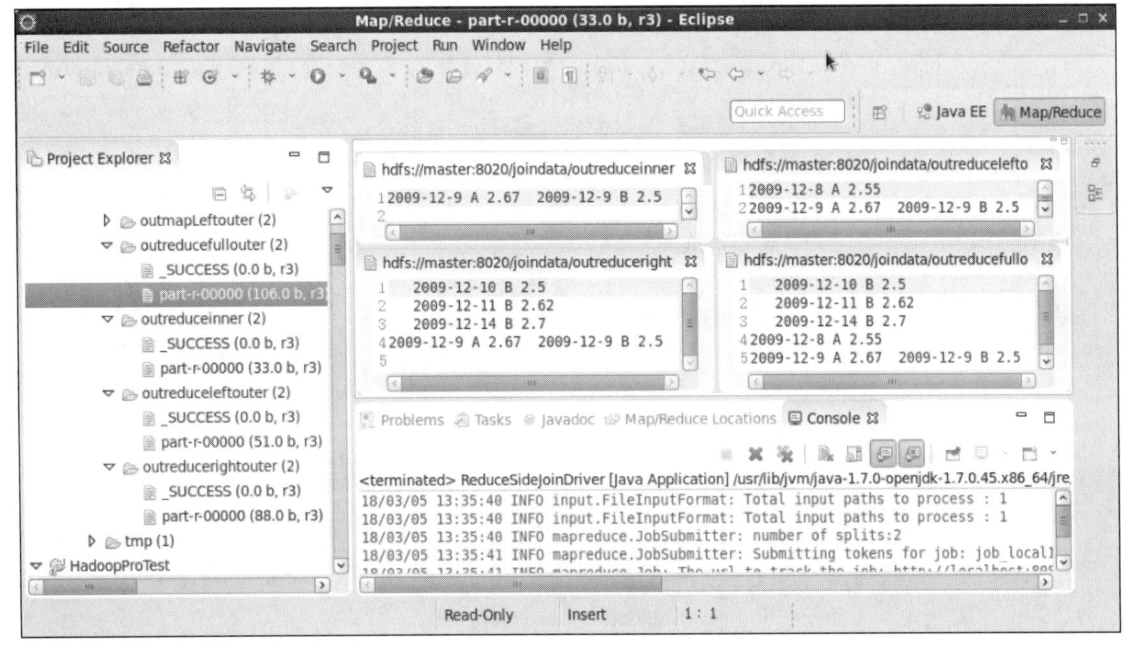

图 7-17　程序的运行结果

7.5.2　Map 端连接

连接操作是由 Mapper 执行的操作，称之为 Map 端连接。下面通过一个例子讲解 Map 端的连接操作。

【例 7-10】图 7-13 至图 7-14 中的 A 股信息表和 B 股信息表的数据基于 Map 端连接实例。

这里假设 B 数据集的规模很小，可以通过 DistributedCache 推送到所有的 Map 任务中，将数据本身直接读入内存。然后在 Map 阶段读入较大的 A 数据集，A 数据集中的每一行通过键（本例是日期，因为两个数据集是依据日期相同连接的）与 B 数据集做连接，计算出来的结果写入 HDFS。它的编程逻辑如图 7-18 所示。

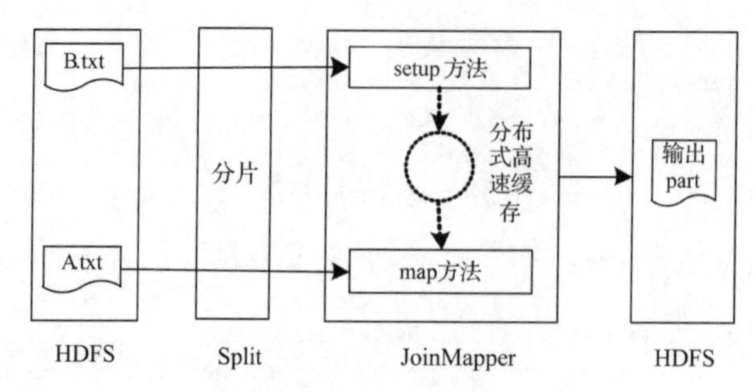

图 7-18　Map 端连接模式

图 7-18 所示的具体参考代码如下。

```
1.  public class MapJoinDriver {
2.     //建立自定义 Mapper 类
3.    public static class JoinMapper extendsMapper<Object, Text, Text, Text> {
4.         private HashMap<String, String> dateToInfo = new HashMap<String, String>();
5.         private Text outvalue = new Text();
6.         private String joinType = null;
7.         //在调用 map 方法前执行一次 setup，将 B.txt 文件内容读入缓存
8.         @Override
9.         public void setup(Context context) throws IOException,InterruptedException {
10.             try {
11.                 URI[] uris = context.getCacheFiles();
12.                 BufferedReader fis = new BufferedReader(new FileReader(uris[0].
toString()));
13.                 String line;
14.                 //获取文件中的每一条记录
15.                 while ((line = fis.readLine()) != null) {
16.                     String[] str = line.toString().split(" "); //将该行数据以空
                                                                //格拆分成字符串数组
17.                     String joindata = str[0];                  //获取该条记录的日期值
18.                     if (joindata != null) {
19.                         dateToInfo.put(joindata, line);//以该行日期为 key，行数据为
                                                         //值存入 HashMap
20.                     }
21.                 }
22.             } catch (IOException e) {
23.                 throw new RuntimeException(e);
24.             }
25.             joinType = context.getConfiguration().get("join.type"); //获取连接的类型
26.     }
27.       //编写 map 方法，处理 A.txt 文件里的值
28.        @Override
29.        public void map(Object key, Text value, Context context)throws IOException,
InterruptedException {
30.             String[] str = value.toString().split(" ");      //将该行数据以空格拆分成字符
                                                              //串数组
31.             String joindata = str[0];                 //获取该条记录的日期值
32.             if (joindata == null) {
33.                 return;
34.             }
35.          //获取 setup 中存入 HashMap 的日期并存入内存中的字符串对象 joindataInformation 中
```

```
36.             String joindataInformation = dateToInfo.get(joindata);
37.             if (joindataInformation != null) {
38.                  //如果 B.txt 中日期值存入的 joindataInformation 不为空，将值传给上下文
39.                   outvalue.set(joindataInformation);
40.                   context.write(value, outvalue);
41.             } else if (joinType.equalsIgnoreCase("leftouter")) {
42.             //如果 B.txt 中日期值存入的 joindataInformation 为空且为左外连接，有空值传给上下文
43.                   context.write(value, new Text(""));
44.             }
45.         }
46.  }
47.
48.  public static void main(String[] args) throws Exception {
49.       Configuration conf = new Configuration();
50.       String[] otherArgs = new String[] { "/home/user/joindata/input/B.txt",
51.                "/home/user/joindata/input/A.txt",
52.                "hdfs://master:8020/joindata/outmapinner", "inner" };
53.       if (otherArgs.length != 4) {
54.            System.err.println("请输入参数：格式为<缓存数据><数据 2><输出路径> [inner|leftouter]");
55.            System.exit(1);
56.       }
57.
58.       String joinType = otherArgs[3];
59.       if (!(joinType.equalsIgnoreCase("inner") || joinType
60.                .equalsIgnoreCase("leftouter"))) {
61.             System.err.println("连接类型必须设置成 inner 或 leftouter);
62.             System.exit(2);
63.       }
64.       Job job = Job.getInstance(conf);
65.       job.getConfiguration().set("join.type", joinType);
66.       job.setJarByClass(MapJoinDriver.class);
67.       job.setMapperClass(JoinMapper.class);
68.       job.setNumReduceTasks(0);      //Reducer 设置成 0，不执行 Reduce 任务
69.       TextInputFormat.setInputPaths(job, new Path(otherArgs[1]));
70.       TextOutputFormat.setOutputPath(job, new Path(otherArgs[2]));
71.       job.setOutputKeyClass(Text.class);
72.       job.setOutputValueClass(Text.class);
73.       job.addCacheFile(new Path(otherArgs[0]).toUri());//加入缓存的文件的路径
74.       System.exit(job.waitForCompletion(true) ? 0 : 3);
75.   }
76. }
```

第 73 行代码通过 job 实例下的 addCacheFile 方法将要加入缓存的数据集文件的路径写入分布式缓存。第 9～26 行代码编写了在执行 map 方法前需要运行的 setup 方法，该方法中通过 context.getCacheFiles()（第 11 行代码）获取第 73 行代码加入的数据集路径，并通过第 12～21 行代码，实现了读出数据集路径里的文件内容并写入 HashMap 中的功能。第 36 行代码实现了获取 setup 中存入 HashMap 的日期并存入内存中的字符串对象 joindataInformation 中的功能。第 37～44 行代码实现将 map 方法取出的 A 数据集的每行与整个缓存中的 B 数据集依据连接条件进行连接，并将结果写入 context 中。无 Reducer 操作（第 68 行代码），故 Mapper 直接将结果输出至 HDFS 中。该程序的运行结果如图 7-19 所示。

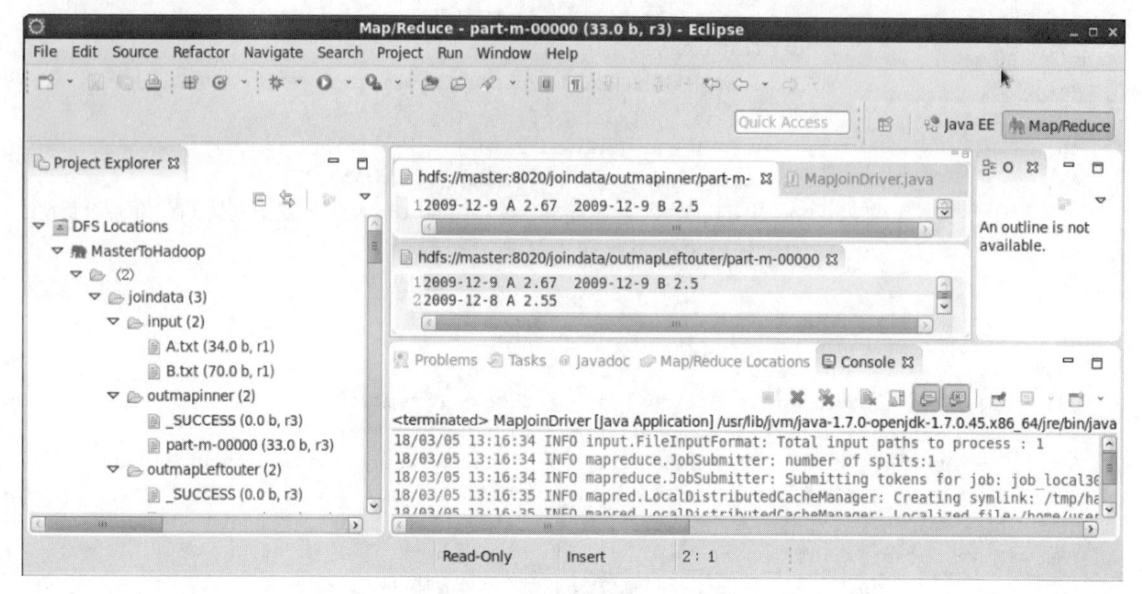

图 7-19 Map 连接模式运行结果

该种方法运行速度很快，由图 7-19 控制台（Console）标签中计数器了解到，输入数据在进入 Mapper 计算前分了一部分，启用了一个 Mapper。而 Reducer 连接时启动了共计两个 Mapper。但该种计算模式受到 JVM 中堆分配的限制。如果集群中节点内存足够大，业务符合逻辑（如内连接和左外连接）时可考虑这种计算模式。但如果数据集很大，Reducer 连接操作倒是一个很不错的选择。当然连接操作的思想还有一些其他的方法，读者可依据业务不同，采用不同的编程逻辑。

7.6 小结

本章主要是基于 MapReduce 编程理论的高级应用。首先通过计数器的应用案例，引导读者学会计数功能的使用，这在大数据平台的集群中很有用。然后通过最值、排序和连接的案例对前面几章的 MapReduce 编程进行了应用，便于读者更好理解 MapReduce 编程思想。

08 第8章　初识HBase

【内容概述】

HBase 工具对于 HDFS 存储文件中小条目的存取提供了便利，具有查找速度快、查询方便的特点。本章将对 HBase 知识体系中应用部分的常见内容进行阐述，主要包括 HBase 体系结构、开发环境配置、基本 Shell 操作、基于 HBase API 程序设计和 RowKey 设计五大部分。

【知识要点】

■ 掌握 HBase 体系结构
■ 熟练掌握常用 HBase Shell 操作
■ 熟练掌握常用 HBase API 的实现方法
■ 理解 HBase RowKey 的设计过程

8.1 HBase 基础知识

HDFS 是分布式存储的框架，能为大数据的计算框架（如 MapReduce、Spark 等）在大数据的存取上给予大力的支持与保障。但如果想快速、便捷地对一个大数据中局部小条目进行存取，显得有些笨拙不易实现。Apache HBase 是专门针对这一问题产生的技术框架。

Apache HBase 是一个分布式的、可扩展的供大数据存储的 Hadoop 数据库。它的项目目标是在普通的商用服务器的硬件集群上，托管达到数十亿行×数百万列的非常大的表，并且可以实现对大数据进行随机的、实时的读/写访问操作。弥补了 HDFS 虽然擅长大数据存储但不适合小条目存取的不足，更加方便了项目数据读取的应用。

Apache HBase 是一个开源、分布式、版本化的非关系型数据库，其模型是由 Chang 等人在 2006 年于 Google 发表“Bigtable：Structured Data Storage System for Structured Data”论文之后建立的。Apache HBase 在 Hadoop 和 HDFS 之上提供了类似 Bigtable 的功能。Bigtable 提出的主因就是解决 GFS 缺乏实时随机存取数据的能力和不适合存储成千上万的小文件的问题，力求事先将存储的大数据拆分成特别小的条目，然后由系统将这些小记录聚合到非常大的存储文件中，并提供一些索引排序，让用户查找最少的磁盘就能够获取数据。

8.1.1 HBase 特征

提到 HBase，许多人就会提到 NoSQL，严格来讲 HBase 可以算是“NoSQL”数据库中的一种。“NoSQL”与 RDBMS 不同，它不会支持 SQL 作为其主要访问语言，NoSQL 数据库有很多类型：BerkeleyDB 是本地 NoSQL 数据库的一个例子，而 HBase 是大型分布式数据库。从技术角度来讲，HBase 与其说是“数据库”，还不如说是“数据存储”更贴切，因为它解决了大数据文件的小条目存取，但它缺少 RDBMS 所具有的一些细致的功能，如键入列、二级索引、触发器和高级查询语言等。不过，HBase 支持线性和模块化缩放的功能，如 HBase 集群可通过商用服务器上的 Region Server 进行扩展。例如，如果一个集群从 10 个节点扩展到 20 个 Region Server 节点，则它在存储和处理能力方面也将翻一番。而一个 RDBMS 虽然也可以很好地扩展，但只能按点一个一个扩展，且为了获得最佳性能，通常需要专门的硬件和存储设备。

HBase 的特征如下。

（1）表数据量大。线性和模块化的可扩展性，使一个表可以达到数十亿行、数百万列。

（2）严格一致的读取和写入规则：HBase 不是“最终一致”的数据存储，因而它非常适合高速的计数聚合的任务。

（3）自动可配置表模式。每行都有一个可排序的主键和任意多的列，列可以根据需要动态地增加，同一张表中不同的行可以有截然不同的列，没有值的单元不占用内存的空间，故支持稀疏性存储。

（4）自动表切分：HBase 以 Region 为单位分布式存储于服务器集群中，当表数据递增至 Region 大小时，Region 会通过中间键自动拆分成两个 Region 并自动分配至集群中。

（5）面向列存储：按列切割文件，列（族）独立检索，HBase 中的数据都是字符串，没有类型，每个单元中的数据可以有多个版本，默认情况下版本号自动分配，是单元格插入时的时间戳。

（6）HBase 与 HDFS 集成，HBase 支持 HDFS 作为其分布式文件系统。

（7）HBase 与 MapReduce：HBase 支持 MapReduce 对其进行读取并进行大规模并行处理。

（8）高度集成 API：HBase 支持易于使用的 Java API 进行编程访问，同时也支持非 Java 前端的 Thrift 和 REST API。

（9）容错性强：HBase 对 Master、RegionServer 和 ZooKeeper 的容错都有很好的解决方案。

可见，HBase 虽然在分布式存储的大数据的小条目存取方面表现得得天独厚，但它并不适用所有的场景，即在拥有数亿或数十亿行的数据时，HBase 一定是一个不错的选择，但在只有几千行的情况下，RDBMS 更适合。因为这几千行数据有可能在一个或两个节点上，其他的集群都处于闲置状态。另一种情况，如果数据结构过于复杂，需要一些统计、聚类、连接等高级查询或存在二级索引等业务时，HBase 也不会是一个好的选择。故 HBase 在数据量很大、硬件资源充足且没有 RDBMS 拥有的额外功能（如键入列、二级索引、事务、高级查询语言等）时，会是一个非常不错的选择。

8.1.2　HBase 数据模型

在 HBase 中，数据存储在具有行和列的表中。这似乎与关系数据库（RDBMS）类似，但其实不是这样的。关系库数据通过行与列二维确定一个要查找的值，而在 HBase 中通过行键、列（列族：列修饰符）和时间戳来查找一个确定的值。故关系库数据的表中值的映射关系为二维，而 HBase 表中值的映射关系是多维的。下面通过官网给出的例子来理解 HBase 表的存储结构。其中数据结构如图 8-1 所示。

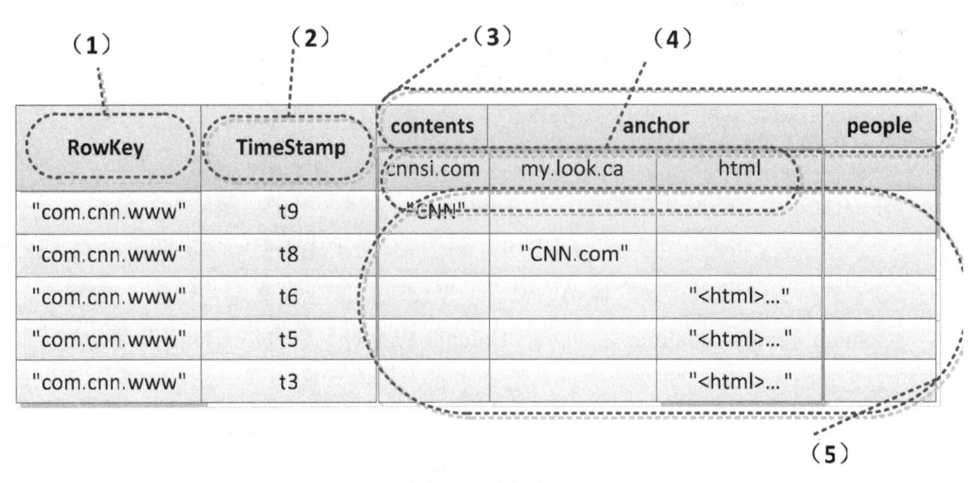

图 8-1　数据结构

图 8-1 中描述的是一个名为 webtable 的表的部分数据。

（1）RowKey：表示一行数据“com.cnn.www”。

（2）TimeStamp：表示表格中每一个值对应的版本。

（3）列族：contents、anchor 和 people 三个列族。

（4）列限定符：其中列族 contents 下有一个列限定符 cnnsi.com；anchor 列族下有两个列限定符——my.look.ca 和 html；列族 people 下是空列，即在 HBase 中没有数据。

（5）值：由{RowKey,TimeStamp, 列族: 列限定符}确定的值。例如值“CNN”由{com.cnn.www,t9,contents:cnnsi.com}联合确定。

下面通过概念视图和物理视图进一步讲解 HBase 表的存储。

1. 概念视图（Conceptual View）

在 HBase 中，从概念层面来讲，图 8-1 中展现的是一组组稀疏的行组成的表，期望按列族（contents、anchor 和 people）物理存储，并且可随时将新的列限定符（cssnsi.com、my.look.ca、html 等）添加到现有的列族中。每一个值都对应一个时间戳，每一行 RowKey 里的值相同。可以将这样的表想象成一个大的映射关系，通过行键、行键+时间戳或行键+列（列族：列修饰符），就可以定位指定的数据。由于 HBase 是稀疏存储数据的，所以某些列可以是空白的。可以把这种关系用一个概念视图来表示，如图 8-2 所示。

RowKey	TimeStamp	Column Family contents	Column Family anchor
"com.cnn.www"	t9		anchor:cnnsi.com="CNN"
	t8		anchor:my.look.ca= "CNN.com"
	t6	contents:html="<html>..."	
	t5	contents:html="<html>..."	
	t3	contents:html="<html>..."	

图 8-2　HBase 表数据概念视图

在解析图 8-2 所示表中数据模型前，先来认识几个名词。

（1）表格（Table）：在表架构时，需要预先声明。

（2）行键（RowKey）：行键是数据行在表中的唯一标识，并作为检索记录的主键。图 8-2 中“com.cnn.www”就是行键的值。一个表中会有若干个行键，且行键的值不能重复。行键按字典顺序排列，最低的顺序首先出现在表格中。按行键检索一行数据，可以有效地减少查询特定行或指定行范围的时间。在 HBase 中，访问表中的行只有 3 种方式：①通过单个行键访问；②按给定行键的范围访问；③进行全表扫描。行键可以用任意字符串（最大长度 64KB）表示并按照字典顺序进行存储。对于经常一起读取的行，需要对行键的值精心设计，以便它们能放在一起存储。

（3）列（Column Family: qualifier）：列族（Column Family）和表格一样需要在架构表时被预先声明，列族前缀必须由可打印的字符组成。从物理上讲，所有列族成员一起被存储在文件系统上。Apache HBase 中的列限定符（qualifier）被分组到列族中，不需要在架构时定义，可以在表启动并运行时动态变换列。例如图 8-2 中的 contents 和 anchor 就是列族，而它们对应的列限定符（html、cnnsi.com、my.look.ca）在插入值时定义即可。

（4）单元（Cell）：一个{row,column,version}元组精确地指定了 HBase 中的一个单元格。

（5）时间戳（TimeStamp）：默认取平台时间，也可自定义时间，是一行中列指定的多个版本值中一个值的版本标识。如由{com.cnn.www,contents:html}确定 3 个值，这 3 个值可以被称作值的 3 个版本，而这 3 个版本分别对应的时间戳的值为 t6、t5、t3。

（6）值（Value）：由{row,column,version}确定。如值“CNN”由{com.cnn.www,anchor:cnnsi.com,t9 }确定。

2. 物理视图（Physical View）

需要注意的是，图 8-1 中 people 这个列族在图 8-2 中并没有表现，原因是在 HBase 中没有值的单元格并不占用内存空间。HBase 是按照列存储的稀疏行/列矩阵，物理模型实际上就是把概念模型中的行进行切割，并按照列族存储，这点在进行数据设计和程序开发的时候必须牢记。

图 8-2 的概念视图在物理存储的时候应该表现的模式如图 8-3 所示。

RowKey	TimeStamp	Column Family anchor
"com.cnn.www"	t9	anchor:cnnsi.com="CNN"
	t8	anchor:my.look.ca= "CNN.com"
RowKey	**TimeStamp**	**Column Family contents**
"com.cnn.www"	t6	contents:html="<html>...
	t5	contents:html="<html>...
	t3	contents:html="<html>...

图 8-3　HBase 表数据物理存储结构视图

从图 8-1 中可以看出，空值是不被存储的，所以查询时间戳为 t8 的“contents:html”将返回 null，同样查询时间戳为 t9，“anchor:my.look.ca”的项也返回 null。如果没有指明时间戳，那么应该返回指定列的最新数据值，并且最新的值在表格里也是最先找到的，因为它们是按照时间排序的。所以，如果查询“contents:”而不指明时间戳，将返回 t6 时刻的数据；查询“anchor:”的“my.look.ca”而不指明时间戳，将返回 t8 时刻的数据。这种存储结构还有一个优势，即可以随时向 HBase 表中的任何一个列族添加新列，而不需要事先说明。

总之，HBase 表中最基本的单位是列（Column）。一列或多列形成一行（Row），并依据唯一的行键（Rowkey）确定存储。反过来，一个表（Table）中有若干行，其中每列可能有多个版本，在每一个单元格（Cell）中存储了不同的值。

一行由若干列组成，若干列又构成一个列族（Column Family），这不仅有助于构建数据的语义边界或者局部边界，还有助于给它们设置某些特性（如压缩），或者指示它们如何存储在内存中。一个列族的所有列存储在同一个底层的存储文件里，这个存储文件叫作 HFile。所有的行按照行键字典顺序进行排序存储。

列族建议在表创建时就定义好，并且不能修改得太频繁，数量也不能太多。在当前的实现中有少量已知的缺陷，这些缺陷使列族数量只限于几十个，实际情况可能还小得多，且列族名必须由可打印字符组成。

8.1.3　HBase 体系结构

HBase 的服务器体系结构遵从简单的主从服务器架构，它由 HRegion 服务器（HRegion Server）群和 HBase Master 服务器（HBase Master Server）构成。其中 HBase Master 服务器相当于集群的管理者，负责管理所有的 HRegion 服务器，而 HRegion 服务器相当于管理者手下的众多员工。HBase 中所有的服务器都通过 ZooKeeper 来进行协调，并处理 HBase 服务器运行期间可能遇到的错误。HBase Master Server 本身并不存储 HBase 中的任何数据，HBase 逻辑上的表可能会被划分成多个 HRegion，然后存储到 HRegion Server 群中。HBase Master Server 中存储的是从数据到 HRegion Server 的映射。HBase 体系结构如图 8-4 所示。

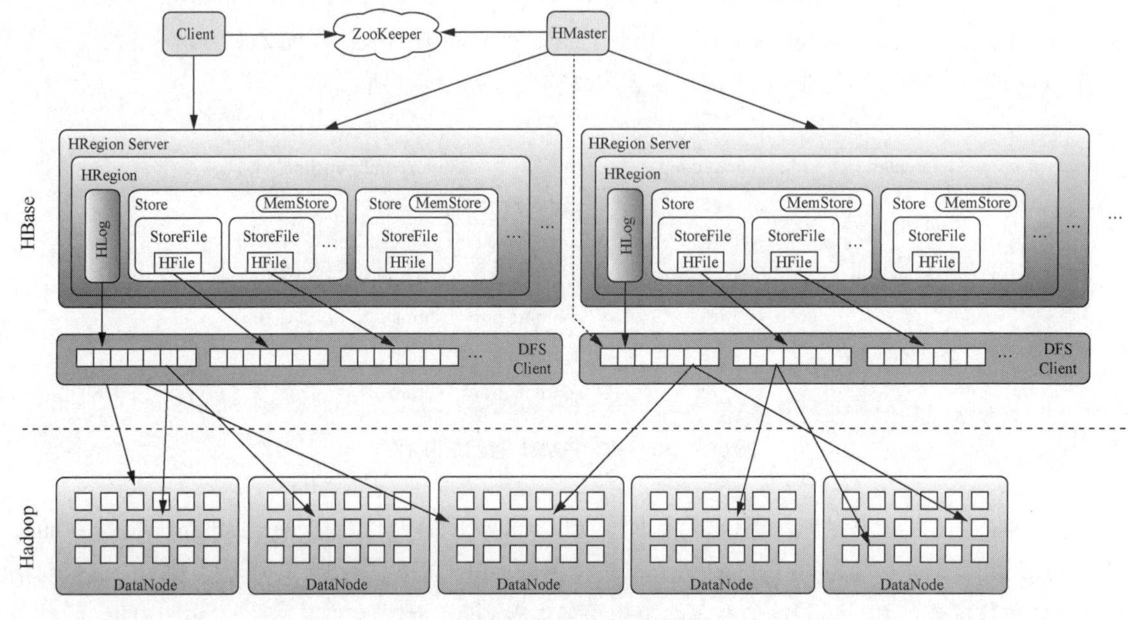

图 8-4　HBase 体系结构

由图 8-4 可知，HBase 中有 3 个主要组件——Client、一台 HMaster、多台 HRegion Server。实际工作中，HBase 集群可以动态地增加和移除 HRegion Server，以适应不断变化的负载。HMaster 主要负责利用 Apache ZooKeeper 为 HRegion Server 分配 Region，Apache ZooKeeper 是一个可靠的、高可用的、持久化的分布式协调系统。其中一台 HRegion Server 中可以拥有多个 Region，一个 Region 中可以有多个 HStore，每个 Store 里有一个 MemStore 和多个 StoreFile。

1. Client

HBase Client 使用 HBase 的 RPC 机制与 HMaster 和 HRegion Server 进行通信。对于管理类操作，Client 与 HMaster 进行 RPC；对于数据读写类操作，Client 与 HRegion Server 进行 RPC。HBase Client 通过 meta 表找到正在服务中的所感兴趣的 Region Server，找到所需的 Region 后，Client 联系为该 Region 服务的 Region Server，而不是 Master，并发出读取或写入的请求。该信息被缓存在 Client 端，方便后继的请求不需要经过查找过程而直接使用。如果 Region 由主负载平衡器重新分配或 Region Server 已经死亡，则客户机将重新查询目录表，以确定用户 Region 的新位置。

2. Apache ZooKeeper

ZooKeeper 是 Apache 软件基金会旗下的一个独立开源系统，它是 Google 公司为解决 BigTable 中的问题而提出的 Chubby 算法的一种开源实现。它提供了类似文件系统一样的访问目录和文件（被称为 znode）的功能，通常分布式系统利用它协调所有权、注册服务、监听更新。

每台 Region 服务器在 ZooKeeper 中注册一个自己的临时节点，主服务器会利用这些临时节点来发现可用服务器，还可以利用临时节点来跟踪机器故障和网络分区。在 ZooKeeper 服务器中，每个临时节点都属于某一个会话，这个会话是客户端连接上 ZooKeeper 服务器之后自动生成的。每个会话在服务器中有一个唯一的 id，并且客户端会以此 id 不断地向 ZooKeeper 服务器发送“心跳”，一旦发生故障，ZooKeeper 客户端进程死掉，ZooKeeper 服务器会判定该会话超时，并自动删除属于它的临时节点。

HBase 还可以利用 ZooKeeper 确保只有一个主服务器在运行，存储用于发现 Region 的引导位置，作为一个 Region 服务器的注册表，以及实现其他目的。ZooKeeper 是一个关键组成部分，没有它 HBase 就无法运作。ZooKeeper 使用分布式的一系列服务器和 Zab 协议（确保其状态保持一致），减轻了应用上的负担。

3. HMaster

HMaster 是主服务器的实现，主服务器负责监视集群中所有的 RegionServer 实例，并且是所有元数据更改的接口。在分布式集群中，主节点通常在 NameNode 上运行。HMaster 及其组件如图 8-5 所示。

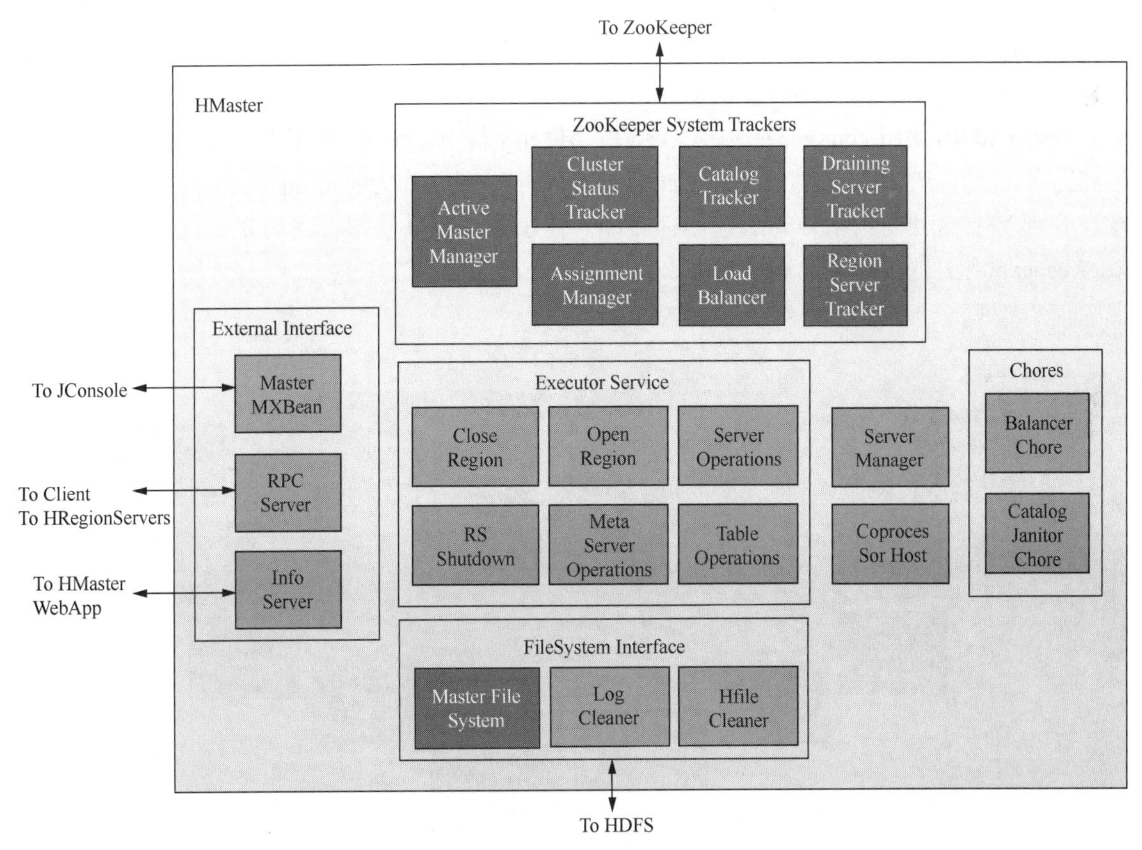

图 8-5　HMaster 及其组件

（1）外部接口（External Interface）

外部接口负责与外部世界（HMaster 网站、客户端、区域服务器和其他管理实用程序，如 JConsole）进行交互。

信息服务器（Info Server）：由 HMaster 启动的一个嵌入式服务器实例，用于回答 HTTP 请求（默认端口为 16010，旧版本为 60010）。

RPC 服务器（RPC Server）：实例化配置的 RPC 引擎，该引擎负责主机所进行的所有 RPC 通信。

Master MXBean：除标准的 HBase 度量标准之外，HBase 还支持基于 Java 管理扩展的度量标准。

（2）执行器服务（Executor Service）

通用执行器服务抽象出可以发布不同类型的事件（Events）的事件队列（Event Queue），事件由各自的可运行的处理程序从专用线程池中挑选线程处理它们。

Open Region Service：Master 通过 ZooKeeper 检测到一个 Region 被成功打开时，进行事件处理。

Close Region Service：Master 通过 Watcher 检测到某个 Region 已成功关闭时，进行相应事件处理。

Server Operations Service：Master 通过 ZooKeeper 检测到被分割的 Region 时，进行事件处理。

Meta Server Operations Service：当 Master 需要终止 Meta 的 Region 服务时，发布处理事件。

Table Operations Service：所有来自客户端的表操作都是在这个服务中处理的。

RS Shutdown：使用现有 RS 关机代码进行处理。通用执行器服务抽象出可以发布不同类型事件的事件队列。事件由各自的 Runnable 处理程序处理，它们从专用线程池中挑选线程。为了创建一个新服务，创建这个类的一个实例，然后执行 instancestartExecutorService（“myService”）。完成后调用 shutdown()。

（3）ZooKeeper 系统跟踪器（ZooKeeper System Trackers）

Master 和 RS 使用 ZooKeeper 来跟踪特定的事件和集群中正在发生的事件，如连接处理、节点管理和异常处理等。在 Master 中一个名叫 ZooKeeperWatcher 的类作为使用 ZooKeeper 的事件跟踪的代理，任何需要这种调用服务的跟踪器都必须向这个类注册以获得任何特定事件的通知。基于 ZooKeeper 的组件的结构如图 8-6 所示。

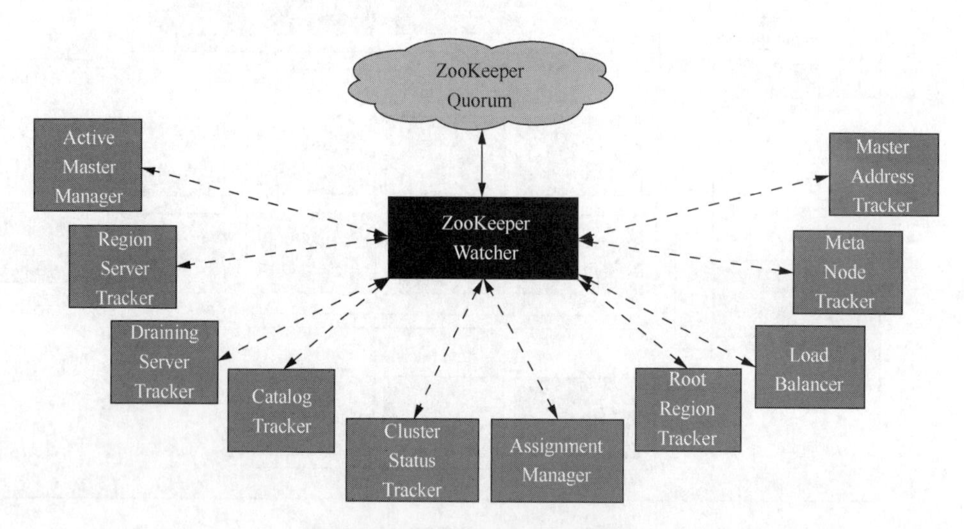

图 8-6　基于 ZooKeeper 的组件的结构

Active Master Manager：处理与 Master 选举相关的 Master 方面的所有事情。

Region Server Tracker：通过观察 ZooKeeper 节点下的 Region Server，维护其在线列表。

Draining Server Tracker：监视并处理 Region Server 列表中的增加/删除服务。

Catalog Tracker：跟踪目录表 Meta 的可用性。这个类是“只读”的。

Cluster Status Tracker：通过 ZooKeeper 监测集群目前 up 或 down 的状态。

Assignment Manager：管理和执行 Region 的分配。

Root Region Tracker：跟踪 ZooKeeper 中 root-region-server 的位置节点。

Load Balancer：决定 Region Server 之间 Region 的布局和移动。

Meta Node Tracker：观看 Meta 表中被标记为“unassigned”的节点。

Master Address Tracker：管理 Region Server 的主服务器的当前位置。

（4）文件系统接口（File System Interface）

所有与底层文件系统的交互工作（如存储或管理）和与 HMaster 控制有关的数据服务都需要通过本接口实现。

Master File System：这个类抽象了 HBase 的文件系统操作，包括标识基本目录、日志拆分、删除 Region、删除表等。

Log Cleaner：以指定时间间隔运行，定期清理 oldlogs 中的 Hlog。

Hfile Cleaner：以指定时间间隔运行，定期清理 Master 内部的 Hfile。

（5）Chores

HBase 运行期间执行的任务，拥有自己的线程，提供了 while 循环和睡眠功能，是 HBase 中大部分琐碎线程的基础，如未处理的异常线程退出被记录，任务依赖被唤醒做某件事等。

Balancer Chore：当某些数据节点已满或新的空节点加入集群时，平衡器是一种平衡 HDFS 集群上的磁盘空间使用情况的工具。该工具作为应用程序进行部署，可由集群管理员在实时 HDFS 集群上运行，同时应用程序添加和删除文件。

Catalog Janitor Chore：目录表的看门人。它扫描 Meta 表寻找未使用的区域垃圾收集。

（6）其他（Others）

Server Manager：Server Manager 类管理有关 Region Server 的信息。维护在线和死亡服务器的列表，处理 Region Server 的启动、关闭和死亡。

Co-Processor Host：为 HBase 服务的协处理器调用提供通用设置框架和运行时服务。

总之，每台 HRegion Server 都会与 HMaster 通信，HMaster 的主要任务就是告诉每台 HRegion Server 它要维护哪些 HRegion。当一台新的 HRegion Server 登录 HMaster 时，HMaster 会告诉它等待分配数据。当一台 HRegion 死机时，HMaster 会把它负责的 HRegion 标记为未分配，然后再把它们分配到其他 HRegion Server 中。HMaster 没有单点问题（SPFO），HBase 中可以启动多个 HMaster，通过 ZooKeeper 的 Master Election 机制保证总有一个 Master 运行，HMaster 在功能上主要负责 Table 和 Region 的管理工作。

4. HRegion Server

所有的数据库数据一般被保存在 Hadoop HDFS 分布式文件系统上面，用户通过一系列 HRegion Server 获取这些数据，一台机器上一般只运行一个 HRegion Server，且每一个区段的 HRegion 也只会被一个 HRegion Server 维护。HRegion Server 数据存储关系如图 8-7 所示。

HRegion Server 主要负责响应用户 I/O 请求，向 HDFS 文件系统中读写数据，是 HBase 中最核心的模块。

HRegion Server 内部管理了一系列 HRegion 对象，每个 HRegion 对应了 Table 中的一个 Region，HRegion 由多个 HStore 组成。每个 HStore 对应了 Table 中的一个 Column Family 的存储，可以看出每个 Column Family 其实就是一个集中的存储单元，因此最好将具备共同 IO 特性的 Column 放在一个 Column Family 中，这样最高效。

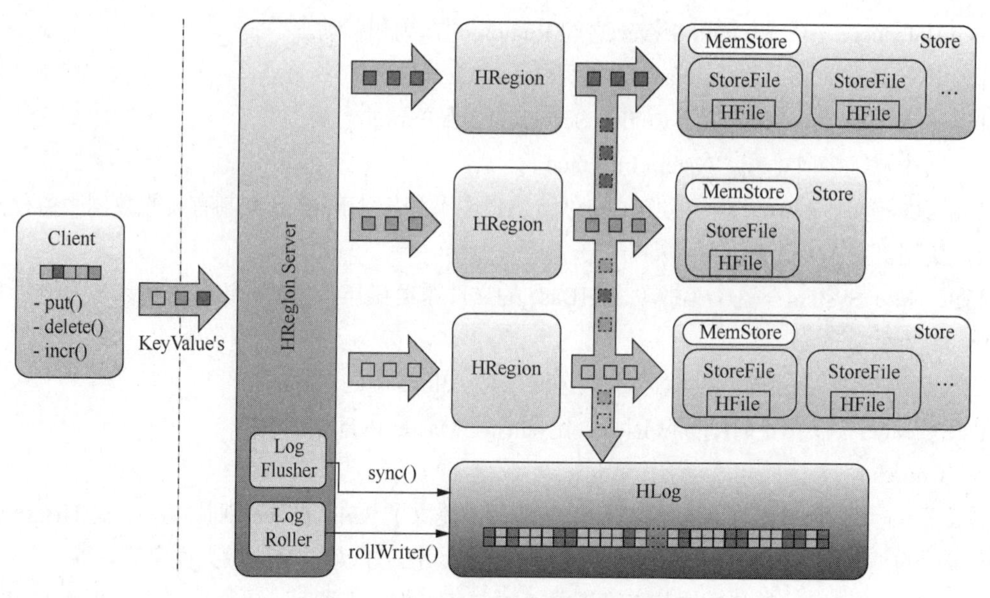

图 8-7　HRegion Server 数据存储关系

5. HRegion

对用户来说，每个表是一堆数据的集合，靠主键 RowKey 来区分，且 RowKey 是系统内部按顺序排序的。当 HBase 中表的大小超过设置值的时候，HBase 会使用中间的 RowKey 键将表水平切割成两个 Region，如图 8-8 所示。

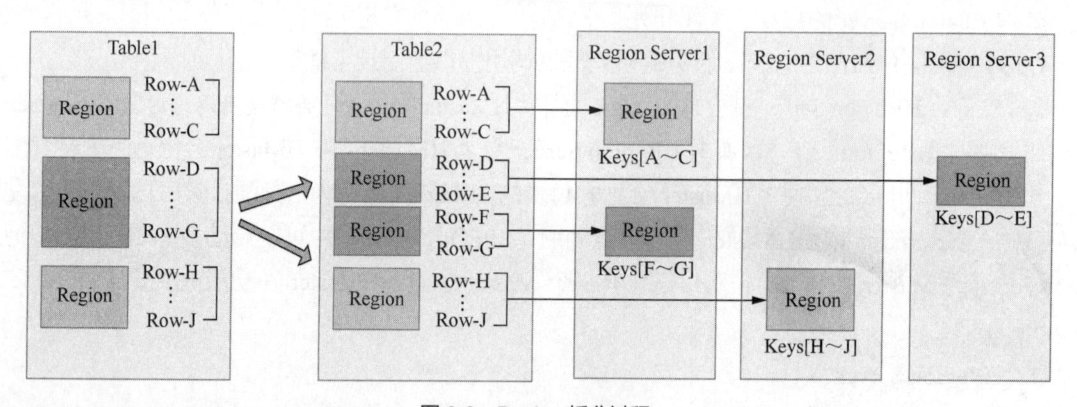

图 8-8　Region 拆分过程

从物理上来讲，HBase 中建立的表最初是一个 Region，随着表记录数的增加，表内容所占资源增加，当增加到指定阈值时，一个表被拆分成两块，每一块就是一个 HRegion。依次类推，随着表记录数不断增加而变大后，会逐渐分裂成若干个 HRegion。图 8-8 中展示的 Table1 为 3 个 Region 时，随着 RowKeyD～G 范围值的增加，当该 Region 值达到阈值时，会按中间键对该 Region 进行拆分，生成两个新的 Region，RowKey 范围分别是 Row-D～E，Row-F～G。每个 HRegion 会保存一个表里面某段连续的数据，从开始主键到结束主键，一张完整的表格被保存在多个 HRegion 上面，即每个 Region 由[startkey,endkey]表示。不同的 Region 会被 Master 分配给相应的 Region Server 进行管理。可以讲 Region 是分布式存储的最小单位。Region 的层次关系如下。

```
Table                    (HBase 表)
    Region                    (多个 Regions 组成 Table)
        Store                 (存储在 Table 中的一个 Region 中存储一个 Column Family)
            MemStore          (每个 Region 中每个 Store 有一个 MemStore)
            StoreFile         (每个 Region 中每个 Store 有多个 StoreFiles)
                Block         (每个 Store 中的一个 StoreFile 中有多个 Block)
```

一个 HBase 大表由多个 Region 组成，每个 Region 有多个 HStore，每个 HStore 由一个 MemStore 和多个 StoreFile 组成，最后 StoreFile 存于 HDFS 时会被拆分成多个 Block。

6. HStore

HStore 是 HBase 存储的核心，由两部分组成，一部分是 MemStore，另一部分是 StoreFile。MemStore 是 Sorted Memory Buffer，用户写入的数据首先会放入 MemStore，当 MemStore 满了以后会 Flush 成一个 StoreFile(底层实现是 HFile)，当 StoreFile 文件数量增长到一定阈值，会触发 Compact 合并操作，将多个 StoreFile 合并成一个 StoreFile。合并过程中会进行版本合并和数据删除，由此可以看出，HBase 其实只有增加数据，所有的更新和删除操作都是在后续的 Compact 过程中进行的。这使用户的写操作只要进入内存中就可以立即返回，保证了 HBase I/O 的高性能。当 StoreFile Compact 后，会逐步形成越来越大的 StoreFile，当单个 StoreFile 大小超过一定阈值后，会触发 Split 操作，同时把当前 Region 拆分成两个 Region，父 Region 会下线，新拆分出的两个子 Region 会被 HMaster 分配到相应的 HRegion Server 上，使原先一个 Region 的压力得以分流到两个 Region 上。

7. HLog

在理解了上述 HStore 的基本原理后，还必须了解一下 HLog 的功能，因为上述 HStore 在系统正常工作的前提下是没有问题的，但是在分布式系统环境中，无法避免系统出错或者宕机，因此一旦 HRegion Server 意外退出，MemStore 中的内存数据将会丢失，这就需要引入 HLog 了。每个 HRegion Server 中都有一个 HLog 对象，HLog 是一个实现 Write Ahead Log 的类，在每次用户操作写入 MemStore 的同时，也会写一份数据到 HLog 文件中（HLog 文件格式见后续），HLog 文件定期会滚动出新的文件，并删除旧的文件（已持久化到 StoreFile 中的数据）。当 HRegion Server 意外终止后，HMaster 会通过 ZooKeeper 感知到，HMaster 首先会处理遗留的 HLog 文件，将其中不同 Region 的 Log 数据进行拆分，分别放到相应 Region 的目录下，然后再将失效的 Region 重新分配，领取到这些 Region 的 HRegion Server 在加载 Region 的过程中，会发现有历史 HLog 需要处理，因此会重现 HLog 中的数据到 MemStore 中，然后 flush 到 StoreFile，完成数据恢复。

8.2　HBase 开发环境配置与安装

HBase 有两种运行模式——独立（standalone）模式和分布（distributed）模式。无论模式如何，用户都需要通过编辑 HBase conf 目录中的文件来配置 HBase。用户至少要编辑 conf/hbase-env.sh 来告诉 HBase 需要使用的 Java 的版本。在这个文件中，用户可以设置 HBase 环境变量，例如 JVM 的 heapsize 和其他选项、日志文件的首选位置等。将 JAVA_HOME 设置为指向用户安装 Java 的根目录。

1. 独立模式

这是默认模式。在独立模式下，HBase 不使用 HDFS，而是使用本地文件系统代替它在同一个 JVM

中运行所有 HBase 守护进程和本地 ZooKeeper。客户端可以通过 ZooKeeper 绑定到的端口和 HBase 进行通信。

2. 分布模式

分布模式可以细分为伪分布式和完全分布式。其中伪分布式所有守护进程都运行在单个节点上；完全分布式的守护进程则分布在集群中的所有节点上。伪分布模式可以针对本地文件系统运行，也可以针对 Hadoop 分布式文件系统（HDFS）的实例运行。完全分布模式只能在 HDFS 上运行。

8.2.1 HBase 环境配置基本准备条件

在 HBase 搭建之前，需要了解 HBase 安装的一些必要的准备工作。

1. JDK 版本的选择

对于 HBase 0.98.5 和更高版本，用户需要在启动 HBase 之前设置 JAVA_HOME 环境变量。在 0.98.5 之前，如果变量没有设置，HBase 会试图检测 Java 的位置。那么针对不同的 HBase 版本，在载包目录 hbase-{版本号}/docs/book.html 下会看到本版本的信息情况。如以 Hbase 1.2.6 为例，它的文档的 JDK 支持如表 8-1 所示。

表 8-1 HBase 之 Java 版本对应表

HBase 版本	JDK6	JDK7	JDK8
1.2	不支持	支持	不支持
1.1	不支持	支持	使用 JDK8 运行，但未经过良好测试
1.0	不支持	支持	使用 JDK8 运行，但未经过良好测试
0.98	支持	支持	使用 JDK8 运行，但未经过良好测试。使用 JDK8 构建需要删除 PoolMap 类的 remove()方法。有关 JDK 8 支持的更多信息，请参阅 HBASE-7608
0.94	支持	支持	N/A

由此文档可以看出，Hbase 1.2.6 不支持 JDK6，但对 JDK7、JDK8 都支持，故用户可以在 Oracle 的官网下载需要的 JDK 版本进行安装。

2. HBase 版本的选择

为了快速学习，进行 HBase 独立模式安装启动是一个快捷的方式。如果需要进行基于 HDFS 平台的分布式安装，就要好好考虑 HBase 与 Hadoop 的兼容性了。好在 HBase 官方文档在每个版本中都会给出 HBase 与 Hadoop 版本（用户可以使用 Apache Hadoop 或 Hadoop 的供应商获得 Hadoop 包）对应的兼容列表，如表 8-2 所示。

表 8-2 HBase 之 Hadoop 版本对应表

	HBase-0.94.*x*	HBase-0.98.*x*	HBase-1.0.*x*	HBase-1.1.*x*	HBase-1.2.*x*
Hadoop-1.0.*x*	X	X	X	X	X
Hadoop-1.1.*x*	S	NT	X	X	X
Hadoop-0.23.*x*	S	X	X	X	X
Hadoop-2.0.*x*-alpha	NT	X	X	X	X
Hadoop-2.1.0-beta	NT	X	X	X	X
Hadoop-2.2.0	NT	S	NT	NT	X

续表

	HBase-0.94.x	HBase-0.98.x	HBase-1.0.x	HBase-1.1.x	HBase-1.2.x
Hadoop-2.3.x	NT	S	NT	NT	X
Hadoop-2.4.x	NT	S	S	S	S
Hadoop-2.5.x	NT	S	S	S	S
Hadoop-2.6.0	X	X	X	X	X
Hadoop-2.6.1+	NT	NT	NT	NT	S
Hadoop-2.7.0	X	X	X	X	X
Hadoop-2.7.1+	NT	NT	NT	NT	S

注："S" 表示 "支持"；"X" 表示 "不支持"；"NT" 表示 "未测试"。

以 HBase 1.2.6 为例，第 1 行看 "HBase-1.2.x" 这一列，再在该列对应的行中找带 "S" 标识的所有行对应的 Hadoop 版本有：Hadoop-2.4.x、Hadoop-2.5.x、Hadoop-2.6.1+、Hadoop-2.7.1+，在应用 Hadoop 时，尽量从这些版本中选择，否则如果选择的是带 "X" 标识的 Hadoop 版本，会导致集群故障和数据丢失。选好需要的 HBase 版本之后，可在官网下载需要的 HBase 包。

8.2.2 HBase 配置文件

Apache HBase 使用与 Apache Hadoop 相同的配置系统。所有配置文件都位于{conf /}目录中，需要保持集群中每个节点的同步。在动手配置 HBase 环境前，先就 HBase 配置文件进行简要的说明。

1. backup–masters

默认情况下不存在。它是一个列出所有 Master 进程备份的机器名的纯文本文件，进行文件内容记录时，每一行记录一台机器名或 IP。

2. hadoop–metrics2–hbase.properties

用于连接 HBase Hadoop 的 Metrics2 框架。

3. hbase–env.cmd 和 hbase–env.sh

用于 Windows 和 Linux/UNIX 环境的脚本来设置 HBase 的工作环境，包括 Java、Java 选项和其他环境变量的位置。该文件包含了许多注释示例来提供指导。

4. hbase–policy.xml

它是一个 RPC 服务器使用的默认策略配置文件，参见文件配置内容对客户端请求进行授权决策。仅在启用 HBase 安全性时使用。

5. hbase–site.xml

hbase-site.xml 是 HBase 搭建中很重要的配置文件。该文件指定覆盖 HBase 默认的配置选项。例如需要增加的 HDFS 的一些特定配置信息，用户可以在 docs/hbase-default.xml 中查看（但不要编辑）默认配置文件，也可以在 HBase Web UI 的 HBase 配置选项卡中查看集群的整个有效配置（默认和覆盖）。

6. log4j.properties

通过 log4j 进行 HBase 日志记录的配置文件。修改这个文件中的参数可以改变 HBase 的日志级别。

改动后，HBase 需要重新启动，以使配置生效。

7. regionservers

该文本是一个纯文本文件，它包含应该在 HBase 集群中运行的所有 Region Server 主机列表（默认情况下，这个文件包含单个条目 localhost）。该列表内容包含主机名或 IP 地址列表，每行一个主机名，HBase 的运维脚本会依次访问每一行来启动列表中 Region Server 的进程。

8.2.3 HBase 独立安装

独立安装是基于本地运行的一种 HBase 运行模式，适合应用于 HBase Shell 及 HBase API 学习者使用，不适合应用于实际生产中。

独立安装时，用户需要通过操作系统的常规机制来设置变量，但 HBase 提供了一个中心机制文件 conf/hbase-env.sh，可编辑此文件，取消注释以 JAVA_HOME 开头的行，并将其设置为适合用户操作系统的位置。应将 JAVA_HOME 变量设置为包含可执行文件 bin/java 的目录。此外，也可以通过 conf/hbase-site.xml 的配置指定数据存储位置等信息。下面给出参考案例。

1. JDK 常规配置参考

```
export JAVA_HOME= file:///home/testuser/jdk
export CLASSPATH=.:$CLASSPATH:$JAVA_HOME/lib:$JAVA_HOME/jre/lib
export PATH=$PATH:$JAVA_HOME/bin:$JAVA_HOME/jre/bin
```

2. hbase–env.sh 配置

```
export JAVA_HOME=/ home/testuser/jdk
```

3. hbase–site.xml 配置参考

```
<configuration>
  <property>
    <name>hbase.rootdir</name>
    <value>file:///home/testuser/hbase</value>  <!--HBase 下载包解压的位置-->
  </property>
  <property>
    <name>hbase.zookeeper.property.dataDir</name>
    <value>/home/testuser/zookeeper</value>  <!--ZooKeeper 下载包解压的位置-->
  </property>
</configuration>
```

在进行 hbase.rootdir 值的配置时，一定要注意用户的权限，最好配置在当前用户的权限范围内。

8.2.4 HBase 伪分布式安装

HBase 伪分布模式与独立模式一样是在单个主机上运行的，伪分布模式下每个 HBase 守护进程（HMaster、HRegion Server 和 ZooKeeper）会作为一个单独的进程运行。默认情况下，如果 hbase.rootdir 属性没有被专门指定，数据仍被存储在/tmp/中。在本次示例演练中，假设用户已经拥有可运行的 Hadoop 平台，且 HDFS 可启动运行，这里将会通过案例配置将数据存储由本地文件系统迁移至 HDFS 中。

在独立安装的基础上，对 hbase-site.xml 配置进行编辑。通过添加以下属性指示 HBase 以伪分布模式运行，其中每个守护进程有一个 JVM 实例。

```
<property>
  <name>hbase.cluster.distributed</name>
  <value>true</value>
</property>
```

使用 hdfs://// URI 语法将 hbase.rootdir 从本地文件系统更改为 HDFS 实例的地址。在此例中，HDFS 在端口 8020 的本地主机上运行。

```
<property>
  <name>hbase.rootdir</name>
  <value>hdfs://localhost:8020/hbase</value>
</property>
```

在进行 hbase.rootdir 值的配置时，8020 这个端口一定要与 Hadoop 中 core-site.xml 中 fs.defaultFS 参数值的端口对应。

8.2.5　HBase 完全分布式安装

完全分布式是在实际场景中应用的模式。在分布式配置中，集群包含多个节点，每个节点运行一个或多个 HBase 守护进程，包括主要和备份 Master 实例，多个 ZooKeeper 节点和多个 Region Server 节点。为了更好地演示，可以预先设定一个基于 Hadoop 的 HBase 集群的演示架构。如表 8-3 所示。

表 8-3　HBase 集群的演示架构

NodeName	Master	ZooKeeper	Region Server	守护进程名
node-a.example.com	yes	yes	no	HQ、HM
node-b.example.com	backup	yes	yes	HR、HQ、HM
node-c.example.com	no	yes	yes	HQ、HR

其中：HQ 代表 ZooKeeper 的守护进程 HQuorumPeer；HM 代表 Master 的守护进程 HMaster；HR 代表 Region Server 的守护进程 HRegion Server。

表 8-3 中展示的演示集群共有 3 个节点，节点的机器名分别为 node-a.example.com（主节点）、node-b.example.com（备份主节点，同时也存储数据）、node-c.example.com（数据节点）。主要参考配置过程如下。

regionserver 文件记录 Region 存储所在的机器名或 IP。从表 8-3 中可以看出，Region Server 的守护进程 HRegion Server 所在的机器名分别是 node-b.example.com、node-c.example.com。故编辑 conf/regionservers 文件里的内容如下。

```
node-b.example.com
node-c.example.com
```

如果里面包含默认 localhost 行，将其删除。此时 HBase 运行时会将这两台机器当作 Region Server 来启动。配置好后，要把 regionserver 文件分发到集群里的另外两个节点的相同位置上。

这里要说明的是机器 node-b.example.com，在表 8-3 架构中还作为主机的备份 Master 存在。它的配置过程是在该节点 HBase 文件夹下的 conf/目录中创建一个名叫 backup-masters 的新文件，并在此文件中增加一行该节点的主机名，内容如下。

```
node-b.example.com
```

如果是多个备份 Master，可在此文件下写入多个备份 Master 所在的机器名，注意是一行一个机器名。

3 个节点中都有 ZooKeeper 的服务，即 HBase 在集群的每个节点上启动和管理一个 ZooKeeper 实例。故需要配置 ZooKeeper 相关的参数。它的配置过程主要是编辑 conf/hbase-site.xml，并添加以下属性。

```
<property>
  <name>hbase.zookeeper.quorum</name>
  <value>node-a.example.com,node-b.example.com,node-c.example.com</value>
</property>
<property>
  <name>hbase.zookeeper.property.dataDir</name>
  <value>/usr/local/zookeeper</value>
</property>
```

其中 hbase.zookeeper.quorum 的值指定 ZooKeeper 实例的机器名，多个机器名之间用“,”分隔。hbase.zookeeper.property.dataDir 值是快照的存储位置，设定会覆盖默认值{hbase.tmp.dir}/zookeeper。

配置好后同样需要将此文件分发至集群其他节点机器的同样位置上。

在进行 hbase.zookeeper.property.dataDir 值的配置时，如果 ZooKeeper 使用的是单独安装而不是 HBase 自带的参数，此参数的值一定要与 ZooKeeper 的 zoo.conf 中配置的值一一对应。如果 zoo.conf 中的端口号有单独配置，那么 conf/hbase-site.xml 文件应该增加下列参数与其端口对应。

```
<property>
   <name>hbase.zookeeper.property.clientPort</name>
   <value>2181</value>
</property>
```

此外，如果应用单独 ZooKeeper，需要更改/conf/hbase-env.sh 下配置参数 HBASE_MANAGES_ZK 的值为 true，配置情况如下。

```
export HBASE_MANAGES_ZK=true
```

8.2.6 HBase 启动、停止、监控

为了方便操作，通常会配置 HBase 的环境变量。参考配置如下。

```
# set hbase environment
export HBASE_HOME= home/testuser/hbase
export PATH=$PATH:$HBASE_HOME/bin
```

1. HBase 启动

HBase 提供 bin/start-hbase.sh 脚本作为快速启动 HBase 的快捷方式。命令启动参数如下。

```
$ bin/start-hbase.sh
```

发出命令，如果一切正常，则会将消息记录到标准输出，以显示 HBase 已成功启动。

2. 查看守护进程

通过 JDK 解压后的 bin 文件夹下有 jps 命令，用户可以使用 jps 命令来验证是否有一个名为 HMaster 的进程正在运行。在独立模式下，HBase 在单个 JVM（即 HMaster，单个 HRegion Server 和

ZooKeeper守护进程）中运行所有守护进程。参考指令如下。

```
$ jps
```

3. HBase停止

用户可以通过HBase/bin下的stop-hbase.sh来进行HBase进程的停止工作，参考指令如下。

```
$ bin/stop-hbase.sh
```

4. Web UI页面查询

在0.98.*x*以后的HBase版本中，HBase Web UI使用的HTTP端口从主服务器的60010和每个Region Server的60030更改为主服务器的16010和Region Server的16030。

如果一切设置都正确，HBase服务启动后，可以通过在Web浏览器的地址栏输入网址来连接主机，查看内容。如果可以通过本地主机连接，但不能从其他主机连接，请检查防火墙规则。可以在端口16030的IP地址中查看每个Region Servers的Web UI，也可以通过单击Master的Web UI中的链接来查看。

8.3 HBase基本Shell操作

HBase提供了Shell命令行，功能类似于Oracle、MySQL等关系数据库的SQL Plus窗口，用户可以通过命令行模式进行创建表、新增和更新数据，以及删除表的操作。

HBase Shell是使用Ruby的IRB实现的命令行脚本，IRB中可做的事情在HBase Shell中也可以完成。HBase服务启动后，通过以下命令就可以运行Shell模式，输入help并按回车键，能够得到所有Shell命令和选项。

```
$ hbase shell
Hbase(main):001:0> help
```

浏览帮助文档，可以看到每个具体的命令参数的用法（变量、命令参数）；要特别注意怎样引用表名、行键、列名等。由于HBase Shell是基于Ruby实现的，因此在使用过程中可以将HBase命令与Ruby代码混合使用。

8.3.1 HBase Shell启动

在保证HBase服务已经启动的情况下，进入HBase Shell窗口，参考命令如下。

```
$ hbase shell
HBase Shell; enter 'help<RETURN>' for list of supported commands.
Type "exit<RETURN>" to leave the HBase Shell
Version 1.2.5, rd7b05f79dee10e0ada614765bb354b93d615a157, Wed Mar  1 00:34:48 CST 2017
```

使用List命令查看当前HBase下的表格，由于还没有建立表，故结果显示如下。

```
hbase(main):001:0> list
TABLE
0 row(s) in 0.4800 seconds
```

0 row(s)表示目前HBase中表的数据为0，即没有表存在。

8.3.2 HBase Shell通用命令

在HBase中，通用命令很有用处，表8-4列出一些常用的命令示例。

表 8-4　　HBase Shell 通用命令列表

命令名	命令描述	举例
status	提供有关系统状态的详细信息，如集群中存在的服务器数量，活动服务器计数和平均负载值	hbase> status hbase> status 'simple'
version	在命令模式下显示当前使用的 HBase 版本	hbase> version
table_help	提供不同的 HBase Shell 命令用法及其语法的帮助信息	hbase> table_help
whoami	从 HBase 集群返回当前的 HBase 用户信息	hbase> whoami

用户通过这些通用命令，可以对 HBase 的版本、集群状态及当前用户组甚至一般命令的帮助信息有所了解，进而正确理解、使用当前版本 HBase。

8.3.3 HBase Shell 表管理命令

HBase Shell 表管理命令提供了表的建立、查询、删除及表结构的更改命令。表 8-5 列出一些常用的命令。

表 8-5　　HBase Shell 表管理命令列表

命令名	命令描述	举例
create	创建表	hbase> create 'tablename', 'fam1', 'fam2'
list	显示 HBase 中存在或创建的所有表	hbase>list
describe	描述了指定的表的信息	hbase>describe 'tablename'
disable	禁用指定的表	hbase>disable 'tablename'
disable_all	禁用所有匹配给定条件的表	hbase>disable_all<"matching regex">
enable	启用指定的表。如恢复被禁用的表	hbase>enable 'tablename'
show_filters	显示 HBase 中的所有过滤器	hbase>show_filters
drop	删除 HBase 中禁用的表	hbase>drop 'tablename'
drop_all	删除所有匹配给定条件且处于禁用的表	Hbase>drop_all<"regex">
is_enabled	验证指定的表是否被启用	hbase>is_enabled 'tablename'
alter	改变列族模式	hbase> alter 'tablename', VERSIONS=>5

8.3.4 HBase Shell 表操作命令

HBase Shell 表操作命令提供了表内容的建立、查询、删除等命令。表 8-6 列出一些常用的命令。

表 8-6　　HBase Shell 表操作命令列表

命令名	命令描述	举例
count	检索表中行数的计数	hbase> count 'tablename', CACHE =>1000
put	向指定表单元格中插入数据	hbase> put 'tablename','rowname','columnvalue','value'
get	按行获取指定条件的数据	hbase> get 'tablename','rowname', 'fam1' , {COLUMN => 'c1'}
delete	删除定义行或列表中的单元格值	hbase> delete 'tablename','row name','column name'
deleteall	删除给定行中的所有单元格	hbase> deleteall 'tablename','rowname'
truncate	截断 HBase 表	hbase> truncate 'tablename'
scan	按指定范围扫描整个表格内容	hbase>scan 'tablename', {RAW=>true, VERSIONS=>1000}

8.3.5 HBase Shell 应用举例

下面通过一些例题进一步讲解 HBase Shell 应用的具体过程。

【例 8-1】建立一张表，表名为“testtable”，现时建立一个名为“fam1”的列族。

```
hbase(main):002:0> create 'testtable','fam1'
0 row(s) in 3.3670 seconds
=> Hbase::Table - testtable
```

【例 8-2】用 list 命令查询表“testtable”是否建立成功。

```
hbase(main):002:0> list
TABLE
testtable
1 row(s) in 0.0710 seconds
```

【例 8-3】表中每一行需要有自己的 RowKey 值，如行键“myrow-l”和行键“myrow-2”分别代表不同的行，把新增数据添加到这两个不同的行中。向已有的表“testtable”中名为 faml 的列族下，添加 coll、col2、col3 这 3 个列，如 faml:coll、faml:col2 和 faml:col3。每一列中分别插入“value-1”“value-2”“value-3”的值。

```
hbase(main):003:0> put 'testtable','myrow-1','fam1:col1','value-1'
0 row(s) in 0.4230 seconds
hbase(main):004:0> put 'testtable','myrow-2','fam1:col2','value-2'
0 row(s) in 0.0320 seconds
hbase(main):005:0> put 'testtable','myrow-2','fam1:col3','value-3'
0 row(s) in 0.0180 seconds
```

【例 8-4】采用 scan 命令，查看表“testable”中的所有数据。

```
hbase(main):006:0> scan 'testtable'
ROW          COLUMN+CELL
myrow-1   column=fam1:col1, timestamp=1478750485946, value=value-1
myrow-2   column=fam1:col2, timestamp=1478750530103, value=value-2
myrow-2   column=fam1:col3, timestamp=1478750553210, value=value-3
2 row(s) in 0.1450 seconds
```

TimeStamp（时间戳）

该例中显示一个名为 TimeStamp 的时间戳，它记录了对应值如 value-1 插入的时刻，该时刻默认由当前系统时间计算而来。这也是 HBase 集群中需要配置时间同步的原因之一，否则系统在运行时会出现很奇怪的现象。时间戳也可以通过手动来进行设置。

【例 8-5】删除表“testtable”中行键为“myrow-2”，列为“fam1:col2”的行。

```
hbase(main):007:0> delete 'testtable','myrow-2','fam1:col2'
```

【例 8-6】通过“disable”和“drop”命令删除“testtable”表。

```
hbase(main):008:0> disable 'testtable'
hbase(main):010:0> drop 'testtable'
```

【例 8-7】退出 HBase Shell。

```
hbase(main):011:0> exit
```

8.4 基于 HBase API 程序设计

Apache HBase 提供了客户端的 API 用于满足用户应用参考，这些 API 原生由 Java 编写。但是，同时 Apache HBase 也可以使用多个外部 API，可通过非 Java 语言和自定义协议访问 Apache HBase，如 C/C++、Python、Scala 等，本节主要针对 Java 的开发进行说明。

本节应用的功能所涉及的 API 端口包含于包“org.apache.hadoop.hbase.client”中，这里主要描述 Admin 与 Table 接口的应用过程，其他内容用户可自行查阅 API 文档，它位于 HBase 解压包的“docs\apidocs”路径下。

8.4.1 管理表结构

Apache HBase 与其他数据库一样，不管结构如何，最终都是由一张表或多张表组成的。表中按数据库自身的设计模式进行有用信息的存储。表的建立与结构的管理除了用 HBase Shell 可操作外，用 Apache HBase API 提供的功能也能实现。

对表进行管理的主要步骤如下。

第 1 步，获取 HBase 集群资源信息。

HBase 集群资源信息可通过“org.apache.hadoop.hbase”包下的 HBaseConfiguration 类继承自 Hadoop 的包“org.apache.hadoop.conf”下的 Configuration 类，它将 HBase 配置文件信息添加到 Configuration 中。该类提供了如下两个构造方法。

```
HBaseConfiguration()
HBaseConfiguration(org.apache.hadoop.conf.Configuration c)
```

在 HBaseConfiguration 类的源码的注释中已经明确，实例化 HBaseConfiguration()已被弃用，应用 HBaseConfiguration 的 create()方法来构造一个普通的配置，即“Configuration conf = new HBaseConfiguration();”已经弃用，建议使用“Configuration conf = HBaseConfiguration.create();”。

其中建立的 conf 实例记录了集群中默认配置值和在 hbase-site.xml 配置文件中重写的属性，以及一些用户提交的可选配置等。在 conf 发挥作用前（如建立 admin 实例或 table 实例前），用户可以通过代码重写一些配置。示例如下。

```
conf.set("hbase.zookeeper.quorum", "master");                //重写 ZooKeeper 的可用连接地址
conf.set("hbase.zookeeper.property.clientPort", "2181"); //重写 ZooKeeper 的客户端端口
```

读者在 Windows 系统下用 Eclipse 等工具进行 HBase API 项目代码编写时，去调用虚拟机里的 HBase 集群环境运行代码，尤为方便。

第 2 步，创建连接的工厂。

自 0.99.0 版本开始，HBase 建议应用 ConnectionFactory 类通过第 1 步建立的 conf 实例建立连接对象，通过新建立的对象调用相应的表结构管理命令来管理表等相应的信息。资源使用完成时，调用者需要在返回的连接实例上调用 Connection 连接的 close()方法释放资源。示例代码如下。

```
Connection connection = ConnectionFactory.createConnection(config);
 Admin admin = connection.getAdmin();
 try {
   //admin 相应操作代码
 } finally {
   admin.close();
   connection.close();
 }
```

第 3 步，创建 Admin 实例。

Admin 接口从 0.99.0 版本开始启用，是 HBase 的管理 API。它通过 Connection.getAdmin()方法获

取一个实例，应用结束时需要调用 close()方法。Admin 可用于创建、删除、列出、启用和禁用表，添加和删除表列家族及进行其他管理操作。在 0.99.0 的老版本中，用户采用 HBaseAdmin 通过它的构造方法进行实例的创建。示例如下。

```
HBaseAdmin admin = new HBaseAdmin(conf);//0.99.0之前老版本的写法
//0.99.0之后新版本的写法
Connection connection = ConnectionFactory.createConnection(conf);
Admin admin = connection.getAdmin();
```

第4步，添加列族描述符到表描述符中。

表描述用于记录 HBase 表的详细信息。通过 HTableDescriptor 类的构造方法建立表描述的实例，通过实例下的方法进行表描述的操作。该类实现的 Hadoop 工具"org.apache.hadoop.io"包下的 Writable 和 WritableComparable<HTableDescriptor>接口。它的构造方法表述如下。

```
HTableDescriptor() //已过期，将在HBase2.0.0移除
HTableDescriptor(byte[] name)//已过期
HTableDescriptor(HTableDescriptor desc)//通过克隆作为参数传递的描述符来构建表描述符
HTableDescriptor(String name)//已过期
HTableDescriptor(TableName name)//构造一个指定TableName对象的表描述符
protected    HTableDescriptor(TableName name, HColumnDescriptor[] families)
protected    HTableDescriptor(TableName name, HColumnDescriptor[] families, Map<
ImmutableBytesWritable,ImmutableBytesWritable> values)
HTableDescriptor(TableName name, HTableDescriptor desc)
```

第5步，表维护。

表维护主要指对表的具体操作。如建立表时调用建表方法 createTable，修改表时则调用修改表的方法 modifyTable。示例如下。

```
admin.createTable(desc);                //建立表
admin.modifyTable(tablename, desc);     //修改表
```

第6步，检查表是否可用或者修改成功。

表的结构发生变化后，为了确保结果正确，可通过指定的方法验证表是否可用或者修改成功。

第7步，关闭对象连接。

关闭代码运行过程中的连接对象，如 admin、connection 等。

下面通过示例来进一步讲解表结构管理的编码过程。

【例 8-8】表结构的操作实例：建立一张带一个列族的表，并在现有表中增加一个列族。

```
public class AdminTest {

public static void main(String[] args) throws Exception {
    //1.获取资源
    Configuration conf = HBaseConfiguration.create();
    //2. 创建Admin 实例
    // HBaseAdmin admin = new HBaseAdmin(conf);//0.99之前版本用法
    Connection conn = ConnectionFactory.createConnection(conf);
    Admin admin = conn.getAdmin();
    //创建要操作的表名
    TableName tbname = TableName.valueOf("tablename");
    //3. 创建表
    HTableDescriptor desc = new HTableDescriptor(tbname);//①创建表描述符
```

```
        HColumnDescriptor coldef1 = new HColumnDescriptor(Bytes.toBytes("fam1"));
         desc.addFamily(coldef1);//②添加列族描述符到表描述符中
        admin.createTable(desc);//③调用建表方法 createTable()进行表创建
        //④检查表是否可用
        boolean avail = admin.isTableAvailable(TableName.valueOf("GoodsOrders"));
        System.out.println(avail);
        //4. 在现有表中增加一个列族
        HColumnDescriptor cold3 = new HColumnDescriptor(Bytes.toBytes("fam2"));
        desc.addFamily(cold3);
        admin.disableTable(tbname);//表设为不可用
        admin.modifyTable(tbname, desc);//修改表
        admin.enableTable(tbname);//表设为可用
        //5. 关闭打开的资源
        admin.close();
        conn.close();
    }
    }
```

8.4.2 管理表信息

数据库的初始基本操作通常被称为 CRUD（Create，Read，Update，Delete），具体指增、查、改、删。其中对表的管理操作主要由 Admin 类提供，对表数据的管理操作主要由 Table 类提供。表数据管理的编辑步骤大体分为如下几步。

第 1 步，获取 HBase 集群资源信息。

第 2 步，创建连接。

第 3 步，创建 table 实例。

第 4 步，构造表信息，如 put、get、delete 对象的构造。

第 5 步，通过 table 实例执行表的构造信息。

第 6 步，如果是查询，此处可对查询出的内容进行读取和输出。

第 7 步，关闭打开的资源。

【例 8-9】表数据的操作实例：向现有表中插入数据、查询数据、删除数据。

```
    public class TablePutTest {

    public static void main(String[] args) throws Exception {
        //1. 创建所需要的配置
        Configuration conf = HBaseConfiguration.create();
        //2. 实例化一个新的客户端，创建 table 实例
        Connection connection = ConnectionFactory.createConnection(conf);
        Table table = connection.getTable(TableName.valueOf("tbname"));
        //3. 向指定表中插入一条数据
        Put put = new Put(Bytes.toBytes("row1"));
        //调用 addColumn 方法将信息{列族"colfam1"中增加列"qual1"值"val1"}添加到 put 实例
        put.addColumn(Bytes.toBytes("colfam1"), Bytes.toBytes("qual1"), Bytes.toBytes
("val1"));
        //调用 addColumn 方法将信息{列族"colfam1"中增加列"qual2"值"val2"}添加到 put 实例
        put.addColumn(Bytes.toBytes("colfam1"), Bytes.toBytes("qual2"), Bytes.toBytes
```

```
("val2"));
        table.put(put);//将 put 实例内容添加到 table 实例指定的表"tbname"中

        //4. 向指定表中一起插入多条数据
        List<Put> puts = new ArrayList<Put>();
        //创建 put1 实例存储 row2 行的信息
        Put put1 = new Put(Bytes.toBytes("row2"));
        put1.addColumn(Bytes.toBytes("colfam1"), Bytes.toBytes("qual1"), Bytes.toBytes
("val1"));
        puts.add(put1); //将 put1 实例中的信息添加至 puts 实例
        //创建 put2 实例存储 row3 行的信息
        Put put2 = new Put(Bytes.toBytes("row3"));
        put2.addColumn(Bytes.toBytes("colfam1"), Bytes.toBytes("qual1"), Bytes.toBytes
("val2"));
        puts.add(put2); //将 put2 实例中的信息添加至 puts 实例

        table.put(puts); //将 puts 存储 put1 和 put2 两行内容添加到 table 实例指定的表"tbname"中
        //5. 关闭打开的资源
        table.close();
        connection.close();
    }
    }
```

【例 8-10】表数据的操作实例：查询现有表中的一行数据。

```
    public class TableGetTest {

    public static void main(String[] args) throws IOException {
        //1.获取资源
        Configuration conf = HBaseConfiguration.create();
        //2.建立连接
        Connection connection = ConnectionFactory.createConnection(conf);
        //3.创建表实例
        Table table = connection.getTable(TableName.valueOf("tbname"));
        //4.指定要获取指定表中指定行的数据
        Get get = new Get(Bytes.toBytes("row-1"));//通过指定行"row-1"建立 get 实例
        get.setMaxVersions(3);//获取的最大版本
        get.addColumn(Bytes.toBytes("fam1"), Bytes.toBytes("col1"));//指定要获取的列族及列
        Result result = table.get(get);//按 get 实例中指定条件获取结果并返回结果集 result
        //5.遍历并打印出结果集中指定数据的信息
        for (Cell cell : result.rawCells()) {
            System.out.print("行键: " + new String(CellUtil.cloneRow(cell)));
            System.out.print("列族: " + new String(CellUtil.cloneFamily(cell)));
            System.out.print("列: " + new String(CellUtil.cloneQualifier(cell)));
            System.out.print("值: " + new String(CellUtil.cloneValue(cell)));
            System.out.println("时间戳: " + cell.getTimestamp());
        }
        //6.关闭打开的资源
        table.close();
        connection.close();

    }
```

```
}
```

此例实现的 Get 类对 HBase 表“tbname”指定行“row-1”进行数据查询。Get 类的作用就是按条件进行指定行数据的查询工作。

注意

在进行 setMaxVersions(int i)方法调用时，i 的大小一定不要大于表结构里的版本数据。如果大于，也会按表结构里的最大版本数进行内容的显示。

还可以通过 Scan 对整张表或者表中指定区域的内容进行查询。

8.4.3 Scan

通过 Scan 技术可以对指定范围内的内容进行查询。它类似于数据库系统中的游标（cursor），并利用 HBase 提供的底层顺序存储的数据结构，只需调用 Table 的 getScanner ()方法，此方法在返回真正的扫描器（scanner）实例的同时，用户也可以使用它迭代获取数据，最终将结果放在 ResultScanner 结果集中。ResultScanner 把扫描操作转换为类似的 get 操作，它将每一行数据封装成一个 Result 实例，并将所有的 Result 实例放入一个迭代器中。下面通过一个示例来讲解实现过程。

【例 8-11】表数据的操作实例：Scan 查询指定范围内的数据。

```
public class TableScanTest {
public static void main(String[] args) throws Exception {
    String tableName = "tbname";//定义表名
    String beginRowKey = "row-1";//定义开始行键
    String endRowKey = "row-100";//定义结束行键
    //1.获取资源
    Configuration conf = HBaseConfiguration.create();
    //2.建立连接
    Connection conn = ConnectionFactory.createConnection(conf);
    //3.依据指定表名建立 Table 实例
    Table table = conn.getTable(TableName.valueOf(tableName));
    //4.建立 Scan 实例
    Scan scan = new Scan();
    scan.setStartRow(Bytes.toBytes(beginRowKey));//设置扫描开始行键
    scan.setStopRow(Bytes.toBytes(endRowKey));//设置扫描结束行键
    scan.setMaxVersions(3);//设置扫描最大版本数
    scan.setCaching(20);//设置缓存
    scan.setBatch(10);//设置缓存数量
    //5.获取数据给 ResultScanner 结果集
    ResultScanner rs = table.getScanner(scan);
    //遍历读取 ResultScanner 结果集中内容
    for (Result result : rs) {
        //遍历读取 Result 集中的内容
        for (Cell cell : result.rawCells()) {
            System.out.print("行键: " + new String(CellUtil.cloneRow(cell)));
            System.out.print("列族: " + new String(CellUtil.cloneFamily(cell)));
            System.out.print("列: " + new String(CellUtil.cloneQualifier(cell)));
```

```
                System.out.print("值: " + new String(CellUtil.cloneValue(cell)));
                System.out.println("时间戳: " + cell.getTimestamp());
            }
        }
        //6.关闭打开的资源
        rs.close();
        table.close();
        conn.close();
    }
}
```

8.4.4　过滤器

通过上面的示例实现了查询表“tbname”中行键在“row-1”与“row-100”之间的数据，它和 Get 一样缺少一些细粒度的筛选功能，不能对行键、列名或列值进行过滤，但是通过过滤器可以达到这个目的。为了满足这样的需求，HBase 提供了过滤器的功能。

HBase API 在包“org.apache.hadoop.hbase.filter”中提供过滤器最基本的接口，HBase 给用户提供了无须编程就可以直接使用的类。HBase 提供 CompareFilter 类，这是一个通用的过滤器，用于比较过滤。它需要一个运算符（等于、大于、不等于等）和一个字节组比较器。它的可用值如表 8-7 所示。

表 8-7　　CompareFilter 中的比较运算符

操作	描述
LESS	匹配小于设定值的值
LESS OR EQUAL	匹配小于或等于设定值的值
EQUAL	匹配等于设定值的值
NOT EQUAL	匹配与设定值不相等的值
GREATER OR EQUAL	匹配大于或等于设定值的值
GREATER	匹配大于设定值的值
NO OP	排除一切值

CompareFilter 所需要的第二类类型比较器（Comparator）提供了多种方法来比较不同的键值。它们继承自实现了 Writable 和 Comparable 接口的 WritableByteArrayComparable。故在应用 HBase 提供的这些原生的比较器构造时，用户通常提供一个阈值，即可实现与实际值的比较情况。这些比较器如表 8-8 所示。

表 8-8　　HBase 对基于 CompareFilter 的过滤器提供的比较器

操作	描述
BinaryComparator	使用 Bytes.compareTo() 比较当前值与阈值
BinaryPrefixComparator	使用 Bytes.compareTo() 进行匹配，且从左端开始前缀匹配
NullComparator	不做匹配，只判断当前值是不是 null
BitComparator	按位与（AND）、或（OR）、异或（XOR）操作执行位级比较
RegexStringComparator	根据一个正则表达式，在实例化这个比较器的时候去匹配表中的数据
SubstringComparator	把阈值和表中数据当作 String 实例，同时通过 contains ()操作匹配字符串
BinaryComparator	使用 Bytes.compareTo() 比较当前值与阈值

其中 BitComparator、RegexStringComparator 和 SubstringComparator 这 3 种比较器，只能与 EQUAL 和 NOT EQUAL 运算符搭配使用，通过 compareTo()方法按匹配时为 0、不匹配时为 1 返回，进行计算。基于字符串的比较器，如 RegexStringComparator 和 SubstringComparator，比基于字节的比较器更慢，更消耗资源。因为每次比较时它们都需要将给定的值转化为 String，截取字符串子串和正则表达式的处理也需要花费额外的时间。

在应用过滤器时，按行键过滤时，使用 RowFilter；按列限定符过滤时，使用 QualifierFilter；按值过滤时，使用 SingleColumnValueFilter，这些过滤器可以用 SkipFilter 和 WhileMatchFilter 封装来添加更多的控制，也可以使用 FilterList 组合多个过滤器。

【例 8-12】过滤器的使用范例。

```
public class TableFilterTest {
public static void main(String[] args) throws IOException {
    Configuration conf = HBaseConfiguration.create();
    conf.set("hbase.zookeeper.quorum", "192.168.35.129");
    conf.set("hbase.zookeeper.property.clientPort", "2181");

    Connection conn = ConnectionFactory.createConnection(conf);
    Table table = conn.getTable(TableName.valueOf("testtable"));

    /**
     *①创建一个行过滤器，指定比较运算符和比较器，返回的结果中包括了所有行键等于或小于给定值的行
     */
    Filter filter1 = new RowFilter(CompareFilter.CompareOp.LESS_OR_EQUAL,
              new BinaryComparator(Bytes.toBytes("row-2")));
    Scan scan1 = new Scan();
    scan1.setFilter(filter1);
    ResultScanner rs1 = table.getScanner(scan1);
    for (Result res : rs1) {
        System.out.println(res);
    }
    rs1.close();
    /**
     * ②创建一个值过滤器，返回结果中包含所有能匹配.4 的值
     */
    Filter filter2 = new ValueFilter(CompareFilter.CompareOp.EQUAL, new Substring
Comparator(".4"));
    Scan scan2 = new Scan();
    scan2.setFilter(filter2);
    ResultScanner rs2 = table.getScanner(scan2);
    for (Result res : rs2) {
        System.out.println(res);
    }
    rs2.close();
    /**
     * ③创建一个列过滤器，返回结果列小于等于"col-2"
     */
    Filter filter3 = new QualifierFilter(CompareFilter.CompareOp.LESS_OR_EQUAL,
              new BinaryComparator(Bytes.toBytes("col-2")));
    Scan scan3 = new Scan();
```

```
        scan3.setFilter(filter3);
        ResultScanner rs3 = table.getScanner(scan3);
        for (Result res : rs3) {
             System.out.println(res);
        }
        rs3.close();
        conn.close();
    }
}
```

8.4.5 协处理器

通过使用过滤器，可以减少服务器端通过网络返回到客户端的数据量。由于大数据量，如果能进一步细致约束数据传输（如在过滤器应用中通过限制列范围控制了返回给客户端的数据量），并且进一步控制让数据的处理流程在服务端执行，仅给客户端返回小的结果集会更理想，这样可以让集群来分担工作。HBase 协处理器仿照 Google BigTable 的协处理器实现。协处理器框架提供了直接在管理数据的 Region Server 上运行自定义代码的机制，帮助用户透明地完成这些工作。

8.4.6 计数器

HBase 在 Shell 及 API 中提供了计数的功能。示例如下。

```
Increment increment1 = new Increment(Bytes.toBytes("20110101"));
     increment1.addColumn(Bytes.toBytes("daily"), Bytes.toBytes("clicks"), 1);
     increment1.addColumn(Bytes.toBytes("daily"), Bytes.toBytes("hits"), 1);
     increment1.addColumn(Bytes.toBytes("weekly"), Bytes.toBytes("clicks"), 10);
     increment1.addColumn(Bytes.toBytes("weekly"), Bytes.toBytes("hits"), 10);
     Result result1 = table.increment(increment1);
```

上例展示了计数器程序应用的小代码，完成实时计数统计的操作，从而放弃延时较高的批量处理操作。

8.4.7 MapReduce 与 HBase 互操作

在 HBase 中，系统在包“org.apache.hadoop.hbase.mapreduce”中提供了名叫 TableInputFormatBase 的抽象类，该类有一个实现了 Hadoop 的 org.apache.hadoop.conf.Configurable 接口的名叫 TableInputFormat 的实体子类，供实际应用的 MapReduce 类使用。TableInputFormatBase 继承了 Hadoop 的 InputFormat<k,v>类，其中<k,v>的取值为<ImmutableBytesWritable,Result>。6.4 节讲述了 MapReduce 框架自带的输入和自定义输入类型的写法，这里的<ImmutableBytesWritable,Result>就是 HBase 自定义产生的类型。HBase 提供一个继承自 Hadoop 中 Mapper 的子类 TableMapper，它将 k 的类型强制转换为一个继承自 Hadoop 接口 WritableComparable 的名叫 ImmutableBytesWritable 的类，同时将 v 的类型强制转换为 Result 类型，构成了 TableRecorderReader 类返回的结果。同时，HBase 提供了 TableReducer 类，继承自 Hadoop 的 Reducer 类。在进行作业运行时，HBase 提供了 TableMapReduceUtil 类，为 TableMapper 和 TableReducer 的工作提供支撑。

【例 8-13】 采用 6.2.1 节的数据，从 HDFS 读入文档，通过 MapReduce 对单词进行计数，将计算结果存入 HBase。

Job 作业代码如下。

```
public static void main(String[] args) throws Exception {
String tableName = "wordcount";
TableName tbn = TableName.valueOf(tableName);//HBase 的数据表名
Configuration conf = HBaseConfiguration.create(); //实例化 Configuration
conf.set("hbase.zookeeper.quorum","master");
conf.set("hbase.zookeeper.property.clientPort", "2181");
//如果表已经存在，就先删除
Connection connection = ConnectionFactory.createConnection(conf);
Admin admin = connection.getAdmin();
if (admin.tableExists(tbn)) {
admin.disableTable(tbn);
admin.deleteTable(tbn);
}
HTableDescriptor htd = new HTableDescriptor(tbn);//数据表的对象
HColumnDescriptor hcd = new HColumnDescriptor("content");//列族的对象
htd.addFamily(hcd);//创建列族
admin.createTable(htd);//创建数据表

Job job = Job.getInstance(conf, "import from hdfs to hbase"); //作业的对象
job.setJarByClass(MapReduceWriteHbaseDriver.class);
job.setMapperClass(WriteMapperHbase.class);
//设置插入 HBase 时的相关操作
TableMapReduceUtil.initTableReducerJob(tableName, WriteReducerHbase.class, job, null,
null, null, null,false);
job.setMapOutputKeyClass(ImmutableBytesWritable.class);
job.setMapOutputValueClass(IntWritable.class);
job.setOutputKeyClass(ImmutableBytesWritable.class);
job.setOutputValueClass(Put.class);
FileInputFormat.addInputPaths(job, "hdfs://master:8020/input");
System.exit(job.waitForCompletion(true) ? 0 : 1);
}
```

其中 WriteMapperHbase.class 文件的代码如下。

```
public class WriteMapperHbase extends Mapper<Object, Text, ImmutableBytesWritable,
IntWritable> {
private final static IntWritable one = new IntWritable(1);
private Text word = new Text();
public void map(Object key, Text value, Context context) throws IOException,
InterruptedException {
StringTokenizer itr = new StringTokenizer(value.toString());//Text 类型 value 转成字符串
                                                            //类型
while (itr.hasMoreTokens()) {
word.set(itr.nextToken());//nextToken() 用于返回下一个匹配的字段
//输出到 HBase 的 key 类型为 ImmutableBytesWritable
context.write(new ImmutableBytesWritable(Bytes.toBytes(word.toString())), one);
}
}
}
```

其中 WriteReducerHbase.class 文件的代码如下。

```
    public class WriteReducerHbase extends TableReducer<ImmutableBytesWritable, IntWritable,
ImmutableBytesWritable> {
    public void reduce(ImmutableBytesWritable key, Iterable<IntWritable> values, Context
context)  throws IOException, InterruptedException {
        int sum = 0;
        for (IntWritable val : values) {
            sum += val.get();
        }
        Put put = new Put(key.get());//put 实例化 key 代表主键，每个单词存一行
        //3 个参数：列族为 content，列修饰符为 count，列值为词频
        put.addColumn(Bytes.toBytes("content"), Bytes.toBytes("count"), Bytes.toBytes(String.
valueOf(sum)));
        context.write(key , put);
        }
    }
```

【例 8-14】从 HBase 读入数据，通过 MapReduce 对单词进行计数，将计算结果存入 HDFS。

Job 作业代码如下。

```
    public static void main(String[] args) throws Exception {
    String tableName = "wordcount";//HBase 的数据表名
    Configuration conf = HBaseConfiguration.create(); //实例化 Configuration
    conf.set("hbase.zookeeper.quorum","master");
    conf.set("hbase.zookeeper.property.clientPort", "2181");
    Job job = Job.getInstance(conf, "import from hbase to hdfs");
    job.setJarByClass(MapReduceReaderHbaseDriver.class);
    job.setReducerClass(ReaderHBaseReducer.class);
    //设置读取 HBase 时的相关操作
    TableMapReduceUtil.initTableMapperJob(tableName, new Scan(),ReaderHBaseMapper.class,
Text.class, Text.class,job, false);
    FileOutputFormat.setOutputPath(job, new Path("hdfs://master:8020/out2"));
    System.exit(job.waitForCompletion(true) ? 0 : 1);
    }
```

其中 ReaderHBaseMapper.class 文件的代码如下。

```
    public classReaderHBaseMapper extends TableMapper<Text, Text> {
    @Override
    protected void map(ImmutableBytesWritable key, Result values, Context context)
    throws IOException, InterruptedException {
    tringBuffer sb = new StringBuffer("");
    //获取列族 content 下面所有的值
    for (java.util.Map.Entry<byte[], byte[]> value : values.getFamilyMap("content".
getBytes()).entrySet()) {
    String str = new String(value.getValue());
        if (str != null) {
        sb.append(str);
        }
            context.write(new Text(key.get()), new Text(new String(sb)));
    }
    }
    }
```

其中 ReaderHBaseReducer.class 文件的代码如下。

```
public class ReaderHBaseReducer extends Reducer<Text, Text, Text, Text> {
private Text result = new Text();
public void reduce(Text key, Iterable<Text> values, Context context) throws IOException,
InterruptedException {
       for (Text val : values) {
       result.set(val);
       context.write(key, result);
       }
}
}
```

8.5 RowKey 设计

HBase 项目的目标就是可以在普通商用服务器集群上面管理非常大的数十亿行×百万列的表。在总结 RowKey 行键设计原则之前，先讲解一下值的存储特点，依据其特点来总结 HBase 设计中应该注意的问题。

8.5.1 HBase 值的存储与读取的特点

从存储的角度来看 HBase，在 HBase 中表的数据分割主要使用列族而不是列，底层存储是列族线性地存储单元格，同时单元格包含所有必要的信息。磁盘上一个列族下所有的单元格都被存储在一个存储文件中，不同列族的单元格不会出现在同一个存储文件中。同时每个单元格在实际存储时也保存了行键和列键，所以每个单元格都单独存储了它在表中所处位置的相关信息。

从读取的角度来看 HBase，HBase API 包含多种访问存储文件的方法，由于键从左到右（行键（RowKey）→列族（Column Family）→列限定符（Qualifer）→时间戳（Time Stamp）→值）按字典排列，用户可以按行键检索一行数据，这样可以有效地减少查询特定行和行范围的时间。设定列可以有效地减少查询的存储文件，建立用户在查询时指定所需的特定列族。

故在进行列设计中，一张表虽然可以有数百万列，但列族数量不要过多；列族命名要尽量短，减轻网络传输与判断过程的资源；为了方便快速查询业务上相似的内容，建议尽量放入同一列族下。

8.5.2 HBase 值存储特点引发的问题

HBase 是三维有序存储的，可以通过 RowKey、ColumnKey（列族：列限定符）和 TimeStamp 这 3 个维度对 HBase 中的数据进行快速定位。其中 HBase 中的 RowKey 可以唯一标识一行记录，在查询时无论是通过 Get 查询一行数据，还是通过 Scan 按行范围查询，RowKey 都是非常关键的标记。同时在底层存储 Region 拆分过程，RowKey 也起到很重要的作用。故在 HBase 表设计中，RowKey 的成功设计是非常关键的一环，但它的问题也最多。下面通过几方面来说明 RowKey 设计中需要注意的问题。

1. **单调递增 RowKey 数据**

如果 RowKey 设计的值为时间序列单调递增（例如时间戳当作 RowKey），会发生什么情况呢？

HBase 表进行自动分区时，Region 会在中间键（Middle Key，Region 中间的那个行键）处将这个 Region 拆分成两个大致相等的子 Region。然后 Region 被分配到若干台物理服务器上以均衡负载。假设 RowKey 值单调增加，Region 拆分后，以后插入的 RowKey 值会全部大于拆分后的其中一个子 Region，从而形成了单个 Region 上值的单方面堆积。故在 RowKey 设计时要注意其值的前几个字节的组成设计。

2. RowKey 存储冗余问题，尽量减少行和列的大小

在 HBase 中，值在每个单元格实际存储时也同时保存了 RowKey 名、列名和时间戳的值，为此，如果行和列的命名较长（尤其与单元格里 value 值相比），会发生一些有趣的情况。例如在一个推荐项目中，要查询大量商品值的内容，结果这些 value 定位的决定因素 RowKey 键名、列名和时间戳占用了大量的 RAM，索引、压缩及计算等能力将下降。同时，HBase 设计决定无论选 RowKey 还是列，它都需要在数据中重复数十亿次。

3. RowKey 值特点引发的热点问题

HBase 中的行按行、按键、按字典排序。这种设计优化了扫描，允许用户将相关的行或彼此靠近的行一起读取。然而，设计不佳的行键是热点的常见来源。当大量客户端通信量指向集群中的一个节点或少数几个节点时，会发生热点。此流量可能表示读取、写入或其他操作。流量压垮负责托管该区域的单个机器，导致性能下降并可能导致区域不可用。这也会对由同一台服务器托管的其他区域产生不利影响，因为该主机无法为请求的负载提供服务。由此可见，设计数据访问模式以使集群得到充分和均匀的利用非常重要。

8.5.3 RowKey 设计遵循的原则

回顾下 HBase 查询数据的几种方式：通过 Get 指定 RowKey 获取唯一一条记录；通过 Scan 设置 startRow 和 stopRow 参数进行范围匹配；全表扫描，即直接扫描整张表中所有行记录；通过过滤条件（RowKey 过滤、列过滤、值过滤）进行查询。考虑 HBase 存储的特点及引发的问题，可从如下几个方面考虑 RowKey 设计原则。

1. 各存储项的考量

（1）列族（Column Family）

由 KeyValue 存储的每个值都由{行键,列族:列限定符,时间戳,值}构成，故应尽量保持 Column Family 名称尽可能小，最好是一个字符（例如 data/default 的“d”）。虽然冗长的属性名称（如“myVeryImportantAttribute”）更容易阅读，但 HBase 的存储特点决定较短的属性名称（如“via”）更适合 HBase 存储框架。

（2）RowKey 长度（RowKey Length）

尽量保持 RowKey 长度的合理性，以便它们对所需的数据访问仍然有用（如获取与扫描）。对数据访问没有用处的短密钥并不比具有更好的获取/扫描属性的更长密钥更好，设计行键时需要依据业务及 HBase 的存储特点进行两方面的权衡。

（3）字节模式（Byte Pattern）

长是 8 个字节。用户可以在这 8 个字节中存储最多 18 446 744 073 709 551 615 个无符号数字。如果把这个数字作为一个字符串存储，假定每个字符有一个字节，就需要接近 3 倍的字节数。

（4）反向时间戳

HBASE-4811 实现了一个 API 来以相反的方式扫描表中的一个表或一个范围，从而减少了对正向或反向扫描优化模式的需求。HBase 0.98 及更高版本提供此功能，有关更多信息，请参见官网。

数据库处理中的常见问题是快速查找最新版本的值。使用反向时间戳作为密钥的一部分的技术，可以帮助解决这个问题的特殊情况。通过执行扫描[key]并获取第一条记录，可以找到表中[键]的最近值。由于 HBase 密钥是按照顺序排列的，这个密钥在[key]的任何较旧的行密钥之前排序，因此是第一个。这种技术将被用来代替使用版本号，意图是永久保留所有版本（或很长一段时间），同时通过使用相同的扫描技术快速获得对任何其他版本的访问。

（5）RowKey 和列族

不同的表可以有相同的 RowKey，同一表中 RowKey 是唯一的，同一表中不同的列族可以存在相同的 RowKey。

（6）RowKey 的不变性

行键不能改变。它们可以在表中“改变”的唯一方法是该行被删除然后重新插入。这在 HBase dist-list 上是一个相当常见的问题，所以在第一次（或者在插入大量数据之前）获得 RowKey 值时得的。

2. RowKey 设计考量的角度

（1）RowKey 长度的考量

RowKey 是一个二进制码流，可以是任意字符串，以 byte[] 形式保存，通过字节模式存储，故在设计时越短越好，一般设计成 8 的整数倍的定长。这样会降低由 RowKey 产生的存储冗余，节省了磁盘的占有率，同时也节省了内存的空间，从而充分利用内存，在一定程度上增加了内存的检索效率。

（2）RowKey 散列的原则

如果 RowKey 按照时间戳的方式递增，不要将时间放在二进制码的前面，建议将 RowKey 的高位作为散列字段，由程序随机生成，低位放时间字段，这样将提高数据均衡分布在每个 Region Server 中，以实现负载均衡的概率。如果没有散列字段，首字段直接是时间信息，所有的数据都会集中在一个 Region Server 上，这样在检索数据的时候，负载会集中在个别的 Region Server 上，造成热点问题，会降低查询效率。

（3）RowKey 唯一性的考量

同一表中必须保证 RowKey 的唯一性，RowKey 是按照字典顺序排序存储的，因此，设计 RowKey 的时候，要充分利用这个排序的特点，将经常读取的数据存储到一块，将最近可能会被访问的数据放到一块。

3. 规避 RowKey 设计不当造成的热点问题

为了防止热点写入即在设计行键时，当 Region 数据过大时，需要在同一个 Region 的行必须拆分成多个 Region 并分配到整个集群中时，新写入的数据不会只写入相同 Region，进而避免热点问题的出现。可以通过以下方法避免由于 RowKey 设计不当而导致热点问题的出现。

（1）加盐（Salting）

加盐是指将随机数据添加到 RowKey 设计值的开头，即在行键前添加一个随机分配的前缀值，以使其排序与其他方式不同。由于 RowKey 是按排序后顺序存储的，故在 Region 拆分后，如果后插入 RowKey 值都大于之前的值，就会造成“热”行键模式，加盐后，可以近似达到 Region 数据分配负载均衡的问题。

（2）哈希（Hashing）

用户可以使用单向散列，而不是随机分配，这样可以使给定的行始终以相同的前缀“被盐化”，从而将负载分散到 Region Server 上，但允许在读取期间进行预测。使用确定的哈希可以让客户端重构完整的 RowKey，可以使用 Get 操作，准确获取某一个行数据。

（3）反转 Key（Reversing the Key）

防止热点的第三个常用技巧是反转固定长度或数字格式的 RowKey，以使最经常变化的部分（最低有效数字）放在前面，例如，手机号和时间戳作为 RowKey 设计时的反转 Key。

8.6 HBase的高性能设计：使用InfiniBand的RDMA

现有的开源 HBase 实现使用传统的 Java（TCP）Socket。这提供了很大的可移植性，但有性能上的代价。众所周知，由于存在多个内存复制等问题，字节流套接字模型有固有的性能限制（延迟和吞吐量）。在被写入 Socket 之前，Java 套接字字节流模型需要将 Java 对象序列化为字节块。在接收端反序列化操作必须转换传入的数据块为 Java 对象。所有这些方面导致进一步的性能损失。

高性能的网络（如 InfiniBand）提供高数据吞吐量和低传输延迟。开放源码软件的 API（如 OpenFabrics），针对这些网络应用一应俱全。在过去的十年中，科学和并行计算领域，采用消息传递接口（MPI）作为大多数应用的底层基础，已经得到广泛使用。MPI 的实现，如 MVAPICH2 实现了低的 1～2μs 的单向延迟。甚至最好的 InfiniBand 实现，达到了 20～25μs 的单向延迟。在 ISCA 2010，谷歌公司发表其对数据中心的高性能网络设计工作，采用 InfiniBand 实现高性能、低功耗。甲骨文公司的 Exalogic 中间件云使用 InfiniBand 整合存储和计算资源。

InfiniBand 对于 TCP 的问题有明显优势。基于通信 Socket 的局限性，并提供优势的方法利用高性能的网络（如 InfiniBand）和它的 RDMA 能力，从而促进 HBase 网络通信。研究结果和性能评估表明，通过利用 10GigE 的网络，通信延迟降低 57～164μs，从而推断 HBase 通信堆栈可以通过重新设计来提升性能。利用 InfiniBand 的互联能力，HBase 性能可以大大提高。

🕮：学习提示

MPI 是一个跨语言的通信协议，用于编写并行计算机程序，支持点对点和广播协议。MPI 是一个信息传递应用程序接口，包括协议和语义说明，其指明如何在各种实现中发挥其特性。MPI 的目标是高性能、大规模性和可移植性。MPI 在今天仍为高性能计算的主要模型。大部分的 MPI 实现由一些指定惯例集（API）组成，可由 C、C++、Fortran 或者有此类库的语言直接调用。由于其可移植性和速度，MPI 优于老式信息传递库。

例如，在 C 语言中，使用 MPI，必须包含头文件"mpi.h"，MPI 函数返回出错代码或 MPI_SUCCESS

成功标识，前缀为 MPI_，前缀后第一个字母大写，其余字母全小写，区分大小写。

MPI 六大常用函数如下。

（1）并行初始化 MPI_Init (int *argc,char ***argv)。

（2）获取进程总数 MPI_Comm_size (MPI_Comm comm,int *size)。

（3）获取当前进程号 MPI_Comm_rank (MPI_Comm comm,int *rank)。

（4）发送消息 MPI_Send (void *buf,int count,MPI_Datatype datatype,int dest,int tag,MPI_Comm comm)。

（5）接收消息 MPI_Recv (void *buf,int count,MPI_Datatype datatype,int source,int tag,MPI_Comm, MPI_Status *status)。

（6）并行结束 MPI_Finalize()。

8.6.1 设计

低级别的 InfiniBand 可以提供更好的性能并且没有中间副本的开销，但对于 IB 的规划是复杂的。因此，人们开发了一种轻量级、高性能的通信运行——统一通信运行（UCR）。它抽象不同的高性能互连的 InfiniBand 接口、处理器、iWarp 等，提供了一个简单和易于使用的界面。UCR 是初步提出统一通信运行时不同科学规划的模型，如 MPI 和分割的全局地址空间（PGA）。它被用来作为中间件缓存，在操作的延迟和吞吐量方面有显著的性能改进。

实际应用中调用 API 来访问 hbaseclientHBase。这些 API 内部调用 Java 的 Socket 接口传输数据。基于 Socket 发送/接收数据，明显增加开销。为了保证性能，在不同的时间测量到一个查询处理操作阶段的主要步骤与操作如下："通信"的数据转移；"通信准备"将序列化的数据放到套接字缓冲区；"服务器"处理一个请求；"服务器序列化"；"客户端序列化"，Java 对象序列化成字节格式；"客户端处理"，响应服务器和反序列化的数据。

主体部分的延迟归因于低效的传输，"通信准备"阶段复制 Java 序列化对象到 Java 套接字缓冲区，其中包含了软件栈的开销。"通信""通信准备"阶段是负责现有的 HBase 设计的高沟通成本。两阶段可以通过先进的网络技术改进 RDMA 能力。分析结果表明，通过减少通信时间能达到潜在的性能优势。

整合 InfiniBand 网络到 Hbase 可以实现更好的性能。然而，Hbase 为了提升可移植性，使用 Java 编写，而 InfiniBand 的 RDMA 编程接口用 C 语言实现。因此，Java 本地接口（JNI）被引进以桥接 hbaseclient 的 API 和 UCR。

通过改进通信时间提高 HBase 数据查询性能，利用这样的高性能网络 InfiniBand 提高了 HBase 运行性能。为了实现高性能的网络 HBase，人们设计了一个混合层次的沟通机制，包含传统的 Socket 和高性能的 InfiniBand。借由 InfiniBand，提高了 HBase 的吞吐率。部分利用 InfiniBand RDMA 能力并采用它来配合使用 HBase 对象传递模型。

8.6.2 优势

这种将套接字接口和 InfiniBand 混合的方法是：扩展 HBase 支持传统的基于 Socket 的网络设计和支持利用先进的功能在 InfiniBand 互连，以提供最佳的性能。它有以下优势。

（1）简单却有效的明确的接口，在不同的层上提供满足相邻上层的需要。

（2）可应用于其他类似的中间件的数据中心。

（3）支持传统和新型的网络集群互连功能。

这样的设计使 GET 操作的延迟降低，大大增加了操作的吞吐量。

8.7 小结

本章主要对 HBase 存储理论做了简要的介绍，同时对于 HBase 的环境搭建进行了较详细的说明。着重讲解了 HBase Shell、HBase API 及 MapReduce 与 HBase 交互的基本应用，使读者能够掌握 HBase 的基本应用。最后在 HBase 表设计上，结合 HBase 存储理论对 RowKey 设计进行了说明，使读者在 HBase 表设计上有所了解。

09 第9章　初识Hive

【内容概述】

HDFS 解决了分布式存储的问题，HBase 对于 HDFS 存储文件内容的小条目读取做出了突出的贡献，对于查询数据的统计分析却显得力不从心。MapReduce 解决了分布式计算的问题，可以读取 HDFS 或 HBase 存储的数据，完成大数据的分布式计算问题，然而要求程序员熟悉它的框架和语法规则，尤其对于一些较复杂统计（如多层嵌套统计分析等）对工程师要求很高。HiveQL 的出现简化了 MapReduce 的开发难度，会 SQL 的人员很容易通过 HiveQL 实现较复杂的 MapReduce 所能达到的功能。本章主要包括 Hive 基础知识、Hive 环境安装、HiveQL 基本语法、HiveQL 基本查询。

Hive 是一个构建在 Hadoop 上的数据仓库平台，其设计目标是使 Hadoop 上的数据操作与传统 SQL 结合，让熟悉 SQL 编程的开发人员能够轻松向 Hadoop 平台转移。本章通过对 HiveQL 基本表数据的操作，使读者掌握 Hive 中表创建、数据管理等基本的操作技能。

【知识要点】

- ■ 了解 Hive 产生的背景
- ■ 理解 Hive 工作原理
- ■ 掌握 Hive 环境安装过程
- ■ 掌握 HiveQL 语法规则
- ■ 理解 Hive 自定义函数编写过程

9.1 Hive 基础知识

Hive 是基于 Apache Hadoop 的一个数据库工具，Hadoop 为大规模的普通商用服务器集群上完成大数据存储和计算提供了高度的扩展和容错功能。Hive 最初是 Facebook 公司的 Jeff Hammerbacher 领导的团队开发的一个开源项目，设计目标是使 Hadoop 上的数据操作与传统 SQL 思想结合，让熟悉 SQL 编程的开发人员能够轻松地对 Hadoop 平台上的数据进行查询、汇总和数据分析，轻松地将 HDFS 上结构化的数据文件映射为一张数据库表，并提供简单的 SQL 查询功能，可以将 SQL 语句转换为 MapReduce 任务进行运行。这样，可以降低项目组成员学习成本，通过类 SQL 语句就可以实现简单的 MapReduce 统计，常见的业务都不必开发专门的 MapReduce 应用，十分适合数据库的统计分析。同时，Hive 的 SQL 为用户提供了面向开发人员的 API 接口，可供工程师依据业务需求定义特定分析功能集成至 Hive 工具内，如用户定义函数（UDF）。

由于 Hadoop 是批量处理系统，任务是高延迟的，所以在任务提交和处理过程中会消耗一些时间成本。同样，即使 Hive 处理的数据集非常小（如几百 MB），在执行时也会出现延迟现象。这样，Hive 的性能就不可能很好地和传统的关系型数据库进行比较。Hive 不能提供数据排序和查询 Cache 功能，也不提供在线事务处理，不提供实时的查询功能和记录级的更新，但 Hive 能更好地处理不变的大规模数据集（如网络日志）上的批量任务。所以，Hive 最大的价值是可扩展性（基于 Hadoop 平台，可以自动适应机器数目和数据量的动态变化）、可延展性（结合 MapReduce 和用户定义的函数库），并且拥有良好的容错性和低约束的数据输入格式。它最适用于传统的数据库任务。

9.1.1 Hive 的存储结构

Hive 的存储是建立在 Hadoop 文件系统之上的。Hive 本身没有专门的数据存储格式，用户可以非常自由地组织 Hive 中的表，只需要在创建表的时候告诉 Hive 数据中的列分隔符和行分隔符，就可以解析数据了。Hive 主要包括 4 类数据模型，即表（Table）、外部表（External Table）、分区（Partition）和桶（Bucket）。它在 HDFS 上的存储结构如下。

```
    drwxr-xr-x   - user supergroup    0 2018-02-04 08:41 /user/hive
    drwxr-xr-x   - user supergroup    0 2018-02-14 20:00 /user/hive/warehouse
    drwxr-xr-x   - user supergroup    0 2018-02-14 20:08 /user/hive/warehouse/dbtest.db
    drwxr-xr-x   - user supergroup    0 2018-02-14 20:06 /user/hive/warehouse/dbtest.db/tb1
    -rwxr-xr-x   1 user supergroup  784 2018-02-14 20:06 /user/hive/warehouse/dbtest.db/
tb1/file1.txt
    -rwxr-xr-x   1 user supergroup  784 2018-02-14 20:06 /user/hive/warehouse/dbtest.db/
tb1/file2.txt
    drwxr-xr-x   - user supergroup    0 2018-02-14 20:09 /user/hive/warehouse/dbtest.db/tbfq
    drwxr-xr-x   - user supergroup    0 2018-02-14 20:09 /user/hive/warehouse/dbtest.db/
tbfq/country=AA
    drwxr-xr-x   - user supergroup    0 2018-02-14 20:09 /user/hive/warehouse/dbtest.db/
tbfq/country=AA/state=BB
    -rwxr-xr-x   1 user supergroup  784 2018-02-14 20:09 /user/hive/warehouse/dbtest.db/
tbfq/country=AA/state=BB/file2.txt
    drwxr-xr-x   - user supergroup    0 2018-02-14 20:08 /user/hive/warehouse/dbtest.db/
tbfq/country=CA
    drwxr-xr-x   - user supergroup    0 2018-02-14 20:08 /user/hive/warehouse/dbtest.db/
tbfq/country=CA/state=AB
```

```
    -rwxr-xr-x   1 user supergroup  784 2018-02-14 20:08 /user/hive/warehouse/dbtest.db/
tbfq/country=CA/state=AB/file1.txt
    drwxr-xr-x   - user supergroup    0 2018-02-04 08:46 /user/hive/warehouse/tb2
    -rwxr-xr-x   1 user supergroup   71 2018-02-04 08:46 /user/hive/warehouse/tb2/file.txt
```

其中“/user/hive/warehouse”目录由 hive-default.xml 下的 hive.metastore.warehouse.dir 参数指定，也可由用户在 hive-site.xml 对此存储位置进行重新指定。tb1、tbfq、tb2 为表名，dbtest.db 为数据库名，country 和 state 为表 tbfq 下指定的分区，*.txt 文件为各表下存储数据的文件。可见，Hive 数据库是以目录的形式按层级的方式而存在的。正是这种目录的形式将 HDFS 上的数据进行了格式划分，有利用于业务的归整与查找。

可通过 HiveQL 查询这些数据库下表里的数据内容，如“hive> SELECT * FROM dbtest.tb1”实现了查询 dbtest.db 数据库下表 tb1 里的所有数据内容。

这里需要说明的是，Hive 有个默认的数据库 default，如表 tb2 的目录直接在“/user/hive/warehouse”目录下，没有显示数据库的名字，其实就是存储在了默认的数据库 default 下。

HDFS 上以目录的形式对用户的数据进行了存储，Hive 将这些表数据作为一个单独的进程存储于元数据中进行管理。由于 Hive 的元数据可能面临不断更新、修改和读取，所以它显然不适合使用 Hadoop 文件系统进行存储。目前 Hive 将元数据存储在 RDBMS 如 MySQL、Derby 中，其中 Derby 是存储于本地磁盘的 Hive 自带的数据库，Hive 进行内嵌模式安装时会用到它。

Hive 向用户提供了不同的用户访问接口，除了 Shell，通过配置，Hive 还可以提供诸如 Thrift 服务器、Web 接口、元数据和 JDBC/ODBC 服务，具有强大的功能和良好的可扩展性。

9.1.2 Hive 与传统数据库的比较

1. 功能比较

Hive 与传统数据库相比，格式较为宽松，在建表时，它可以由用户指定表字段间的间隔符、换行符及存储位置等，形式较自由。在表的数据存储上，它也与传统数据库大大不同。

传统数据查询速度快、交互性好，同时在建立表及插入表数据时有着极为严格的标准，例如插入的数据不符合表格式要求时会被拒绝插入等（也被称为“写时模式”）；数据类型也较为严格，如字符型就有几种（char、varchar 等），规定较为细致，方便索引添加，利于提高查询速度。

Hive 对数据的验证并不在加载数据时进行，而在查询时进行，查询时对于不符合要求的数据，会以 NULL 的形式显示给用户，这被称为“读时模式”。

读时模式可以使数据加载非常迅速，因为其不需要读取数据，进行解析后再进行序列化，以数据库内部格式存入磁盘，数据加载操作仅仅是文件复制或移动。人们针对不同的分析认为，同一个数据可能会有两个模式（Hive 使用“外部表”时）。

写时模式有利于提升查询性能。因为数据库可以对列进行索引，并对数据进行压缩，但是作为权衡，此时加载数据会花更多时间。此外，在很多加载时模式未知的情况下，因为查询尚未确定，不能决定使用何种索引。

2. 分布式事务

对于共享的数据的访问，会发生读写冲突。分布式系统中采用“锁”的思想来解决这一问题。

一般所说的锁，就是指单进程多线程的锁机制。在单进程中，如果有多个线程并发访问某个全局资源，存在并发修改的问题。如果要避免这个问题，我们需要对资源进行同步，同步其实就是可以加一个锁来保证同一时刻只有一个线程能操作这个资源。涉及分布式环境，以集群为例，就是多个实例，也就是多个进程，而且这些进程完全可能不在同一个机器上。我们知道多线程可以共享父进程的资源，包括内存，所以多线程可以看见锁，但是多进程之间无法共享资源，甚至都不在一台机器上，所以这种分布式环境下，就需要其他的方式来让所有进程都可以知道这个锁，以控制对全局资源的并发修改。

可以基于数据库表实现分布式锁。可以将分布式要操作的资源都定义成表，表结构定义 t_lock 如下。

```
id:
resource: 资源。
status: 状态 0|1。
add_time: 添加时间。
update_time: 更新时间。
version: 如果采用乐观锁，使用版本号，对当前资源的状态进行更新就加 1。
```

实现流程如下。

（1）执行 SQL 语句查询是否有数据。

```
select id, resource, status,version fromt_lock  where status=0 and id=xxxx;
```

（2）如果查到了说明没有数据，可以按照如下语句进行 update。

```
update t_lock set status=1, version=1,update_time=now() where id=xxxx and status=0 and
version=0
```

否则，说明该锁被其他线程持有，还没有释放。

在分布式处理数据等事务的参与者、支持事务的服务器、资源服务器及事务管理器分别位于不同的分布式系统的不同节点之上，这被称为分布式事务。

事务特征：一是操作的独立性，与其他操作是隔离的、不受影响的。二是其操作要么执行成功，要么执行失败，且不会对其他操作有任何影响。因为事务要求操作的原子性，因此要保证操作的同步，这时候服务器的目标就是提高事务的并发程度又不影响它的原子性。

分布式事务处理的关键在于服务及数据的分布，即一个事务处理所需的服务与数据可能分散在不同的服务器上，因此，事务处理过程必须在多台服务器上执行。

多台服务器联合执行一个事务处理时需要彼此协调，这样才能做到整个事务处理的成功提交。常用的方法是由一个协调器（coordinator）通过服务器之间的通信来实现最终提交。

事务处理过程如下：①每个事务被一个协调器所创建和管理。②在事务并发的情况下，会出现两个比较典型的问题，一是失去更新问题。二是状态不一致问题，典型的就是数据读出的是旧数据，而事实上数据已经被更新了。③事务从中止的情况下恢复，那么服务器必须记录下所有已提交事务的记录或者为事务留存许多的暂存版本。

3. 查询语言的区别

Hive 定义的类 SQL 的语言——HiveQL，允许用户进行与 SQL 相似的操作。它与传统数据库的区别如表 9-1 所示。

表 9-1　　Hive 与传统数据库的区别

项目	Hive	传统数据库
查询语言	HiveQL	SQL
存储	HDFS，理论上有无限扩展的可能	集群存储，存在容量上限，而且伴随容量的增长，计算速度急剧下降。只能适应于数据量比较小的商业应用，对于超大规模数据无能为力
执行引擎	依赖于 MapReduce 框架，可进行的各类优化较少，但是比较简单	可以选择更加高效的算法来执行查询，也可以进行更多的优化措施来提高速度
灵活性	元数据存储独立于数据存储之外，从而解耦合元数据和数据	低，数据用途单一
分析速度	计算依赖于 MapReduce 和集群规模，易扩展，在大数据量情况下，远远快于传统数据库	在数据容量较小时非常快速，数据量较大时，急剧下降
执行延迟	高	低
数据加载模式	读时模式（快）	写时模式（慢）
数据操作	数据覆盖追加	行级更新删除
索引	0.7.0 版本后加入索引，简单索引，低效，目前还不完善	复杂索引，高效
事务	0.7.0 版本后支持表级和分区级的锁	支持
易用性	需要自行开发应用模型，灵活度较高，但是易用性较低	集成一整套成熟的报表解决方案，可以较为方便地进行数据的分析
应用场景	海量数据查询	实时查询
可靠性	数据存储在 HDFS 中，可靠性高，容错性高	可靠性较低，一次查询失败需要重新开始。数据容错依赖于硬件 Raid
依赖环境	依赖硬件较低，可适应一般的普通机器	依赖于高性能的商业服务器
价格	开源产品，价格几乎为 0	商用，比较昂贵，开源的性能较低

9.2　Hive 环境安装

刚开始使用 Hive 时，用户可以选择在本地以独立模式或伪分布模式运行 Hadoop。每个 Hive 的发布版本都被设计为能够和多个版本的 Hadoop 共同工作。尽管如此，由于 Hive 基于 Hadoop 运行，所以在下载 Hive 必要的安装包前，仔细阅读官网的说明，绝对是一个再好不过的建议。

官网给予用户的建议：可以直接在官网下载一个稳定发行版的 Hive 包或者下载 Hive 源码，通过编译获得 Hive 包进行配置安装。安装需求如下。

（1）JDK 版本选择：Hive 版本 1.2 以上需要 Java 1.7 或更高版本。Hive 版本 0.14 到 1.1 也适用于 Java 1.6。强烈建议用户开始转向 Java 1.8（请参阅 Hive-8607）。

（2）Hadoop 版本配型：Hadoop 2.*x*（首选），Hadoop 1.*x*（不支持 Hive 2.0.0 以上版本）。Hive 版本直到 0.13 仍支持 Hadoop 0.20.*x* 和 Hadoop 0.23.*x*。

（3）操作系统选型：Hive 常用于 Linux 和 Windows 环境，也可用于 Mac 开发环境。

这里实验的代码是 Hive 2.1.1 版本，官网的建议如下。

JDK：jdk-8u121-linux-x64.tar.gz，可在 Oracle 官网下载。

Hadoop：Hadoop 2.6.1，可在 Apache 官网下载。

Hive：Hive 2.1.1，可在 Apache 官网下载。

操作系统：Centos 6.5。

元数据库：如果 Hive 采用内嵌模式安装，不需要额外准备元数据库。如果采用独立、远程模式安装，需要一个独立的元数据库，本书采用 MySQL 5.5.16。

9.2.1 Hive 内嵌模式安装

内嵌模式安装不需要元数据库的准备，采用的是 Hive 的默认元数据库，即内嵌的 Derby，但这种安装模式只能允许一个 Hive 会话连接。参考配置步骤如下。

第 1 步，修改/{HivehomePath}/ apache-hive-2.1.1-bin/conf/hive-env.sh，添加环境变量。

```
HADOOP_HOME=/home/user/bigdata/hadoop
export HIVE_CONF_DIR=/home/user/bigdata/hive/conf
```

第 2 步，修改 hive-site.xml。

```
<configuration>
  <property>
   <name>javax.jdo.option.ConnectionURL</name>
   <value>jdbc:derby:;databaseName=/home/user/hive/bin/metastore_db;create=true</value>
</property>
  <property>
   <name>hive.exec.scratchdir</name>
   <value>{$HivehomePath}/hive/tmp/hivescratch</value>
 </property>
 <property>
   <name>hive.exec.local.scratchdir</name>
   <value>{$HivehomePath}/hive/tmp/hive</value>
 </property>
 <property>
   <name>hive.downloaded.resources.dir</name>
   <value>{$HivehomePath}/hive/tmp/hive_resources</value>
 </property>
 <property>
   <name>hive.scratch.dir.permission</name>
   <value>733</value>
 </property>
 <property>
   <name>hive.querylog.location</name>
   <value>{$HivehomePath}/hive/tmp/hive_querylog</value>
 </property>
</configuration>
```

第 3 步，配置 Hive 的 log4j。

```
conf 下   cp hive-log4j.properties.template  hive-log4j.properties
#log4j.appender.EventCounter=org.apache.hadoop.hive.shims.HiveEventCounter
log4j.appender.EventCounter=org.apache.hadoop.log.metrics.EventCounter
```

否则系统会有如下警告。

```
WARN conf.HiveConf: HiveConf of name hive.metastore.local does not exist
WARNING: org.apache.hadoop.metrics.jvm.EventCounter is deprecated. Please use org.apache.
hadoop.log.metrics.EventCounter in all the log4j.properties files.
```

第 4 步，初始化元数据。

```
schematool -initSchema -dbType derby
```

第 5 步，启动 hive bin/hive，验证配置成功。

```
[user@master soft]$ hive
```

```
Logging initialized using configuration in jar:file:/home/user/bigdata/hive/lib/hive-common-2.1.1.jar!/hive-log4j2.properties Async: true
hive>
```

当再开始一个 Hive 会话时，系统会报如下错误。

```
Exception in thread "main" java.lang.runtimeException:org.apache.hadoop.hive.ql.metadata.HiveException:java.lang.RuntimeException:Unable to instantiate org.apche.hadoop.hive.ql.netadata.SessionHiveMetaStoreClient
```

因此，用户需要多 Hive 会话应用时，需要按独立模式或远程模式配置。

9.2.2 Hive 独立模式安装

内嵌模式安装，元数据被保存在内嵌的 Derby 数据库中，只能允许一个会话连接。如果需要支持多用户多会话，则需要一个独立的元数据库。本书采用 MySQL 作为元数据库，Hive 内部对 MySQL5.5 提供了很好的支持，配置一个独立的元数据库需要增加以下几个步骤。

第 1 步，安装 MySQL 服务器端和 MySQL 客户端，并启动 MySQL 服务。

第 2 步，为 Hive 建立相应的 MySQL 账户，并赋予足够的权限。以建立新“Hive”用户、密码“123456”为例，演示实验过程，命令如下。

```
create user 'hive' identified by '123456';
GRANT ALL PRIVILEGES ON hive.* TO 'hive'@'localhost' IDENTIFIED BY '123456';
FLUSH PRIVILEGES;
```

第 3 步，建立 Hive 专用的元数据库，记得创建时用刚才创建的“Hive”账号登录。

用新建立的用户 Hive 登录 MySQL，建立 Hive 数据库用于存储元数据。命令如下。

```
create database hive;
```

查看数据库是否建立成功。

```
mysql> show databases;
+-------------- -----+
| Database           |
+-------------- -----+
| information_schema |
| hive               |
| mysql              |
| performance_schema |
| test               |
+--------------------+
5 rows in set (0.04 sec)
```

第 4 步，将内嵌模式下“javax.jdo.option.ConnectionURL”的配置由 Derby 更改为 MySQL 连接，并指定 MySQL 数据库应用时所用的驱动，指定元数据的用户名及密码。

```
<property>
  <name>javax.jdo.option.ConnectionURL</name>
  <value>jdbc:mysql://localhost/hive?createDatabaseIfNotExist=true</value>
  <description>JDBC connect string for a JDBC metastore</description>
</property>
<property>
  <name>javax.jdo.option.ConnectionDriverName</name>
  <value>com.mysql.jdbc.Driver</value>
  <description>Driver class name for a JDBC metastore</description>
</property>
<property>
  <name>javax.jdo.option.ConnectionUserName</name>
```

```
    <value>hive</value>
</property>
<property>
    <name>javax.jdo.option.ConnectionPassword</name>
    <value>123456</value>
</property>
```

上述配置中，指定的 Hive 元数据库需要管理 Hive 在操作过程中的一些表结构信息，故 Hive 要拥有对 Hive 数据库的增、删、改、查的权限，所以在建立 Hive 用户时，应注意权限的分配，如“GRANT SELECT,INSERT,UPDATE,DELETE,CREATE ON hive.* TO hive@'%' identified by '123456';”。

由于 Hive 原生语言是 Java，本例选择 Hive 的元数据库为 MySQL，在参数正确配置的情况下，Java 需要通过 MySQL 驱动包（本书实验用的是 mysql-connector-java-5.1.10.jar）操作 MySQL 数据库，才能完成 Hive 元数据库与 MySQL 表间的互操作功能。故需要复制数据驱动 jar 包（如本书实验为 mysql-connector-java-5.1.10.jar）到指定目录（/{HivehomePath}/hive/lib/）下。

第 5 步，在第 4 步基础上，追加独立模式元数据库，也可以指定日志存储位置。

```
<property>
    <name>hive.metastore.local</name>
    <value>true</value>
</property>
<property>
    <name>hive.server2.logging.operation.log.location</name>
    <value>/tmp/hive/operation_logs</value>
</property>
```

第 6 步，初始化元数据库，进入 Hive，验证配置是否成功。

```
schematool -dbType mysql -initSchema
```

此时，用户会在 MySQL 指定的 Hive 数据中看到生成很多表，对于本书选择的版本，会有 57 张元数据表生成，它们记录了 Hive 应用中用户建立的表的信息的记录与管理功能。

9.2.3 Hive 远程模式安装

远程模式安装是把元数据库配置到远程机器上，可以配置多个。它可以在内嵌模式基础上继续配置。

第 1 步，在独立模式的基础上需要在 hive-site.xml 文件中增加配置项。

```
<property>
  <name>hive.server2.thrift.port</name>
  <value>10000</value>
</property>
<property>
  <name>hive.server2.thrift.bind.host</name>
  <value>master</value>
</property>
<property>
   <name>hive.metastore.uris</name>
   <value>thrift://master:9083</value>
</property>
```

如果 MySQL 与 Hive 不在同一台机器上，javax.jdo.option.ConnectionURL 参数配置时可指定到 MySQL 服务的 IP 上。

由于 Hive 基于 Hadoop 平台运行，故 Hive 运行用户要拥有 Hadoop 运行用户的部分访问权限，如果使用的不是同一用户，可通过在 hadoop/etc/hadoop/core-site.xml 中配置相应参数，依据业务情况指定用户访问权限，示例如下。

```
#用户“user”可以代理所有主机上的所有用户
  <property>
    <name>hadoop.proxyuser.user.hosts</name>
    <value>*</value>
  </property>
  <property>
     <name>hadoop.proxyuser.user.groups</name>
     <value>*</value>
 </property>
```

第 2 步，启动元数据库服务和远程服务。

```
[user@master ~]$ hive --service metastore &
[user@master ~]$ hive --service hiveserver2 &
```

这里需要等待一段时间（时间长短由机器性能决定），直到 10000 与 10002 端口启动，可通过 netstat 命令查看。

```
    [user@master ~]$ netstat -nltp;
    Active Internet connections (only servers)
    Proto   Recv-Q   Send-Q   Local Address          Foreign Address              State
PID/Program name
    tcp       0        0      0.0.0.0:10000          0.0.0.0:*                   LISTEN
3922/java
    tcp       0        0      0.0.0.0:10002          0.0.0.0:*                   LISTEN
3922/java
```

此时服务启动，可正常使用了。新版本的 Hive 增加了 Beeline 服务，可以通过它对 Hive 进行表的操作。它的启动连接过程如下。

```
[user@master ~]$ beeline
Beeline version 2.1.1 by Apache Hive
beeline> !connect jdbc:hive2://192.168.0.129:10000 hive 123456
Connecting to jdbc:hive2://192.168.0.129:10000
Connected to: Apache Hive (version 2.1.1)
Driver: Hive JDBC (version 2.1.1)
Transaction isolation: TRANSACTION_REPEATABLE_READ
0: jdbc:hive2://192.168.0.129:10000>
```

Hive 配置远程服务后，启动 Hive 会话之前需要将远程服务启动，否则启动 Hive 会话时，系统会出现失败的提示。

9.2.4 初识 Hive Shell

与 HBase 一样，Hive 为用户提供了命令行界面的窗口，用户可通过{$HivehomePath}/bin/hive 命令进行 CLI 命令窗口的启动。与 HBase 不同的是，Hive 除了通过 CLI 对自身数据库进行操作外，还提供了对 Linux 本身及 HDFS 等的简单操作。

与 HBase 一样，通过 Help 命令可获得 Hive 提供用户帮助信息的整体概况。

```
[user@master ~]$ hive --help
Usage ./hive <parameters> --service serviceName <service parameters>
Service List: beeline cleardanglingscratchdir cli hbaseimport hbaseschematool help hiveburninclient hiveserver2 hplsql hwi jar lineage llapdump llap llapstatus metastore metatool orcfiledump rcfilecat schemaTool version
Parameters parsed:
  --auxpath : Auxillary jars
  --config : Hive configuration directory
  --service : Starts specific service/component. cli is default
Parameters used:
  HADOOP_HOME or HADOOP_PREFIX : Hadoop install directory
  HIVE_OPT : Hive options
For help on a particular service:
  ./hive --service serviceName --help
Debug help:  ./hive --debug -help
```

其中 CLI 命令是常用的命令。

依据帮助提示，以 CLI 为例，可通过

```
[user@master ~]$ hive --help --service cli
```

进行帮助命令的查询工作，此时命令窗口就会显示一些 CLI 命令的使用情况。

```
[user@master ~]$ hive --help --service cli
usage: hive
 -d,--define <key=value>          Variable subsitution to apply to hive
                                  commands. e.g. -d A=B or --define A=B
    --database <databasename>     Specify the database to use
 -e <quoted-query-string>         SQL FROM command line
 -f <filename>                    SQL FROM files
 -H,--help                        Print help information
    --hiveconf <property=value>   Use value for given property
    --hivevar <key=value>         Variable subsitution to apply to hive
                                  commands. e.g. --hivevar A=B
 -i <filename>                    Initialization SQL file
 -S,--silent                      Silent mode in interactive shell
 -v,--verbose                     Verbose mode (echo executed SQL to the console)
```

从帮助命令中可知，Hive 帮助能做的事情很多，如通过-f 执行一个 HiveQL 文件，通过-e 执行 SQL 语句等。下面来看下常用的功能举例。

（1）执行一条 HiveQL 语句，执行完退出 Hive 环境。

```
[user@master ~]$ hive -e "SELECT * FROM userinfo"
```

（2）执行一个 HiveQL 的文件。

```
[user@master ~]$ hive -f /home/user/test.q
```

（3）操作一些常用的 Bash Shell 命令：hive>紧跟一个“!”号+Bash Shell 命令，结尾加“;”。

```
hive>!pwd;
hive>!ls /home/user
```

（4）操作 HDFS 平台相关的命令：去掉 HDFS 平台命令前的 Hadoop 关键字，其他保留，以“;”号结尾。

```
hive>dfs -ls /
```

注释：相当于[user@master~]$ hadoop dfs -ls /命令查询的结果，但不同的是 Hadoop dfs 每次

运行的时候都会单独启用一个 JVM，而 hive>dfs -ls /命令是在单线程下运行的，感觉上比前者快很多。

（5）正常的 Hive 本身操作。

```
hive>SELECT * FROM tb;
```

（6）通过 set 重新定义配置参数。

```
hive>set hive.cli.print.header=true;
```

9.2.5　Java 通过 JDBC 对 Hive 操作

Java 数据库连接（Java Database Connectivity，JDBC）是 Java 环境中访问 SQL 数据库的一组应用程序编程接口（Application Programming Interface，API）。它包括一些用 Java 语言编写的类和接口，能更方便地向它所支持的数据库发送 SQL 命令。

JDBC 提供给程序员的编程接口由两部分组成：一是面向应用程序的编程接口 JDBC API，它是面向程序员的；二是支持底层开发的驱动程序接口 JDBC Driver API，它是提供给数据库厂商或专门的驱动程序供应商开发 JDBC 驱动程序用的。当前流行的大多数数据库系统都推出了自己的 JDBC 驱动程序。Hive 也不例外，在使用 JDBC 开发 Hive 程序时，必须首先开启 Hive 的远程服务接口。使用如下命令进行开启。

```
hive --service hiveserver2
```

在使用 JDBC 操作 Hive 之前，先来了解一下 JDBC 的功能、编辑步骤及常用的 API。

1. JDBC 的功能

JDBC 驱动程序在 Java 应用程序和数据库系统之间起桥梁作用，它提供了一组访问数据的 API，这些 API 包括了 4 个方面的功能：建立与数据库的连接，发送 SQL 语句到数据库系统中执行，返回 SQL 查询语句的执行结果，关闭与数据库的连接。

2. JDBC 的编程步骤

第 1 步，根据需要安装数据库系统并创建数据库。

第 2 步，加载数据库驱动程序。

第 3 步，建立驱动程序与数据库的连接。

第 4 步，执行 SQL 语句。如果是查询，可以在此处处理查询结果。

第 5 步，断开数据库连接。

3. JDBC API 介绍

（1）java.sql 包

JDBC API 的核心部分在 java.sql 包中，包含访问并处理数据库数据的 API。

（2）常用 JDBC API 类及接口

① java.sql.Driver 接口

这个接口的实现类是某种数据库的一个驱动程序类，用于初始化驱动程序。

② com.hive.jdbc.Driver

要加载此驱动程序，代码类似于如下形式。

```
Class.forName("org.apache.hive.jdbc.HiveDriver");
```

③ java.sql.DriverManager 类

该类的主要作用是管理注册到 DriverManager 中的 JDBC 驱动程序，并根据需要使用 JDBC 驱动程序建立与数据库服务器的网络连接。类中常用的方法如下。

```
    public static Connection getConnection(String url,String user,String password) throw
SQLException
```

Hive 的 url 连接串格式如下。

```
String url="jdbc:hive2://<hostname>[<:10000>]/<dbname>","用户名","密码";
```

也可以在 url 中包含连接用户名和口令。取得 Hive 的数据库默认连接的代码如下。

```
    Connection conn=DriverManager.getConnection("jdbc:hive2://192.168.0.145:10000/default",
"hive", "123456");
```

④ java.sql Connection 接口

代表一个数据库连接。接口中常用的方法有如下两种。

Statement createStatement()：创建一个 Statement 对象，用于发送 SQL 语句给数据库服务器。该方法可带不同参数以便指定结果集的类型、并发控制方式及保护性等。

close()：关闭数据库连接，释放资源。

⑤ java.sql.Statement 接口

负责向数据库服务器发送 SQL 语句。常用的方法有如下 3 种。

executeQuery(String sql)：将一条 SELECT 查询语句发送给数据库服务器，查询结果封装在 ResultSet 对象中返回。形参是以字符表示的 SQL 语句。这个方法不执行 update、delete、insert 等更新操作语句。

executeUpdate(String sql)：用来执行 update、delete、insert 语句，也可以执行一些建库、建表语句，返回值是整数，表示语句影响的记录数。

setMaxRows(int max)：定义 ResultSet 对象最多存储 max 条记录，超过部分将被丢弃。

⑥ java.sql.ResultSet 接口

代表 SQL 查询得到的记录集。执行查询前可设置 Statement 对象的 ResultSet 对象的指针移动特性和是否可更新等。

【例 9-1】 Java 通过 JDBC 操作 Hive 数据库的应用。

将实验用到的文件 userinfo.txt 传到 Hive 所在节点的/home/user/目录下的磁盘上，其内容如下。

```
1       lixiaosan           20
2       wangyanli           23
3       zhangxiaojun        32
4       zhengshuang         43
```

第 1 步，建立一个 Java 项目，并导入需要的 jar。

```
commons-logging-1.2.jar
hadoop-common-2.6.1.jar
hive-exec-2.1.1.jar
hive-jdbc-2.1.1.jar
hive-metastore-2.1.1.jar
hive-service-2.1.1.jar
httpclient-4.4.jar
httpcore-4.4.jar
libfb303-0.9.3.jar
log4j-1.2.17.jar
log4j-1.2-api-2.4.1.jar
```

```
log4j-api-2.4.1.jar
log4j-core-2.4.1.jar
log4j-slf4j-impl-2.4.1.jar
mysql-connector-java-5.1.10.jar
slf4j-api-1.7.5.jar
```

第 2 步，建立类文件，编写实验代码。具体实现代码如下。

```
package com;

import java.sql.Connection;
import java.sql.DriverManager;
import java.sql.ResultSet;
import java.sql.Statement;

public class HiveAPITest {
private static String driverName = "org.apache.hive.jdbc.HiveDriver";
private static Connection conn;
private static Statement stmt;
private static ResultSet res;
private static String sql = "";

public static void main(String[] args) throws Exception {
     Class.forName(driverName);
     conn = DriverManager.getConnection(
            "jdbc:hive2://192.168.0.145:10000/default", "hive", "123456");
     stmt = conn.createStatement();
     //创建的表名
     String tableName = "testHiveDriverTable";
     /** 第 1 步，存在就先删除 **/
     sql = "drop table " + tableName;
     stmt.executeUpdate(sql);
     /** 第 2 步，如果表不存在，就创建表 tableName **/
     sql = "create table " + tableName + " (id int,name string,age int) ";
     sql += " row format delimited fields terminated by '\t'";
     stmt.executeUpdate(sql);
     //执行"show tables"操作
     sql = "show tables '" + tableName + "'";
     System.out.println("Running:" + sql);
     res = stmt.executeQuery(sql);
     System.out.println("执行"show tables"的运行结果: ");
     if (res.next()) {
         System.out.println(res.getString(1));
     }
     //执行"describe table"操作
     sql = "describe " + tableName;
     System.out.println("Running:" + sql);
     res = stmt.executeQuery(sql);
     System.out.println("执行"describe table"的运行结果: ");
     while (res.next()) {
        System.out.println(res.getString(1) + "\t" + res.getString(2));
     }
     //执行"load data into table"操作
     String filepath = "/home/user/userinfo.txt";
     sql = "load data local inpath '" + filepath + "' into table "
```

```
                + tableName;
            System.out.println("Running:" + sql);
            stmt.executeUpdate(sql);
            //执行“SELECT * query”操作
            sql = "SELECT * FROM " + tableName;
            System.out.println("Running:" + sql);
            res = stmt.executeQuery(sql);
            System.out.println("执行“SELECT * query”的运行结果：");
            while (res.next()) {
                System.out.println(res.getInt(1) + "\t" + res.getString(2) + "\t"+
res.getInt(3));
            }
            //执行“regular hive query”操作
            sql = "SELECT count(1) FROM " + tableName;
            System.out.println("Running:" + sql);
            res = stmt.executeQuery(sql);
            System.out.println("执行“regular hive query”的运行结果：");
            while (res.next()) {
                System.out.println(res.getString(1));
            }
            res.close();
            stmt.close();
            conn.close();
        }
    }
```

运行结果如下。

```
Running:show tables 'testHiveDriverTable'
```

执行“show tables”的运行结果：

```
testhivedrivertable
Running:describe testHiveDriverTable
```

执行“describe table”的运行结果：

```
id  int
name     string
age  int
Running:load data local inpath '/home/user/userinfo.txt' into table testHiveDriverTable
Running:SELECT * FROM testHiveDriverTable
```

执行“SELECT * query”的运行结果：

```
1    lixiaosan    20
2    wangyanli    23
3    zhangxiaojun 32
4    zhengshuang  43
Running:SELECT count(1) FROM testHiveDriverTable
```

执行“regular hive query”的运行结果：

```
4
```

9.3 HiveQL 基本语法

HiveQL 是一种类似 SQL 的语言，它与大部分的 SQL 语法兼容，但是并不完全支持 SQL 标准，如 HiveQL 不支持更新操作，也不支持索引和事务，它的子查询和 join 操作也很局限，这是由其底层依赖于 Hadoop 云平台这一特性决定的，但其有些特点是 SQL 所无法企及的。例如多表查询、支持 create table as SELECT 和集成 MapReduce 脚本等。由 9.1.1 节内容可知，Hive 以数据库、表、分区层级目录形式进行存储，它在表字段存储上与传统数据库类似，有着数据类型的区别。本节主要介绍 Hive 建库与建表的过程，其中包括数据类型和最基本的 HiveQL 操作。

9.3.1 Hive 中的数据库

和常用的 DBMS 一样，Hive 也有数据库的概念，就是一个表的命名空间。如果用户没有显式指定数据库，系统就会使用默认的数据库。建立数据库的语法规则如下。

```
CREATE (DATABASE|SCHEMA) [IF NOT EXISTS] database_name
  [COMMENT database_comment]
  [LOCATION hdfs_path]
  [WITH DBPROPERTIES (property_name=property_value, ...)];
```

删除数据库的语法规则如下。

```
DROP (DATABASE|SCHEMA) [IF EXISTS] database_name [RESTRICT|CASCADE];
```

更改数据库的语法规则如下。

```
ALTER (DATABASE|SCHEMA) database_name SET DBPROPERTIES (property_name=property_value, ...);
-- (Note: SCHEMA added in Hive 0.14.0)

ALTER (DATABASE|SCHEMA) database_name SET OWNER [USER|ROLE] user_or_role;   -- (Note:
Hive 0.13.0 and later; SCHEMA added in Hive 0.14.0)

ALTER (DATABASE|SCHEMA) database_name SET LOCATION hdfs_path; -- (Note: Hive 2.2.1, 2.4.0
and later)
```

使用指定数据库的语法规则如下。

（1）如果是用户自定义数据库，如名为 database_name，则使用如下语法。

```
USE database_name;
```

（2）如果使用默认的数据库，则使用如下语法。

```
USE DEFAULT;
```

【例 9-2】常用数据库操作举例。

1. 建立数据库命令

```
hive> CREATE DATABASE dbname;
```

2. 当数据库不存在时建立数据库

如果数据库“dbname”已经存在，系统就会抛出一个错误警告信息。使用如下语句可以避免在这种情况下抛出错误信息，它意在实现数据库 dbname 不存在时才能建立数据库的功能。

```
hive> create database if not exists dbname
```

由 9.1.1 节可知，Hive 会为每个数据库（除默认数据库外）创建一个目录。数据库所在的目录位于属性 hive.metastore.warehouse.dir 所指定的顶层目录之后。例如 9.1.1 节用户使用的是这个配置项的默认配置，即/user/hive/warehouse，那么当创建数据库“dbtest”时，Hive 将会对应地创建一个目录/user/hive/warehouse/dbname.db。数据库的文件目录名是以.db 结尾的。

3. 列举当前 Hive 下存在的所有数据库的信息

```
hive> SHOW DATABASES;
```

4. 通过正则表达式查询当前 Hive 下存在的所有数据库的信息

如果数据库较多不方便查询，可以通过使用正则表达式匹配来筛选出需要的数据库名。例如想要列举出所有以字母 d 开头，以其他字符结尾（即.*部分含义）的数据库名，可使用如下命令。

```
hive>SHOW DATABASES LIKE 'd.*'
```

5. 修改数据库存储位置

用户可以通过如下命令来修改这个默认的存储位置。

```
hive> CREATE DATABASE dbtest
    > LOCATION '/hive/myseft/DBdirectory';
```

6. 为数据库增加一个描述信息

```
hive> CREATE DATABASE dbtest
    >COMMENT 'Holds all stude test tables';
```

7. 查看数据库描述信息

```
hive> DESCRIBE DATABASE dbtest;
Holds all stude test tables
    hdfs://master/user/hive/warehouse/dbtest.db
```

8. 将某个数据库设置为用户当前的工作数据库

```
hive> use dbtest;
```

9. 查看当前使用的数据库

通过 current_database()查看当前使用的数据库。

```
hive> SELECT current_database();
OK
Default
hive>
```

也可以通过 hive.cli.print.current.db 参数设定来显示当前数据是哪一个，如果值为 true，则显示当前数据信息，为 false 则不显示当前数据信息。

```
hive> set hive.cli.print.current.db=true;
hive (default)> set hive.cli.print.current.db=false;
hive>
```

其中 default 说明当前使用的是默认的数据库 default。

10. 删除数据库

```
hive> drop database dbtest
hive> drop database if exists dbtest
```

其中 if exists 子句是可选的，这个子句可以避免系统因数据库 dbtest 不存在而抛出警告信息。但如果数据库 dbtest.db 下存在表，则该操作也会报出拒绝删除数据库的提示信息。如果想强调删除数据库 dbtest，无论其下面是否存在表，可使用如下命令实现。

```
drop database dbtest CASCADE;
```

9.3.2 创建表的基本语法

表是隶属于数据库下的子目录单元，即可在指定的数据库下建立表。建立表的基本语法规则如下。

```
    CREATE [TEMPORARY] [EXTERNAL] TABLE [IF NOT EXISTS] [db_name.]table_name    -- (Note: 
TEMPORARY available in Hive 0.14.0 and later)
      [(col_name data_type [COMMENT col_comment], ... [constraint_specification])]
      [COMMENT table_comment]
```

```
    [PARTITIONED BY (col_name data_type [COMMENT col_comment], ...)]
    [CLUSTERED BY (col_name, col_name, ...) [SORTED BY (col_name [ASC|DESC], ...)] INTO
num_buckets BUCKETS]
    [SKEWED BY (col_name, col_name, ...)                  -- (Note: Available in
Hive 0.10.0 and later)]
       ON ((col_value, col_value, ...), (col_value, col_value, ...), ...)
       [STORED AS DIRECTORIES]
    [
     [ROW FORMAT row_format]
     [STORED AS file_format]
       | STORED BY 'storage.handler.class.name' [WITH SERDEPROPERTIES (...)] -- (Note:
Available in Hive 0.6.0 and later)
    ]
    [LOCATION hdfs_path]
    [TBLPROPERTIES (property_name=property_value, ...)]   -- (Note: Available in
Hive 0.6.0 and later)
    [AS SELECT_statement];   -- (Note: Available in Hive 0.5.0 and later; not
supported for external tables)
```

各参数的含义如下。

EXTERNAL：Hive 表有内部表与外部表之分，建立表时如果标识为 EXTERNAL，说明此表为外部表，没有此标识则说明此表为内部表（也被称为管理表）。其中内部表供 Hive 本身使用，当此表执行 Hive 删除命令时，此表包括表内容将被清除；外部表执行 Hive 删除命令时，数据仍存在于 HDFS 上的原有位置，Hive 只删除该表的元数据信息。

IF NOT EXISTS：在建立表之前会判断要建立的表的表名是否存在于指定数据库的系统中，如果存在则不建立表，如果不存在则建立新表。

db_name.：表示要建立的表的所属数据库名。

col_name data_type [COMMENT col_comment], ... [constraint_specification])：要建立的表的列名、列的数据类型、列的描述，不同列之间用“,”号分隔。

COMMENT table_comment：增加表的描述信息。

PARTITIONED BY (col_name data_type [COMMENT col_comment], ...)：指定该表分区。其中 col_name 表示分区名，data_type 表示分区名的数据类型，“, ...”表示此处可指定多个分区，注意“,”号分隔的多个分区名是从属关系。例如 9.1.1 节中显示的数据库 dbtest.db 中表 tbfq 下的两个分区 country 和 state。

[CLUSTERED BY (col_name, col_name, ...)：指定所建立的表划分桶时所用的列。

[SORTED BY (col_name [ASC|DESC], ...)]：它是一个高效的归并排序，按指定列进行升序（ASC）或降序（DESC）排列。

INTO num_buckets BUCKETS：指定该表划分的桶数，其中 num_buckets 代表要划分的桶的数量。

[ROW FORMAT row_format]：指定表对应的数据行与行之间的格式化标识。

[STORED AS file_format]：指定该表数据存储的格式，如 Sequence 格式、文本格式等。目前 Hive 支持的存储格式如下。

```
: SEQUENCEFILE
| TEXTFILE    -- (Default, depending on hive.default.fileformat configuration)
| RCFILE      -- (Note: Available in Hive 0.6.0 and later)
| ORC         -- (Note: Available in Hive 0.11.0 and later)
| PARQUET     -- (Note: Available in Hive 0.13.0 and later)
| AVRO        -- (Note: Available in Hive 0.14.0 and later)
```

```
| INPUTFORMAT input_format_classname OUTPUTFORMAT output_format_classname
```

[LOCATION hdfs_path]：指定该表数据的存储位置。

[AS SELECT_statement]：复制指定表字段结构及相应数据进行表的建立。

【例 9-3】常用建立表的操作举例。

1. 指定表空间建立表

```
CREATE TABLE dbtest.tb1(
userid INT,
tname String,
tsalary Float
)
row format delimited fields terminated by ','
LINES terminated by '\n'
stored as textfile;
```

2. 查询表结构

```
describe tb1;
```

3. 复制表结构以建立新表

```
CREATE TABLE IF NOT EXISTS dbtest.copy_tb1
LIKE dbtest.tb1;
```

4. 复制指定表字段结构及相应数据以建立新表

```
CREATE TABLE IF NOT EXISTS dbtest.copy_tb1
AS SELECT userid,tname FROM dbtest.tb1;
```

5. 创建表的时候通过 SELECT 加载数据

```
create table cp_tb1 as SELECT * FROM tb1;
```

6. 创建表的时候通过 location 指定数据存储位置，加载数据

```
load data inpath '/test/employees.txt' into table employee;
```

在通过 location 指定数据存储位置时，要注意 HDFS 已经存在的数据的存储格式。Hive 属于典型的读时模式设计，如果原有 HDFS 文件目录构成中，指定表名所在文件夹下既有文件夹又有文件，数据读时会出现 NULL 值现象。

9.3.3 表中数据的加载

Hive 框架非常灵活，只要表所在位置下拥有符合数据规则形式的文件，表数据就可以读出来。所以在 Hive 中，所谓的往表中加载数据，其实就是通过一定手段将数据文件按表的规则放置在表所属文件夹下。即便如此，Hive 仍然提供了供加载数据的命令规则，加载表数据的基本语法规则如下。

```
    LOAD DATA [LOCAL] INPATH 'filepath' [OVERWRITE] INTO TABLE tablename [PARTITION
(partcol1=val1, partcol2=val2 ...)]
```

各参数的含义如下。

INPATH：代表表数据来源文件的路径。

LOCAL：该关键字为可选关键字，没有它时，INPATH 后的路径代表的是 HDFS 上的文件路径，有该关键字时，INPATH 后的路径代表的是本地磁盘上的路径。

OVERWRITE：为可选关键字，没有它时，数据会以追加的形式加载到指定的表 tablename 中，有它时，表 tablename 中的数据将被删除，同时把 INPATH 路径指定的文件导入到表 tablename 下。

PARTITION：为可选关键字，如果建立的表有分区，需要用此字段指定导入的数据将会放置在表 tablename 的哪个指定分区下。

【例 9-4】常见表的加载数据的操作举例。

1. 从本地加载数据到表中

```
load data local inpath '/home/user/file1.txt' into table tb1;          #数据加载到当前数据库下的 tb1 表中
load data local inpath '/home/user/file1.txt' into table dbtest.tb1;  #数据加载到指定的 dbtest 数据库下的 tb1 表中
```

2. 把数据在 Hive 中从本地导入到表文件夹所在的 HDFS 指定位置

```
hive (dbtest)> dfs -put /home/user/file1.txt  /user/hive/warehouse/dbtest.db/tb1   --dfs -put 本地路径 HDFS 路径
```

3. 从 HDFS 中加载数据到表中

```
hive (mydb)>load data inpath '/test/file1.txt' OVERWRITE into table tb1;  --  inpath 'HDFS 路径'
```

4. 加载数据时把原来的数据覆盖掉

```
hive (mydb)>load data local inpath '/home/user/file1.txt' overwrite into table tb1;
```

5. 从原有的表 tb1 中追加数据到表 copy_tb1

```
hive (mydb)>insert into table copy_tb1 SELECT * FROM tb1
```

6. 从原有的表 tb1 中加载数据到表 copy_tb1，并替换掉原来的数据

```
hive (mydb)> insert overwrite table copy_tb1 SELECT * FROM tb1;
```

7. 创建表的时候通过 SELECT 加载数据

```
hive (mydb)>create table cp_tbl as SELECT * FROM tb1;
```

8. 创建表的时候通过 SELECT 指定建立的字段并加载指定字段的数据

```
hive (mydb)>create table cp_tbl as SELECT name FROM tb1;
```

需要注意的是，表所在的文件夹下不能再有文件夹与文件的混合组成形式存在。

在进行数据加载时，每次加载一回，系统都会在指定表的位置增加一个文件，由于 HDFS 不适合小文件的存储，故用户在进行数据加载时，应注意一批加载数据不要过小，以免出现小文件过多的情况。

9.3.4 HiveQL 的数据类型

在创建表时，每个表中的字段都对应一个数据类型。Hive 数据类型的构成与传统的关系型数据库有所不同：传统关系型数据库的字段类型设计得很仔细，大多有最大长度设置，方便字段数据索引映射关系的建立，加快查找速度；Hive 所有数据类型都是对 Java 中的接口的实现，因此这些类型的具体行为细节和 Java 中对应的类型是完全一致的。例如，9.3.3 节建立表时用的 string 类型实现的是 Java 中的 string，float 类型实现的是 Java 中的 float。除此之外，Hive 还支持 array、map 和 struct 等复杂数据类型。

Hive 支持的数据类型（data type）分为基本数据类型和复杂数据类型。其中基本数据类型主要有数值类型、日期/时间类型、字符串类型和布尔型。复杂数据类型有 4 种，即 array、map、struct 和 union。

1. 基本数据类型

HiveQL 基本数据类型如表 9-2 所示。

表 9-2　　HiveQL 基本数据类型

大类	类型	描述	示例
数值类型	TINYINT	1 字节，有符号整数，-128～127	1
	SMALLINT	2 字节，有符号整数，-32 768～32 767	1
	INT/INTEGER	4 字节，有符号整数，-2 147 483 648～2 147 483 647	1
	BIGINT	8 字节，有符号整数，-9 223 372 036 854 775 808～9 223 372 036 854 775 807	1
	FLOAT	4 字节，单精度浮点数	1.0
	DOUBLE	8 字节，双精度浮点数	1.0
	DECIMAL	在 Hive 0.11.0 中引入，精度为 38 位；Hive 0.13.0 引入了用户可定义的精度和比例	DECIMAL(38,18)
	DOUBLE PRECISION	仅从 Hive 2.2.0 开始有效	
	NUMERIC	仅从 Hive 3.0.0 开始有效	
字符串类型	STRING	字符串	'a',"a"
	VARCHAR	仅从 Hive 0.12.0 开始有效	
	CHAR	仅从 Hive 0.13.0 开始有效	
Misc 类型	BOOLEAN	true/false	true
	BINARY	仅从 Hive 0.8.0 开始有效	
日期/时间类型	TIMESTAMP	精度到纳秒的时间戳，仅从 Hive 0.8.0 开始有效	132550247050
	DATE	仅从 Hive 0.12.0 开始有效	
	INTERVAL	仅从 Hive 1.2.0 开始有效	

这里特别说明一下 TIMESTAMP 这个数据类型，它的值可以是如下 3 种。

（1）整数：距离 UNIX 新纪元时间（1970 年 1 月 1 日，午夜 12 点）的秒数。

（2）浮点数：距离 UNIX 新纪元时间的秒数，精确到纳秒（小数点后保留 9 位数）。

（3）字符串：JDBC 所约定的时间字符串格式，格式为 YYYY-MM-DD hh:mm:ss:ffffffff。

BINARY 数据类型用于存储变长的二进制数据。

2. 复杂数据类型

复杂数据类型如表 9-3 所示。

表 9-3　　HiveQL 复杂数据类型

类型	描述	示例
ARRAY<data_type>	从 Hive 0.14 开始，一组有序字段，字段的类型必须相同	array(1,2)
MAP<primitive_type, data_type>	从 Hive 0.14 开始，一组无序的键值对，键的类型必须是原子的，值可以是任何类型。同一个映射的键的类型必须相同，值的类型也必须相同	map('a',1,'b',2)
STRUCT<col_name : data_type [COMMENT col_comment], ...>	一组命名的字段，字段的类型可以不同	struct('a',1,1,0)
UNIONTYPE<data_type, data_type, ...>	只能从 Hive 0.7.0 开始	

【例 9-5】array 类型应用举例。

原始数据文件 login_array.txt 的内容如下。

```
登录 IP        该 IP 访问用户（用户 1|用户 2|用户 3---）
192.168.1.1,3105007010||3105007012
192.168.1.2,3105007020|3105007021|3105007022|3105007025
192.168.1.3,
192.168.1.4
192.168.1.5,3105007010|3105007011|3105007012
```

创建表的命令如下。

```
hive> CREATE TABLE loginarray(
    > ip STRING,
    > userid ARRAY<BIGINT>
    > )
    > ROW FORMAT DELIMITED FIELDS TERMINATED BY ','
    > COLLECTION ITEMS TERMINATED BY '|'
    > ;
```

向表中加载数据的命令如下。

```
hive> LOAD DATA LOCAL INPATH '/home/user/test_data/login_array.txt' INTO TABLE loginArray;
```

查询数组中的值的命令如下。

```
hive> SELECT * FROM loginArray;              --查询所有值
hive> SELECT ip,userid FROM loginArray;      --查询指定字段的值
hive> SELECT ip,userid[0] FROM loginArray;   --查询数组字段类型中的第一个值
hive> SELECT size(userid) FROM loginArray;   --查询数组的长度值
```

【例 9-6】 map 类型应用举例。

原始数据文件 loginmap.txt 的内容如下。

```
访问 IP    用户 ID    <游戏名：玩的次数>
192.168.1.1,3105007010,wow:10|cf:1|qqgame:2
192.168.1.3,3105007010,wow:13
192.168.1.4,3105007010,||qqgame:2
192.168.1.5,3105007010,||aa:2
192.168.1.6,3105007010,||qqgame:
192.168.1.7,3105007010,||qqgame
192.168.1.8,3105007010,
192.168.1.9,3105007010
192.168.1.2,3105007012,wow:20|cf:21|qqgame:22
192.168.1.10,3105007012,wow:20|cf:21|cf:22
192.168.1.11,3105007012,wow:20|cf:|qqgame:22
192.168.1.12,3105007012,wow:20|cf:21|:22
192.168.1.13,3105007012,wow:20|cf:|
192.168.1.14,3105007012,wow:20|cf:
192.168.1.15,3105007012,wow:20|cf:21|:22|
```

创建表的命令如下。

```
hive> CREATE TABLE loginmap(
    > IP STRING,
    > userid BIGINT,
    > gameinfo MAP<STRING,INT>
    > )
    > ROW FORMAT DELIMITED FIELDS TERMINATED BY ','
    > COLLECTION ITEMS TERMINATED BY '|'
    > MAP KEYS TERMINATED BY ':'
    > ;
```

向表中加载数据的命令如下。

```
hive> LOAD DATA LOCAL INPATH '/home/user/test_data/loginmap1.txt' INTO TABLE loginmap;
```

查询 Map 中的值的命令如下。

```
hive> SELECT * FROM loginmap;                    --查询表中所有值
hive> SELECT gameinfo["wow"] FROM loginmap;      --查询 Map 中 Key 为“wow”时对应的值
```

【例 9-7】struct 类型应用举例。

原始数据文件 loginstruct.txt 的内容如下。

```
192.168.1.1,3105007010|zhangsan
192.168.1.2,3105007012|lisi
```

创建表的命令如下。

```
hive> CREATE TABLE loginstruct(
    > IP STRING,
    > userinfo STRUCT<userid:BIGINT,uname:STRING>
    > )
    > ROW FORMAT DELIMITED FIELDS TERMINATED BY ','
    > COLLECTION ITEMS TERMINATED BY '|'
    > ;
```

向表中加载数据的命令如下。

```
hive> LOAD DATA LOCAL INPATH '/home/user/test_data/loginstruct.txt' OVERWRITE INTO TABLE
loginstruct;
```

查询 struct 中的值的命令如下。

```
hive> SELECT * FROM loginstruct;                  --查询所有的值
hive> SELECT userinfo FROM loginstruct;           --查询指定字段 struct 类型中的所有值
hive> SELECT userinfo.userid FROM loginstruct;    --查询 struct 结构中字段为 userid 的值
```

9.3.5　数据类型转换

基本数据类型形成了一个 Hive 函数和操作表达式进行隐式类型转换的层次。例如，某个表达式要使用 INT，那么 TINYINT 会被转换成 INT。但是，Hive 不会进行反向转换，它会返回错误，除非使用 cast 操作。

隐式类型转换的规则如下。

（1）任何整数类型可以隐式地转换为一个范围更广的类型。

（2）所有整数类型、FLOAT 和 STRING 类型都能隐式转换为 DOUBLE。

（3）TINYINT、SMALLINT 和 INT 都可以转换为 FLOAT。

（4）BOOLEAN 类型不能转换为其他任何类型。

（5）TIMESTAMP 可以被隐式转换为 STRING。

使用 cast 操作显式进行数据类型转换，如 cast('1' AS INT)是把字符串'1'转换成整数值 1。

例如：对于员工表 employee，salary 列是使用 FLOAT 数据类型的。现在，假设这个字段使用的数据类型是 STRING，那么如何才能将其作为 FLOAT 值进行计算呢？

```
SELECT name, salary FROM employee
WHERE cast (salary AS FLOAT) < 100000.0;
```

如果例子中的 salary 字段的值不是合法的浮点数字符串，Hive 会返回 NULL。

类型转换函数的语法是 cast(value AS Type)，如果强制类型转换失败，例如执行 cast('x' AS INT)，表达式就会返回空值 NULL。

注意：将浮点数转换成整数的推荐方式是 round()或者 floor()函数，而不是使用类型转换操作符 cast。

9.3.6 文本文件数据编码

文本格式文件是以逗号或制表符分割的文本文件。Hive 支持这两种文件格式，需要对文本文件中那些不需要作为分隔符处理的逗号或制表符格外小心。因此，Hive 默认使用了几个控制字符，这些字符很少出现在字段值中。Hive 使用术语 field 来表示替换默认分隔符的字符。HiveQL 文本文件数据编码表如表 9-4 所示。

表 9-4　　HiveQL 文本文件数据编码表

类型	描述
\n	对于文本文件来说，每行都是一条记录，因此换行符可以分割记录
^A(Ctrl+A)	用于分隔字段（列）。在 CREATE TABLE 语句中可以使用八进制编码\001 表示
^B	用于分隔 ARRARY 或者 STRUCT 中的元素，或用于 MAP 中键和值之间的分隔。在 CREATE TABLE 语句中可以使用八进制编码\002 表示
^C	用于 MAP 中键和值之间的分隔。在 CREATE TABLE 语句中可以使用八进制编码\003 表示

【例 9-8】文本文件数据编码操作举例。

文件原始数据如下。

```
ManagerWang^A12000.0^AYG1^BYG2^AIncome Taxes^C.2^BProvident Fund^C.1^BInsurance^C.13^AHLJ^BHarbin^B150000
ManagerLi^A8000.0^AYG1^AIncome  Taxes^C.1^BProvident  Fund^C.08^BInsurance^C.13^AHLJ^BWuChang^B150200
ManagerZhao^A7000.0^A^AIncome  Taxes^C.1^BProvident  Fund^C.08^BInsurance^C.13^AHLJ^BACheng^B150300
```

创建表的命令如下。

```
hive> CREATE TABLE userinfo(
> uname STRING,
> salary FLOAT,
> subordinates ARRAY<STRING>,
> deductions MAP<STRING,FLOAT>,
> address STRUCT<province:STRING,city:STRING,zip:INT>)
> ROW FORMAT DELIMITED FIELDS TERMINATED BY '\001'
> COLLECTION ITEMS TERMINATED BY '\002'
> MAP KEYS TERMINATED BY '\003'
> LINES TERMINATED By '\n'
> STORED AS TEXTFILE
```

各参数的含义如下。

[ROW FORMAT DELIMITED]：用来设置创建的表在加载数据的时候，支持的列分隔符。

FIELDS TERMINATED BY '\001'：字符\001 是^A 的八进制数。这个子句表明 Hive 将使用^A 字符作为列分隔符。

COLLECTION ITEMS TERMINATED BY '\002'：字符\002 是^B 的八进制数。这个子句表明 Hive 将使用^B 字符作为集合元素的分隔符。

MAP KEYS TERMINATED BY '\003'：字符\003 是^C 的八进制数。这个子句表明 Hive 将使用^C

字符作为 MAP 的键和值之间的分隔符。

LINES TERMINATED BY '\n'、STORED AS TEXTFILE：这两个子句不需要 ROW FORMAT DELIMITED 关键字。

9.3.7　分区和桶

在 9.1.1 节，dbtest.db 数据库中的表 tbfq 下有两个层次文件夹——country 和 state，这是 Hive 把表 tbfq 组织成“分区”（partition）的形式，依据“分区列”（country 和 state）的值对表进行粗略划分的机制。使用分区可以加快数据分片的查询速度。

在 Hive 中，表或分区可以进一步分为“桶”（bucket）。它会为数据提供额外的结构，以获得更高效的查询处理。例如，通过根据用户 ID 来划分桶，用户可以在所有用户集合的随机样本上快速计算基于用户的查询。

1. 分区

一个表可以以多个维度来进行分区。例如表 tbfq 中按分区把不同国家（country）和不同国家下子分区不同地区（state）的数据文件放在不同的文件夹下，这样做的好处可以限制到某国家下某些地区的查询，使数据的定向处理变得非常高效。因为它们只需要扫描查询范围内分区中的文件。9.1.1 节带分区表 tbfq 的目录结构如图 9-1 所示。

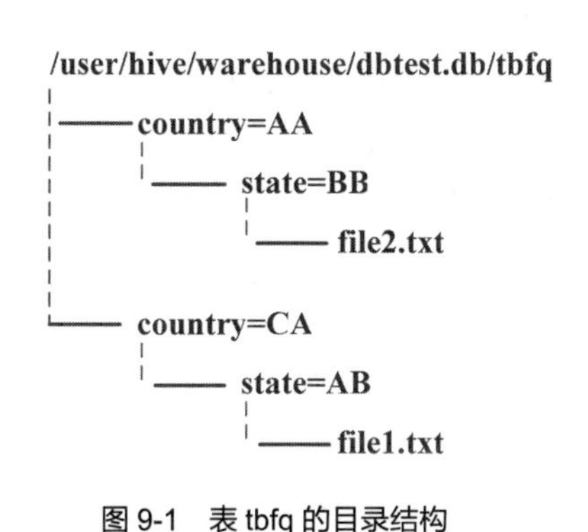

图 9-1　表 tbfq 的目录结构

需要注意的是，使用分区并不会影响大范围查询的执行，仍然可以查询跨多个分区的整个数据集。

分区可以在创建表的时候用 PARTITIONED BY 子句定义，也可以通过更改元数据指定表的分区功能。

【例 9-9】表分区操作举例。

（1）创建带分区的表

```
CREATE TABLE dbtest.tbfq(
userid INT,
tname STRING,
tsalary FLOAT
)
PARTITIONED BY (country STRING, state STRING)
ROW FORMAT DELIMITED FIELDS TERMINATED BY ','
STORED AS TEXTFILE;
```

（2）显示分区命令 1

```
hive>SHOW PARTITIONS tbfq;--查询当前表已有数据的分区情况
hive>SHOW PARTITIONS employee1 PARTITION(country='AA');
hive>SHOW PARTITIONS employee1 PARTITION(country='AA',state='BB');
hive>SHOW PARTITIONS employee1 PARTITION(state='BB');
```

由于此时表为空表状态，故看不见分区情况，但 PARTITION_KEYS 元数据表里记录了表的分区情况。

（3）显示分区命令 2

```
hive>DESCRIBE tbfq;
OK
name                    string
salary                  float
subordinates            array<string>
deductions              map<string,float>
address                 struct<street:string,city:string,state:string,zip:int>
country                 string
state                   string

# Partition Information
# col_name              data_type               comment

country                 string
state                   string
```

此命令即使在表为空状态时，也能显示分区的情况。

（4）向表 tbfq 分区中国家为"AA"且国家的子分区地区为"BB"的位置加载数据 file2.txt

```
LOAD DATA LOCAL INPATH '/home/user/file2.txt' OVERWRITE INTO TABLE employee1 PARTITION
(country='AA', state='BB');
```

（5）分区里设定的字段也可以当作表的列来查询

```
SELECT * FROM tbfq WHERE country='AA';
SELECT tname FROM tbfq WHERE country='AA' AND state='BB';
```

（6）查询带分区的表里的所有数据

```
hive>SELECT * FROM tbfq;
```

默认情况下，表被设置成非严格模式，故上面的语句能查询出分区表 tbfq 下的所有数据，当把表通过下面的语句设置成严格模式时，上面的查询语句会报错，强制要求查询时指定具体分区。

```
hive>set hive.mapred.mode=strict;              ----设置严格模式
SELECT * FROM employee1;-                      ----报错
SELECT * FROM employee1 WHERE country='CA';    ----正确
hive>set hive.mapred.mode=nonstrict;           ----设置成非严格模式
SELECT * FROM employee1;                       ----正确
SELECT * FROM employee1 WHERE country='CA';    ----正确
```

注意　在建立表时，把表指定到一个已经符合表分区格式的位置时，如果不特意指定表下的文件夹是分区，数据不会像文件那样直接显示。如在分区表 tbfq 建立时，直接指定到/user/hive/warehouse/dbtest.db/tbfq 位置，该位置下的表数据不能直接读取，需要执行下面的命令来激活分区的功能。

```
    alter table dbfq add partition (country='AA',state='BB') location '/user/hive/
warehouse/dbtest.db/tbfq/AA/BB';
    alter table dbfq add partition (country='CA', state='AB') location '/user/hive/
warehouse/dbtest.db/tbfq/CA/AB';
```

2. 桶

分区按指定的格式在表下面分出若干个（有限的）文件夹，把相应的文件分到指定的文件夹下，达到从粗粒度上对表数据的划分，以此加快数据的查找速度。但这种方法对于一些细粒度的划分，或者数据均匀分配并不擅长。例如按 userid 进行划分，会产生众多分区，从而很容易产生众多的小文件。Hive 里提供了把表（或分区）组织成桶（Bucket）的功能，它默认采用的 HashPartition 分区，能够把数据近似均匀地分配到不同的桶里。具体来说，分桶有如下好处。

（1）获得更高的查询处理效率。桶为表加上了额外的结构。Hive 在处理有些查询时能够利用这个结构。具体而言，连接两个在（包含连接列的）相同列上划分了桶的表，可以使用 Map 端连接（Map-side Join）高效地实现。

（2）使"取样"（Sampling）更高效。在处理大规模数据集时，在开发和修改查询的阶段，如果能在数据集的一小部分数据上试运行查询，会带来很多方便。

创建桶：对数据进行 Hash 取值，然后放到不同文件中存储。

我们使用 CLUSTERED BY 子句来指定划分桶所用的列和要划分的桶的个数，命令如下。

```
CREATE TABLE bucketed_tb(id Int , name String)
CLUSTERED BY (id) INTO 4 BUCKETS;
```

另外桶中的数据可以根据一个或多个列进行排序。由于这样对每个桶的连接变成了高效的合并排序（merge-sort），因此可以进一步提升 Map 端连接的效率。以下语法声明一个表使其使用排序桶。

```
CREATE TABLE bucketed_tb(id Int, name String)
CLUSTERED BY (id) SORTED BY (id ASC) INTO 4 BUCKETS;
```

【例 9-10】表分桶操作举例。

（1）创建带分桶的表

```
CREATE TABLE IF NOT EXISTS ft_tbl(
userid INT,
username STRING
)
CLUSTERED BY (userid)      ----指定按 userid 列划分桶所用的列
SORTED BY (userid ASC)     ----按 userid 进行升序排序，高效地归并排序
INTO 2 BUCKETS             ----要划分的桶的个数为 2
ROW FORMAT DELIMITED FIELDS TERMINATED BY ','
;
```

（2）表中数据分桶情况

① 表中所有数据

```
userid    username
0         ZhangSan
1         LiSi
2         WangWu
3         ZhaoLiu
```

② 分桶的计算方法

分桶默认是按 Hash 分区计算的，它的计算公式如下。

```
key.hashCode() & Integer.MAX_VALUE) % numReduceTasks;
```

在建立表时，CLUSTERED BY 指定按 userid 列划分桶，用 INTO 2 BUCKETS 指定分成 2 桶。故表中数据分桶时的情况，第 1 桶中有如下内容。

```
userid    username
0      ZhangSan
2      WangWu
```

第 2 桶中有如下内容。

```
userid    username
1      LiSi
3      ZhaoLiu
```

③ 针对有分桶的数据表进行抽样查询

主要用 tablesample（Bucket *x* out of *y* on *K*）进行取桶，其中 tablesample 是抽样语句，各参数的含义如下。

x：表示从哪个 Bucket 开始抽取。

y：必须是 table 总 Bucket 数的倍数或者因子。Hive 根据 *y* 的大小，决定抽样的比例。

K：表示分桶时用的列，本例是 userid。

计算举例：假设表被分成 64 桶，*y*=32，抽取 2（64/32）个桶的数据量；*y*=128，抽取 1/2（64/128）个桶的数据量。

```
Hive>SELECT * FROM ft_tb1 tablesample(bucket 2 out of 2 on userid);
1      LiSi
3      ZhaoLiu
```

抽取了 2 桶中的第 2 桶数据。

④ 针对没有分桶的数据表进行抽样查询

```
Hive>SELECT * FROM users tablesample(bucket 1 out of 4 on rand());
```

9.3.8 表维护

大多数的表属性可以通过 ALTER TABLE 语句来修改。这种操作会修改元数据，但不会修改数据本身。这些语句用于修改表模式中出现的错误、改变分区路径等。

1. 表重命名

表重命名的命令如下。

```
ALTER TABLE table_name RENAME TO new_table_name;
```

如表 tb1 重命名为 rn_tb1 的命令如下。

```
hive> ALTER TABLE tb1 RENAME TO rn_tb1;
```

也可从元数据手工修改表名信息，主要有如下 3 种方法。

（1）修改 HDFS 上表对应文件夹的名字。

（2）修改元数据中 TBLS 表中 TBL_NAME 里对应的表名。

（3）修改 SDS 表里 LOCATION 字段对应的表存储位置的信息。

2. 修改表属性

修改表属性的命令如下。

```
ALTER TABLE table_name
 [PARTITION partition_spec]
CHANGE [COLUMN] col_old_name col_new_name column_type
[COMMENT col_comment] [FIRST|AFTER column_name]
```

```
[CASCADE|RESTRICT];
```

（1）更改表 rn_tb1 中 username 字段名为 re_username，并在该字段后增加注释信息。

```
ALTER TABLE rn_tbl
CHANGE COLUMN username re_username STRING
COMMENT 'The column username is changed! ';
```

（2）更改表 rn_tb1 中 userid 字段名为 re_userid，并将字段类型由原来的 INT 类型改为 BIGINT 类型。

```
ALTER TABLE rn_tbl
CHANGE COLUMN userid re_userid BIGINT
COMMENT ' The column userid is changed!';
```

（3）向现有表中增加列。

```
ALTER TABLE rn_tbl ADD COLUMNS(
addcol1 STRING,
addclo2 INT COMMENT ' The column is added! ');
```

数据类型符合隐式转换规则的时候，可以与原来不同。上例中从 INT 类型转换为 BIGINT 没问题，但如果从 BIGINT 转换为 INT，系统就会报错。这时可以通过手工更改元数据来完成此操作，通过更改 COLUMNS_V2 表中 TYPE_NAME 中对应的类型值，找到该字段对应类型，完成从 BIGINT 转换为 INT 的操作。

找的途径：TBL_NAME→SD_ID 字段对应的值→SDS 中 SD_ID 对应的 CD_ID 值→COLUMNS_V2 表中 CD_ID 对应的 TYPE_NAME。

元数据列信息：COLUMNS_V2 表中 COLUMN_NAME 字段中对应的列名信息。

9.4　HiveQL 基本查询

对于数据库而言，查询始终是最核心的部分。本节将会带领读者进行 Hive 查询语句的学习。对于有 SQL 基础的用户来说，掌握本节内容会非常容易。

Hive 查询基本语法规则如下。

```
SELECT [ALL | DISTINCT] SELECT_expr, SELECT_expr, ...
 FROM table_reference
 [WHERE WHERE_condition]
 [GROUP BY col_list]
 ORDER BY col_list]
 [CLUSTER BY col_list
  | [DISTRIBUTE BY col_list] [SORT BY col_list]
 ]
 [LIMIT [offset,] rows]
```

各参数的含义如下。

ALL | DISTINCT：ALL 是默认形式；DISTINCT 会去掉查询结果中重复的数据。

FROM：指定从哪个表或者哪些表中查询，多个表时各表之间用“,”号分隔。

WHERE：指定查询表内容的筛选条件。

GROUP BY：指定按哪些表中的字段或处理后的字段进行表数据分组处理。

ORDER BY：对查询结果进行全局排序，按指定列升序（ASC，默认）或降序（DESC）排列。

DISTRIBUTE BY：保证具有相同 Key 记录分发到同一个 Reducer 上。

SORT BY：对数据进行局部排序。

CLUSTER BY：如果 DISTRIBUTE BY 的 SORT BY 中涉及的字段完全相同，且都是升序，CLUSTER BY 就相当于前两个语句。

LIMIT：指定查询表的条数。

9.4.1 SELECT…FROM 语句

SELECT 是 SQL 中的投影算子。FROM 子句标识了从哪个表、视图或嵌套查询中选择记录。对于一个给定的记录，SELECT 指定了要保存的列及输出函数需要调用的一个或多个列（例如，像 count(*)这样的聚合函数）。下面先讲解一下基本的 SELECT 操作。

【例 9-11】选用例 9-8 的 userinfo 表进行查询示范。

1. 表结构

```
hive> DESC userinfo;
OK
uname                   string
salary                float
subordinates         array<string>
deductions           map<string,float>
address              struct<province:string,city:string,zip:int>
Time taken: 0.427 seconds, Fetched: 5 row(s)
```

2. 查询表中所有数据

```
hive> SELECT * FROM userinfo;
OK
ManagerWang 12000.0 ["YG1","YG2"] {"Income Taxes":0.2,"Provident Fund":0.1,"Insurance":
0.13}{"province":"HLJ","city":"Harbin","zip":150000}
ManagerLi 8000.0  ["YG1"] {"Income Taxes":0.1,"Provident Fund":0.08,"Insurance":0.13}
{"province":"HLJ","city":"WuChang","zip":150200}
ManagerZhao 7000.0  [ ]  {"Income Taxes":0.1,"Provident Fund":0.08,"Insurance":0.13}
{"province":"HLJ","city":"ACheng","zip":150300}
Time taken: 1.653 seconds, Fetched: 3 row(s)
```

3. 查询用户都来自于哪些省，即查询 province 指定的值，且值不能重复

```
hive> SELECT DISTINCT address.province FROM userinfo;
Query ID = user_20180216004708_8976945f-b81e-42b9-9c64-29afc9faaaff
Total jobs = 1
Launching Job 1 out of 1
Number of reduce tasks not specified. Estimated FROM input data size: 1
In order to change the average load for a reducer (in bytes):
  set hive.exec.reducers.bytes.per.reducer=<number>
In order to limit the maximum number of reducers:
   set hive.exec.reducers.max=<number>
In order to set a constant number of reducers:
   set mapreduce.job.reduces=<number>
Starting Job = job_1518707710910_0001, Tracking URL = http://master:8088/proxy/application_
1518707710910_0001/
Kill Command = /home/user/bigdata/hadoop/bin/hadoop job  -kill job_1518707710910_0001
Hadoop job information for Stage-1: number of mappers: 1; number of reducers: 1
2018-02-16 00:48:55,433 Stage-1 map = 0%,  reduce = 0%
2018-02-16 00:49:54,562 Stage-1 map = 100%,  reduce = 0%, Cumulative CPU 11.17 sec
2018-02-16 00:50:26,825 Stage-1 map = 100%,  reduce = 67%, Cumulative CPU 11.17 sec
2018-02-16 00:50:33,400 Stage-1 map = 100%,  reduce = 100%, Cumulative CPU 19.37 sec
MapReduce Total Cumulative CPU time: 19 seconds 370 msec
Ended Job = job_1518707710910_0001
```

```
MapReduce Jobs Launched:
Stage-Stage-1: Map: 1  Reduce: 1   Cumulative CPU: 19.37 sec   HDFS Read: 9676 HDFS Write: 
103 SUCCESS
Total MapReduce CPU Time Spent: 19 seconds 370 msec
OK
HLJ
Time taken: 208.034 seconds, Fetched: 1 row(s)
```

此例中用 DISTINCT 关键字，运行过程中启用了 Hadoop 的 MapReduce 操作，对查询结果中重复的值进行去重复的操作。若不去重复，则本例会有多个 HLJ。

4. 使用列值进行计算

查询每位员工的税后工资，即用 salary 字段的值减去 deductions 字段记录的所有税率下的值。

```
hive> SELECT uname,salary,
>salary *(1-deductions["Income Taxes"]-deductions["Provident Fund"]-deductions
["Insurance"] )
>FROM userinfo;
OK
ManagerWang       12000.0      6840.0
ManagerLi         8000.0       5520.0
ManagerZhao       7000.0       4830.0
Time taken: 2.528 seconds, Fetched: 3 row(s)
hive>
```

5. LIMIT 查询前几行值

```
----取查询结果的前两条数据
hive> SELECT uname,salary FROM userinfo LIMIT 2;
OK
ManagerWang       12000.0
ManagerLi         8000.0
Time taken: 0.424 seconds, Fetched: 2 row(s)
hive>
```

9.4.2 WHERE 语句

SELECT 语句用于选取字段，WHERE 语句用于过滤条件，两者结合使用，可以查找到符合过滤条件的记录。WHERE 语句也可使用谓词表达式。

【例 9-12】 WHERE 语句应用举例。

1. 指定分区数据查询

```
----查询表 tbfq 中分区国家为 AA 的字段用户名、薪水、住址和国家的所有数据
hive> SELECT uname,salary,address FROM userinfo WHERE country='AA';
OK
ManagerWang   12000.0 {"province":"HLJ","city":"Harbin","zip":150000}      AA
ManagerLi         8000.0  {"province":"HLJ","city":"WuChang","zip":150200}      AA
ManagerZhao    7000.0  {"province":"HLJ","city":"ACheng","zip":150300}        AA
Time taken: 0.386 seconds, Fetched: 3 row(s)
hive>
```

2. LIKE 查询

LIKE 和 RLIKE 是标准的 SQL 操作符，其可以让用户通过字符串的开头或结尾，以及指定特定的子字符串或当子字符串出现在字符串内的任何位置时进行匹配。

```
----查询所有城市中带有“Ch”字样的信息
hive> SELECT uname,salary,address FROM userinfo WHERE address.city LIKE '%Ch%';
```

```
OK
ManagerLi      8000.0  {"province":"HLJ","city":"WuChang","zip":150200}
ManagerZhao     7000.0  {"province":"HLJ","city":"ACheng","zip":150300}
Time taken: 0.454 seconds, Fetched: 2 row(s)
hive>
```

LIKE 是标准的 SQL 操作符，它可以让我们查询指定字段值开头或结尾模糊匹配的值。

3. RLIKE 查询

RLIKE 子句是 Hive 中模糊查询的一个扩展功能，可以通过 Java 的正则表达式来指定匹配条件进行查询。

```
----查询所有城市是 Harbin 或 WuChang 的信息
hive> SELECT uname,address FROM userinfo WHERE address.city RLIKE '.*(Harbin|WuChang).*';
OK
ManagerWang    {"province":"HLJ","city":"Harbin","zip":150000}
ManagerLi      {"province":"HLJ","city":"WuChang","zip":150200}
Time taken: 0.31 seconds, Fetched: 2 row(s)
```

此例子中，RLIKE 后面的字符是标准正则表达式的写法，具体正则表达式的语法规则可参见相关的书籍。现就该例做以下解释：“.”表示和任意的字符匹配，“*”表示重复左面字符串 0 次到无数次，“|”表示或的关系。

现不改变该例子中的语法，只更改 RLIKE 为 LIKE，看下结果。

```
hive> SELECT uname,address FROM userinfo WHERE address.city LIKE '.*(Harbin|WuChang).*';
OK
Time taken: 0.355 seconds
hive> SELECT uname,address FROM userinfo
>WHERE address.city LIKE '%Harbin%' OR address.city LIKE '%WuChang%';
OK
ManagerWang    {"province":"HLJ","city":"Harbin","zip":150000}
ManagerLi      {"province":"HLJ","city":"WuChang","zip":150200}
Time taken: 0.363 seconds, Fetched: 2 row(s)
hive>
```

上例用 LIKE…OR…的形式实现了 RLIKE 的功能。可见通过正则表达式比通过多个 LIKE 子句进行过滤条件筛选能得到更丰富便捷的匹配条件。

9.4.3 嵌套 SELECT 语句

与传统的 SQL 类似，在 HiveQL 中也可以给表中的字段或表名起别名，而且也可以对 SELECT 语句进行嵌套查询。这里要注意#起的别名不能直接用。使用如下语句系统会出现报错的信息。

```
hive> SELECT uname,salary,
    > salary *(1-deductions["Income Taxes"]-deductions["Provident Fund"]-deductions
["Insurance"] ) AS l_salary
    > FROM userinfo
    > WHERE l_salary>7000;
FAILED: SemanticException [Error 10004]: Line 4:6 Invalid table alias or column reference
'l_salary': (possible column names are: uname, salary, subordinates, deductions, address)
hive>
```

上例为表中的税后工资起了别名 l_salary，然后这个别名在 WHERE 条件中直接使用，系统报出对字段 l_salary 产生质疑的信息。可以改用 SELECT 嵌套查询，写法如下。

```
hive> FROM (
    > SELECT uname,salary,
```

```
        > salary *(1-deductions["Income Taxes"]-deductions["Provident Fund"]-deductions
["Insurance"] ) AS l_salary
        > FROM userinfo
        > WHERE salary>7000
        > ) t
        > SELECT t.uname,t.salary,t.l_salary
        > ;
    OK
    ManagerWang    12000.0 6840.0
    ManagerLi      8000.0  5520.0
    Time taken: 0.531 seconds, Fetched: 2 row(s)
    hive>
```

这里把“SELECT uname,salary,salary *(1-deductions["Income Taxes"]-deductions["Provident Fund"] -deductions["Insurance"]) AS l_salary FROM userinfo WHERE salary>7000”整个查询结果当作一个表，并起了别名 t，即用 t 代表这张表。把 t 表里计算的税后工资“salary *(1-deductions["Income Taxes"]-deductions["Provident Fund"] -deductions["Insurance"])”整个字段起了一个别名 l_salary，即用 l_salary 代表税后工资这个字段。外面的 FROM…SELECT 与 t 表组成一个嵌套查询的结构，并在 SELECT 语句中采用 t.l_salary 的规则，意在取 t 表中 l_salary 字段的值。

9.4.4 Hive 函数

Hive 提供了很多内置的运算符及函数供用户使用，为常规业务的计算提供了很大的便利。总体上分为运算符、内置函数（UDF）、内置聚合函数（UDAF）和内置表生成函数（UDTF）几大类。同时，Hive 也为用户提供了 UDF、UDTF 和 UDAF 的接口，供用户按业务需求进行自定义处理。

Hive 系统也提供了对函数的帮助提示信息命令。

```
hive> SHOW FUNCTIONS;                     ----显示系统函数
hive> DESCRIBE FUNCTION sum;              ----描述 sum 函数的作用信息
OK
sum(x) - Returns the sum of a set of numbers
Time taken: 0.107 seconds, Fetched: 1 row(s)
hive> DESCRIBE FUNCTION EXTENDED sum;     ----描述 sum 函数的作用信息
OK
sum(x) - Returns the sum of a set of numbers
Time taken: 0.102 seconds, Fetched: 1 row(s)
```

1. 内置操作符

（1）优先运算符

优先运算符主要完成对字段或字段间的算术运算关系，在运算过程中符合字段间数据类型的隐式转换规则，如表 9-5 所示。

表 9-5　　优先操作符

举例	操作	描述
A[B] , A.identifier	bracket_op([]), dot(.)	元素选择器，点
-A	unary(+), unary(−), unary(~)	一元前缀
A IS [NOT] (NULL|TRUE |FALSE)	IS NULL,IS NOT NULL, ...	一元后缀
A ^ B	bitwise xor(^)	按位异或
A * B	star(*), divide(/), mod(%), div(DIV)	乘法运算符

续表

举例	操作	描述
A + B	plus(+), minus(−)	加运算符
A || B	string concatenate(||)	字符串连接
A & B	bitwise and(&)	按位与
A | B	bitwise or(|)	按位或

（2）关系运算符

这些运算符比较传递过来的 A 与 B 的操作数，并根据操作数之间的比较是否成立，生成 true 或 false 值，如表 9-6 所示。

表 9-6　　关系运算符

举例	操作数类型	描述
A = B	基本数据类型	如果表达式 A 等于表达式 B 则返回 true，否则返回 false
A == B	基本数据类型	同“=”运算符
A <=> B	基本数据类型	对于非空操作数，返回与 EQUAL（=）运算符相同的结果，但如果两个都为 null，则返回 true；如果其中一个为 null，则返回 false（Hive 0.9.0 新增）
A <> B	基本数据类型	A 或 B 为 null 则返回 null；如果 A 不等于 B 则返回 true，否则返回 false
A != B	基本数据类型	同“<>”操作符
A < B	基本数据类型	A 或 B 为 null 则返回 null；如果 A 小于 B 则返回 true，否则返回 false
A <= B	基本数据类型	A 或 B 为 null 则返回 null；如果 A 小于或等于 B 则返回 true，否则返回 false
A > B	基本数据类型	A 或 B 为 null 则返回 null；如果 A 大于 B 则返回 true，否则返回 false
A >= B	基本数据类型	A 或 B 为 null 则返回 null；如果 A 大于或等于 B 则返回 true，否则返回 false
A [NOT] BETWEEN B AND C	基本数据类型	A、B 或 C 为 null 则返回 null；如果 A 大于或等于 B 且小于或等于 C，则返回 true，否则返回 false；如果使用 NOT 关键字，则达到相反的结果（Hive 0.9.0 新增）
A IS null	所有类型	如果 A 为空则返回 true，否则返回 false
A IS NOT null	所有类型	如果 A 为空则返回 false，否则返回 true
A IS [NOT] (true|false)	布尔类型	只有在满足条件时才评估为 true（Hive3.0.0 新增）。注意：null 是 unknown，因此（unknown is true）和（unknown is false）都评估为 false
A [NOT] LIKE B	string 类型	如果 A 或 B 为 null，则为 null；如果字符串 A 与 SQL 简单正则表达式 B 匹配，则为 true，否则为 false。比较按字符完成。B 中的_字符与 A 中的任何字符相似（与 posix 正则表达式类似），而 B 中的%字符与 A 中任意数量的字符匹配（类似于 posix 正则表达式中的.*）
A RLIKE B	string 类型	如果 A 或 B 为 null，则为 null；如果 A 与正则表达式 B 匹配，则返回 true，否则返回 false。例如：'foobar' RLIKE 'foo'返回 true，相当于'foobar' RLIKE '^f.*r$'
A REGEXP B	string 类型	同 RLIKE

【例 9-13】查询用户工资小于 8 000 元的所有用户名，并显示其工资和住址信息。

```
hive> SELECT uname,salary,address FROM userinfo WHERE salary<8000;
OK
ManagerZhao     7000.0  {"province":"HLJ","city":"ACheng","zip":150300}
Time taken: 0.44 seconds, Fetched: 1 row(s)
hive>
```

📖：学习提示

下例在求所有“Income Taxes”大于0.1的值，本应只查询出“ManagerWang”一条数据，却查出了3条数据。

```
hive> SELECT uname,salary,deductions FROM userinfo where deductions["Income Taxes"]>0.1;
OK
ManagerWang     12000.0 {"Income Taxes":0.2,"Provident Fund":0.1,"Insurance":0.13}
ManagerLi       8000.0  {"Income Taxes":0.1,"Provident Fund":0.08,"Insurance":0.13}
ManagerZhao     7000.0  {"Income Taxes":0.1,"Provident Fund":0.08,"Insurance":0.13}
Time taken: 0.794 seconds, Fetched: 3 row(s)
hive>
```

为什么会发生这样的情况？原来用户写一个浮点数（如0.1）时，Hive会将该值保存为double型，而之前定义deductions这个Map的值的类型是float型的，这意味着Hive将隐式地将税收减免值转换为double类型后再进行比较。但此例中，0.1的最近似的精确值应略大于0.1，0.1对于float类型是0.1000001，而对于double类型是0.100000000001。这是因为8个字节的double值具有更多的小数位。当表中的float值通过Hive转换为double值时，其产生的double值是0.1000000100000，这个值实际要比0.100000000001大。

（3）算术运算符

所有算术运算符支持常见的算术运算关系，返回值为数值类型。这里要注意的是如果操作过程中有任一操作数为null，那么结果也是null。算术运算符如表9-7所示。

表9-7 算术运算符

操作	操作数类型	描述
A + B	所有数值类型	给出A和B相加的结果。结果的类型与操作数类型的公共父级（在类型层次结构中）相同。例如，浮点数和int相加将产生一个浮点数的结果。因为float是一个包含整型的类型
A - B	所有数值类型	给出A减去B的结果。结果的类型与操作数类型的公共父类（在类型层次结构中）相同
A * B	所有数值类型	给出A和B相乘的结果。结果的类型与操作数类型的公共父类（在类型层次结构中）相同。请注意，如果乘法导致溢出，则必须将其中一个运算符转换为类型层次结构中较高层次的类型
A/B	所有数值类型	给出将A除以B得到的结果。在大多数情况下，结果是双精度型。当A和B都是整数时，结果为双精度型，除非将hive.compat配置参数设置为“0.13”或“latest”，结果才为十进制类型
A DIV B	Integer类型	给出由A除以B得到的整数部分。例如，17除以3结果为5
A % B	所有数值类型	给出由A除以B产生的余数。结果的类型与操作数类型的公共父类（在类型层次结构中）相同
A & B	所有数值类型	给出A和B的按位与的结果。结果的类型与操作数类型的公共父类（在类型层次结构中）相同
A | B	所有数值类型	给出A和B的按位或的结果。结果的类型与操作数类型的公共父类（在类型层次结构中）相同
A ^ B	所有数值类型	给出A和B的按位异或的结果。结果的类型与操作数类型的公共父类（在类型层次结构中）相同
~A	所有数值类型	给出A和B的按位取反的结果。结果的类型与操作数类型的公共父类（在类型层次结构中）相同

【例9-14】查询用户名及其税后工资。

```
hive> SELECT uname,salary *(1-deductions["Income Taxes"]-deductions["Provident Fund"]
```

```
-deductions["Insurance"] ) FROM userinfo;
    OK
    ManagerWang    6840.0
    ManagerLi      5520.0
    ManagerZhao    4830.0
    Time taken: 4.126 seconds, Fetched: 3 row(s)
    hive>
```

这里需要强调的是，用户在进行字段间计算时，一定要注意数据结果的溢出问题。如两个 smallint 字段 A 和 B 在进行加减运算时，如果 A 为-32766，而 B 为 200，那么 A–B=–32966，结果超出了 smallint 的取值范围｛-32,768～32,767｝。Hive 遵循的是底层 Java 中数据类型的规则，因此当上溢或下溢发生时，计算结果不会自动转换为更广泛的数据类型。在计算中，建议用户依据实际情况确认业务数据，是否接近表中操作数定义数据类型所规定的数值范围的上下限。

（4）逻辑运算符

逻辑运算符（见表 9-8）用于创建逻辑表达式，它们都根据布尔值操作数间的计算结果给出 true、false 或 null 的值。其中 null 表现为“unknown”未知标志，故如果结果取决于未知状态，则结果本身是未知的。

表 9-8　逻辑运算符

操作	操作数类型	描述
A AND B	布尔类型	如果 A 和 B 都为 true，则为 true，否则为 false。如果 A 或 B 为 null，则为 null
A OR B	布尔类型	如果 A 或 B 为 true，则为 true；如果 A 或 B 为 null，则为 null；否则为 false
NOT A	布尔类型	如果 A 为 false，则为 true；如果 A 为 null，则为 null；否则为 false
! A	布尔类型	同 NOT A
A IN (val1, val2, …)	布尔类型	如果 A 等于(val1, val2, …)中任一值，则为 true。Hive 0.13 支持 IN 说明的子查询
A NOT IN (val1, val2, …)	布尔类型	如果 A 不等于(val1, val2, …)中任一值，则为 true。Hive 0.13 支持 NOT IN 说明的子查询
[NOT] EXISTS (subquery)		如果子查询返回至少一行，则为 true。自 Hive 0.13 起支持

【例 9-15】查询用户名在("ManagerLi","ManagerZhao")中的所有用户的用户名、工资等信息。

```
hive> SELECT uname,salary,address
    > FROM userinfo
    > WHERE uname IN ("ManagerLi","ManagerZhao");
OK
ManagerLi      8000.0  {"province":"HLJ","city":"WuChang","zip":150200}
ManagerZhao    7000.0  {"province":"HLJ","city":"ACheng","zip":150300}
Time taken: 1.126 seconds, Fetched: 2 row(s)
```

（5）字符串运算符

字符串运算符如表 9-9 所示。

表 9-9　字符串运算符

操作	操作数类型	描述
A || B	STRING 类型	连接操作数-concat(A, B)的简写。自 Hive 2.2.0 起支持

（6）复杂类型构造函数

复杂类型构造函数如表 9-10 所示。

表 9-10　　　　复杂类型构造函数

构造函数	操作	描述
map	(key1, value1, key2, value2, ...)	用给定的键值对创建一个 map
named_struct	(name1, val1, name2, val2, ...)	用给定的字段名称和值创建一个结构体 struct（Hive 0.8.0 新增）
create_union	(tag, val1, val2, ...)	使用 tag 参数指向的值创建 union 类型
array	(val1, val2, ...)	使用给定的元素创建 array
struct	(val1, val2, val3, ...)	用给定的字段值创建一个 struct。struct 字段名称将是 col1, col2, …

（7）复杂类型运算符

复杂类型运算符如表 9-11 所示。

表 9-11　　　　复杂类型运算符

操作符	操作类型	描述
A[n]	A 是一个数组；n 是一个 INT	返回数组中的第 n 个元素。例如：A 是包含['foo', 'bar']的数组，则 A [0]返回'foo'，A [1]返回'bar'
M[key]	M 是 MAP<K，V>；key 键是 K 型	返回 Map 中与 key 相对应的值。例如，如果 M 是包含{'f' →'foo', 'b'→'bar', 'all'→'foobar'}的映射，则 M ['all']返回'foobar'
S.x	S 是一个 struct	返回 S 的 x 字段。例如，对于 struct foobar {int foo，int bar}，foobar.foo 返回存储在结构中 foo 字段中的整数值

2. 内置函数

（1）数学函数

Hive 支持表 9-12 所示的数学函数；当参数为 null 时大多数返回 null。

表 9-12　　　　数学函数

返回类型	样式	描述
DOUBLE	round(DOUBLE a)	返回 DOUBLE 型 a 的 BIGINT 型的近似值
DOUBLE	round(DOUBLE a, INT d)	返回 DOUBLE 型 a 的保留 d 位小数的 DOUBLE 型的近似值
DOUBLE	bround(DOUBLE a)	返回使用 HALF_EVEN 舍入模式的 BIGINT 型的近似值（从 Hive 1.3.0,2.0.0 开始）。也称为 Gaussian 舍入或 bankers 舍入
DOUBLE	bround(DOUBLE a, INT d)	返回 DOUBLE 型 a 的保留 d 位小数的 DOUBLE 型 HALF_EVEN 舍入模式的近似值（Hive 1.3.0、2.0.0 新增）
BIGINT	floor(DOUBLE a)	返回小于等于 a 的最大 BIGINT 型值，其中 a 是 DOUBLE 型的
BIGINT	ceil(DOUBLE a), ceiling(DOUBLE a)	返回大于等于 a 的最小 BIGINT 型值，其中 a 是 DOUBLE 型的
DOUBLE	rand(), rand(INT seed)	每行返回一个从 0 到 1 统一分布的随机数，整数 seed 是随机因子
DOUBLE	exp(DOUBLE a), exp(DECIMAL a)	返回 e 的 a 幂次方。Hive 0.13.0 新增 Decimal 版本
DOUBLE	ln(DOUBLE a),ln(DECIMAL a)	返回以自然数为底的 a 的对数。Hive 0.13.0 新增 Decimal 版本
DOUBLE	log10(DOUBLE a), log10(DECIMAL a)	返回以 10 为底的 a 的对数。Hive 0.13.0 新增 Decimal 版本
DOUBLE	log2(DOUBLE a), log2(DECIMAL a)	返回以 2 为底的 a 的对数。Hive 0.13.0 新增 Decimal 版本
DOUBLE	log(DOUBLE base, DOUBLE a) log(DECIMAL base, DECIMAL a)	返回以 base 为底的 a 的对数。Hive 0.13.0 新增 Decimal 版本

续表

返回类型	样式	描述
DOUBLE	pow(DOUBLE a, DOUBLE p), power(DOUBLE a, DOUBLE p)	返回 a 的 p 次幂计算的 DOUBLE 型的值。其中 a、p 都是 DOUBLE 型
DOUBLE	sqrt(DOUBLE a), sqrt(DECIMAL a)	返回 a 的平方根。Hive 0.13.0 新增 Decimal 版本
STRING	bin(BIGINT a)	计算二进制值 a 的 STRING 类型
STRING	hex(BIGINT a), hex(STRING a), hex (BINARY a)	如果 a 为 INT 或 BINARY（二进制），十六进制将以十六进制格式返回数字作为 STRING。否则，如果数字是 STRING，它会将每个字符转换为其十六进制表示并返回结果 STRING。Hive 0.12.0.新增 BINARY 版本
BINARY	unhex(STRING a), unhex(BINARY a)	hex 的逆方法。将每对字符解释为十六进制数字并将其转换为数字的字节表示形式。Hive 0.12.0 新增 BINARY 版本，用于返回一个字符串
STRING	conv(BIGINT num, INT from_base, INT to_base), conv(STRING num, INT from_base, INT to_base)	将 num 从 from_base 进制转换成 to_base 进制，并返回 STRING 类型结果
DOUBLE	abs(DOUBLE a)	返回 a 的绝对值
INT OR DOUBLE	pmod(INT a, INT b), pmod(DOUBLE a, DOUBLE b)	返回 a 对 b 取模的正值
DOUBLE	sin(DOUBLE a), sin(DECIMAL a)	返回 a（a 以弧度表示）的正弦值。Hive 0.13.0 新增 Decimal 版本
DOUBLE	asin(DOUBLE a), asin(DECIMAL a)	如果-1≤a≤1 的弧，返回 a 的反正弦值，否则返回 null。Hive 0.13.0 新增 Decimal 版本
DOUBLE	cos(DOUBLE a), cos(DECIMAL a)	返回 a（a 以弧度表示）的余弦值。Hive 0.13.0 新增 Decimal 版本
DOUBLE	acos(DOUBLE a), acos(DECIMAL a)	如果-1≤a≤1 的弧，返回 a 的反余弦值，否则返回 null。Hive 0.13.0 新增 Decimal 版本
DOUBLE	tan(DOUBLE a), tan(DECIMAL a)	返回 a（a 以弧度表示）的正切值。Hive 0.13.0 新增 Decimal 版本
DOUBLE	atan(DOUBLE a), atan(DECIMAL a)	返回 a（a 以弧度表示）的反正切值。Hive 0.13.0 新增 Decimal 版本
DOUBLE	degrees(DOUBLE a), degrees(DECIMAL a)	将 a 从弧度值转换成角度值。Hive 0.13.0 新增 Decimal 版本
DOUBLE	radians(DOUBLE a), radians(DOUBLE a)	将 a 从角度值转换成弧度值。Hive 0.13.0 新增 Decimal 版本
INT or DOUBLE	positive(INT a), positive(DOUBLE a)	返回 a 的值
INT or DOUBLE	negative(INT a), negative(DOUBLE a)	返回 a 的负值
DOUBLE or INT	sign(DOUBLE a), sign(DECIMAL a)	返回 a 的符号为'1.0'（如果 a 为正数）或'-1.0'（如果 a 为负数），否则返回'0.0'。Decimal 版本返回 INT 而不是 DOUBLE。Hive 0.13.0 新增 Decimal 版本
DOUBLE	e()	返回数学常数 e 的值
DOUBLE	pi()	返回数学常数 pi 的值
BIGINT	factorial(INT a)	返回 a 的阶乘（Hive 1.2.0 新增）。有效值 a 是[0..20]
DOUBLE	cbrt(DOUBLE a)	返回 DOUBLE 值的立方根（Hive 1.2.0 新增）
INT BIGINT	shiftleft(TINYINT|SMALLINT|INT a, INT b) shiftleft(BIGINT a, INT b)	按位左移（Hive 1.2.0 新增），向左移动一个 b 位置。 a 为 TINYINT、SMALLINT 和 INT 类型时返回 INT；a 为 BIGINT 类型时返回 BIGINT 类型值

续表

返回类型	样式	描述
INT BIGINT	shiftright(TINYINT|SMALLINT|INT a, INT b) shiftright(BIGINT a, INT b)	按位右移（Hive 1.2.0 新增），向右移动一个 b 位置。 a 为 TINYINT、SMALLINT 和 INT 类型时返回 INT；a 为 BIGINT 类型时返回 BIGINT 类型值
INT BIGINT	shiftrightunsigned(TINYINT|SMALLINT|INT a, INT b), shiftrightunsigned(BIGINT a, INT b)	按位无符号右移（Hive 1.2.0 新增），向右移动一个 b 位置。 a 为 TINYINT、SMALLINT 和 INT 类型时返回 INT；a 为 BIGINT 类型时返回 BIGINT 类型值
T	greatest(T v1, T v2, ...)	返回值列表中的最大值（Hive 1.1.0 新增）。当一个或多个参数为 null 时返回 null，严格类型限制放宽，兼容“>”运算符（Hive 2.0.0 新增）
T	least(T v1, T v2, ...)	返回值列表中的最小值（Hive 1.1.0 新增）。当一个或多个参数为 null 时返回 null，严格类型限制放宽，兼容“<”运算符（Hive 2.0.0 新增）
INT	width_bucket(NUMERIC expr, NUMERIC min_value, NUMERIC max_value, INT num_buckets)	通过将 expr 映射到第 i 个相同大小的桶中，返回 0 到 num_buckets + 1 之间的整数。通过将[min_value，max_value]分成相同大小的区域来制作桶。如果 expr<min_value，则返回 1，如果 expr>max_value，返回 num_buckets + 1

decimal 数据类型在 Hive 0.11.0 中引入。

所有常规算术运算符（如+、-、*、/）和相关的数学 UDF（floor、ceil、round 等）已经更新至可以处理十进制类型。

（2）集合函数

集合函数如表 9-13 所示。

表 9-13　　集合函数

返回类型	样式	描述
int	size(MAP<K, V>)	返回 map 类型中元素的数量
int	size(ARRAY<T>)	返回 array 类型中元素的数量
array<K>	map_keys(MAP<K, V>)	返回包含于输入 map keys 的无序数组
array<V>	map_values(MAP<K, V>)	返回包含于输入 map values 的无序数组
boolean	array_contains(ARRAY<T>, value)	如果 array 包含值，则返回 true
array<T>	sort_array(ARRAY<T>)	按照数组元素的自然顺序以升序对输入 array 数组进行排序并返回（Hive 0.9.0 新增）

（3）类型转换函数

类型转换函数如表 9-14 所示。

表 9-14　　类型转换函数

返回类型	样式	描述
BINARY	binary(STRING|BINARY)	将参数转换为二进制
expected "=" to follow "type"	cast(expr as <type>)	将表达式 expr 的结果转换为<type>。例如，cast('1' as BIGINT)会将字符串'1'转换为其整数表示形式。如果转换不成功，则返回 null。如果 cast（expr as BOOLEAN）进行强调转换，Hive 将会对非空字符串返回 true

（4）日期函数

日期函数如表 9-15 所示。

表 9-15　　日期函数

返回类型	样式	描述
string	from_unixtime(bigint unixtime[, string format])	将时间戳秒数转换成 UTC 时间，并用字符串表示。可通过 format 规定的时间格式进行输出。例如：将“unix epoch（1970-01-01 00:00:00 UTC）”秒数转换为表示当前系统时区中该时刻的时间戳的字符串，格式为“1970-01-01 00:00：00”
bigint	unix_timestamp()	在几秒内获取当前本地时区下的当前 UNIX 时间戳。可见这个函数不是确定性的，它的值对于查询执行的范围是不固定的，因此阻止了对查询的正确优化。从 Hive 2.0 开始弃用这个函数，支持 CURRENT_TIMESTAMP 常量
bigint	unix_timestamp(string date)	输入的时间字符串格式必须是 yyyy-MM-dd HH:mm:ss，如果不符合规则，则返回 0；如果符合，则将此时间字符串转换成 UNIX 时间戳。例如：unix_timestamp('2009-03-20 11:30:01') = 1237573801
bigint	unix_timestamp(string date, string pattern)	将指定字符串格式字符串（在几秒内）转换成 UNIX 时间戳，如果格式不对，则返回 0。例如：unix_timestamp('2009-03-20', 'yyyy-MM-dd') = 1237532400
Hive 2.1.0 之前为 string；Hive 2.1.0 开始为 date	to_date(string timestamp)	返回时间戳字符串的日期部分（Hive 2.1.0 之前）：to_date（"1970-01-01 00:00:00"）=1970-01-01。从 Hive 2.1.0 开始，返回一个日期对象。在 Hive 2.1.0 之前，返回类型是 string，因为创建方法时不存在 date 类型
int	year(string date)	返回时间字符串或日期中的年份并用 int 型表示。例如 year("1970-01-01 00:00:00") = 1970, year("1970-01-01") = 1970
int	quarter(date/timestamp/string)	返回日期、时间戳或字符串中所在年份的季度，范围为 1～4（Hive 1.3.0 新增）。例如 quarter('2015-04-08') = 2
int	month(string date)	返回时间字符串或日期中的月份并用 int 型表示。例如 month("1970-11-01 00:00:00") = 11, month("1970-11-01") = 11
int	day(string date), dayofmonth(date)	返回时间字符串或日期中的天数并用 int 型表示。例如 day("1970-11-01 00:00:00") = 1, day("1970-11-01") = 1
int	hour(string date)	返回时间字符串中的小时数并用 int 型表示。例如 hour('2009-07-30 12:58:59') = 12, hour('12:58:59') = 12
int	minute(string date)	返回时间字符串中的分数并用 int 表示
int	second(string date)	返回时间字符串中的秒数并用 int 表示
int	weekofyear(string date)	返回时间字符串位于一年中的第几周内。例如 weekofyear("1970-11-01 00:00:00") = 44, weekofyear("1970-11-01") = 44
int	extract(field FROM source)	从 source（Hive 2.2.0 新增）检索日期或小时等字段。source 必须是日期、时间戳、时间间隔或可以转换为日期或时间戳的字符串。支持的 field 包括 day、dayofweek、hour、minute、month、quarter、second、week and year。示例如下。 1. SELECT extract(month from "2016-10-20") 返回 10 2. SELECT extract(hour from "2016-10-20 05:06:07") 返回 5 3. SELECT extract(dayofweek from "2016-10-20 05:06:07") 返回 4 4. SELECT extract(month from interval '1-3' year to month) 返回 3 5. SELECT extract(minute from interval '3 12:20:30' day to second) 返回 20
int	datediff(string enddate, string startdate)	返回从开始时间 startdate 到结束时间 enddate 相差的天数。例如 datediff('2009-03-01', '2009-02-27') = 2

续表

返回类型	样式	描述
Hive2.1.0 之前为 string；Hive2.1.0 开始为 date	date_add(date/timestamp/string startdate, tinyint/smallint/int days)	为开始时间 startdate 增加若干天，例如 date_add（'2008-12-31'，1）='2009-01-01'。在 Hive 2.1.0 之前，返回类型是 string，因为创建方法时不存在 date 类型。自 Hive 2.1.0 开始返回 date 类型
Hive 2.1.0 之前为 string；Hive2.1.0 开始为 date	date_sub(date/timestamp/string startdate, tinyint/smallint/int days)	为开始时间 startdate 减少若干天，例如：date_sub('2008-12-31', 1) = '2008-12-30'。在 Hive 2.1.0 之前，返回类型是 string，因为创建方法时不存在 date 类型。自 Hive 2.1.0 开始返回 date 类型
timestamp	from_utc_timestamp({any primitive type}*, string timezone)	如果给定的时间戳“*”并非 UTC，则将其转化成指定时区 timezone 下的时间戳（Hive 0.8.0 新增）。时间戳“*”是一种基本类型，包括 timestamp/date，tinyint/smallint/int/bigint，float/double 和 decimal。小数值被认为是秒，整数值被认为是毫秒。例如 from_utc_timestamp (2592000.0,'PST')，from_utc_timestamp(2592000000,'PST')和 from_utc_timestamp(timestamp '1970-01-30 16:00:00','PST') all，全部返回时间戳 1970-01-30 08:00:00
timestamp	to_utc_timestamp({any primitive type} ts, string timezone)	如果给定的时间戳“*”是指定时区 timezone 下的时间戳，则将其转化成 UTC 下的时间戳（Hive 0.8.0 新增）。时间戳“*”是一种基本类型，包括 timestamp/date，tinyint/smallint/int/bigint，float/double 和 decimal。小数值被认为是秒，整数值被认为是毫秒。例如 to_utc_timestamp(2592000.0,'PST')， to_utc_timestamp(2592000000,'PST') 和 to_utc_timestamp(timestamp '1970-01-30 16:00:00','PST')，全部返回时间戳 1970-01-31 00:00:00
date	current_date	返回查询开始时的当前日期（Hive 1.2.0 新增）。同一查询中 current_date 的所有调用返回相同的值
timestamp	current_timestamp	返回查询开始时的当前时间戳（Hive 1.2.0 新增）。同一查询中 current_timestamp 的所有调用返回相同的值
string	add_months(string start_date, int num_months)	返回开始时间 start_date 加上 num_months 后的日期（从 Hive 1.1.0 开始）。start_date 是一个字符串、日期或时间戳。num_months 是一个整数。start_date 的时间部分被忽略。如果 start_date 是该月的最后一天，或者计算结果时间中的月份小于 start_date 的日期，则结果是结果月份的最后一天。否则，结果与 start_date 是同一天
string	last_day(string date)	返回 date 所属月份的最后一天（Hive 1.1.0 新增）。date 是格式为 'yyyy-MM-dd HH:mm:ss'或'yyyy-MM-dd'的字符串。date 的时间部分被忽略
string	next_day(string start_date, string day_of_week)	返回比 start_date 晚的第一个日期,并命名为 day_of_week(Hive 1.2.0 新增)。start_date 是一个 string/date/timestamp。day_of_week 是一周中的 2 个字母、3 个字母或全名（如 Mo、Tue、FRIDAY）。start_date 的时间部分被忽略。例如 next_day（'2015-01-14'，'TU'）= 2015-01-20
string	trunc(string date, string format)	返回日期截断为由格式指定的单位（从 Hive 1.2.0 开始）。支持的格式：MONTH/MON/MM，YEAR/YYYY/YY
double	months_between(date1, date2)	计算 date1 和 date2 之间的月数（Hive 1.2.0 新增）并以 double 形式表示。如果 date1 大于 date2，则结果是正值。如果 date1 小于 date2，则结果为负值。如果 date1 和 date2 是一个月的同一天或两个月的最后几天，那么结果总是一个整数。否则，UDF 将根据 31 天的月份计算结果的小数部分，并考虑时间分量 date1 和 date2 的差异。date1 和 date2 类型可以是格式为“yyyy-MM-dd”或“yyyy-MM-dd HH:mm:ss”的 Date、timestamp 或 string。结果四舍五入至小数点后 8 位。例如 months_between('1997-02-28 10:30:00', '1996-10-30') = 3.94959677

续表

返回类型	样式	描述

string	date_format(date/timestamp/string ts, string fmt)	将一个 date/timestamp/string 格式的 ts 转换为 fmt（Hive 1.2.0 新增）指定格式的字符串值。支持的格式是 Java SimpleDateFormat 格式。第二个参数 fmt 应该是不变的。例如 date_format('2015-04-08', 'y') = '2015'。
		date_format 可用于实现其他 UDF，示例如下。
		dayname(date) is date_format(date, 'EEEE');
		dayofyear(date) is date_format(date, 'D');

【例 9-16】常用日期函数用法举例。

```
hive> --首先在 Hive 里面创建一个名叫 dual 的表
hive> CREATE TABLE dual (dummy STRING);
hive> --创建好 dual 表之后可以直接退出 Hive，回到 Linux 里面。生成一个 dual.txt 文件
[user@master ~]$ echo 'X' > /home/user/dual.txt
hive> --接着就是把 dual.txt 放到 Hadoop 的 hdfs 里面去，跟 dual 表关联起来
hive> LOAD DATA LOCAL INPATH '/home/user/dual.txt' OVERWRITE INTO TABLE dual;
hive> --这个时候可以尝试下是否能实现 Oracle 里面的 dual 的功能了
hive> SELECT 'hello' FROM dual;
OK
hello
Time taken: 5.658 seconds, Fetched: 1 row(s)
hive> -- 获取当前 UNIX 时间戳函数
hive> SELECT unix_timestamp() FROM dual;
OK
1518816488
Time taken: 2.463 seconds, Fetched: 1 row(s)
hive> --转化 UNIX 时间戳（从 1970-01-01 00:00:00 UTC 到指定时间的秒数）到当前时区的时间格式
hive> SELECT from_unixtime(1518816488,'yyyy-MM-dd') FROM dual;
OK
2018-02-17
Time taken: 0.803 seconds, Fetched: 1 row(s)
hive> --日期转 UNIX 时间戳函数
hive> SELECT unix_timestamp('2018-02-17 05:30:03') FROM dual;
OK
1518816603
Time taken: 0.57 seconds, Fetched: 1 row(s)
hive> --转换 pattern 格式的日期到 UNIX 时间戳。如果转化失败，则返回 0
hive> --日期时间转日期函数
hive> SELECT to_date('2018-02-17 05:30:03') FROM dual;
OK
2018-02-17
Time taken: 0.605 seconds, Fetched: 1 row(s)
hive> SELECT year('2018-02-17 05:30:03') FROM dual;
OK
2018
Time taken: 0.431 seconds, Fetched: 1 row(s)
hive> --返回结束日期减去开始日期的天数
hive> SELECT datediff('2018-02-17','2017-12-17') FROM dual;
OK
62
```

```
Time taken: 0.58 seconds, Fetched: 1 row(s)
hive> --返回开始日期 startdate 减少 days 天后的日期
hive> SELECT date_sub('2017-12-08',10) FROM dual;
OK
2017-11-28
Time taken: 0.641 seconds, Fetched: 1 row(s)
hive>
```

（5）条件函数

条件函数如表 9-16 所示。

表 9-16　　条件函数

返回类型	样式	描述
T	if(boolean testCondition, T valueTrue, T valueFalseOrNull)	当 testCondition 是 true，返回 valueTrue，否则返回 valueFalseOrNull
boolean	isnull(a)	如果 a 为 null，则返回 true，否则返回 false
boolean	isnotnull (a)	如果 a 不是 null，则返回 true，否则返回 false
T	nvl(T value, T default_value)	如果 value 为 null，则返回 default_value，否则返回 value(Hive 0.11 新增）
T	COALESCE(T v1, T v2, ...)	返回不是 null 的第一个 v；如果所有 v 都是 null，则返回 null
T	CASE a WHEN b THEN c [WHEN d THEN e]* [ELSE f] END	当 a = b 时,返回 c；当 a = d 时，返回 e；否则返回 f
T	CASE WHEN a THEN b [WHEN c THEN d]* [ELSE e] END	当 a = true 时，返回 b；当 c = true 时，返回 d；否则返回 e
T	nullif(a, b)	如果 a = b，则返回 null；否则返回 a（Hive 2.2.0 新增）。例如 Shorthand for：CASE WHEN a = b then null else a
void	assert_true(boolean condition)	如果"condition"不成立，则抛出异常，否则返回 null（Hive 0.8.0 新增）。例如 SELECT assert_true (2<1)

（6）字符串函数

字符串函数如表 9-17 所示。

表 9-17　　字符串函数

返回类型	样式	描述
int	ascii(string str)	返回字符串 str 中首个 ASCII 字符的整数值
string	base64(binary bin)	将二进制 bin 转换成基于 64 位的字符串（Hive 0.12.0 版本新增）
int	character_length(string str)	返回字符串 str 中包含的 UTF-8 字符数（Hive 2.2.0 版本新增）。函数 char_length 是此函数的简写。
string	chr(bigint|double A)	返回二进制相当于 A 的 ASCII 字符（Hive 1.3.0 和 Hive 2.1.0 版本新增）。如果 A 大于 256，则结果等于 chr(A%256)。例如"SELECT chr（88）返回"X"
string	concat(string|binary A, string|binary B...)	将字符串 string 或二进制字节码 binary 的 A、B 等按次序拼接成一个字符串并返回。例如 concat（'foo'，'bar'）产生'foobar'。请注意，此功能可以接受任意数量的输入字符串
array<struct<string, double>>	context_ngrams(array<array<string>>, array<string>, int K, int pf)	和 grams 类似，但是从每个外层数组的第二个单词数组来查找前 K 个字尾
string	concat_ws(string SEP, string A, string B...)	和 concat()类似，但是使用自定义分隔符 SEP 进行 A、B 等字符串的拼接

续表

返回类型	样式	描述
string	concat_ws(string SEP, array<string>)	和 concat_ws()类似，但是需要一个字符串数组。Hive 0.9.0 新增
string	decode(binary bin, string charset)	使用指定的字符集('US-ASCII', 'ISO-8859-1', 'UTF-8', 'UTF-16BE', 'UTF-16LE', 'UTF-16') 将二进制值 bin 解码成字符串。如果任一输入参数为 null，则结果也将为 null。Hive 0.12.0 新增
string	elt(N int,str1 string,str2 string,str3 string,...)	返回索引 N 所指位置的字符串 str。例如 elt（2，'hello'，'world'）返回'world'。如果 N 小于 1 或大于参数个数，则返回 null
binary	encode(string src, string charset)	使用指定的字符集（US-ASCII，ISO-8859-1，UTF-8，UTF-16BE，UTF-16LE，UTF-16）将字符串编码成二进制值。如果任一输入参数为 null，结果也将为 null。Hive 0.12.0 新增
int	field(val t,val1 t,val2 t,val3 t,...)	返回 val1、val2、val3 等列表中 val 的索引位置，如果未找到，则返回 0。例如 field（'world'，'say'，'hello'，'world'）返回 3。支持所有的基本数据类型，类似 str.equals（x）。如果 val 为 null，则返回值为 0
int	find_in_set(string str, string strList)	返回 strList 中 str 出现的第一个位置，其中 strList 是逗号分隔的字符串。如果任一参数为 null，则返回 null。如果第一个参数包含任何逗号，则返回 0。例如 find_in_set（'ab'，'abc，b，ab，c，def'）返回 3
string	format_number(number x, int d)	将数值 x 格式化为"#,###,###.##"这样的格式，四舍五入为 d 小数位，并将结果作为字符串返回。如果 d 为 0，则没有小数点或小数部分。Hive 0.10.0 新增；Hive 0.14.0 修正了浮点类型的错误，Hive 0.14.0 添加了 Decimal 类型支持
string	get_json_object(string json_string, string path)	从指定的 json 路径 path 的 json_string 中提取 json 对象，并返回提取的 json 对象的 json 字符串形式。如果输入的 json 字符串无效，将返回 null。
boolean	in_file(string str, string filename)	如果 filename 中有完整一行数据与字符串 str 完全匹配，则返回
int	instr(string str, string substr)	返回 str 中第一次出现 substr 的位置。如果任一参数为 null，则返回 null；如果在 str 中找不到 substr，则返回 0。请注意，这不是基于 0 的，str 中的第一个字符的索引为 1
int	length(string A)	返回字符串 A 的长度
int	locate(string substr, string str[, int pos])	返回 str 中 pos 位置后第一次出现 substr 的位置
string	lower(string A), lcase(string A)	将字符串 A 中所有字母转换成小写字母。例如 lower（'fOoBaR'）的结果是'foobar'
string	lpad(string str, int len, string pad)	从左边开始对字符串 str 使用 pad 进行填充，直到 len 的长度。如果 str 比 len 长，则比 len 长的多余部分被去掉。如果填充字符串为 null，则返回值为 null
string	ltrim(string A)	将 A 左侧出现的空格全部去掉。例如 ltrim（' foobar'）产生'foobar'。
array<struct<string, double>>	ngrams(array<array<string>>, int N, int K, int pf)	估算文件中前 K 个字尾，pf 是精度系统
int	octet_length(string str)	返回以 UTF-8 编码保存字符串 str 所需的八位字节数（Hive 2.2.0 新增）。请注意，octet_length（str）可以大于 character_length（str）
string	parse_url(string urlString, string partToExtract [, string keyToExtract])	从 URL 返回抽取指定部分的内容。urlString 表示 URL 字符串，partToExtract 表示要抽取部分的名称，它的有效值包括 HOST、PATH、QUERY、REF、PROTOCOL、AUTHORITY、FILE 和 USERINFO

续表

返回类型	样式	描述
string	printf(string format, Obj... args)	按照 printf 格式化输出字符串（Hive 0.9.0 新增）
string	regexp_extract(string subject, string pattern, int index)	抽取字符串 subject 中符合正则表达式 pattern 的第 index 个部分的子字符串。例如 regexp_extract('foothebar', 'foo(.*?)(bar)', 2) 返回'bar'
string	regexp_replace(string INITIAL_STRING, string PATTERN, string REPLACEMENT)	按照 Java 正则表达式 PATTERN 将字符串 INITIAL_STRING 中符合条件的部分替换成 REPLACEMENT 所指定的字符串。如果 REPLACEMENT 为空，则符合正则表达式的部分就会被去掉。例如 regexp_replace("foobar", "oo|ar", "")返回'fb'
string	repeat(string str, int n)	重复出现 n 次 str
string	replace(string A, string OLD, string NEW)	将字符串 A 中所有与 OLD 一致部分用 NEW 替换（Hive 1.3.0 和 Hive 2.1.0 新增）。例如 replace("ababab", "abab", "Z")返回“Zab”
string	reverse(string A)	返回反转 A 的字符串
string	rpad(string str, int len, string pad)	从右边开始对字符串 str 使用字符串 pad 进行填充，最终达到 len 的长度为止。如果 str 比 len 长，则返回值的多余部分会被去掉。如果填充字符串为空，则返回值为空
string	rtrim(string A)	将字符串 A 右侧出现的空格全部去除。例如 rtrim(' foobar ')产生'foobar'
array<array<string>>	sentences(string str, string lang, string locale)	将字符串 str 转换成句子数组，每个句子又由一个单词数组构成。参数 lang 和 locale 是可选参数，如果没有，则使用默认的本地化信息。例如 sentences('Hello there! How are you?') 返回的结果是“(("Hello", "there"), ("How", "are", "you"))”
string	space(int n)	返回一个 n 个空格构成的字符串
array	split(string str, string pat)	按照正则表达式 pat 分割字符串 str，并将分割后的部分以字符串数组的方式返回
map<string,string>	str_to_map(text[, delimiter1, delimiter2])	将 text 按 2 个指定分隔符分隔成 Map（键值对）形式。delimiter1 将 text 分隔成键值对；delimiter2 将键值对分隔成键和值。delimiter1 的默认分隔符是','；delimiter2 的默认分隔符是':'
string	substr(string|binary A, int start), substring(string|binary A, int start)	对于 A，从 start 位置开始到字符串 A 结束，截取字符串作为子字符串。例如 substr('foobar', 4)的结果是'bar'
string	substr(string|binary A, int start, int len), substring(string|binary A, int start, int len)	对于 A，从 start 位置开始截取 len 长度的字符串作为子字符串。例如 substr('foobar', 4, 1)的结果是'b'
string	substring_index(string A, string delim, int count)	对于 A，按分隔符 delim 依据 count 值截取子字符串（Hive 1.3.0 新增）。如果 count 是正数，则从左数起 count 向右截取；如果 count 是负数，则从右数起向左截取。例如 substring_index ('www.apache.org', '.', 2) = 'www.apache'
string	translate(string|char|varchar input, string|char|varchar from, string|char|varchar to)	使用 to 字符串中的相应字符替换 from 字符串中存在的字符来转换输入字符串。与 PostgreSQL 中的 translate 类似，如果此 UDF 的任何参数为 null，则结果也为 null。自 Hive 0.10.0 开始，适用于字符串类型，Char/varchar 支持从 Hive 0.14.0 新增
string	trim(string A)	将字符串 A 左右两端的空格全部去除。例如 trim(' foobar ')的结果是'foobar'
binary	unbase64(string str)	将基于 64 位的字符串转换为二进制 binary 的值。Hive 0.12.0 新增
string	upper(string A), ucase(string A)	将字符串 A 的所有字符转换为大写的字母。例如 upper（'fOoBaR'）的结果是'FOOBAR'。
string	initcap(string A)	返回的字符串值，每个单词的首字母大写，其他所有字母都小写，单词间由空白分隔。Hive 1.1.0 新增

续表

返回类型	样式	描述
int	levenshtein(string A, string B)	返回两个字符串之间的 Levenshtein 距离（Hive 1.2.0 新增）。例如 levenshtein（'kitten'，'sitting'）的结果是 3
string	soundex(string A)	返回字符串的 soundex 代码（Hive 1.2.0 新增）。例如 soundex（'Miller'）的结果是 M460

3. 内置聚合函数（UDAF）

聚合函数可以对多行的零个或多个列进行统计计算，然后返回单一值供用户使用。Hive 内置了一些常用的聚合函数（见表 9-18）供用户直接调用。

表 9-18　　内置聚合函数（UDAF）

返回类型	样式	描述
BIGINT	count(*)	返回检索行的总数，包括包含 null 值的行
BIGINT	count(expr)	返回提供的 expr 表达式为非 null 的行数
BIGINT	count(DISTINCT expr[, expr...])	返回提供的表达式的值去重后且非 null 的行数。执行此操作可以使用 hive.optimize.distinct.rewrite 进行优化
DOUBLE	sum(col)	返回指定列 col 对应的所有行值的总和
DOUBLE	sum(DISTINCT col)	返回指定列 col 对应的所有行去重后值的总和
DOUBLE	avg(col)	返回指定列 col 对应的所有行值的平均值
DOUBLE	avg(DISTINCT col)	返回指定列 col 对应的所有行去重后值的平均值
DOUBLE	min(col)	返回指定列 col 中的最小值
DOUBLE	max(col)	返回指定列 col 中的最大值
DOUBLE	variance(col), var_pop(col)	返回指定数字列 col 对应值的方差
DOUBLE	var_samp(col)	返回指定数字列 col 对应值的无偏样本方差
DOUBLE	stddev_pop(col)	返回指定数字列 col 对应值的标准偏差
DOUBLE	stddev_samp(col)	返回指定数字列 col 对应值的无偏样本标准偏差
DOUBLE	covar_pop(col1, col2)	返回 col1 与 col2 这对数字列的总体协方差
DOUBLE	covar_samp(col1, col2)	返回 col1 与 col2 这对数字列的样本协方差
DOUBLE	corr(col1, col2)	返回 col1 与 col2 这对数字列的皮尔逊（Pearson）相关系数
DOUBLE	percentile(BIGINT col, p)	返回 col 在 p（p 必须介于 0 和 1 之间，是一个 double 型数组）处对应的百分比（不适用于浮点类型）。注意：真正的百分位数只能用整数值计算。如果输入的不是整数，请使用 PERCENTILE_APPROX
array<double>	percentile(BIGINT col, array(p1 [, p2]...))	返回 col 在 pi（i=1,2,⋯）（pi 必须介于 0 和 1 之间，是一个 double 型数组）处对应的百分比（不适用于浮点类型）。注意：真正的百分位数只能用整数值计算。如果输入的不是整数，请使用 PERCENTILE_APPROX
DOUBLE	percentile_approx(DOUBLE col, p [, B])	col 在 p 处对应的百分比。B 参数以内存为代价控制逼近精度，较高的值会产生更好的近似值，默认值为 10 000。当 col 中非重复值的数量小于 B 时，返回精确的百分比
array<double>	percentile_approx(double col, array(p1 [, p2]...) [, B])	与上面相同，但接受并返回一组百分位数值而不是单个百分位数值
double	regr_avgx(independent, dependent)	类似 avg(dependent)。Hive 2.2.0 新增

续表

返回类型	样式	描述
double	regr_avgy(independent, dependent)	类似 avg(independent)。Hive 2.2.0 新增
double	regr_count(independent, dependent)	返回用于拟合线性回归的非空对数。Hive 2.2.0 新增
double	regr_intercept(independent, dependent)	返回线性回归直线的 y 轴截距，即方程式“dependent = a * independent + b”中的 b 值。Hive 2.2.0 新增
double	regr_r2(independent, dependent)	返回回归的判定系数。Hive 2.2.0 新增
double	regr_slope(independent, dependent)	返回线性回归直线的斜率，即等式“dependent = a * independent + b”中的 a 的值。Hive 2.2.0 新增
double	regr_sxx(independent, dependent)	相当于 regr_count(independent, dependent) * var_pop(dependent)。Hive 2.2.0 新增
double	regr_sxy(independent, dependent)	相当于 regr_count(independent, dependent) * covar_pop(independent, dependent)。Hive 2.2.0 新增
double	regr_syy(independent, dependent)	相当于 regr_count(independent, dependent) * var_pop(independent)。Hive 2.2.0 新增
array<struct {'x','y'}>	histogram_numeric(col, b)	使用 b 个非均匀间隔计算组内数字列的柱状图（直方图），输出的数组大小为 b，Double 类型的(x,y)表示直方图的中心和高度
array	collect_set(col)	返回集合 col 元素消除重复元素的对象
array	collect_list(col)	返回集合 col 元素包含重复对象的列表。Hive 0.13.0 新增
INTEGER	ntile(INTEGER x)	将有序分区划分为 x 个称为桶的组，并为该分区中的每一行分配一个桶编号。这可以方便地计算三分位数、四分位数、十分位数、百分位数和其他常见统计数据。Hive 0.11.0 新增

【例 9-17】求 9.4.1 节案例中 dbtest.userinfo 表中一共有多少员工，以及所有员工的平均薪水。由于每位员工是一条数据，故只需要统计表中一共有多少条数据即可，平均薪水也是将每位员工的 salary 加在一起除以总条数得到。这里使用聚合函数 count 和 avg 就可求解。

```
hive> SELECT count(*) ,avg(salary) FROM userinfo;
WARNING: Hive-on-MR is deprecated in Hive 2 and may not be available in the future versions.
Consider using a different execution engine (i.e. spark, tez) or using Hive 1.X releases.
Query ID = user_20180217010352_bdaf24b4-7c40-4814-8442-617123926cf6
Total jobs = 1
Launching Job 1 out of 1
Number of reduce tasks determined at compile time: 1
In order to change the average load for a reducer (in bytes):
  set hive.exec.reducers.bytes.per.reducer=<number>
In order to limit the maximum number of reducers:
  set hive.exec.reducers.max=<number>
In order to set a constant number of reducers:
  set mapreduce.job.reduces=<number>
Starting Job = job_1518707710910_0002, Tracking URL = http://master:8088/proxy/application_
1518707710910_0002/
Kill Command = /home/user/bigdata/hadoop/bin/hadoop job  -kill job_1518707710910_0002
Hadoop job information for Stage-1: number of mappers: 1; number of reducers: 1
2018-02-17 01:05:05,363 Stage-1 map = 0%,  reduce = 0%
2018-02-17 01:05:52,609 Stage-1 map = 100%,  reduce = 0%, Cumulative CPU 9.88 sec
2018-02-17 01:06:23,817 Stage-1 map = 100%,  reduce = 67%, Cumulative CPU 14.06 sec
2018-02-17 01:06:28,708 Stage-1 map = 100%,  reduce = 100%, Cumulative CPU 17.53 sec
MapReduce Total Cumulative CPU time: 17 seconds 530 msec
Ended Job = job_1518707710910_0002
```

```
    MapReduce Jobs Launched:
    Stage-Stage-1: Map: 1  Reduce: 1   Cumulative CPU: 17.53 sec   HDFS Read: 11137 HDFS Write:
108 SUCCESS
    Total MapReduce CPU Time Spent: 17 seconds 530 msec
    OK
    3       9000.0
    Time taken: 159.462 seconds, Fetched: 1 row(s)
    hive>
```

其中 9000.0=（12000+8000+7000）/3。

该聚合函数启用的 MapReduce 程序，在 Hive 中可通过设置 hive.map.aggr 的属性值为 true 来提高聚合的性能。上例可写成如下形式。

```
hive> SET hive.map.aggr=true;
hive> SELECT count(*) ,avg(salary) FROM userinfo;
```

该种写法会触发 Map 阶段的顶级聚合过程，提高 HiveQL 聚合的执行性能，即将顶层的聚合操作（top-levelaggregation operation，通常指在 group by 语句之前的聚合操作）放在 Map 阶段执行，减轻清洗阶段数据传输和 Reduce 阶段的执行时间，提升总体性能。只是该设置会消耗更多的内存。

此外 Hive 向用户提供了 UDAF 的自定义接口，用户可通过实现 GenericUDAFResolver 接口，结合业务需求进行 UDAF 函数的自定义编写。该接口位于源码包“org.apache.hadoop.hive.ql.udf.generic”下。

4. 内置表生成函数（UDTF）

通常用户定义的函数单个输入行并产生单个输出行。相比之下，表生成函数将单个输入行转换为多个输出行。内置表生成函数如表 9-19 所示。

表 9-19　　内置表生成函数（UDTF）

行设置的列类型	样式	描述
T	explode(ARRAY<T> a)	将数组展开为多行。即使用单个列（col）返回一个行集，对数组类型列 ARRAY<T>中的每个元素，作为一行返回
T_{key},T_{value}	explode(MAP<T_{key},T_{value}> m)	将 map 分解为多行，每行包含两列 T_{key} 和 T_{value}，分别对应每个 map 的键 T_{key} 和值 T_{value}。Hive 0.8.0 新增
int,T	posexplode(ARRAY<T> a)	与 explode(ARRAY<T> a)类似，但增加以 int 类型表示的 value 对应的索引位置 pos，即将数组展开为多行。返回具有两列(pos, val)的行集，对于数组中的每个元素都返回一行
T_1,...,T_n	inline(ARRAY<STRUCT<f_1:T_1,...,f_n:T_n>> a)	将结构数组展开为多行。返回一个具有 n 列的行集（n=结构中顶级元素的数量），每个结构中有一行来自该数组。Hive 0.10 新增
T_1,...,$T_{n/r}$	stack(int r,T_1 V_1,...,$T_{n/r}$ V_n)	将 n 个值 V_1,...,V_n 分成 r 行。每行将有 n/r 列。r 必须是常数值
$string_1$,...,$string_n$	json_tuple(string jsonStr, string k_1,...,string k_n)	接受 json 字符串和一组 n 个键，并返回 n 个值的元组。这是 get_json_object UDF 的更高效版本，因为它只需一次调用即可获得多个键值
$string_1$,...,$string_n$	parse_url_tuple(string urlStr, string p_1,...,string p_n)	使用 URL 字符串 urlStr 和一组 n 个 URL 部分，并返回 n 个值的元组。这与 parse_url() UDF 类似，但可以一次从 URL 中提取多个部分。有效的部分名称是 HOST、PATH、QUERY、REF、PROTOCOL、AUTHORITY、FILE、USERINFO、QUERY：<KEY>

userinfo 表 uname 字段记录了主管名字，subordinates 字段记录了每位主管的下属员工名字。如下所示。

```
hive> SELECT uname,subordinates FROM userinfo;
OK
ManagerWang     ["YG1","YG2"]
ManagerLi       ["YG1"]
ManagerZhao     []
Time taken: 0.617 seconds, Fetched: 3 row(s)
```

【例 9-18】 求 9.4.1 节案例中 dbtest.userinfo 表中员工“ManagerWang”的下属。

```
hive> SELECT explode(subordinates) FROM userinfo WHERE uname="ManagerWang";
OK
YG1
YG2
Time taken: 0.889 seconds, Fetched: 2 row(s)
hive>
```

此外 Hive 向用户提供了 UDTF 的抽象类，用户可通过继承 GenericUDTF 这个抽象类，结合业务需求进行 UDTF 函数的自定义编写。该类位于源码包“org.apache.hadoop.hive.ql.udf.generic”下。

9.4.5 GROUP BY 语句

GROUP BY 语句通常与聚合函数一起使用，按照一个或者多个列对结果进行分组，然后对每个组执行聚合操作。它的语法与 SQL 非常相似，GROUP BY 后面接的字段必须是表里有的字段或者经过处理的字段。带有 GROUP BY 的 SELECT 查询语句，SELECT 后查询字段必须是 GROUP BY 后面有的，或者是经过处理的表里有但 GROUP BY 后面不一定有的字段。

在 GROUP BY 语句中还有个配合的关键字 HAVING 语句，它完成原本需要通过子查询才能对 GROUP BY 语句产生的分组进行条件过滤的任务。它与同样对查询结果进行筛选的 WHERE 有着本质上的不同，WHERE 通常指定查询表内容的筛选条件。在写 GROUP BY 语句查询时的语法规则如下。

```
SELECT [ALL | DISTINCT] SELECT_expr, SELECT_expr, ...
 FROM table_reference
 [WHERE WHERE_condition]
 [GROUP BY col_list]
 [HAVING col_list]
 [ORDER BY col_list]
```

【例 9-19】 通过对某店销售数据的统计进行 GROUP BY 常用示例的演示。

1. 数据准备

```
hive> CREATE EXTERNAL TABLE IF NOT EXISTS shoppingInfo(
    > province STRING      --地区-- ,
    > manager STRING       --该地区店面负责人-- ,
    > ymd STRING           --日期-- ,
    > increase FLOAT       --该天销售额（万计）--
    > )
    > ROW FORMAT DELIMITED FIELDS TERMINATED BY ',';
OK
Time taken: 0.415 seconds
hive> LOAD DATA LOCAL INPATH '/home/user/test_data/ch09.csv' INTO TABLE shoppingInfo;
Loading data to table dbtest.shoppinginfo
```

```
OK
Time taken: 1.127 seconds
hive> SELECT * FROM shoppingInfo;
OK
JL     ManagerSun     2017-12-9      2.58
JL     ManagerSun     2017-12-8      2.51
JL     ManagerQi      2017-11-9      2.0
JL     ManagerQi      2017-11-8      2.0
HLJ    ManagerLi      2017-12-9      8.07
HLJ    ManagerLi      2017-9-29      7.53
HLJ    ManagerZhao    2017-2-2       4.0
HLJ    ManagerZhao    2017-1-30      4.51
HLJ    ManagerWang    2017-11-3      9.28
HLJ    ManagerWang    2017-11-2      9.82
Time taken: 0.448 seconds, Fetched: 10 row(s)
```

2. 查询该店每个地区每年的销售总额

```
hive> SELECT province,year(ymd),sum(increase)
    > FROM shoppingInfo
    > GROUP BY province,year(ymd);
Query ID = user_20180217072736_9afea9ff-6f81-4789-bc3d-eb3a7b160dd2
Total jobs = 1
Launching Job 1 out of 1
Number of reduce tasks not specified. Estimated from input data size: 1
In order to change the average load for a reducer (in bytes):
  set hive.exec.reducers.bytes.per.reducer=<number>
In order to limit the maximum number of reducers:
  set hive.exec.reducers.max=<number>
In order to set a constant number of reducers:
  set mapreduce.job.reduces=<number>
Starting Job = job_1518707710910_0003, Tracking URL = http://master:8088/proxy/
application_1518707710910_0003/
Kill Command = /home/user/bigdata/hadoop/bin/hadoop job  -kill job_1518707710910_0003
Hadoop job information for Stage-1: number of mappers: 1; number of reducers: 1
2018-02-17 07:28:31,629 Stage-1 map = 0%,  reduce = 0%
2018-02-17 07:29:11,037 Stage-1 map = 100%,  reduce = 0%, Cumulative CPU 9.89 sec
2018-02-17 07:29:41,480 Stage-1 map = 100%,  reduce = 67%, Cumulative CPU 14.32 sec
2018-02-17 07:29:46,412 Stage-1 map = 100%,  reduce = 100%, Cumulative CPU 17.92 sec
MapReduce Total Cumulative CPU time: 17 seconds 920 msec
Ended Job = job_1518707710910_0003
MapReduce Jobs Launched:
Stage-Stage-1: Map: 1  Reduce: 1   Cumulative CPU: 17.92 sec   HDFS Read: 9986 HDFS Write:
165 SUCCESS
Total MapReduce CPU Time Spent: 17 seconds 920 msec
OK
HLJ    2017    43.209999561309814
JL     2017    9.089999914169312
Time taken: 132.958 seconds, Fetched: 2 row(s)
```

3. 查询黑龙江地区（HLJ）年销售额的平均增长大于 5 万元的店

```
hive> SELECT manager,year(ymd),avg(increase)
    > FROM shoppingInfo
    > WHERE province ='HLJ'
    > GROUP BY manager,year(ymd)
    > HAVING avg(increase)>5
    > ;
WARNING: Hive-on-MR is deprecated in Hive 2 and may not be available in the future versions.
```

```
Consider using a different execution engine (i.e. spark, tez) or using Hive 1.X releases.
    Query ID = user_20180217082203_aaf732ec-c546-4703-836f-8bbd7ea158b4
    Total jobs = 1
    Launching Job 1 out of 1
    Number of reduce tasks not specified. Estimated from input data size: 1
    In order to change the average load for a reducer (in bytes):
      set hive.exec.reducers.bytes.per.reducer=<number>
    In order to limit the maximum number of reducers:
      set hive.exec.reducers.max=<number>
    In order to set a constant number of reducers:
      set mapreduce.job.reduces=<number>
    Starting Job = job_1518707710910_0004, Tracking URL = http://master:8088/proxy/
application_1518707710910_0004/
    Kill Command = /home/user/bigdata/hadoop/bin/hadoop job  -kill job_1518707710910_0004
    Hadoop job information for Stage-1: number of mappers: 1; number of reducers: 1
    2018-02-17 08:22:50,208 Stage-1 map = 0%,  reduce = 0%
    2018-02-17 08:23:24,615 Stage-1 map = 100%,  reduce = 0%, Cumulative CPU 8.63 sec
    2018-02-17 08:23:55,130 Stage-1 map = 100%,  reduce = 67%, Cumulative CPU 13.24 sec
    2018-02-17 08:24:05,258 Stage-1 map = 100%,  reduce = 100%, Cumulative CPU 19.8 sec
    MapReduce Total Cumulative CPU time: 19 seconds 800 msec
    Ended Job = job_1518707710910_0004
    MapReduce Jobs Launched:
    Stage-Stage-1: Map: 1  Reduce: 1   Cumulative CPU: 19.8 sec   HDFS Read: 11432 HDFS Write:
179 SUCCESS
    Total MapReduce CPU Time Spent: 19 seconds 800 msec
    OK
    ManagerLi       2017    7.799999952316284
    ManagerWang     2017    9.549999713897705
    Time taken: 122.938 seconds, Fetched: 2 row(s)
```

此例中应用 HAVING 语句对 GROUP BY 语句产生的分组进行条件过滤。

9.4.6 JOIN 语句

Hive 支持通常的 SQL JOIN 语句，但是只支持等值连接。使用 Hive 和直接使用 MapReduce 相比，好处在于它简化了常用操作。在 Hive 中进行连接操作就能充分体现这个好处。

Hive 中的连接包括内连接、外连接（左外连接、右外连接、全外连接）、半连接和 Map 连接。下面通过一个实例来讲解这几个连接的用处。

【例 9-20】通过对某店销售数据的连接统计，进行 JOIN 语句示例的演示。

1. 数据准备

（1）第 1 张表

```
hive> SELECT * FROM shoppingInfo WHERE manager='ManagerLi';
OK
HLJ     ManagerLi       2017-12-9       8.07
HLJ     ManagerLi       2017-9-29       7.53
Time taken: 0.95 seconds, Fetched: 2 row(s)
```

（2）第 2 张表

```
hive> SELECT * FROM shoppingInfo WHERE manager='ManagerSun';
OK
JL      ManagerSun      2017-12-9       2.58
JL      ManagerSun      2017-12-8       2.51
Time taken: 0.768 seconds, Fetched: 2 row(s)
```

2. 内连接

内连接指的是把符合两边连接条件的数据查询出来。连接关键字为 INNER JOIN。

下面显示 ManagerSun 和 ManagerLi 两个店按天销售额的对比表。

```
hive> SELECT a.ymd,a.manager,a.increase,b.manager,b.increase
    > FROM (SELECT ymd,increase,manager FROM shoppingInfo WHERE manager='ManagerLi') a
    > INNER JOIN (SELECT ymd,increase,manager FROM shoppingInfo WHERE manager=
'ManagerSun') b
    > ON a.ymd=b.ymd;
Query ID = user_20180217090000_73de3537-1e40-4956-aae1-d668d8cb7fd1
Total jobs = 1
---省略--
Execution completed successfully
MapredLocal task succeeded
Launching Job 1 out of 1
Number of reduce tasks is set to 0 since there's no reduce operator
---省略 MapReduce 过程---
MapReduce Jobs Launched:
Stage-Stage-3: Map: 1   Cumulative CPU: 12.42 sec   HDFS Read: 7196 HDFS Write: 140 SUCCESS
Total MapReduce CPU Time Spent: 12 seconds 420 msec
OK
2017-12-9      ManagerLi      8.07    ManagerSun     2.58
Time taken: 134.396 seconds, Fetched: 1 row(s)
```

此种写法相当于 Where 条件连接。请看下面的写法及运行结果。

```
hive> SELECT a.ymd,a.manager,a.increase,b.manager,b.increase
    > FROM
    > (SELECT ymd,increase,manager FROM shoppingInfo WHERE manager='ManagerLi') a,
    > (SELECT ymd,increase,manager FROM shoppingInfo WHERE manager='ManagerSun') b
    > WHERE a.ymd=b.ymd;
Query ID = user_20180217084817_7a64c1f6-b14f-491c-804d-fc208ebdac77
Total jobs = 1
---省略---
Launching Job 1 out of 1
Number of reduce tasks is set to 0 since there's no reduce operator
---省略 MapReduce 过程---
OK
2017-12-9      ManagerLi      8.07    ManagerSun     2.58
Time taken: 215.177 seconds, Fetched: 1 row(s)
```

虽然两种写法的结果是一致的，但还是建议用 ON 子句作连接条件，用 Where 作筛选条件。此外，还可以在查询中使用多个 JOIN…ON…子句来连接多个表。Hive 会智能地以最少 MapReduce 作业数来执行连接。单个的连接用一个 MapReduce 作业实现。但是，如果多个连接的连接条件中使用了相同的列，则平均每个连接可以至少用一个 MapReduce 作业来实现。用户可以在计数器信息中查询启用了多少个 MapReduce 作业（job）。

在此例子中，可以看到 Total jobs=1，启用了一个 MapReduce 作业，而且只启用了 Map 过程，没有使用 Reduce 过程。

3. 左外连接

左外连接时，如果连接中左边表有数据，右边表没有数据，则左边表有数据的记录的对应列返回为空。连接关键字为 LEFT OUTER JOIN。

下面显示 ManagerLi 店按天销售额，如果同期 ManagerSun 店有数据，也显示出来。

```
hive> SELECT a.ymd,a.manager,a.increase,b.manager,b.increase
    > FROM (SELECT ymd,increase,manager FROM shoppingInfo WHERE manager='ManagerLi') a
    > LEFT OUTER JOIN (SELECT ymd,increase,manager FROM shoppingInfo WHERE manager=
'ManagerSun') b
    > ON a.ymd=b.ymd;
Query ID = user_20180217091954_519b66d4-8989-42cc-bedf-cf6d4d8da578
Total jobs = 1
---省略---
Execution completed successfully
MapredLocal task succeeded
Launching Job 1 out of 1
Number of reduce tasks is set to 0 since there's no reduce operator
---省略 MapReduce 描述过程---
2018-02-17 09:23:30,161 Stage-3 map = 100%,  reduce = 0%, Cumulative CPU 12.1 sec
MapReduce Total Cumulative CPU time: 12 seconds 100 msec
Ended Job = job_1518707710910_0007
MapReduce Jobs Launched:
Stage-Stage-3: Map: 1   Cumulative CPU: 12.1 sec   HDFS Read: 7149 HDFS Write: 183 SUCCESS
Total MapReduce CPU Time Spent: 12 seconds 100 msec
OK
2017-12-9       ManagerLi       8.07    ManagerSun      2.58
2017-9-29       ManagerLi       7.53    NULL    NULL
Time taken: 219.702 seconds, Fetched: 2 row(s)
```

注意

JOIN 子句中表的顺序很重要，Hive 本身有优化的策略，一般可将表从上到下、从小到大依次放好。另外，在做左外连接时，需要注意条件筛选的前后与过程，如用下面的语句计算，会得到不想要的结果。

```
hive> SELECT a.ymd,a.manager,a.increase,b.manager,b.increase
    > FROM shoppingInfo a
    > LEFT OUTER JOIN shoppingInfo b
    > ON a.ymd=b.ymd
    > WHERE a.manager='ManagerLi' AND b.manager='ManagerSun';
---省略计算过程描述--
OK
2017-12-9       ManagerLi       8.07    ManagerSun      2.58
Time taken: 141.261 seconds, Fetched: 1 row(s)
```

可见，计算的结果并不是我们要的，请读者体会为什么会这样。

4. 右外连接

右外连接时，如果左边表没有数据，右边表有数据，则右边表有数据的记录对应列返回为空。连接关键字为 RIGHT OUTER JOIN。

下面显示 ManagerSun 店按天销售额，如果同期 ManagerLi 店有数据，也显示出来。

```
hive> SELECT a.ymd,a.manager,a.increase,b.manager,b.increase
    > FROM (SELECT ymd,increase,manager FROM shoppingInfo WHERE manager='ManagerLi') a
    > RIGHT OUTER JOIN (SELECT ymd,increase,manager FROM shoppingInfo WHERE
manager='ManagerSun') b
    > ON a.ymd=b.ymd;
Query ID = user_20180217092155_1be1719d-1c43-40cb-a400-167b7be310eb
Total jobs = 1
2018-02-17 09:23:57     Starting to launch local task to process map join;      maximum
```

```
memory = 518979584
    ---省略---
    Execution completed successfully
    MapredLocal task succeeded
    Launching Job 1 out of 1
    Number of reduce tasks is set to 0 since there's no reduce operator
    ---省略---
    2018-02-17 09:25:45,050 Stage-3 map = 100%,  reduce = 0%, Cumulative CPU 7.33 sec
    MapReduce Total cumulative CPU time: 7 seconds 330 msec
    Ended Job = job_1518707710910_0008
    MapReduce Jobs Launched:
    Stage-Stage-3: Map: 1   Cumulative CPU: 7.33 sec   HDFS Read: 7118 HDFS Write: 177 SUCCESS
    Total MapReduce CPU Time Spent: 7 seconds 330 msec
    OK
    2017-12-9      ManagerLi      8.07    ManagerSun     2.58
    NULL    NULL    NULL    ManagerSun      2.51
    Time taken: 230.921 seconds, Fetched: 2 row(s)
```

与左外连接一样，建议读者在连接之前做好语句的条件筛选工作。

5. 全外连接

全外连接显示连接表的所有信息，也可以说是把左外连接和右外连接的内容接在一起。全外连接关键字为 FULL OUTER JOIN。

下面显示 ManagerSun 店和 ManagerLi 店的销售数据的对比表。

```
    hive> SELECT a.ymd,a.manager,a.increase,b.manager,b.increase
       > FROM (SELECT ymd,increase,manager FROM shoppingInfo WHERE manager='ManagerLi') a
       > FULL OUTER JOIN (SELECT ymd,increase,manager FROM shoppingInfo WHERE manager=
'ManagerSun') b
       > ON a.ymd=b.ymd;
    ---省略---
    Hadoop job information for Stage-1: number of mappers: 1; number of reducers: 1
    2018-02-17 10:00:09,568 Stage-1 map = 0%,  reduce = 0%
    2018-02-17 10:00:50,740 Stage-1 map = 100%,  reduce = 0%, Cumulative CPU 12.96 sec
    2018-02-17 10:01:44,523 Stage-1 map = 100%,  reduce = 67%, Cumulative CPU 16.81 sec
    2018-02-17 10:03:22,961 Stage-1 map = 100%,  reduce = 100%, Cumulative CPU 22.02 sec
    MapReduce Total Cumulative CPU time: 22 seconds 20 msec
    Ended Job = job_1518707710910_0010
    MapReduce Jobs Launched:
    Stage-Stage-1: Map: 1  Reduce: 1   Cumulative CPU: 22.02 sec   HDFS Read: 12199 HDFS Write:
220 SUCCESS
    Total MapReduce CPU Time Spent: 22 seconds 20 msec
    OK
    NULL    NULL    NULL    ManagerSun      2.51
    2017-12-9      ManagerLi      8.07    ManagerSun     2.58
    2017-9-29      ManagerLi      7.53    NULL    NULL
    Time taken: 246.425 seconds, Fetched: 3 row(s)
```

6. Map 连接

如果有一个连接表小到足以放入内存，Hive 就可以把它放入每个 Mapper 的内存来执行连接操作，这就叫作 Map 连接。执行这个查询不使用 Reducer，在做连接时，因为使用了同一张表里很少的数据，恰巧符合它的要求，所以读者可以看到这两个过程中 Reducer 被设置为 0，最终只用 Map 进行计算。但在全外连接时，用到了 Reducer，这不是 Map 连接，因为只有对所有输入都进行聚集（Reduce）的步骤，才能检测到哪个数据行无法匹配。

Map 连接可以利用分桶的表，因为作用于桶的 Mapper 加载右侧表中对应的桶，即可执行连接。这时使用的语法和前面提到的在内存中进行连接是一样的，只不过还需要用下面的语法启用优化选项。

```
SET hive.optimize.bucketmapjoin=true;
```

7. 多表连接

多表连接时可用多个 JOIN…ON 进行连接操作。当多个表连接时，它的执行过程是：通常情况下，先启用一个 Job1，执行 A 表和 B 表连接操作，生成一个结果 result1，然后再启用一个 Job2，执行 result1 与 C 表连接，生成最终的结果。需要注意的是，当对 3 个或者更多个表进行 Join 连接时，如果每个 On 子句都使用相同的连接键，则只会产生一个 MapReduce Job。示例如下。

```
hive> SELECT a.ymd,a.manager,a.increase,b.manager,b.increase,c.manager,c.increase
    > FROM shoppingInfo a
    > JOIN shoppingInfo b ON a.ymd  = b.ymd
    > JOIN shoppingInfo c ON a.ymd  = c.ymd;
Query ID = user_20180217102040_509d18ad-0ef3-4f1b-ac4f-f90e657ad2e4
Total jobs = 1
2018-02-17 10:21:22     Starting to launch local task to process map join;     maximum
memory = 518979584
2018-02-17 10:21:30     Dump the side-table for tag: 0 with group count: 9 into file:
file:/home/user/hive/tmp/hive/96663a88-af11-43b3-9ccf-b9afc3b4c5e5/hive_2018-02-17_10-20
-40_511_6071603766784364116-1/-local-10004/HashTable-Stage-4/MapJoin-mapfile20--.hashtab
le
2018-02-17 10:21:30     Uploaded 1 File to: file:/home/user/hive/tmp/hive/96663a88-af11-
43b3-9ccf-b9afc3b4c5e5/hive_2018-02-17_10-20-40_511_6071603766784364116-1/-local-10004/H
ashTable-Stage-4/MapJoin-mapfile20--.hashtable (669 bytes)
2018-02-17 10:21:30     Dump the side-table for tag: 1 with group count: 9 into file:
file:/home/user/hive/tmp/hive/96663a88-af11-43b3-9ccf-b9afc3b4c5e5/hive_2018-02-17_10-20
-40_511_6071603766784364116-1/-local-10004/HashTable-Stage-4/MapJoin-mapfile21--.hashtab
le
2018-02-17 10:21:30     Uploaded 1 File to: file:/home/user/hive/tmp/hive/96663a88-af11-
43b3-9ccf-b9afc3b4c5e5/hive_2018-02-17_10-20-40_511_6071603766784364116-1/-local-10004/H
ashTable-Stage-4/MapJoin-mapfile21--.hashtable (669 bytes)
2018-02-17 10:21:30     End of local task; Time Taken: 7.866 sec.
Execution completed successfully
MapredLocal task succeeded
Launching Job 1 out of 1
Number of reduce tasks is set to 0 since there's no reduce operator
Starting Job = job_1518707710910_0012, Tracking URL = http://master:8088/proxy/application_
1518707710910_0012/
Kill Command = /home/user/bigdata/hadoop/bin/hadoop job  -kill job_1518707710910_0012
Hadoop job information for Stage-4: number of mappers: 1; number of reducers: 0
2018-02-17 10:22:17,193 Stage-4 map = 0%,  reduce = 0%
2018-02-17 10:22:54,709 Stage-4 map = 100%,  reduce = 0%, Cumulative CPU 10.98 sec
MapReduce Total Cumulative CPU time: 10 seconds 980 msec
Ended Job = job_1518707710910_0012
MapReduce Jobs Launched:
Stage-Stage-4: Map: 1   Cumulative CPU: 10.98 sec   HDFS Read: 7622 HDFS Write: 1188 SUCCESS
Total MapReduce CPU Time Spent: 10 seconds 980 msec
OK
2017-12-9      ManagerSun     2.58    ManagerSun     2.58    ManagerSun     2.58
2017-12-9      ManagerSun     2.58    ManagerLi      8.07    ManagerSun     2.58
2017-12-9      ManagerLi      8.07    ManagerSun     2.58    ManagerSun     2.58
2017-12-9      ManagerLi      8.07    ManagerLi      8.07    ManagerSun     2.58
2017-12-8      ManagerSun     2.51    ManagerSun     2.51    ManagerSun     2.51
2017-11-9      ManagerQi      2.0     ManagerQi      2.0     ManagerQi      2.0
```

```
2017-11-8       ManagerQi       2.0     ManagerQi       2.0     ManagerQi       2.0
2017-12-9       ManagerSun      2.58    ManagerSun      2.58    ManagerLi       8.07
2017-12-9       ManagerSun      2.58    ManagerLi       8.07    ManagerLi       8.07
2017-12-9       ManagerLi       8.07    ManagerSun      2.58    ManagerLi       8.07
2017-12-9       ManagerLi       8.07    ManagerLi       8.07    ManagerLi       8.07
2017-9-29       ManagerLi       7.53    ManagerLi       7.53    ManagerLi       7.53
2017-2-2        ManagerZhao     4.0     ManagerZhao     4.0     ManagerZhao     4.0
2017-1-30       ManagerZhao     4.51    ManagerZhao     4.51    ManagerZhao     4.51
2017-11-3       ManagerWang     9.28    ManagerWang     9.28    ManagerWang     9.28
2017-11-2       ManagerWang     9.82    ManagerWang     9.82    ManagerWang     9.82
Time taken: 136.841 seconds, Fetched: 16 row(s)
```

9.4.7 UNION ALL 语句

UNION ALL 可以将两个或多个表进行合并。每个 UNION 子查询都必须具有相同的列，而且对应的每个字段的字段类型必须是一致的。

UNION ALL 也可以用于同一个源表的数据合并。从逻辑上讲，可以使用一个 SELECT 和 WHERE 语句来获得相同的结果。这个技术便于将一个长的复杂的 WHERE 语句分隔成两个或者多个 UNION 子查询。不过除非源表建立了索引，否则，这个查询将会对同一分源数据进行多次复制分发。

9.4.8 ORDER BY 和 SORT BY 语句

在 Hive 中可以使用标准的 ORDER BY 子句对数据进行排序。ORDER BY 会对查询结果集执行一个全局排序。所有数据通过一个 Reducer 进行处理。所以对于大规模的数据集，它的效率非常低。执行这个过程可能会消耗太长的时间。

在 Hive 中增加了 SORT BY 的排序语句，它为每个 Reducer 产生一个排序文件，也就是执行一个局部排序过程，而非全局有序。至于 HiveQL 语句中的 Reducer 的数量，用户可以按照默认的数量来进行，也可以通过参数的设定由用户来指定。

这两种语句在指定表中的字段进行排序时，同时可在字段后面加上 ASC 关键字（默认的）表示升序排序，或加 DESC 关键字表示降序排序。

（1）使用 ORDER BY 实现该连锁店按日期升序、销售额降序排序的排名表。

```
hive> SELECT *
    > FROM shoppingInfo
    > ORDER BY to_date(ymd) ASC, increase DESC;
Query ID = user_20180217104519_ef540e77-3aef-44ba-ae32-261afd706859
Total jobs = 1
---省略---
2018-02-17 10:47:16,854 Stage-1 map = 100%,  reduce = 100%, Cumulative CPU 14.81 sec
MapReduce Total Cumulative CPU time: 14 seconds 810 msec
Ended Job = job_1518707710910_0015
MapReduce Jobs Launched:
Stage-Stage-1: Map: 1  Reduce: 1   Cumulative CPU: 14.81 sec   HDFS Read: 8888 HDFS Write:
499 SUCCESS
Total MapReduce CPU Time Spent: 14 seconds 810 msec
OK
HLJ     ManagerZhao     2017-1-30       4.51
HLJ     ManagerZhao     2017-2-2        4.0
HLJ     ManagerLi       2017-9-29       7.53
HLJ     ManagerWang     2017-11-2       9.82
```

```
HLJ     ManagerWang     2017-11-3       9.28
JL      ManagerQi       2017-11-8       2.0
JL      ManagerQi       2017-11-9       2.0
JL      ManagerSun      2017-12-8       2.51
HLJ     ManagerLi       2017-12-9       8.07
JL      ManagerSun      2017-12-9       2.58
Time taken: 119.818 seconds, Fetched: 10 row(s)
```

（2）使用 SORT BY 实现该连锁店按日期升序、销售额降序排序的排名表。

```
hive> SELECT *
    > FROM shoppingInfo
    > SORT BY to_date(ymd) ASC, increase DESC;
Query ID = user_20180217104551_3c97c446-a3f8-4c78-9959-c364348b9b5e
Total jobs = 1
---省略---
2018-02-17 10:49:09,762 Stage-1 map = 100%,  reduce = 100%, Cumulative CPU 13.33 sec
MapReduce Total Cumulative CPU time: 13 seconds 330 msec
Ended Job = job_1518707710910_0016
MapReduce Jobs Launched:
Stage-Stage-1: Map: 1  Reduce: 1   Cumulative CPU: 13.33 sec   HDFS Read: 8717 HDFS Write:
499 SUCCESS
Total MapReduce CPU Time Spent: 13 seconds 330 msec
OK
HLJ     ManagerZhao     2017-1-30       4.51
HLJ     ManagerZhao     2017-2-2        4.0
HLJ     ManagerLi       2017-9-29       7.53
HLJ     ManagerWang     2017-11-2       9.82
HLJ     ManagerWang     2017-11-3       9.28
JL      ManagerQi       2017-11-8       2.0
JL      ManagerQi       2017-11-9       2.0
JL      ManagerSun      2017-12-8       2.51
HLJ     ManagerLi       2017-12-9       8.07
JL      ManagerSun      2017-12-9       2.58
Time taken: 201.158 seconds, Fetched: 10 row(s)
```

上面这两个查询看上去几乎一样，是由于只有一个 Reducer 的原因。如果使用的 Reducer 的个数大于 1，则输出结果的排序就大不一样了。SORT BY 只能保证每个 Reducer 的输出是局部有序的，那么不同 Reducer 的输出就可能会有重叠。

9.4.9 含有 SORT BY 的 DISTRIBUTE BY 语句

当需要控制某个特定行应该到哪个 Reducer（通常是为了进行后续的聚集操作）时，需要使用 Hive 的 DISTRIBUTE BY 子句进行排序。DISTRIBUTE BY 可以控制在 Map 端如何拆分数据给 Reducer。Hive 会根据 DISTRIBUTE BY 后面的列，根据 Reducer 的个数进行数据分发，默认采用 Hash 算法。

DISTRIBUTE BY 和 GROUP BY 控制着 Reducer 是如何接收一行行数据进行处理的。SORT BY 则控制着 Reducer 内的数据是如何进行排序的。Hive 要求 DISTRIBUTE BY 语句要写在 SORT BY 语句之前。

下面实现该连锁店按日期升序、销售额降序排序的排列表，确保所有具有相同 Manager 的行最终都在同一个 Reducer 分区中。

```
hive> SELECT *
```

```
    > FROM shoppingInfo
    > DISTRIBUTE BY manager
    > SORT BY to_date(ymd) ASC, increase DESC;
---省略 MapReduce 计算过程的描述---
MapReduce Jobs Launched:
Stage-Stage-1: Map: 1  Reduce: 1   Cumulative CPU: 14.62 sec   HDFS Read: 8737 HDFS Write:
499 SUCCESS
Total MapReduce CPU Time Spent: 14 seconds 620 msec
OK
HLJ    ManagerZhao    2017-1-30     4.51
HLJ    ManagerZhao    2017-2-2      4.0
HLJ    ManagerLi      2017-9-29     7.53
HLJ    ManagerWang    2017-11-2     9.82
HLJ    ManagerWang    2017-11-3     9.28
JL     ManagerQi      2017-11-8     2.0
JL     ManagerQi      2017-11-9     2.0
JL     ManagerSun     2017-12-8     2.51
HLJ    ManagerLi      2017-12-9     8.07
JL     ManagerSun     2017-12-9     2.58
Time taken: 112.524 seconds, Fetched: 10 row(s)
```

同一个 Manager 的数据已经在同一文件中分好组并且按日期降序和销售额升序排好。

如果 SORT BY 和 DISTRIBUTE BY 中所用的列相同，可以缩写为 CLUSTER BY，以便同时指定两者所用的列。

9.4.10 CLUSTER BY 语句

如果在 DISTRIBUTE BY 语句中和 SORT BY 语句中涉及的列完全相同，而且采用的是升序排序方式，那么 CLUSTER BY 就等价于前面的两个语句。

（1）使用 DISTRIBUTE BY 和 SORT BY 语句实现连锁店按销售额升序排列的表格。

```
hive> SELECT *
    > FROM shoppingInfo
    > DISTRIBUTE BY increase
    > SORT BY increase ASC;
---省略 MapReduce 计算过程的描述---
MapReduce Jobs Launched:
Stage-Stage-1: Map: 1  Reduce: 1   Cumulative CPU: 12.2 sec   HDFS Read: 8326 HDFS Write:
499 SUCCESS
Total MapReduce CPU Time Spent: 12 seconds 200 msec
OK
JL     ManagerQi      2017-11-8     2.0
JL     ManagerQi      2017-11-9     2.0
JL     ManagerSun     2017-12-8     2.51
JL     ManagerSun     2017-12-9     2.58
HLJ    ManagerZhao    2017-2-2      4.0
HLJ    ManagerZhao    2017-1-30     4.51
HLJ    ManagerLi      2017-9-29     7.53
HLJ    ManagerLi      2017-12-9     8.07
HLJ    ManagerWang    2017-11-3     9.28
HLJ    ManagerWang    2017-11-2     9.82
```

（2）使用 CLUSTER BY 语句实现连锁店按销售额升序排列的表格。

```
hive> SELECT *
    > FROM shoppingInfo
```

```
    > CLUSTER BY increase;
---省略 MapReduce 计算过程的描述---
MapReduce Jobs Launched:
Stage-Stage-1: Map: 1  Reduce: 1   Cumulative CPU: 12.96 sec   HDFS Read: 8333 HDFS Write:
499 SUCCESS
Total MapReduce CPU Time Spent: 12 seconds 960 msec
OK
JL      ManagerQi       2017-11-8       2.0
JL      ManagerQi       2017-11-9       2.0
JL      ManagerSun      2017-12-8       2.51
JL      ManagerSun      2017-12-9       2.58
HLJ     ManagerZhao     2017-2-2        4.0
HLJ     ManagerZhao     2017-1-30       4.51
HLJ     ManagerLi       2017-9-29       7.53
HLJ     ManagerLi       2017-12-9       8.07
HLJ     ManagerWang     2017-11-3       9.28
HLJ     ManagerWang     2017-11-2       9.82
Time taken: 147.405 seconds, Fetched: 10 row(s)
```

使用 DISTRIBUTE BY…SORT BY 语句或其简化版的 CLUSTER BY 语句，会剥夺 SORT BY 的并行性，然而这样可以使输出文件的数据是全局排序的。

9.5　视图和索引

视图可以允许保存一个查询并像对待表一样对这个查询进行操作。视图是一个逻辑结构，因为它不像一个表会存储数据。本节通过对视图及索引常用操作实例的介绍，引导读者掌握视图及索引的常规用法。

9.5.1　视图

视图是一种用 SELECT 语句定义的“虚表”（virtual table）。现有表中的数据常常需要以一种特殊的方式进行简化和聚集，以便后期处理。视图可以把不同于磁盘实际存储形式的数据呈现给用户，也可以用来限制用户，使其只能访问授权可以看到的表的子集。但在 Hive 中，创建视图时并不把视图“物化”（materialize）存储到磁盘上。故数据量规模非常大时，用户可依据实际情况做相应的处理，如建立一张新表，把视图的内容存储到新表中，以此来物化它（CREATE TABLE…AS SELECT）。

视图操作的基本规则如下。

1. 建立视图

```
CREATE  VIEW 视图名字[(字段名 1，字段名 2，…)]
        AS
        HiveQL
```

2. 查询视图

数据：可以像查表那样查视图。

```
DESC 视图名
```

3. 删除视图

```
DROP VIEW 视图名
```

【例 9-21】 Hive 视图常规操作的演示。

1. 查询所有店面日收入在 5 万元以上的店员信息。

```
FROM(
        SELECT *
        FROM userinfo s
        WHERE s.uname IN (
        SELECT d.manager FROM shoppinginfo d WHERE d. increase>5)
) a SELECT a.uname,a.salary,a. subordinates
;
```

2. 将上面这个嵌套子查询变成一个视图

```
CREATE VIEW v_userinfo AS
      SELECT *
      FROM userinfo s
      WHERE s.uname IN (
      SELECT d.manager FROM shoppinginfo d WHERE d. increase>5)
```

现在就可以像操作表一样操作这个视图。

```
SELECT uname,salary, subordinates FROM v_ userinfo;
```

3. 查看视图涉及字段类型

```
DESC v_ userinfo;
```

4. 查看视图详细信息

```
DESCRIBE EXTENDED v_ userinfo;
```

5. 复制视图

```
CREATE TABLE new_v_ userinfo LIKE v_ userinfo;
```

6. 删除视图

```
DROP VIEW IF EXISTS v_ userinfo;//删除视图的命令
DROP TABLE new_v_ userinfo;//删除表的命令
```

7. 判断是视图还是表的方法

可以查看元数据表 TBLS 表中的 TBL_TYPE 字段：VIRTUAL_VIEW 代表视图，MANAGED_TABLE 代表内部表，EXTERNAL_TABLE 代表外部表。

8. 动态分区中的视图和 map 类型

```
CREATE VIEW v_userinfo(incometaxes, providentfund, insurance) AS
     SELECT deductions["Income Taxes"],
                 deductions["Provident Fund"],
                 deductions["Insurance"]
      FROM userinfo
      WHERE salary>7000;
```

9. 查询动态分区的视图

```
SELECT incometaxes, providentfund, insurance FROM v_ userinfo;
```

9.5.2 索引

索引是标准的数据库技术，Hive 0.7 之后支持索引。用户在某些列上创建索引，可以加速某些操作。Hive 索引被设计为可使用内置的可插拔的 Java 代码来定制，用户可以扩展这个功能来满足自己的需求。

创建索引的语法规则如下。

```
CREATE INDEX index_name
ON TABLE base_table_name (col_name, ...)
```

```
AS 'index.handler.class.name'
[WITH DEFERRED REBUILD]
[IDXPROPERTIES (property_name=property_value, ...)]
[IN TABLE index_table_name]
[PARTITIONED BY (col_name, ...)]
[
  [ ROW FORMAT ...] STORED AS ...
  | STORED BY ...
]
[LOCATION hdfs_path]
[TBLPROPERTIES (...)]
[COMMENT "index comment"]
```

【例 9-22】Hive 索引基本操作的演示。

1. 给表 shoppinginfo 在 manager 日期上创建一个索引

```
CREATE INDEX shoppinginfo_index
ON TABLE shoppinginfo (manager)
AS 'org.apache.hadoop.hive.ql.index.compact.CompactIndexHandler'
WITH DEFERRED REBUILD;
```

2. 查看索引

```
SHOW FORMATTED INDEX ON shoppinginfo;
SHOW INDEX ON shoppinginfo;
```

3. 重建索引

```
CREATE INDEX shoppinginfo_index_bitmap
ON TABLE shoppinginfo (manager)
AS 'BITMAP'
WITH DEFERRED REBUILD;
--ALTER INDEX istocks_index_bitmap on istocks REBUILD;
```

4. 删除索引

```
DROP  INDEX  IF EXISTS istocks_index ON stocks;
```

9.6 Hive 与 HBase 集成

HBase 擅长处理 HDFS 上的小条目数据的读取，而 Hive 擅长对 HDFS 上的数据进行统计分析。在 Hive 低版本中，若想 Hive 与 HBase 集成，需要人工将 HBase 的 jar 包引入 Hive 的 lib 下，并通过配置参数进行 jar 包的功能启用。Hive 的高版本做好了与 HBase 集成的工作。在 Hive 配置好后，只要将 HBase 的服务启动，Hive 就能够检索 HBase 的服务，启用集成功能。本节实验采用的是 Hive 2.1.1 版本，故在 Hadoop 服务与 HBase 服务启动后，保持现有的 Hive 配置不动，可以完成 Hive 与 HBase 的集成工作，如 Hive 对 HBase 表的建立与读取操作等。

【例 9-23】Hive 与 HBase 集成的演示示例。

1. 启动服务

（1）启动 Hadoop 服务

```
NameNode
SecondaryNameNode
NodeManager
ResourceManager
DataNode
```

（2）启动 HBase 服务

```
HRegionServer
HMaster
HQuorumPeer
```

（3）启动 Hive 远程服务

```
[user@master ~]$ hive --service metastore &
[user@master ~]$ hive --service hiveserver2 &
```

2. 在 Hive 中创建表并导入示例数据

（1）在 Hive 中创建表

```
hive> CREATE  TABLE hbase_tb1(key int, value string)
     > STORED BY 'org.apache.hadoop.hive.hbase.HBaseStorageHandler'
     > WITH SERDEPROPERTIES ("hbase.columns.mapping" = ":key,cf1:val")
     > TBLPROPERTIES ("hbase.table.name" = "hhbase", "hbase.mapred.output.outputtable" =
" hhbase");
OK
Time taken: 53.187 seconds
hive> show tables;
OK
hbase_tb1
shoppinginfo
userinfo
hive> desc hbase_tb1;
OK
key                  int
value                string
Time taken: 1.153 seconds, Fetched: 6 row(s)
```

其中 TBLPROPERTIES 的作用：按照键值对的格式为表增加额外的文档说明，也可用来表示数据库连接的必要的元数据信息。此时可以在系统中查看表的情况，示例如下。

```
hbase(main):001:0> list
TABLE
hhbase
1 row(s) in 1.8460 seconds
hbase(main):002:0> desc 'hhbase'
Table xyz is ENABLED
xyz
COLUMN FAMILIES DESCRIPTION
{NAME  =>  'cf1',  BLOOMFILTER  =>  'ROW',  VERSIONS  =>  '1',  IN_MEMORY  =>  'false',
KEEP_DELETED_CELLS => 'FALSE', DATA_BLOCK_ENCODING => 'NONE',
 TTL => 'FOREVER', COMPRESSION => 'NONE', MIN_VERSIONS => '0', BLOCKCACHE => 'true',
BLOCKSIZE => '65536', REPLICATION_SCOPE => '0'}
1 row(s) in 1.0620 seconds
```

（2）由 Hive 自带的示例数据新建 pokes 表并导入

```
hive> CREATE TABLE pokes (foo INT, bar STRING);
hive> LOAD DATA LOCAL INPATH '/home/user/bigdata/hive/examples/files/kv1.txt' OVERWRITE
INTO TABLE pokes;
hive> SELECT * FROM pokes;
```

（3）在 Hive 中插入数据

```
hive> INSERT OVERWRITE TABLE hbase_tb1 SELECT * FROM pokes WHERE foo=98;
```

此时系统启用 Map，将数据插至表 hbase_tb1 后，在 Hive 组件该表的存储位置并看不见数据，其实数据被插入在该表与 HBase 联动的表 hhbase 中。通过对 Hive 中的 hbase_tb1 表查询数据和在

HBase 中对 hhbase 表查询数据，用户都能得到结果。

（4）在 HBase 中查看数据

```
hbase(main):002:0> scan 'hhbase'
ROW                              COLUMN+CELL
 98                              column=cf1:val, timestamp=1518845765939, value=val_98
1 row(s) in 0.8810 seconds
```

（5）在 Hive 中查看数据

```
hive> SELECT * FROM hbase_tb1;
OK
98      val_98
Time taken: 1.405 seconds, Fetched: 1 row(s)
```

3. 多个列与列族

业务描述：Hive 中有 3 个列（除主键），HBase 有 2 个列族；Hive 中的 value1 和 value2 列对应 HBase 中的列族 a；a 列族包括两个列，分别是 b 和 c；另一个 Hive 的列 value3 对应 HBase 中的列族 d，d 列族包括 1 个列——e。

（1）在 Hive 中创建表

```
hive> CREATE TABLE hbase_tb2(key int, value1 string, value2 int, value3 int)
     > STORED BY 'org.apache.hadoop.hive.hbase.HBaseStorageHandler'
     > WITH SERDEPROPERTIES (
     > "hbase.columns.mapping" = ":key,a:b,a:c,d:e"
     > );
```

（2）插入数据

```
hive> INSERT TABLE hbase_tb2 SELECT foo, bar, foo+1, foo+2 FROM pokes;
```

（3）在 Hive 中查询表 hbase_tb2 中的数据

```
hive> SELECT * FROM hbase_tb2;
OK
100     val_100 101     102
98      val_98  99      100
Time taken: 1.119 seconds, Fetched: 2 row(s)
```

（4）HBase 中查询表 dbtest.hbase_tb2 中的数据

由于在此次建立表时并没有指定 HBase 中的表名，故在 HBase 中，系统会默认建立与 Hive 中的表同名的表名，如果不是在 Hive 默认数据库下建立表，HBase 还会在生成的表名前加上数据库的名字。这里 dbtest 是 Hive 的数据库名。

```
hbase(main):004:0> desc 'dbtest.hbase_tb2'
Table dbtest.hbase_tb2 is ENABLED
dbtest.hbase_table_2
COLUMN FAMILIES DESCRIPTION
{NAME => 'a', BLOOMFILTER => 'ROW', VERSIONS => '1', IN_MEMORY => 'false', KEEP_DELETED_
CELLS => 'FALSE', DATA_BLOCK_ENCODING => 'NONE', T
TL => 'FOREVER', COMPRESSION => 'NONE', MIN_VERSIONS => '0', BLOCKCACHE => 'true',
BLOCKSIZE => '65536', REPLICATION_SCOPE => '0'}
{NAME => 'd', BLOOMFILTER => 'ROW', VERSIONS => '1', IN_MEMORY => 'false', KEEP_DELETED_
CELLS => 'FALSE', DATA_BLOCK_ENCODING => 'NONE', T
TL => 'FOREVER', COMPRESSION => 'NONE', MIN_VERSIONS => '0', BLOCKCACHE => 'true',
BLOCKSIZE => '65536', REPLICATION_SCOPE => '0'}
2 row(s) in 0.7520 seconds

hbase(main):005:0> scan 'dbtest.hbase_tb2'
ROW                              COLUMN+CELL
```

```
 100                          column=a:b, timestamp=1518846367897, value=val_100
 100                          column=a:c, timestamp=1518846367897, value=101
 100                          column=d:e, timestamp=1518846367897, value=102
 98                           column=a:b, timestamp=1518846367897, value=val_98
 98                           column=a:c, timestamp=1518846367897, value=99
 98                           column=d:e, timestamp=1518846367897, value=100
2 row(s) in 0.2880 seconds
```

Hive 把表 dbtest.hbase_tb2 删除后，HBase 端的表 dbtest.hbase_tb2 也被删除了。

```
hbase(main):006:0> list
TABLE
dbtest.hbase_tb2
hbase_tb1
xyz
2 row(s) in 0.0760 seconds

hive> DROP TABLE hbase_tb2;
OK
Time taken: 12.641 seconds
hive>

hbase(main):007:0> list
TABLE
hbase_tb1
1 row(s) in 0.0700 seconds
```

9.7 小结

本章主要介绍 Hive 的基本功能，对于 Hive 的应用场景、开发环境的配置及常用 HiveQL 做了基本的介绍，并列举了大量实例供读者参考，使读者能够结合简单场景与 HiveQL 的语法规则，快速地掌握 Hive 的常规应用功能。

附录 《Hadoop 集群程序设计与开发》配套实验课程方案简介

大数据技术强调理论与实践相结合，为帮助读者更好掌握本书相关知识要点，并提升应用能力，华为技术有限公司组织资深专家，针对本书内容开发了独立的配套实验课程，具体内容如下。详情请联系华为公司或发送邮件至 haina@huawei.com 咨询。

实验项目	实验内容	课时
华为云实验资源准备	建立虚拟机、虚拟机下 Linux 操作系统安装与复制、虚拟机网络配置	1
Hadoop 集群部署	本地模式、伪分布模式、完全分布式模式、Eclipse 环境搭建	2
HDFS 常用命令	建目录、查询、复制、显示等	1
HDFS API	JAVA 中 HDFS API 类	2
HDFS I/O 操作	压缩、I/O 序列化类型、文件的数据结构	2
MapReduce 基础编程	编写 MapReduce 简单函数	2
函数编程 1	计数器函数	2
函数编程 2	最值函数	2
函数编程 3	排序函数	2
函数编程 4	连接函数	2
HBase 环境配置与安装	HBase 配置、安装，Web UI 监控	2
HBase 基础操作	基本 shell 操作	2
HBase API	基于 HBase API 程序设计	4
Hive 环境安装	安装准备、环境搭建	2
Hive 基础操作	表操作、查询	2
Hive 函数	调用函数、标准函数、聚合函数、表生成函数、自定义函数	2